高等职业教育"十三五"规划教材

"任务引领，项目驱动"型教材

岩土及地基基础检测

主　编　王　懿　胡　伦

副主编　郝增韬　龙建旭　王　转

U0272880

武汉理工大学出版社

·武　汉·

内 容 简 介

本书对建筑工程中必需的土工试验、地基承载力检测、地基原位试验、建筑桩基完整性检测、建筑桩基承载力检测、锚杆锚索检测和基坑工程监测技术等进行了阐述。本书编写主要依据我国现行的相关规范、标准,如《建筑地基工程施工质量验收标准》(GB 50202—2018)、《土工试验方法标准》(GB/T 50123—2019)、《建筑地基检测技术规范》(JGJ 340—2015)、《建筑基桩检测技术规范》(JGJ 106—2014)等。

本书内容全面、翔实,理论性、实践性强,可作为土木工程检测技术专业的教学用书,也可作为相关工程技术人员的培训教材或参考书。

图书在版编目(CIP)数据

岩土及地基基础检测 / 王懿,胡伦主编. —武汉:武汉理工大学出版社,2020.9(2024.1 重印)

ISBN 978-7-5629-6324-0

Ⅰ.①岩… Ⅱ.①王… ②胡… Ⅲ.①地基-岩土工程-质量检验 Ⅳ.①TU47

中国版本图书馆 CIP 数据核字(2020)第 183393 号

项目负责人:戴皓华   责 任 编 辑:戴皓华
责 任 校 对:张 晨   版 面 设 计:正风图文
出 版 发 行:武汉理工大学出版社
地   址:武汉市洪山区珞狮路 122 号
邮   编:430070
网   址:http://www.wutp.com.cn
经   销:各地新华书店
印   刷:武汉乐生印刷有限公司
开   本:787×1092 1/16
印   张:22
字   数:549 千字
版   次:2020 年 9 月第 1 版
印   次:2024 年 1 月第 3 次印刷
定   价:59.00 元

高等职业教育"十三五"规划教材
编审委员会

前 言 Preface

地基和基础是建筑物的重要组成部分,是建筑物的根基。地基基础质量的好坏均直接影响建筑物的安全性。所以,对地基基础的工程质量进行检测,准确判断工程的质量是否符合设计和规范的要求,是控制工程整体质量的重要保证。

本书包括九章内容,分别是绪论、土的物理性质及工程分类、土工试验、地基承载力检测、地基原位试验、建筑桩基完整性检测、建筑桩基承载力检测、锚杆锚索检测和基坑工程监测技术。

本书由具有丰富工程经验的教师、专家学者,根据建筑工程地基基础检测的最新要求和特点编制而成。针对高职院校学生的特点,书中的检测要求、检测原理和检测技术等均根据现行规范编制而成,每个检测后均附有工程案例,可以直接指导现场检测。本书由王懿、胡伦担任主编;郝增韬、龙建旭、王转担任副主编。

通过本书的学习,以期学生能够掌握地基基础相关参数的检测原理、仪器操作、现场数据的采集、数据分析与处理、结论的判定等,满足行业职业岗位技能的要求。

由于编者水平有限,加之时间仓促,书中难免有疏漏和错误之处,敬请广大读者批评指正。

编 者

2020.4

目　录　Contents

1 绪 论

在建筑结构中,基础指将建筑上部结构所承受的各种荷载传递到地基上的结构构件,而将支承基础的岩土体称为地基。地基基础在建筑结构中的重要性不言而喻,所以,对地基基础的工程质量进行检测,是保证建筑结构可靠性的重要措施。

1.1 地基基础的主要检测内容和方法

(1)土工试验

土的含水率、密度、相对密度、颗粒分析、界限含水率、天然稠度以及砂的相对密度等物理性质指标的试验;土的酸碱度、烧失量、有机质含量、易溶盐含量等试验;土的膨胀性、收缩性、渗透性、毛细管水上升能力等试验;土的击实性、CBR、剪切性、固结压缩性、黄土湿陷性等试验。

(2)土工合成材料试验

土工织物厚度、单位面积质量、几何尺寸等物理性质试验;直接剪切摩擦、拉拔摩擦、拉伸强度、CBR顶破强力、梯形撕破强力、刺破强力等力学性质指标试验;垂直渗透性、耐静水压、有效孔径等水力性质指标试验。

(3)地基承载力检测

浅层平板载荷试验、深层平板载荷试验、岩石地基载荷试验、复合地基载荷试验等。

(4)地基原位试验

静力触探试验、圆锥动力触探试验、标准贯入试验、十字板剪切试验、现场直接剪切试验、波速测试等。

(5)桩基完整性检测

声波透射法、低应变法、钻芯法、高应变法检测桩基完整性。

(6)桩基承载力检测

竖向抗压静载试验、竖向抗拔静载试验、水平静载试验等。

(7)锚杆锚索检测

基本试验、蠕变试验、验收试验等。

(8)建筑基坑监控

围护结构和相邻环境的内力、位移、沉降、水位等监控。

1.2　地基基础检测的特点

地基基础检测有以下特点：

（1）检测参数多

从上节可知，地基基础的检测参数较多。实际检测中，应根据规范的规定、主管部门相关文件的要求、业主的委托以及工程的实际情况进行相关参数的检测。

（2）检测方法多

针对同一检测参数，可能有数种检测方法，比如桩基的完整性检测，有声波透射法、低应变法、钻芯法和高应变法。应选择合适正确的方法进行检测，保证检测结果的准确性。

（3）涉及规范多

同一检测对象可能存在于多种工程类型中，比如在建筑基坑、边坡、隧道中都存在锚杆，在《建筑边坡工程技术规范》《建筑基坑支护技术规程》《建筑地基基础设计规范》《岩土锚杆（索）技术规程》等规范中针对锚杆的检测都有相关规定；同时，不同行业部门因为所属主管部门和行业特点不同，也需要适用于不同的规范，比如基桩完整性的检测，建筑行业的规范为《建筑基桩检测技术规范》，而交通行业的规范为《公路工程基桩检测技术规程》。所以在实际检测过程中，选择适用的规范是保证有效性和准确性的基础。

本书主要是以建筑行业为基础进行讲解，在适用于其他行业部门的规范时，一般检测方法和检测原理都相同，但是在具体检测细节、判定标准上可能会存在差异。

针对以上特点，本书有以下编写原则：

（1）立足规范，服务工程

本书在编写的过程中，以规范为依据，着重对规范的要求进行总结、归纳和讲解。同时，根据职业院校学生的特点，以工程实际运用为主要目的，对工程运用中的重难点进行分析和解决。

（2）围绕检测方法，分步骤讲解

根据常规检测参数的主要检测方法，按照实际运用特点，主要分为以下步骤进行讲解。

① 检测目的；

② 检测原理；

③ 参考依据；

④ 适用范围；

⑤ 检测仪器；

⑥ 现场检测；

⑦ 数据分析；

⑧ 结果判别。

实际上，以上步骤也是报告编写的主要内容。

（3）引用工程实例，提升掌握程度

为了提高学生对检测方法的掌握程度，本书工程实例较多，同时，也为以后的工程检测实践提供参考。

 # 土的物理性质及工程分类

2.1　土的组成及构造

土是地球表面的坚硬岩石在一系列风化作用下形成的大小悬殊的颗粒,经过不同的搬运方式,在各种自然环境中沉积生成的松散沉积物。一般情况下,土是由固体颗粒(固相)、水(液相)和气体(气相)所组成的三相体系。固体颗粒包括矿物颗粒和有机质,并由其构成土的骨架,骨架间有许多孔隙,则被水、气所填充。若土中孔隙全部为水所充满时,称为饱和土;若孔隙全部为气体所充满时,称为干土;土中孔隙同时有水和气体存在时,称为非饱和土。饱和土和干土是两种特殊情况的土,均为两相体系。土体三个组成部分本身的性质以及它们之间的比例关系和相互作用决定着土的物理力学性质。

2.1.1　土的固体颗粒(固相)

固体颗粒是土的主要组成部分,是决定土的性质的主要因素。土颗粒的大小、形状、矿物成分及颗粒级配对土的物理力学性质有很大的影响。

2.1.1.1　粒组划分

自然界中的土都是由大小不同的土粒组成。随着土粒由粗到细逐渐变化,土的性质也相应地发生变化。颗粒的大小称为粒度,通常以粒径表示。工程上将各种不同的土粒按其粒径范围,划分为若干粒组,每个粒组之内土的工程性质相似。划分粒组的分界尺寸称为界限粒径。土的粒组划分方法各行业部门并不完全一致,目前常用的一种土粒粒组的划分方法是,根据国家标准《土的工程分类标准》(GB/T 50145)规定的界限粒径 200 mm、60 mm、2 mm、0.075 mm、0.005 mm 把土粒分为六大粒组:漂石(块石)、卵石(碎石)、砾粒、砂粒、粉粒和黏粒。粒组划分见表 2.1。

表 2.1　粒组划分

粒组	颗粒名称	粒径 d 的范围(mm)	一般特征
巨粒	漂石(块石)	$d > 200$	透水性很大,无黏性,无毛细水
	卵石(碎石)	$60 < d \leq 200$	

续表 2.1

粒组	颗粒名称		粒径 d 的范围（mm）	一般特征
粗粒	砾粒	粗砾	$20 < d \leqslant 60$	透水性大，无黏性，毛细水上升高度不超过粒径大小
		中砾	$5 < d \leqslant 20$	
		细砾	$2 < d \leqslant 5$	
	砂粒	粗砂	$0.5 < d \leqslant 2$	易透水，当混有云母等杂质时透水性减小，而压缩性增大；无黏性，遇水不膨胀，干燥时松散；毛细水上升高度不大，随粒径变小而增大
		中砂	$0.25 < d \leqslant 0.5$	
		细砂	$0.075 < d \leqslant 0.25$	
细粒	粉粒		$0.005 < d \leqslant 0.075$	透水性小，湿时稍有黏性，遇水膨胀小，干时稍有收缩；毛细水上升高度较大较快，极易出现冻胀现象
	黏粒		$d \leqslant 0.005$	透水性很小，湿时有黏性，可塑性，遇水膨胀大，干时收缩显著；毛细水上升高度大，但速度较慢

注：① 漂石、卵石和圆粒颗粒均呈一定的磨圆状（圆形或亚圆形）；块石、碎石和角砾颗粒均呈棱角状。

② 粉粒或称粉土粒，粉粒的粒径上限 0.075 mm 相当于 200 号筛的孔径。

③ 黏粒或称黏土粒，黏粒的粒径上限也有采用 0.002 mm 为标准的。

2.1.1.2　土的颗粒级配

天然土体中包含大小不同的颗粒，为了表示土粒的大小及组成情况，通常以土中各个粒组的相对含量（即各粒组占土粒总量的百分数）来表示，称为土的颗粒级配。

土的颗粒级配是通过土的颗粒分析试验测定的。《土工试验方法标准》（GB/T 50123）中规定：对于粒径 0.075～60 mm 的粗粒组，可用筛分法测定；对于粒径小于 0.075 mm 的细粒组，可用沉降分析法测定。沉降分析法又分为密度计法（比重瓶法）、移液管法等。

筛分法试验是用一套孔径不同的标准筛（如 20 mm、10 mm、5 mm、2 mm、1 mm、0.5 mm、0.25 mm、0.1 mm、0.075 mm），按从上到下筛孔逐渐减小放置。将事先称过质量的烘干土样过筛，称出留在各筛上的土的质量，然后计算占总质量的百分数，即可求得各个粒组的相对含量。

沉降分析法是根据球状的细颗粒在水中下沉的速度与颗粒直径的平方成正比的原理，把颗粒按其在水中的下沉速度进行粗细分组。在实验室具体操作时，可采用密度计法（比重瓶法）或移液管法测得某一时间土粒沉降距离 L 处土粒和水混合悬液的密度，据此可计算小于某一粒径的土粒含量。采用不同的测试时间，可计算出细颗粒各粒组的相对含量。根据颗粒分析试验结果，可以绘制出如图 2.1 所示的土的级配曲线。图中纵坐标表示小于某粒径的土粒含量，横坐标表示土粒粒径，以 mm 表示。由于土体中所含粒组的粒径往往相差几千倍、几万倍甚至更大，且细粒土的含量对土的性质影响很大，必须表示清楚，因此，将粒径的坐标取为对数坐标利用颗粒级配曲线可以对粗粒土进行分类定名，还可以评价土的不均匀程度及连续程度，进而判断土的级配好坏。

从曲线的坡度陡缓可以大致判断土粒的均匀程度和级配好坏。如曲线的坡度缓，表示土

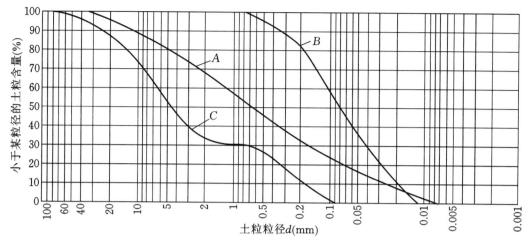

图 2.1 土的级配曲线

的粒径分布范围宽,粒径大小相差悬殊,土粒不均匀,级配良好;反之,如曲线的坡度陡,则表示土的粒径分布范围窄,粒径大小相差不多,土粒较均匀,级配不良。为了定量反映土的不均匀性,工程上常用不均匀系数 C_u 来描述颗粒级配的不均匀程度:

$$C_u = \frac{d_{60}}{d_{10}}$$

式中　d_{60}——小于某粒径的土粒质量占土总质量为 60% 时相应的粒径,即限定粒径;

　　　d_{10}——小于某粒径的土粒质量占土总质量为 10% 时相应的粒径,即有效粒径。

不均匀系数 C_u 值越大,d_{60} 与 d_{10} 相距越远,曲线越平缓,土粒粒径分布范围越广,土粒大小越不均匀,土易被压实;C_u 值越小,d_{60} 与 d_{10} 相距越近,曲线越陡,土粒粒径分布范围越狭窄,土粒大小越均匀,土不易被压实。一般情况下,工程上把 $C_u < 5$ 的土视为均匀的,属级配不良;把 $C_u > 10$ 的土视为不均匀的,属级配良好,这种土作为填方或垫层材料时,易于获得较大的密实度。

实际上,对于级配连续的土,采用单一指标 C_u,即可得到比较满意的判别结果。但对于级配不连续的土,即缺乏中间粒径(d_{60} 与 d_{10} 之间的某粒组)的土,级配曲线呈现台阶状(图 2.1 中 C 线),尽管其不均匀系数较大,但由于缺乏中间粒径的土,一般孔隙体积较大,所以,土的不均匀系数大,未必表明土中粗细土粒的搭配一定就好。此时,再采用单一指标 C_u 确定土的级配好坏是不够的,还要同时考虑级配曲线的整体形状。所以,需参考曲率系数 C_c 值:

$$C_c = \frac{d_{30}^2}{d_{60} \times d_{10}}$$

式中　d_{30}——土的粒径分布曲线上的某粒径,小于该粒径的土粒质量为总土粒质量的 30%。

一般认为,砂类土或砾类土同时满足 $C_u \geqslant 5$ 和 $C_c = 1 \sim 3$ 两个条件时,则定名为级配良好砂或级配良好砾;若不能同时满足上述两个条件,则为级配不良砂或级配不良砾。

对于级配良好的土,较粗颗粒间的孔隙被较细的颗粒所填充,这一连锁填充效应,使得土的密实度较好。此时,地基土的强度和稳定性较好,透水性和压缩性也较小。

2.1.1.3　土粒的矿物成分

土粒的矿物成分各不相同,主要取决于母岩的矿物成分及其风化作用。土粒的矿物成分可分为两大类,即原生矿物和次生矿物,土中矿物颗粒的成分见表 2.2。

表 2.2　土中矿物颗粒的成分

名称	成因	矿物成分	特征
原生矿物	岩石经过物理风化形成	石英、长石、云母、角闪石、解石等,矿物成分与母岩相同	颗粒较粗,性质稳定,无黏性,透水性较大,吸水能力很弱,压缩性较低
次生矿物	原生矿物经化学风化(成分改变的过程)后形成	高岭石、伊利石和蒙脱石等,矿物成分与母岩不同	颗粒极细,种类很多,以晶体矿物为主。次生矿物主要是黏土矿物。次生矿物性质较不稳定,具有较强的亲水性,遇水易膨胀

2.1.2　土中水(液相)

土中水即为土的液相,其含量对土(尤其是黏性土)的性质影响较大。土中水除了一部分以结晶水的形式紧紧吸附于固体颗粒的晶格内部外,还存在结合水和自由水两大类。

2.1.2.1　结合水

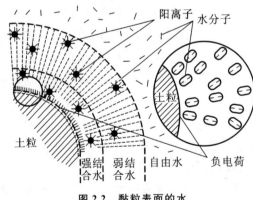

图 2.2　黏粒表面的水

黏土颗粒表面通常带负电荷,在土粒电场范围内,极性分子的水和水溶液中的阳离子,在静电引力的作用下,被牢牢吸附在土颗粒周围,形成一层不能自由移动的水膜,这种水称为结合水。在土粒形成的电场范围内,随着距离土颗粒表面的远近不同,水分子和水化离子的活动状态及表现性质也不相同。根据水分子受到静电引力作用的大小,结合水分为强结合水和弱结合水,如图 2.2 所示。

(1)强结合水。强结合水是受到土颗粒表面强大的吸引力而牢固地结合在土颗粒表面的结合水。其性质接近于固体,不能传递静水压力,没有溶解盐类的能力,冰点为 -78 ℃,密度为 $1.2\sim2.4$ g/cm³,在温度达到 105 ℃以上时,才能被蒸发,具有极大的黏滞度、弹性和抗剪强度。黏性土中只含有强结合水时,呈固体状态,磨碎后则呈粉末状态,砂土中的强结合水很少,仅含强结合水时呈散粒状。

(2)弱结合水。弱结合水是强结合水以外,电场作用范围以内的水。它也受颗粒表面电荷所吸引而定向排列于颗粒四周,但电场作用力随远离颗粒而减弱。它是一种黏滞水膜,仍不能传递静水压力,但较厚的弱结合水膜能向邻近较薄的水膜缓慢转移。弱结合水的存在是黏性土在某一含水率范围内表现出可塑性的原因。弱结合水离土粒表面越远，其受到的电分子吸引力越弱，并逐渐过渡到自由水。

2.1.2.2　自由水

自由水是指存在于土粒形成的电场范围以外能自由移动的水。自由水和普通水相同，有溶解能力，冰点为 0 ℃，能传递静水压力。按自由水移动时所受作用力的不同，自由水可分为重力水和毛细水。

（1）重力水。重力水是指在重力或压力差的作用下，能在土中自由流动的水。一般指地下水位以下的透水土层中的地下水，对于土粒和结构物的水下部分起浮力作用。重力水在土孔隙中流动时，对所流经的土体施加动水压力。施工时，重力水对基坑开挖、排水等方面均有很大影响。

（2）毛细水。土体内部存在着相互贯通的弯曲孔道，可以看成许多形状不一、大小不同、彼此连通的毛细管。由于受到水与空气界面的表面张力的作用，地下水将沿着这些毛细管逐渐上升，从而在地下水位以上形成一定高度的毛细水。毛细水的上升高度和速度与土中孔隙的大小和形状、颗粒尺寸以及水的表面张力等有关。在工程中，毛细水的上升高度和速度对于建筑物地下部分的防潮措施和地基土的浸湿、冻胀等有重要影响。当土孔隙中局部存在毛细水时，使土粒之间由于毛细水压力互相靠近而压紧，如图 2.3 所示，土因此会表现出微弱的凝聚力，称为毛细凝聚力。这种凝聚力的存在，使潮湿砂土能开挖一定的高度，但干燥以后，毛细凝聚力消失，就会松散坍塌。

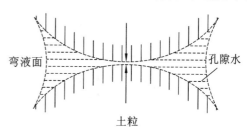

图 2.3　毛细水压力示意图

2.1.3　土中气体（气相）

土中气体即为土的气相，存在于土孔隙中未被水占据的空间。土中气体分为自由气体和封闭气体。

2.1.3.1　自由气体

自由气体与大气连通，在粗粒土中，常见自由气体，在外力作用下，自由气体极易排出，它对土的性质影响不大。

2.1.3.2　封闭气体

在细粒土中，常存在封闭气体。封闭气体与大气隔绝，不能排出，在压力作用下可被压缩或溶解于水中，压力减小时又能有所复原，使土的渗透性减小、弹性增大，延长土体受力后变形达到稳定的时间，对土的性质影响较大。

土中气体的成分与大气成分比较，主要的区别在于 CO_2、O_2、N_2 的含量不同。一般土中气体含有更多的 CO_2、较少的 O_2 和较多的 N_2。土中气体与大气交换越困难，两者的差别就越大。对与大气连通不畅的地下工程施工时，要注意 O_2 的补给，以保证施工人员的安全。

2.1.4 土的结构

土颗粒之间的相互排列和联结形式称为土的结构。土粒的形状、大小、位置和矿物成分以及土中水的性质与组成，对土的结构有直接的影响。土的结构可分为单粒结构、蜂窝结构和絮状结构三种类型。

2.1.4.1 单粒结构

单粒结构是由较粗大土粒在水或空气中下落沉积而形成的，是碎石类土和砂类土的主要结构形式。因颗粒较大，土粒间的分子吸引力相对很小，颗粒间几乎没有联结，在沉积过程中颗粒间力的影响与重力相比可以忽略不计，即土粒在沉积过程中主要受重力控制。这种结构的特征是土粒之间以点与点的接触为主。根据其排列情况，可分为疏松状态和紧密状态，如图2.4所示。

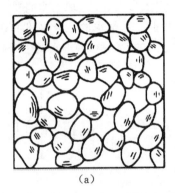 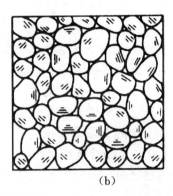

（a） （b）

图 2.4 土的单粒结构

(a)疏松状态；(b)紧密状态

具有疏松单粒结构的土稳定性差，当受到震动及其他外力作用时，土粒易发生移动，土中孔隙减小，引起土的较大变形。这种土层如未经处理一般不宜作为建筑物的地基或路基。具有紧密单粒结构的土稳定性好，在动、静荷载作用下都不会产生较大的沉降，这种土强度较大，压缩性较小，一般是良好的天然地基。

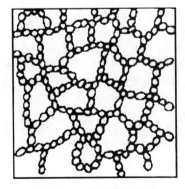

图 2.5 土的蜂窝结构图

2.1.4.2 蜂窝结构

蜂窝结构主要是由粉粒或细砂粒组成的土的结构形式。粒径为 0.005～0.075 mm 的土粒在水中因自重作用而下沉时，当碰到其他正在下沉或已下沉稳定的土粒，由于粒间的引力大于下沉土粒的重力，土粒就停留在最初的接触点上不再继续下沉，逐渐形成链环状单元。很多这样的链环联结起来，便形成孔隙较大的蜂窝结构，如图2.5所示。具有蜂窝结构的土有很大孔隙，可以承受一般的水平静荷载，但当其承受较大水平荷载或动力荷载时，其结构将破坏，导致严重的地基沉降，不可用作天然地基。

2.1.4.3 絮状结构

絮状结构又称为絮凝结构,是黏性土常见的结构形式。由于细微的黏粒(粒径小于 0.005 mm)在水中常处于悬浮状态,当悬浮液的介质发生变化(如黏粒被带到电解质浓度较大的海水中),土粒在水中做杂乱无章的运动时,一旦接触,颗粒间力表现为净引力,彼此容易结合在一起逐渐形成小链环状的土粒集合体,质量增大而下沉,当一个小链环碰到另一个小链环时相互吸引,不断扩大形成大链环状,称为絮状结构,如图 2.6 所示。

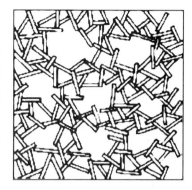

图 2.6 土的絮状结构

具有絮状结构的土有较大的孔隙,强度低,压缩性高,对扰动比较敏感,但土粒间的联结强度(结构强度)也会因长期的压密作用和胶结作用而得到加强。具有絮状结构的土不可用作天然地基。

天然条件下,任何一种土的结构,都是以某种结构为主,混杂其他结构。当土的结构受到破坏或扰动时,在改变了土粒排列情况的同时,也破坏了土粒间的联结,从而影响土的工程性能,对于蜂窝结构和絮状结构的土,往往会大大降低其结构强度。上述三种结构中,土的工程性质以密实的单粒结构最好,蜂窝结构其次,絮状结构最差。

2.1.5 土的构造

在同一土层中的物质成分和颗粒大小等都相近的各部分之间的相互关系的特征称为土的构造,土的构造主要是层理构造和裂隙构造。

层理构造是在土的形成过程中,由于不同阶段沉积的物质成分、颗粒大小或颜色不同,而沿竖向呈现的成层特征(图 2.7),常见的有水平层理构造和交错层理构造(指具有夹层、尖灭或透镜体等产状)。

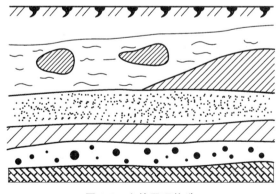

图 2.7 土的层理构造

裂隙构造是土体被许多不连续的小裂隙所分割,裂隙中往往填充各种盐类沉淀物。不少坚硬状态与硬塑状态的黏性土都具有此种构造,如黄土的柱状裂隙。裂隙的存在大大降低了土体的强度和稳定性,增大了透水性,对工程不利。

此外,也应注意到土中有无包裹物(如腐殖物、贝壳、结核体等)以及天然或人为的孔洞存在。这些构造特征都造成了土的不均匀性。

2.2 土的物理性质指标

土是固相、液相、气相的分散体系,土中三相组成的比例关系反映土的物理状态,如干湿、软硬、松密等。表示土的三相组成比例关系的指标,统称为土的比例指标。所以,要研究土的物理性质,就要分析土的三相比例关系,以其体积或质量上的相对比值,作为衡量土最基本的物理性质指标,并利用这些指标间接地评定土的工程性质。

2.2.1 指标的定义

为便于分析土的三相组成的比例关系,通常把土中本来交错分布的固体颗粒、水和气体三相分别集中起来,构成理想的三相关系图(图2.8)。

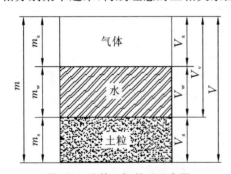

图2.8 土的三相关系示意图

V—土的总体积;V_v—土中孔隙体积;

V_w—土中水的体积;V_a—土中气体的体积;

V_s—土中固体颗粒的体积;m—土的总质量;

m_w—土中水的质量;

m_a—土中气体的质量,气体的质量相对甚小,可以忽略不计;m_s—土中固体颗粒的质量

2.2.1.1 三项基本指标

土的物理性质指标中有三个基本指标可直接通过土工试验测定,亦称直接测定指标。

(1)土的密度

土单位体积的质量称为土的密度(单位为 g/cm³ 或 t/m³),即

$$\rho = \frac{m}{V}$$

天然状态下土的密度变化范围很大,一般情况下,黏性土 $\rho = 1.8 \sim 2.0$ g/cm³,砂土 $\rho = 1.6 \sim 2.0$ g/cm³,腐殖土 $\rho = 1.8 \sim 2.0$ g/cm³。

土的密度一般采用"环刀法"测定,用一个圆环刀(刀刃向下)放置于削平的原状土样面上,垂直边压边削至土样伸出环刀口为止,削去两端余土,使其与环刀口面齐平,称出环刀内土质量,求得它与环刀容积之比值即为土的密度。

(2)土的含水率

土中水的质量与土粒质量之比(用百分数表示)称为土的含水率,即

$$w = \frac{m_w}{m_s} \times 100\%$$

含水率是标志土湿度的一个重要物理指标。天然土层的含水率变化范围较大,砂土从 $0 \sim 40\%$ 不等,黏土可达 60% 或更大,这与土的种类、埋藏条件及其所处的自然地理环境等有关。一般来说,同一类土(尤其是细粒土),含水率越高,强度越低。

土的含水率一般采用"烘干法"测定。即先将天然土样的质量称出,然后置于电烘箱内,在温度 $100 \sim 105$ ℃下烘至恒重,称得干土质量,湿土与干土质量之差即为土中水的质量,故可按上式求得土的含水率。

(3)土粒相对密度 d_s

土的固体颗粒质量与同体积4℃时纯水的质量之比,称为土粒相对密度,即

$$d_s = \frac{m_s}{V_s} \frac{1}{\rho_{w1}} = \frac{\rho_s}{\rho_{w1}}$$

式中　ρ_s——土粒密度（g/cm³）；

　　　ρ_{w1}——纯水在 4 ℃时的密度（单位体积的质量），等于 1 g/cm³ 或 1 t/m³。

土粒相对密度可在实验室采用"比重瓶法"测定。将风干碾碎的土样注入比重瓶内，由排出同体积的水的质量原理测定土颗粒的体积。由于天然土体由不同的矿物颗粒组成，而这些矿物的相对密度各不相同，因此试验测定的是试样所含的土粒的平均相对密度，一般可参考表 2.3 取值。

表 2.3　土粒相对密度参考值

土的名称	砂土	粉土	黏性土	
			粉质黏土	黏土
土粒相对密度	2.65～2.69	2.70～2.71	2.72～2.73	2.74～2.76

有机质土相对密度一般为 2.4～2.5；泥炭土相对密度一般为 1.5～1.8。

2.2.1.2　反映土单位体积质量（或重力）的指标

反映土单位体积质量（或重力）的指标除土的天然密度外，还有下列指标。

（1）土的干密度 ρ_d

土单位体积中固体颗粒部分的质量，称为土的干密度，并以 ρ_d 表示：

$$\rho_d = \frac{m_s}{V}$$

土的干密度一般为 1.3～1.8 t/m³。工程上常用土的干密度来评价土的密实程度，以控制填土、高等级公路路基和坝基的施工质量。

（2）土的饱和密度 ρ_{sat}

土孔隙中充满水时的单位体积质量，称为土的饱和密度 ρ_{sat}：

$$\rho_{sat} = \frac{m_s + V_v \rho_w}{V}$$

式中　ρ_w——水的密度，近似取 $\rho_w = 1$ g/cm³。

（3）土的有效密度（或浮密度）ρ'

在地下水位以下，单位体积中土粒的质量扣除同体积水的质量后，即为单位体积中土粒的有效质量，称为土的有效密度 ρ'，即

$$\rho' = \frac{m_s - V_s \rho_w}{V}$$

在计算自重应力时，须采用土的重力密度，简称重度。土的湿重度 γ、干重度 γ_d、饱和重度 γ_{sat}、有效重度 γ'，分别按下列公式计算：$\gamma = \rho g$、$\gamma_d = \rho_d g$、$\gamma_{sat} = \rho_{sat} g$、$\gamma' = \rho' g$。式中 g 为重力加速度，各重度指标的单位为 kN/m³。

2.2.1.3　反映土的孔隙特征、含水程度的指标

（1）土的孔隙比

土中孔隙体积与土粒体积之比称为土的孔隙比 e，即

$$e = \frac{V_v}{V_s}$$

这是表示土密实程度的一个重要指标。根据孔隙比 e 的数值,可以初步评价天然土层的密实程度:$e<0.6$ 的土是密实的,压缩性小;$e>1.0$ 的土是疏松的,压缩性大。

（2）土的孔隙率 n

土中孔隙体积与总体积之比（用百分数表示）称为土的孔隙率。

$$n = \frac{V_v}{V} \times 100\%$$

土的孔隙比和孔隙率都是反映土体密实程度的重要物理性质指标。在一般情况下,n 愈大,土愈疏松;反之,土愈密实。

（3）土的饱和度 S_r

土中水的体积与孔隙体积之比称为土的饱和度,以百分率计,即

$$S_r = \frac{V_w}{V_v} \times 100\%$$

土的饱和度反映了土中孔隙被水充满的程度。显然,干土的饱和度 $S_r=0$,当土处于完全饱和状态时,饱和度 $S_r=100\%$。通常可根据饱和度的大小将细砂、粉砂等土划分为稍湿、很湿和饱和 3 种状态,见表 2.4。

表 2.4　砂土湿度状态的划分

湿度	稍湿	很湿	饱和
饱和度 S_r(%)	$0<S_r\leqslant50$	$50<S_r\leqslant80$	$S_r>80$

2.2.2　三相比例指标的换算

进行各指标间关系的推导中常采用三相指标图,如图 2.9 所示,即令 $V_s=1$,$\rho_{w1}=\rho_w$,有 $V_v=e$,$V=1+e$,则:

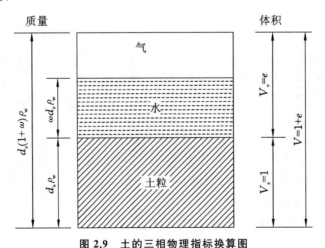

图 2.9　土的三相物理指标换算图

土颗粒的质量： $$m_s = \rho_s V_s = \rho_s \cdot 1 = \rho_w d_s$$

水的质量： $$m_w = m_s w = w d_s \rho_w$$

土的总质量： $$m = m_s + m_w = d_s(1+w)\rho_w$$

土的密度： $$\rho = \frac{m}{V} = \frac{d_s(1+w)\rho_w}{1+e}$$

土的干密度： $$\rho_d = \frac{m_s}{V} = \frac{d_s \rho_w}{1+e} = \frac{\rho}{1+w}$$

孔隙比： $$e = \frac{d_s \rho_w}{\rho_d} - 1 = \frac{d_s(1+w)\rho_w}{\rho} - 1$$

饱和密度： $$\rho_{sat} = \frac{m_s + V_v \rho_w}{V} = \frac{V_s d_s \rho_w + V_v \rho_w}{V} = \frac{V_s d_s + V_v}{V_s + V_v}\rho_w = \frac{d_s + e}{1+e}\rho_w$$

有效密度： $$\rho' = \rho_{sat} - \rho_w = \frac{(d_s - 1)\rho_w}{1+e}$$

孔隙率： $$n = \frac{V_v}{V} \times 100\% = \frac{e}{1+e} \times 100\%$$

饱和度： $$S_r = \frac{V_w}{V_v} = \frac{m_w}{V_v \rho_w} = \frac{m_w/m_s}{V_v \rho_w/d_s \rho_w V_s} = \frac{w d_s}{e}$$

土的三相比例指标换算公式一并列于表 2.5。

表 2.5　土的三相比例指标换算公式

名　称	符号	三相比例表达式	常用换算	单位
含水率	w	$w = \dfrac{m_w}{m_s} \times 100\%$	$w = \dfrac{S_r e}{d_s} = \dfrac{\rho}{\rho_d} - 1$	%
土粒相对密度	d_s	$d_s = \dfrac{m_s}{V_s \rho_{w1}}$	$d_s = \dfrac{S_r e}{w}$	
密　　度	ρ	$\rho = \dfrac{m}{V}$	$\rho = \rho_d(1+w) = \dfrac{d_s(1+w)}{1+e}\rho_w$	g/cm³
干密度	ρ_d	$\rho_d = \dfrac{m_s}{V}$	$\rho_d = \dfrac{\rho}{1+w} = \dfrac{d_s \rho_w}{1+e}$	g/cm³
饱和密度	ρ_{sat}	$\rho_{sat} = \dfrac{m_s + V_v \rho_w}{V}$	$\rho_{sat} = \dfrac{d_s + e}{1+e}\rho_w$	g/cm³
有效密度	ρ'	$\rho' = \dfrac{m_s - V_s \rho_w}{V}$	$\rho' = \rho_{sat} - \rho_w = \dfrac{d_s - 1}{1+e}\rho_w$	g/cm³
孔隙比	e	$e = \dfrac{V_v}{V_s}$	$e = \dfrac{d_s \rho_w}{\rho_d} - 1 = \dfrac{d_s(1+w)\rho_w}{\rho} - 1$	
孔隙率	n	$n = \dfrac{V_v}{V} \times 100\%$	$n = \dfrac{e}{1+e} = 1 - \dfrac{\rho_d}{d_s \rho_w}$	%
饱和度	S_r	$S_r = \dfrac{V_w}{V_v} \times 100\%$	$S_r = \dfrac{w d_s}{e} = \dfrac{w \rho_d}{n \rho_w}$	%

注：水的重度 $\gamma_w = \rho_w g = 1\ \text{t/m}^3 \times 9.807\ \text{m/s}^2 = 9.807 \times 10^3\ (\text{kg} \cdot \text{m/s}^2)/\text{m}^3 \approx 10\ \text{kN/m}^3$。

这里要说明的是,在以上计算中,是以土的总质量作为计算的出发点,其实以土的总体积作为计算的出发点,或以其他量为1都可以得出相同的结果。因为事实上,上述各个物理指标都是三相间量的相互比例关系,不是量的绝对值。因此,在换算时,可以根据具体情况决定采用某种方法。

【例 2.1】 某土样采用环刀取样试验,环刀容积为 60 cm³,环刀加湿土的质量为 156.6 g,环刀质量为 45.0 g,烘干后土样质量为 82.3 g,土粒相对密度为 2.73。试计算该土样的含水率 w、孔隙比 e、孔隙率 n、饱和度 S_r 以及天然重度 γ、干重度 γ_d、饱和重度 γ_{sat} 和有效重度 γ'。

【解】 湿土质量: $m = 156.6 - 45.0 = 111.6$ g,干土质量: $m_s = 82.3$ g

水的质量:
$$m_w = 111.6 - 82.3 = 29.3 \text{ g}$$

含水率:
$$w = \frac{m_w}{m_s} \times 100\% = \frac{29.3}{82.3} \times 100\% = 35.6\%$$

土的重度:
$$\gamma = \rho \times g = \frac{111.6}{60} \times 10 = 18.6 \text{ kN/m}^3$$

孔隙比:
$$e = \frac{d_s(1+w)\rho_w}{\rho} - 1 = \frac{2.73 \times 1.0 \times (1+35.6\%)}{1.86} - 1 = 0.990$$

孔隙率:
$$n = \frac{e}{1+e} \times 100\% = \frac{0.990}{1+0.990} \times 100\% = 49.7\%$$

饱和度:
$$S_r = \frac{wd_s}{e} = \frac{35.6\% \times 2.73}{0.990} = 98.2\%$$

干重度:
$$\gamma_d = \frac{\gamma}{1+w} = \frac{18.6}{1+35.6\%} = 13.7 \text{ kN/m}^3$$

饱和重度:
$$\gamma_{sat} = \frac{d_s+e}{1+e} \cdot \gamma_w = \frac{2.73+0.990}{1+0.990} \times 10 = 18.7 \text{ kN/m}^3$$

有效重度:
$$\gamma' = \gamma_{sat} - \gamma_w = 18.7 - 10 = 8.7 \text{ kN/m}^3$$

2.3 土的物理性质

2.3.1 无黏性土的密实度

2.3.1.1 砂土的相对密实度

无黏性土一般是指砂类土和碎石土,其性质的主要影响因素是密实度。无黏性土的密实度对其工程性质具有重要的影响,密实的无黏性土具有较高的强度和较低的压缩性,是良好的建筑物地基。但松散的无黏性土,尤其是饱和的松散砂土,不仅强度低,而且水稳性较差,容易产生流砂、液化等工程事故。判定无黏性土密实度的方法,可以用孔隙比 e 的大小来评定。对于同一种土,当 e 小于某一限度时,处于密实状态。e 越大,表示土中孔隙越大,则土疏松。但对于级配相差较大的不同类土,则天然孔隙比 e 难以有效判定密实度的相对高低,因此,对于无黏性土的评价在工程中常引入相对密实度的概念。其表达式为

$$D_r = \frac{e_{max} - e}{e_{max} - e_{min}}$$

式中 e——砂土的天然孔隙比;

e_{max}——砂土在最松散状态时的孔隙比,即最大孔隙比;

e_{min}——砂土在最紧密状态时的孔隙比,即最小孔隙比。

最大孔隙比和最小孔隙比可直接由试验测定。显然,当 $D_r = 0$ 时,即 $e = e_{max}$,表示砂土处于最疏松状态;$D_r = 1$ 时,即 $e = e_{min}$,表示砂土处于最紧密状态。因此,根据相对密实度 D_r 可把砂土的密实度状态分为下列三种:

$0 < D_r \leqslant 0.33$ 松散

$0.33 < D_r \leqslant 0.67$ 中密

$0.67 < D_r \leqslant 1$ 密实

2.3.1.2 按标准贯入试验划分砂土密实度

在实际工程中,由于很难在地下水位以下的砂层中取到原状土样,砂土的天然孔隙比很难准确测定,这就使相对密实度的应用受到限制。因此《建筑地基基础设计规范》(GB 50007)中采用标准贯入试验的锤击数 N 来评价砂类土的密实度,其划分标准见表 2.6。

表 2.6 按标准贯入试验锤击数 N 划分砂土密实度

砂土密实度	松散	稍密	中密	密实
N	$N \leqslant 10$	$10 < N \leqslant 15$	$15 < N \leqslant 30$	$N > 30$

注:当用静力触探探头阻力判定砂土的密实度时,可根据当地经验确定。

2.3.1.3 按重型圆锥动力触探试验划分碎石土密实度

《建筑地基基础设计规范》(GB 50007)中采用重型圆锥动力触探试验的锤击数 $N_{63.5}$ 来评价碎石土的密实度,其划分标准见表 2.7。

表 2.7 按重型圆锥动力触探试验锤击数 $N_{63.5}$ 划分碎石土的密实度

碎石土密实度	松散	稍密	中密	密实
$N_{63.5}$	$N_{63.5} \leqslant 5$	$5 < N_{63.5} \leqslant 10$	$10 < N_{63.5} \leqslant 20$	$N_{63.5} > 20$

注:本表适用于平均粒径小于或等于 50 mm 且最大粒径不超过 100 mm 的卵石、碎石、圆砾、角砾,对于平均粒径大于 50 mm 或最大粒径大于 100 mm 的碎石土,可按《建筑地基基础设计规范》(GB 50007)附录 B 鉴别。

2.3.2 黏性土的物理特性

含水率对黏性土的工程性质有着极大的影响,黏性土根据其含水率的大小可以处于不同的状态,随着黏性土含水率的增大,土成泥浆,呈黏滞流动的液体状。它们在外力的作用下,可塑成任何形状而不产生裂缝,当外力移去后,仍能保持原形不变,土的这种性质叫作可塑性。当含水率逐渐降低到某一值时,土会显示出一定的抗剪强度,并具有可塑性。这些特征与液体完全不同,它表现为塑性体的特征。当含水率继续降低时,土能承受较大的剪切应力,在外力作用下不再具有塑性体特征,而呈现具有脆性的固体特征。

2.3.2.1 黏性土的界限含水率

黏性土从一种状态转变为另一种状态的分界含水率称为界限含水率。同一种黏性土随其含水率的不同,而分别处于固态、半固态、可塑状态和流动状态,其界限含水率分别为缩限、塑限和液限,如图 2.10 所示。

图 2.10　黏性土的界限含水率

黏性土由可塑状态转到流动状态的界限含水率称为液限,用符号 w_L 表示;由半固态转到可塑状态的界限含水率称为塑限,用符号 w_p 表示;由固态转到半固态的界限含水率称为缩限,用符号 w_s 表示。界限含水率都以百分数表示,但省去"%"。

(1)液限

我国目前采用锥式液限仪来测定黏性土的液限,如图 2.11 所示。

将调成浓糊状的试样装满盛土杯,刮平杯口面,将 76 g 重圆锥体(含有平衡球,锥角 30°)轻放在试样表面的中心,在自重作用下徐徐沉入试样,若经过 5 s 圆锥进入土样深度恰好为 10 mm 时,则该试样的含水率即为液限值。圆锥入土深度与含水率关系曲线如图 2.12 所示。

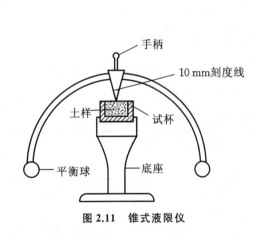

图 2.11　锥式液限仪

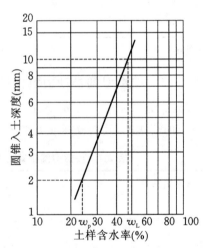

图 2.12　圆锥入土深度与含水率关系曲线

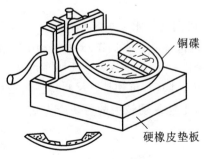

图 2.13　碟式液限仪

国外也有采用碟式液限仪测定黏性土的液限。它是将浓糊状试样装入碟内,刮平表面,用切槽器在土中成槽,槽底宽 2 mm,如图 2.13 所示。然后将碟子抬高 10 mm,自由下落撞击在硬橡皮垫板上。连续下落 25 次后,若土槽合拢长度刚好为 13 mm,则该试样的含水率就是液限。

(2)塑限

黏性土的塑限多用"搓条法"测定。把塑性状态的土重塑均匀后,用手掌在毛玻璃板上把土团搓成小土条,搓滚过程中,水分渐渐蒸发,若土条刚好搓至直径为 3 mm 时产生裂缝并开始断裂,此时土条的含水率即为塑限值。由于上述方法采用人工操作,人为因素影响较大,测试成果不稳定,现在发展到用液塑限联合测定法。

联合测定法是采用锥式液限仪,以电磁放锥法对黏性土试样以不同的含水率进行若干次试验(一般 3 组),测定锥体入土深度。按测定结果在双对数纸上作出 76 g 圆锥体的入土深度与土样含水率的关系曲线,在曲线上取入土深度为 10 mm 的点所对应的含水率就是液限,入土深度为 2 mm 的点所对应的含水率为塑限(图 2-12)。

(3) 缩限

黏性土的缩限,一般采用收缩皿法测定。用收缩皿或环刀盛满含水率为液限的土试样,放在室内逐渐晾干,至试样的颜色变淡时,放入烘箱中烘至恒重,测定烘干后的收缩体积和干土质量,就可求得缩限。

2.3.2.2　黏性土的塑性指数和液性指数

(1) 塑性指数

液限与塑限之差值定义为塑性指数,习惯上略去百分号,即

$$I_P = \omega_L - \omega_p$$

塑性指数表示黏性土处于可塑状态的含水率变化范围。塑性指数的大小与土中结合水的可能含量有关。从土的颗粒来说,土的颗粒越细,则比表面积越大,结合水含量越高,因而塑性指数越大。从矿物成分来说,土的黏粒或亲水矿物(如蒙脱石)含量越高,水化作用越剧烈,因而塑性指数越大。这样,土处在可塑状态的含水率变化范围就越大。也就是说,塑性指数能综合反映土的矿物成分和颗粒大小的影响,因此,塑性指数常作为工程上对黏性土进行分类的依据。

(2) 液性指数

虽然土的天然含水率对黏性土的状态有很大影响,但对于不同的土,即使具有相同的含水率,如果它们的塑限、液限不同,则它们所处的状态也就不同。因此,还需要一个表征土的天然含水率与分界含水率之间相对关系的指标,这就是液性指数。液性指数一般用小数表示,即

$$I_L = \frac{w - w_p}{w_L - w_p} = \frac{w - w_p}{I_P}$$

由上式可见,当土的天然含水率小于塑限时,$I_L < 0$,土体处于坚硬状态;当 $w > w_L$ 时,$I_L > 1$,土体处于流动状态;当 w 介于液限和塑限之间时,$0 < I_L < 1$,土体处于可塑状态。因此可以利用 I_L 来表示黏性土所处的软硬状态。I_L 值愈大,土质愈软;反之,土质愈硬。

《建筑地基基础设计规范》(GB 50007)规定:黏性土根据液性指数可划分为坚硬、硬塑、可塑、软塑及流塑 5 种软硬状态。其划分标准见表 2.8。

表 2.8　黏性土的状态

状态	坚硬	硬塑	可塑	软塑	流塑
液性指数 I_L	$I_L \leqslant 0$	$0 < I_L \leqslant 0.25$	$0.25 < I_L \leqslant 0.75$	$0.75 < I_L \leqslant 1$	$I_L > 1$

注:当用静力触探探头阻力或标准贯入锤击数判定黏性土的状态时,可根据当地经验确定。

2.4 土的变形特性

土是由固体颗粒、水和气体所组成的三相体,是一种非常典型的各向异性材料。工程上对于土的变形特征讨论集中于土的压缩性方面。在自重或外力作用下,土骨架(固体颗粒)发生变形,土中孔隙减少,导致土体体积缩小,这一特征称之为土的压缩性。而对于饱和土来讲,其压缩变形的特征是随着土体中孔隙体积的减少,土中的孔隙水被排出。

2.4.1 土的可压缩性

2.4.1.1 土的压缩变形机理

土的压缩性是指土在压力作用下体积缩小的特性,在单向固结试验中表现为竖向压缩变形。在一般工程压力范围内,土粒和土中水的压缩量可以忽略不计。因此,土的压缩主要是土中孔隙体积的缩小。对于非饱和土,孔隙体积的缩小主要由孔隙中气体体积的压缩而造成;对于饱和土,孔隙体积的缩小主要由孔隙中的水被排出而造成。随着土中孔隙体积的压缩,土粒位置调整,重新排列,相互挤紧,整个土的体积不断缩小,这就是土的压缩变形机理。土的压缩理论不考虑时间因素,这是压缩理论与固结理论的主要差别之一。

根据土的压缩变形机理,可用孔隙比的变化来描述土的压缩变形。在单向固结试验中,土的压缩变形只能沿着竖向进行。因此,土的竖向压缩变形量与孔隙比的变化量成正比。只要能测定土的竖向压缩变形量,就可以通过计算求得土的孔隙比的变化量。若将建筑物基底下压缩层范围内各层土的竖向压缩变形量累加起来,即为基础的总沉降量。这就是分层总和法计算基础沉降量的基本原理。

土的压缩变形可以发生在不同的情形中。如果土的周围受到限制,在受压过程中土不能或基本不能发生侧向膨胀,只能发生单向压缩,称为无侧胀压缩或单向压缩。对于基础深埋的建筑物来说,地基土的压缩就比较接近无侧胀压缩,这与室内单向固结试验的情形相同。但当土体受压时周围没有或基本没有侧向限制,则在发生压缩变形的同时,土体还会发生侧向膨胀变形,称为有侧胀压缩。基础浅埋的建筑物地基的压缩变形更接近于有侧胀压缩。但由于土体的粒间联结一般较弱,室内试验必须将试件(土样)限制在容器(环刀)内进行,所以室内压缩试验是在无侧胀的条件下进行的。实际工程中对于有侧胀变形的情形,在使用室内压缩试验指标时应注意这一特点,进行必要的转换。

2.4.1.2 常规压缩试验指标

(1)土的压缩系数和压缩指数

土的压缩系数的定义是土体在侧限条件下孔隙比减小量与竖向有效压应力增量的比值,即 e-p 曲线中某一压力段的割线斜率。地基中计算点的压力段应取土中自重应力至自重应力与附加应力之和范围。曲线愈陡,说明随着压力的增加,土孔隙比的减小愈显著,土的压缩性愈高。所以,曲线上任一点的切线斜率 a 就表示相应于压力 p 作用下土的压缩性:

$$a = -de/dp$$

式中负号表示随着压力 p 的增加,孔隙比 e 逐渐减小。实用上,一般研究土中某点由原

来的自重应力 p_1 增加到外荷作用后的土中应力 p_2（自重应力与附加应力之和）这一压力段所表征的压缩性。如图 2.14 所示，设压力由 p_1 增加到 p_2，相应的孔隙比由 e_1 减小到 e_2，则与压力增量为 $\Delta p = p_2 - p_1$ 对应的孔隙比变化为 $\Delta e = e_1 - e_2$。此时，土的压缩性可用图中割线 M_1M_2 的斜率表示。设割线与横坐标轴的夹角为 β，则：

$$a = \tan\beta = \frac{\Delta e}{\Delta p} = \frac{e_1 - e_2}{p_2 - p_1}$$

式中　a——土的压缩系数（MPa^{-1}）；

　　　p_1——地基某深度处土中（竖向）自重应力（MPa）；

　　　p_2——地基某深度处土中（竖向）自重应力与附加应力之和（MPa）；

　　　e_1，e_2——相应于 p_1、p_2 作用下压缩稳定后的孔隙比。

为了便于比较，通常采用压力段由 $p_1 = 0.1$ MPa（100 kPa）增加到 $p_2 = 0.2$ MPa（200 kPa）时的压缩系数 a_{1-2} 来评定土的压缩性如下：

$a_{1-2} < 0.1$ MPa^{-1} 时，为低压缩性土；

0.1 $MPa^{-1} \leqslant a_{1-2} < 0.5$ MPa^{-1} 时，为中压缩性土；

$a_{1-2} \geqslant 0.5$ MPa^{-1} 时，为高压缩性土。

土的压缩指数的定义是土体在侧限条件下孔隙比减小量与竖向有效压应力常用对数值增量的比值，即 e-$\lg p$ 曲线中某一压力段的直线斜率。土的 e-p 曲线改绘成半对数 e-$\lg p$ 曲线时，它的后段接近直线（图 2.15），其斜率 C_c 为：

$$C_c = \frac{e_1 - e_2}{\lg p_2 - \lg p_1} = \Delta e / \lg(p_2/p_1)$$

式中 C_c 称为土的压缩指数，以便与土的压缩系数 a 相区别。

同压缩系数 a 一样，压缩指数 C_c 值越大，土的压缩性越高。低压缩性土的 C_c 一般小于 0.2，C_c 值大于 0.4 的土为高压缩性土。国内外广泛采用 e-$\lg p$ 曲线来分析应力对黏性土、粉性土压缩性的影响，这对重要建筑物的沉降计算具有现实的意义。

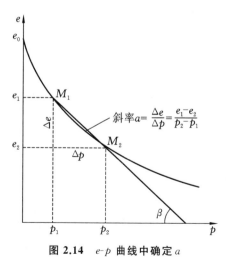

图 2.14　e-p 曲线中确定 a

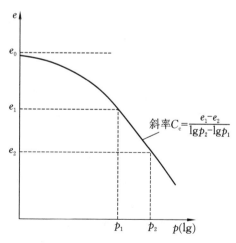

图 2.15　e-$\lg p$ 曲线中确定 C_c

（2）土的压缩模量和体积压缩系数

根据 e-p 曲线，可以求算另一个压缩性指标——压缩模量 E_s。它的定义是土体在侧限条件下竖向附加压应力与竖向应变的比值，或称侧限模量。土的压缩模量 E_s 可根据下式计算：

$$E_s = (1+e_1)/a$$

如图 2.16 所示，如果压缩曲线中的土样孔隙比变化 $\Delta e = e_1 - e_2$ 为已知，则可反算相应的土样高度变化 $\Delta H = H_1 - H_2$。

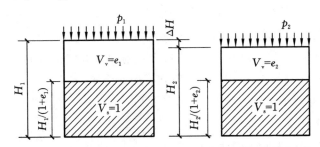

图 2.16 侧限条件下压力增量 Δp 施加前后土样高度的变化

于是 $H_2 = H_1 - \Delta H$，则

$$\frac{H_1}{1+e_1} = \frac{H_1 - \Delta H}{1+e_2} \quad 或 \quad \frac{\Delta H}{H_1} = \frac{e_1 - e_2}{1+e_1} \quad 或 \quad \Delta H = \frac{e_1 - e_2}{1+e_1} H_1$$

式中 $\Delta H / H_1$ 和 $(e_1 - e_2)/(1+e_1)$ 均表示为在侧限条件下由于压力增量 Δp 的作用所引起的土体单位体积的体积变化。由于 $\Delta e = a\Delta p$，则

$$\Delta H = \frac{a\Delta p}{1+e_1} H_1$$

由此得出侧限条件下的应力应变模量：

$$E_s = \frac{\Delta p}{\Delta H / H_1} = \frac{1+e_1}{a}$$

上式表示土样在侧限条件下，当土中应力变化不大时，土的压应力增量 Δp 与压应变增量 $\Delta H / H_1$ 成正比，且等于 $(1+e_1)/a$，其比例系数 E_s，即土的压缩模量应与一般材料在无侧限条件下简单拉伸或压缩时的弹性模量（杨氏模量）E 相区别。土的压缩模量 E_s 值越小，土的压缩性越高。

还有一个压缩性指标为体积压缩系数 m_v，它的定义是土体在侧限条件下体积应变与竖向压应力增量之比，即在单位压力增量作用下土体单位体积的体积变化，得：

$$m_v = \frac{e_1 - e_2}{(1+e_1)\Delta p} = \frac{\Delta H / H_1}{\Delta p} \quad 或 \quad m_v = \frac{1}{E_s} = \frac{a}{1+e_1}$$

同压缩系数和压缩指数一样，体积压缩系数 m_v 的值越大，土的压缩性越高。

（3）土的回弹再压缩曲线

当考虑深基坑开挖卸荷后再加荷的影响时，应进行土的回弹再压缩试验，其压力的施加应与实际的加卸荷状况一致。在室内压缩试验过程中，如加压到某值 p_i［相应于图 2.17（a）中 e-p 曲线上的 b 点］后不再加压，相反地，逐级进行卸压，可观察到土样的回弹。回弹稳定后的孔

隙比与压力的关系曲线(图中 bc 曲线),称为回弹曲线(膨胀曲线)。由于土样已在压力 p_i 作用下压缩变形,卸压完毕后,土样并不能完全恢复到初始孔隙比 e_0 的 a 点处,这就显示出土的压缩变形是由弹性变形和残余变形两部分组成的,而且以后者为主。如重新逐级加压,可测得土样在各级荷载下再压缩稳定后的孔隙比,从而绘制再压缩曲线,如图中 cdf 所示。其中 df 段像是 ab 段的延续,犹如其间没有经过卸压和再压缩过程一样。在半对数曲线上[图 2.17 (b)]也同样可以看到这种现象。

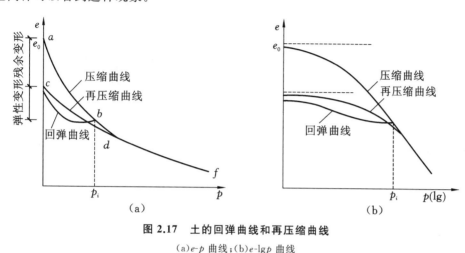

图 2.17　土的回弹曲线和再压缩曲线

(a)e-p 曲线;(b)e-lg$p$ 曲线

某些类型的基础,其底面面积和埋深往往都较大,开挖深基坑后地基受到较大的减压(应力解除)作用,因而发生土的膨胀,造成坑底回弹。因此,在预估基础沉降时,应适当考虑这种影响。

(4)先期固结压力和超固结比

先期固结压力 p_c,又称前期固结压力,是指土在历史上所受到的最大固结压力。该值可依据高压固结试验的 e-lg$p$ 曲线确定。图 2.18 给出了确定先期固结压力的卡萨格兰德(A.Casagrande)法:图中 A 点为 e-lg$p$ 曲线的最小曲率半径点,AA_1 为过 A 点的水平线,AA_2 为过 A 点的切线,AA_3 为 $\angle A_1AA_2$ 的平分线,AA_3 与 e-lg$p$ 曲线直线段的延长线相交于 B 点,B 点对应的压力即为先期固结压力 p_c。

超固结比 OCR 定义为土的先期固结压力与其有效自重压力的比值。利用超固结比可以判定土层的应力状态和压密状态。正常固结土的 OCR 等于1,超固结土的 OCR 大于1,欠固结土的 OCR 小于1。

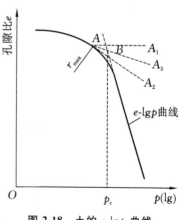

图 2.18　土的 e-lg$p$ 曲线

2.4.2　土的固结特性

饱和土在压力作用下,在孔隙体积逐渐缩小的同时,伴随着孔隙中的水被逐渐排出、超孔隙水压力逐渐消散和有效应力逐渐增长的全过程称为土的固结。饱和土的固结是一个同时进行着排水、压缩和应力转移的过程,土的透水性决定着这一过程的持续时间。

土的固结理论是研究土在固结过程中排水、压缩、超孔隙水压力及有效应力等随时间变化的理论。渗透性好的饱和无黏性土(如碎石类土、砂土)其压缩过程在短时间内就可以结束,一般认为在外荷载施加完毕时,其固结变形已基本完成。因此,工程实践中,一般无须考虑无黏性土的固结问题。对于黏性土、部分粉土和有机土,由于其渗透性差,完成固结所需的时间较长。如对于深厚软黏土层,其固结变形需要几年甚至几十年时间才能完成。因此,固结理论的研究对象主要是饱和黏性土。

1925 年,太沙基(Terzaghi)建立了饱和土的单向固结微分方程,并得出一定初始条件和边界条件下的解析解。这是黏性土固结的基本理论,迄今仍被广泛应用。在工程实践中,固结理论是进行饱和软土地基上建筑物沉降分析和大规模堆载条件下地基沉降计算的理论基础。固结沉降的时间速率取决于土的固结系数,一维(垂直)固结系数可通过固结试验结果评定。按整理固结试验数据时所采用的坐标不同,确定竖向固结系数的方法常分为时间对数法和时间平方根法。

时间对数法利用主固结完成 50% 的时间 t_{50} 来计算竖向固结系数 C_v。

$$C_v = \frac{0.197 H_{dr}^2}{t_{50}}$$

式中,H_{dr} 为排水距离,在固结试验中双面排水条件下等于试样高度的一半。

时间平方根法采用完成主固结 90% 的时间 t_{90} 来计算竖向固结系数 C_v。

$$C_v = \frac{0.848 H_{dr}^2}{t_{90}}$$

土的固结系数是反映土固结快慢的一个重要指标。固结系数与固结过程中孔隙水压力消散的速率成正比。固结系数越大,在其他条件相同的情况下,土内孔隙水排出速率越快。但是,土的固结系数是一个与施加的应力水平相关的量,不是一个常量。正常情况下,随着应力水平增加,固结系数会有所降低。对于超固结土,当施加的应力水平小于先期固结压力 p_c 时,固结系数最高;当应力接近 p_c 时,固结系数会降低很多;如果施加应力超过 p_c,固结系数会进一步降低。

饱和土的固结包括主固结(渗透固结)和次固结两部分。次固结(又称次压缩)是指土中有效应力维持不变的情况下体积仍随时间而产生缓慢压缩的过程。通常假定次固结是在主固结完成以后才发生的,次固结速率由土骨架的蠕变速率所决定。按现行规范,沉降计算时一般只计算主固结沉降,通过经验系数修正来考虑次固结沉降。但对于厚层高压缩性软土、有机质土和泥炭土,次固结沉降在总沉降量中可能占相当大的比例,必要时应计算次固结沉降量。

一般而言,土的压缩性高低、压缩变形量大小取决于土的物质成分、结构构造,同时还与荷载大小和加荷方式密切相关。就物质成分而言,黏性土主要由黏土矿物构成,而黏土矿物亲水性强、结合水膜厚、孔隙比大,所以在相同荷载作用下,黏性土的压缩变形量就比颗粒土大,而且固结变形持续时间长。土的压缩性与土的原始状态下的密实度关系密切,密实度高,压缩性就小。对于结构性强的黏性土,在天然结构没有破坏前,压缩变形小;一旦结构破坏,在相同荷载增量下压缩量会急剧增大。加荷越大,土的压缩量越大,而且卸载时会引起土的回弹。另外,对于颗粒土,振动荷载下容易密实,且产生更大的变形量。

2.4.3　土的干缩与湿胀

在自然界中,我们会发现这样的现象:长期干旱,土地会产生裂纹(称为干缩裂缝),这是由于土的干缩造成的;一场透雨过后,这些裂缝会自然愈合,这是湿胀在起作用。实验室内也可以观察到,在土缓慢干燥过程中量测饱和土的体积,会发现土样体积与含水率变化的关系,如图 2.19 所示。在高含水率范围内,两者的关系曲线为一条与坐标轴成 45°的直线,表明土体积的收缩量等于失去水的体积,土样仍保持饱和状态,称为正常干缩。只要在干燥过程中气体的体积不发生变化,含有少量空气的不饱和土也会出现正常干缩。如果继续干燥,干缩曲线的斜率会发生变化,从缩限开始空气进入孔隙中,土的体积收缩量小于失去水的体积,干缩变缓慢。再继续干燥,将引起土的结构的变化,由于结构变化引起的土体积的收缩称为残余干缩。

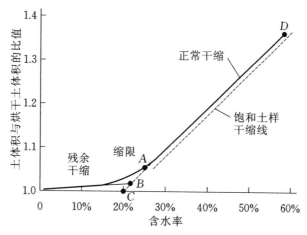

图 2.19　黏性土的干缩曲线

土在干燥过程中,土样的含水率减少使土体发生收缩的力是毛细吸力,在土体内表现为负的孔隙水压力(吸力)。当吸力超过土粒间的阻力,就会使土颗粒靠近,孔隙减小,土体发生收缩,但土仍维持饱和。随着土粒间距离减小,粒间阻力就会增大,当毛细吸力无法超过阻力时,土体体积就不再收缩,失去的水就由空气取代。阻止土粒靠近的阻力包括土粒或结合水膜的接触压力和粒间的斥力。

当土体干燥时,在土体表面由于干缩产生的拉应力而产生裂缝。在土体深处,土体在上覆压力下只能发生竖向收缩。但更一般的情况是土体产生三向收缩。当干燥不均匀时,则土体的收缩也会不均匀,会在土体内黏聚力低的地方出现裂隙。黏性土中出现裂隙对土的渗透性和稳定性产生很大的影响,水会沿裂隙快速地渗入,影响土体的稳定性。

当土体浸水变湿时,随着含水率增大,会使土的孔隙水压力增加,毛细吸力减小甚至消失,使土粒间的有效应力减小,使土的体积发生膨胀,即出现湿胀的现象。但是,干土再浸水湿润时,由于孔隙中的空气难以被水排走,而且土粒间的相互作用力是不可逆的,因此湿胀量与干缩量是不相等的。土体经过多次干-湿循环,土体浸润后的含水率逐步减少。

在土体浸水过程中,如果体积膨胀受到约束,土体中就会出现膨胀力。对于膨胀土,这种膨胀力有时会超过上覆荷载,使支撑于其上的建筑物上抬。地基土的不均匀湿胀隆起,会对建筑物上部结构产生很大的负面影响,甚至使上部结构开裂破坏。因此,在膨胀土地基上,建筑基础埋置深度应大于大气影响深度。

一般来讲,黏性土的干缩和湿胀特性与黏性土的塑性性质是一致的。黏性土的塑性越大,胀缩性也越强。影响胀缩性的因素包括黏性土的矿物成分、土的结构、初始含水率和围压等。如砂粒及粉粒含量高的土,含水率一般比较低,其胀缩量比较小;而蒙脱石、蛭石等含量高的土,一般含有很高的初始含水率,其胀缩量很大,而且是可逆的。土的胀缩性也受土的结构和构造的影响,主要表现在颗粒无定向排列的胀缩量小。对于定向排列的黏性土,垂直定向的收缩大于平行定向的收缩。但一般土的矿物成分对胀缩性的影响远大于土的结构和构造对胀缩性的影响。

2.5 土的工程分类

土是在自然界中经历了漫长而复杂的地质历史过程而逐渐形成的。由于所经历的自然历史过程(起源、风化、搬运、堆积等)不同,因而不同的土(体)各自具有物质成分、结构与构造上的特点,从而也决定了各自在工程地质性质上的差异。

面对如此纷繁复杂、工程性质又各不相同的土(体),为了更好地服务于不同行业、不同类型建筑物对土体的特定要求,以便合理确定针对性的研究内容和研究方法,正确评价土体的工程地质性状,恰当地选择岩土改良的技术方案,就必须在充分认识和综合分析土的个性的基础上寻找其共性,以进行合理的土的工程分类。

2.5.1 土的成因类型

在自然界中,岩石经内外动力地质作用而破碎,风化成土;土经各种地质营力搬运、沉积、成岩作用,又转化为岩石。在整个地质历史长河中,岩—土转化、土—岩转化无时无刻不在进行。土可以看作是这一转化过程中某一阶段的产物。除了火山灰及部分人工填土外,土的组成物质均来源于岩石的风化产物。土是这些风化产物经各种外动力地质作用(如流水、重力、风力、冰川作用等)搬运后,在适宜的环境中沉积下来的,或未经搬运残留在原地的碎散堆积物。

根据土的地质成因,土可划分为残积土、坡积土、洪积土、冲积土、堆积土、冰积土、风积土和人工填土等。但在漫长地质年代中,在某一区域,地质作用往往并不是单一的,不同成因的堆积物按时间顺序交替沉积,从而造成土的成因类型复杂化。工程建设所涉及的土,主要有以下几种基本成因类型。

2.5.1.1 残积土

残积土是岩石完全风化后残留在原地的松散堆积物,见图2.20。

残积土在形成初期,上部的颗粒较细、下部颗

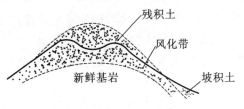

图 2.20 残积土层剖面

粒粗大,但由于后期雨水或雪水的淋滤作用,细小碎屑被带走,形成杂乱的粗颗粒堆积物。土颗粒的粗细取决于母岩的岩性,可以是粗大的岩块,也可能是细小的碎屑。由于未经过搬运,其颗粒具有明显的棱角状,不具分选性,也无层理。

残积土的物质成分与母岩的岩性密切相关,也与风化作用有关。物理风化作用形成的残积土主要由母岩碎屑或矿物组成;化学风化作用形成的残积土除含母岩成分外,还含有一些次生矿物。如花岗岩残积土中,长石常分解成黏土矿物,石英常破碎成砂;而石灰岩残积土则往往形成红黏土。

残积土的厚度取决于它的残积条件。在山丘顶部常被侵蚀而厚度较小,山谷低洼处则厚度较大,山坡上往往是粗大的岩块。由于山区原始地形变化较大和岩石风化程度的差异,往往在很小的范围内,土的厚度变化很大。残积土具有较大的孔隙度,一般透水性较强。

2.5.1.2 坡积土

坡积土是山坡上方的风化碎屑物质在流水或重力作用下搬运到斜坡下方或山麓处堆积形成的堆积物,见图2.21。

坡积土的颗粒一般具有棱角,但由于经过一段距离的搬运,往往成为亚角形;由于未经过良好的分选作用,细小或粗大的碎块往往夹杂在一起。在重力和流水的作用下,比较粗大的颗粒一般堆积在紧靠斜坡的部位,而细小的颗粒则分布在距离斜坡稍远的地方。坡积土的物质成分多种多样,与高处的岩性组成有直

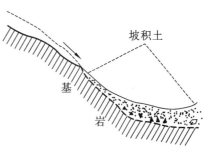

图 2.21 坡积土层剖面

接关系。坡积土中一般见不到层理,但偶尔也有局部的不太清晰的层理。新近堆积的坡积土常常具有垂直的孔隙,结构比较疏松,一般具有较高的压缩性,在水中易崩解。坡积土的厚度变化较大,从几厘米到上十米均有,在斜坡较陡的地段厚度较薄,在坡脚地段堆积较厚。一般当斜坡的坡度愈陡,坡脚处坡积土的范围愈大。坡积土中的地下水一般属于潜水。

2.5.1.3 洪积土

洪积土又称洪积物,是山区高处风化崩解的碎屑物质由暂时性洪流携带至沟口或沟口外平缓地带堆积形成的堆积物。从形态上呈扇状,所以又称洪积扇,多个洪积扇彼此相连,形成洪积扇群,见图2.22。

图2.23所示为洪积扇的地质剖面。可见洪积土的颗粒具有一定的分选性,离山区沟口较近的地方,洪积土的颗粒粗大,碎块多呈亚角形;离山口较远的地方,洪积土的颗粒逐渐变细,颗粒形状由亚角形逐渐变成亚圆形或圆形;在离山口更远的地方,洪积土中则往往发育黏性土等细颗粒土。由于每次暂时性水流的搬运能力不同,在粗大颗粒的孔隙中往往填充了细小颗粒,而在细小颗粒层中有时会出现粗大的颗粒,粗细颗粒间没有明显的分界线。洪积土具有比较明显的层理,离山区近的地方,层理紊乱,往往表现为交错层理;离山区远的地方,层理逐渐清晰,一般表现为水平层理或湍流层的交错层理。

图 2.22　洪积扇群

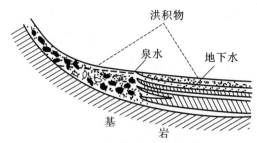

图 2.23　洪积扇的地质剖面

洪积土的厚度通常是离山区近的地方厚度大,远的地方厚度小,在小范围内的厚度变化不大。洪积土中的地下水一般属于潜水,由山口前缘向洪积平原补给。近山区前缘带的地势较高,潜水埋藏深;离山区较远地带的地势较低,潜水埋藏浅;局部低洼地段,潜水可能溢出地表。

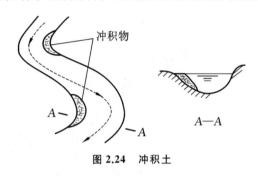

图 2.24　冲积土

2.5.1.4　冲积土

冲积土是碎屑物质经河流搬运后,在河流两岸地势较平缓地带或河口地带沉积形成的土,见图 2.24。根据其成因条件,冲积土又可分为山区河谷冲积土、平原河谷冲积土和三角洲冲积土。

（1）山区河谷冲积土

山区河谷冲积土主要由卵石、碎石等粗颗粒组成,分选性较差,颗粒大小不同的砾石相互混杂,组成水平排列的透镜体或不规则的夹层,厚度一般不大。但由于河流侧向侵蚀,也会带来细小颗粒,特别是当河流两旁有许多冲沟时,冲沟所带来的细小颗粒往往和河流冲积的粗大颗粒交错堆积在一起。

（2）平原河谷冲积土

河流上游的冲积土一般颗粒粗大,向下游逐渐变细。冲积层一般呈条带状,常具有水平层理。在每一个亚层中,土的成分比较均匀,具有很好的分选性。冲积土的颗粒形状一般为亚圆形或圆形,搬运的距离越长,颗粒的浑圆度越好。平原河谷冲积土中的地下水一般为潜水,通常由高阶地补给低阶地,由河漫滩补给河水。

平原河谷冲积土可进一步分为河床冲积土、河漫滩冲积土、牛轭湖冲积土和阶地冲积土。河床冲积土多由磨圆度较好的漂石、卵石、圆砾和各种砂土组成,以透镜体、斜层理和交错层理为主。河漫滩冲积土主要成分为细砂、粉土和黏性土,与下伏河床冲积土构成上细下粗的二元结构,表现为斜层理和交错层理。牛轭湖由河流截弯取直形成,其冲积土是河流沉积物与湖泊、沼泽沉积物的复合体。其底部常为河床冲积土,上部常为河漫滩冲积土的细砂或黏性土,顶部为湖泊以及沼泽沉积的淤泥、泥炭等。阶地冲积土是河流下切后由河漫滩堆积物演变而成,上部以黏性土、粉土和砂土为主,下部为卵石、圆砾层,构成二元结构。

（3）三角洲冲积土

三角洲冲积土是经河流搬运的大量细小碎屑物质在河流入海或入湖处沉积形成的土。

三角洲冲积土形成于河流与海洋或湖泊相互作用的复杂沉积环境,是多种沉积相共存且成分复杂的沉积复合体。三角洲冲积土一般分为三部分:①顶积层,顶积层是三角洲的陆上沉积部分,为冲积、湖泊堆积、沼泽堆积的交互沉积,以砂土、粉土为主,夹黏土、淤泥和泥炭等,具明显的水平层理或交错层理;②前积层,前积层是水下三角洲斜坡部分的堆积,为河、海(湖)交互沉积,以粉砂、粉土为主,具薄斜层理和波状层理,分选性较好,常见黏土夹层;③底积层,底积层是三角洲前缘斜坡的坡脚及前方的海(湖)底沉积物,是由河流搬运来的黏粒悬浮物、胶体沉积而成,以淤泥和黏土为主,具水平层理,河口入海处的三角洲的底积层富含海相生物化石。

　　三角洲冲积土的厚度大、分布面积广,土中的颗粒较细小且含量大,常有淤泥分布,土呈饱和状态。三角洲冲积土的顶部经过长期的压实和干燥,多形成所谓“硬壳层”。三角洲冲积土中的地下水一般为潜水,埋藏比较浅。

2.5.1.5　堆积土

(1) 湖泊堆积土

　　湖泊堆积土是由于湖泊地质作用,包括物理作用、化学作用或生物化学作用产生的碎屑物质在湖盆内沉积形成的土。

　　与其他陆相沉积土相比,湖泊堆积土一般颗粒细小,分选性和磨圆度均较好。以水平层理为主,层理比较清晰、规则,可见很薄的水平层理。原始产状自湖岸向湖心略微倾斜,厚度较稳定。一般湖岸沉积物的颗粒相对较粗,常具斜层理,厚度较小;湖心沉积物的颗粒较细,具水平层理,厚度较大。湖泊堆积土中淤泥和泥炭分布广,湖相黏土常具淤泥的特性,灵敏度很高。

　　湖泊堆积土可分为淡水湖堆积土和咸水湖堆积土。淡水湖堆积土以碎屑沉积为主,也有化学沉积和生物化学沉积,含碳酸盐、铁质、锰质、铝质、磷质等化学沉积物和泥炭、淤泥、硅藻土等生物化学沉积物,一般不含易溶盐类矿物。咸水湖堆积土含有大量易溶盐类矿物,包括碳酸盐、硫酸盐和卤盐等化学沉积物,不含生物沉积,缺乏有机质。

(2) 沼泽堆积土

　　沼泽堆积土是在地表水聚集或地下水出露的洼地内,由植物死亡后腐烂分解的残杂物与泥砂物质混合堆积形成的土。

　　沼泽堆积土的主要成分为泥炭等有机生成物,呈黑褐或深褐色,有时也含有少量黏土和细砂,具水平层理。泥炭的性质和含水率关系密切,干燥压密的泥炭较坚硬,湿的泥炭压缩性较高。泥炭是尚未完全分解的有机物,需考虑今后继续分解的可能性。

(3) 滨海堆积土

　　滨海堆积土是在海洋中靠近海岸的、海水深度不超过 20 m 的、经常受海潮涨落作用影响的狭长地带堆积的土。

　　滨海堆积土的分选性较好,颗粒大小由陆地向海洋方向自粗而细有规律地变化。由于海浪不断地冲蚀,颗粒滚成了圆形,磨圆度极好。滨海堆积土的分布宽度与海域的原始地形、波浪及岸流动力大小等有关,其宽度最大可达数千米。滨海堆积土由于经常受波浪的作用,化学作用和生物化学作用一般不太容易进行,主要是风化碎屑物的机械堆积作用。滨海堆积土的堆积条件可分为:①陡岸堆积,由陡岸悬崖上崩塌的岩块和海浪冲来的卵石、圆砾等组成,以粗大颗粒为主。若陡岸下海水较深,则往往有淤泥和砂砾的混合堆积物;②海滩堆积,堆积物一般较有规律,靠陆地边缘以卵石、圆砾、粗砂为主,往海域方向逐渐变为较细的颗粒,由砂、淤泥混砂等渐变为淤泥;③泻湖堆积,一般以淤泥堆积为主,也有化学堆积作用。

2.5.1.6　冰积土

冰积土是由于冰川活动或冰川融化后的冰下水活动堆积形成的土。冰积土根据其成因条件,可分为冰碛堆积土、冰水堆积土和冰碛湖堆积土。

(1)冰碛堆积土

冰碛堆积土是冰川所携带的碎屑物在冰川融化后直接堆积而成、未经流水的冲刷或搬运的土。冰碛堆积土无分选性,杂乱而不具层理,粒度相差悬殊,巨大的岩块和细小的砂、砾混合堆积在一起,具有极大的不均匀性。

(2)冰水堆积土

冰水堆积土是由冰川局部融化后的冰下水所携带的碎屑物沉积形成的土。冰水堆积土以砂粒为主,夹杂少量砾石、黏土,有一定分选性,砾石有一定磨圆度,具斜层理。冰水堆积层通常是良好的含水层。

(3)冰碛湖堆积土

冰碛湖堆积土是由冰水搬运的物质在冰碛湖中沉积、形成的土。冰碛湖堆积土具有粗细颗粒交替沉积的特征,夏季沉积浅色的砂层,冬季沉积深色的黏土层,其层理极薄。

冰积土的厚度不稳定,取决于冰川的形态和规模。一般山区冰积土的厚度不大,且不会连成一片。

2.5.1.7　风积土

风积土是岩石的风化碎屑物质经风力搬运至异地降落堆积形成的土。风积土的分选性良好,是陆相沉积土中分选性最好的土类之一。风积土中常见的为风积砂和风积黄土。

(1)风积砂

各种成因的砂,再经过风力的搬运,均可形成风积砂。风积砂的来源很广,也可由岩石受到吹蚀作用而直接形成。风积砂常具弧形斜层理。

(2)风积黄土

各种成因的粉土颗粒,经过风的吹扬、搬运到比砂更远的地方堆积而成。风积黄土一般不具层理,具有大孔性和垂直节理。

2.5.1.8　人工填土

人工填土是由于人类活动所堆填的土。人工填土根据其物质组成或堆填方式可分为素填土、杂填土、冲填土和压实填土等4类。

(1)素填土。素填土是由碎石土、砂土、粉土及黏性土等一种或几种土料组成的填土。

(2)杂填土。杂填土是含有大量建筑垃圾、工业废料或生活垃圾等杂物的填土。

(3)冲填土。冲填土是由水力冲填泥砂而形成的填土。

(4)压实填土。压实填土是按一定标准控制土料成分、密度和含水率,经分层压实或夯实而成的填土。

素填土、杂填土和冲填土通常是由于人类活动所弃置而随意堆填的土,统称为人工弃填土。压实填土则是根据工程需要而特意处理堆填的土。

2.5.2 土的工程分类原则和方法

土的工程分类的目的是为了满足工程建设的需要,根据土的工程性质,将土按种属关系划分为各种类别。土的分类与工程勘察、设计、施工等各个环节密切相关,其作用可体现在下列几方面:

(1) 根据土的类别可大致判断土的基本工程特性;

(2) 根据土的类别可合理确定不同土的研究内容和方法;

(3) 当土的工程性质不能满足工程要求时,可根据该类土的特性并结合工程要求选择适当的改良和治理措施。

2.5.2.1 土的工程分类的主要原则

(1) 以地质年代和地质成因为基础的原则。土是长期地质作用的产物,土的物质成分、结构与地质年代和地质成因有着密切的内在联系,特定的地质年代和成因条件形成特定类型的土,即地质年代和地质成因与土的工程特性存在内在关联性。

(2) 以工程性质差异性为前提的原则。应综合考虑土的各种主要工程特性,用影响土的工程特性的核心要素作为分类的依据,应使所划分的不同土类别之间,在其主要工程特性方面具有显著的质和量的差别。

(3) 以工程性质为依据的原则。土的工程分类的目的是为工程建设服务。工程性质指标是土的工程特性的定量标志,以土的工程特性作为分类依据才能便于指导人们根据土类判断土的基本工程性质,确定研究方法,指导工程实践。

(4) 分类指标便于准确测定的原则。土的分类指标应既能综合反映土的基本工程特性,又便于准确测定。为了减少误差,应尽可能采用定量指标。指标的测定方法应合理可行,不致引起过大的人为误差。

2.5.2.2 土的分类方法

(1) 通用分类和专门分类

工程上土的分类方法,若按其适用的工程领域范围,可分为通用分类和专门分类。通用分类是适用于工程建设各行业的土的工程分类体系。如国家标准《土的工程分类标准》(GB/T 50145)中土的分类方法就是工程用土的通用分类体系,在工程建设各行业通用。

专门分类又称部门分类或行业分类,是工程建设各行业在土的通用分类基础上,根据各自的专业特点和专门需要而制定的土的工程分类体系。我国的建筑、铁路、公路、水利等部门都有各自的土的工程分类体系,如国家标准《岩土工程勘察规范》(GB 50021)中土的分类方法,是适用于地基土勘察评价的专门分类体系。

(2) 全面分类和局部分类

土的工程分类方法,若按所需划分的对象,即土类种属层次的不同,可分为全面分类和局部分类。

全面分类又称一般分类,分类对象是较大区域范围内工程建设所涉及的全部土类。该方法是根据土的各种主要工程地质特征和工程特性所采用的一种综合性分类,分类结果包括所有类型的土。这种分类方法应用的工程范围较广,是土的工程分类的基础。《土的工程分类标准》(GB/T 50145)和《公路土工试验规程》(JTG E40)中土的工程分类的总体系属全面分类。

局部分类的分类对象是特定的一部分土,它是根据土的某一个或几个特征指标对部分土进行详细的专门划分,如按土的压缩性、密实度或状态、灵敏度等指标对土进行的分类。

在实际应用中,局部分类通常作为全面分类的补充。

2.5.3 土的工程分类标准

土的工程分类体系,目前国内外主要有两种。

(1) 建筑工程系统的分类体系:侧重于把土作为建筑地基和环境,以原状土为主要对象。如我国国家标准《建筑地基基础设计规范》(GB 50007)、《岩土工程勘察规范》(GB 50021)以及英国的基础试验规程等的分类。

(2) 材料系统的分类体系:侧重于把土作为建筑材料,用于路、坝等工程,以扰动土为主要对象。如我国国家标准《土的工程分类标准》(GB/T 50145)、水电行业分类法、公路路基土分类法和美国材料协会的土质统一分类法等。

2.5.3.1 《土的工程分类标准》(GB/T 50145)的分类法

该分类体系与一些欧美国家的土分类体系在原则上没有大的差别,只是在某些细节上做了一些变动。土的总分类体系如图 2.25 所示。

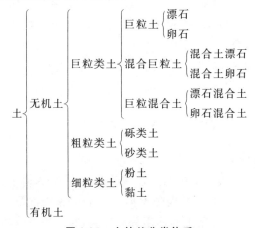

图 2.25 土的总分类体系

对土进行分类时,应先判别该土属于有机土还是无机土。当土的全部或大部分是有机质时,该土就属于有机土,含少量有机质时为有机质土;否则,就属于无机土。土中有机质应根据未完全分解的动植物残骸和无定形物质判定。有机质呈黑色、青黑色或暗色,有臭味,有弹性和海绵感,可采用目测、手摸或嗅感判别。当不能判别时,可由试验测定。若属于无机土,则可根据土内各粒组的相对含量把土分为巨粒类土、粗粒类土和细粒类土三大类后再进一步细分。

土的粒组应根据表 2.1 规定的土颗粒粒径范围划分。

(1) 巨粒类土的分类

巨粒类土应按试样中所含粒径大于 60 mm 的巨粒组含量来划分。试样中巨粒组质量大于总质量的 75% 的土称为巨粒土;试样中巨粒组质量为总质量的 15%～50% 的土称为巨粒混合土;试样中巨粒组质量小于总质量的 15% 的土,可扣除巨粒,按粗粒类土或细粒类土的相应规定分类定名。

巨粒类土再结合漂石粒含量进一步按表 2.9 细分。

表 2.9　巨粒类土的分类

土类	粒组含量		代号	名称
巨粒土	巨粒含量>75%	漂石含量>卵石含量	B	漂石
		漂石含量≤卵石含量	Cb	卵石
混合巨粒土	50%<巨粒含量≤75%	漂石含量>卵石含量	BSI	混合土漂石
		漂石含量≤卵石含量	CbSI	混合土卵石
巨粒混合土	15%<巨粒含量≤50%	漂石含量>卵石含量	SIB	漂石混合土
		漂石含量≤卵石含量	SICb	卵石混合土

（2）粗粒类土的分类

试样中粒径大于 0.075 mm 的粗粒组质量大于总质量的 50% 的土称为粗粒类土。粗粒类土又分为砾类土和砂类土两类。试样中粒径大于 2 mm 的砾粒组质量大于砂粒组含量的土称为砾类土,试样中粒径大于 2 mm 的砾粒组质量小于或等于砂粒组含量的土为砂类土。

砾类土根据其中的细粒含量及类别、土的级配具体分类见表 2.10。

表 2.10　砾类土的分类

土类	粒组含量		土类代号	土类名称
砾	细粒含量<5%	级配:$C_u \geq 5,1 \leq C_c \leq 3$	GW	级配良好砾
		级配:不同时满足上述要求	GP	级配不良砾
含细粒土砾	5%≤细粒含量<15%		GF	含细粒土砾
细粒土质砾	15%≤细粒含量<50%	细粒组中粉粒含量不大于50%	GC	黏土质砾
		细粒组中粉粒含量大于50%	GM	粉土质砾

砂类土根据其中的细粒含量及类别、土的级配具体分类见表 2.11。

表 2.11　砂类土的分类

土类	粒组含量		土类代号	土类名称
砂	细粒含量<5%	级配:$C_u \geq 5,1 \leq C_c \leq 3$	SW	级配良好砂
		级配:不同时满足上述要求	SP	级配不良砂
含细粒土砂	5%≤细粒含量<15%		SF	含细粒土砂
细粒土质砂	15%≤细粒含量<50%	细粒组中粉粒含量不大于50%	SC	黏土质砂
		细粒组中粉粒含量大于50%	SM	粉土质砂

（3）细粒类土的分类

试样中粒径不大于 0.075 mm 的细粒组质量大于或等于总质量的 50% 的土称为细粒类土。细粒类土应按下列规定划分：

① 试样中粗粒组质量小于或等于总质量的 25% 的土称为细粒土；

② 试样中粗粒组质量为总质量的 25%～50% 的土称为含粗粒的细粒土；

③ 试样中有机质含量为总质量的 5%～10% 的土称为有机质土。

细粒土可按塑性图进一步细分，塑性图的横坐标为土的液限（w_L），纵坐标为塑性指数（I_P）。取质量为 76 g、锥角为 30° 的液限仪锥尖入土深度为 17 mm 对应的含水率为液限，按塑性图（图 2.26）进行分类。

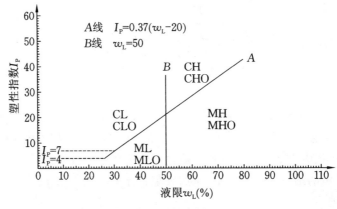

图 2.26　塑性图

若土的液限和塑性指数落在图 2.26 中 A 线以上，且 I_P 大于或等于 7，表示土的塑性高，属黏土或有机质黏土；若土的液限和塑性指数落在 A 线以下，或 I_P 小于 4，表示土的塑性低，属粉土或有机质粉土；若落在虚线之间区域，为黏土和粉土过渡区，可按相邻土层的类别细分。由于土的液限的高低可间接反映土的压缩性高低，即土的液限高，它的压缩性也高；反之，液限低，压缩性也低，因此该分类方法又用一条竖线 B 把黏土和粉土各细分为两类。土的具体定名和代号见表 2.12。

表 2.12　土的分类（17 mm 液限）

塑性指数 I_P	液限 w_L	土代号	土名称
$I_P \geq 0.73(w_L-20)$	$\geq 50\%$	CH	高液限黏土
和 $I_P \geq 7$	$<50\%$	CL	低液限黏土
$I_P < 0.73(w_L-20)$	$\geq 50\%$	MH	高液限粉土
或 $I_P < 4$	$<50\%$	ML	低液限粉土

【例 2.2】　有 A、B、C 三种土，它们的粒径分布曲线如图 2.27 所示。已知 C 土的液限为 47%，塑限为 24%。试对这三种土进行分类。

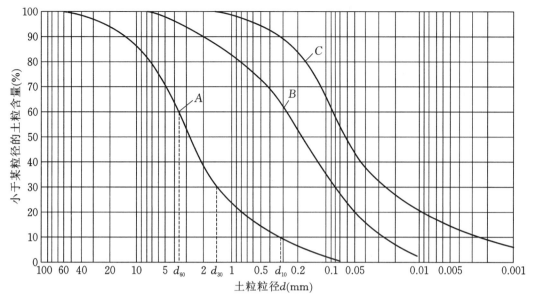

图 2.27 例 2.2 图

【解】(1) 对 A 土进行分类

从图 2.27 曲线 A 查得粒径大于 60 mm 的巨粒含量为零,而粒径大于 0.075 mm 的粗粒含量为 98%,大于 50%,所以 A 土属于粗粒类土;从图 2.27 中查得粒径大于 2 mm 的砾粒含量为 63%,大于砂粒含量,所以 A 土属于砾类土;细粒含量为 2%,小于 5%,该土属砾;从图 2.27 中曲线查得 d_{10}、d_{30} 和 d_{60} 分别为 0.32 mm、1.65 mm 和 3.55 mm,因此土的不均匀系数

$$C_{u} = \frac{d_{60}}{d_{10}} = \frac{3.55}{0.32} = 11.1$$

土的曲率系数

$$C_{c} = \frac{d_{30}^{2}}{d_{60} \times d_{10}} = \frac{1.65^{2}}{0.32 \times 3.55} = 2.40$$

由于 $C_{u} > 5$,$C_{c} = 1 \sim 3$,所以 A 土属于级配良好砾(GW)。

(2) 对 B 土进行分类

从图 2.27 的 B 曲线中查得粒径大于 0.075 mm 的粗粒含量为 72%,大于 50%,所以 B 土属于粗粒类土;从图中查得粒径大于 2 mm 的砾粒含量为 8%,小于砂粒含量,所以 B 土属于砂类土,但粒径小于 0.075 mm 的细粒含量为 28%,介于 15%～50%,因而 B 土属于细粒土质砂;由于 B 土的细粒组中粉粒含量大于黏粒含量,故最后应定名为粉土质砂(SM)。

(3) 对 C 土进行分类

从图 2.27 的 C 曲线中查得粒径大于 0.075 mm 的粗粒含量为 46%,介于 25%～50%,所以 C 土属于含粗粒的细粒土;从图 2.27 中查得粒径大于 2 mm 的砾粒含量为零,该土属于含砂细粒土;由于 C 土的液限为 47%,塑性指数 $I_{P} = 47 - 24 = 23$,在 17 mm 塑性图上落在 CL 区,故 C 土最后应定名为含砂低液限黏土(CLS)。

2.5.3.2 《建筑地基基础设计规范》(GB 50007)的分类

《建筑地基基础设计规范》(GB 50007)规定,作为建筑地基的岩土,它按土粒大小、粒组的土粒含量或土的塑性指数把地基土分为岩石、碎石土、砂土、粉土、黏性土和人工填土等几大类,然后进一步细分。

(1)岩石

岩石是颗粒之间牢固联结、呈整体或具有节理裂隙的岩体。岩石按成因可分为岩浆岩、沉积岩和变质岩;按风化程度可分为未风化、微风化、中等风化、强风化和全风化;按坚硬程度可分为坚硬岩、较硬岩、较软岩、软岩、极软岩。岩石坚硬程度的定量划分,采用岩石的饱和单轴抗压强度指标,见表2.13。

表 2.13 岩石坚硬程度的划分

坚硬程度类别	坚硬岩	较硬岩	较软岩	软岩	极软岩
饱和单轴抗压强度标准值 f_{rk}(MPa)	$f_{rk}>60$	$60 \geqslant f_{rk}>30$	$30 \geqslant f_{rk}>15$	$15 \geqslant f_{rk}>5$	$f_{rk} \leqslant 5$

(2)碎石土

碎石土为粒径大于2 mm的颗粒含量超过全重50%的土。碎石土可按表2.14分为漂石、块石、卵石、碎石、圆砾和角砾。

表 2.14 碎石土的分类

土的名称	颗粒形状	粒组含量
漂石	圆形及亚圆形为主	粒径大于200 mm的颗粒含量超过全重50%
块石	棱角形为主	
卵石	圆形及亚圆形为主	粒径大于20 mm的颗粒含量超过全重50%
碎石	棱角形为主	
圆砾	圆形及亚圆形为主	粒径大于2 mm的颗粒含量超过全重50%
角砾	棱角形为主	

注:分类时应根据粒组含量栏从上到下以最先符合者确定。

(3)砂土

砂土为粒径大于2 mm的颗粒含量不超过全重50%、粒径大于0.075 mm的颗粒含量超过全重50%的土。砂土可按表2.15分为砾砂、粗砂、中砂、细砂和粉砂。

表 2.15 砂土的分类

土的名称	粒组含量
砾砂	粒径大于2 mm的颗粒含量占全重25%~50%
粗砂	粒径大于0.5 mm的颗粒含量超过全重50%
中砂	粒径大于0.25 mm的颗粒含量超过全重50%
细砂	粒径大于0.075 mm的颗粒含量超过全重85%
粉砂	粒径大于0.075 mm的颗粒含量超过全重50%

（4）粉土

粉土为介于砂土与黏性土之间，塑性指数（I_P）小于或等于 10 且粒径大于 0.075 mm 的颗粒含量不超过全重 50％的土。

（5）黏性土

黏性土为塑性指数 I_P 大于 10 的土，可按表 2.16 分为黏土、粉质黏土。

表 2.16　黏性土的分类

塑性指数 I_P	土的名称	塑性指数 I_P	土的名称
$I_P > 17$	黏土	$10 < I_P \leqslant 17$	粉质黏土

注：塑性指数由相应于 76 g 圆锥体沉入土样中深度为 10 mm 时测定的液限计算而得。

（6）人工填土

人工填土是指由人类活动而堆填的土。其物质成分较杂，均匀性较差。人工填土根据其组成和成因，可分为素填土、压实填土、杂填土、冲填土。素填土为由碎石土、砂土、粉土、黏性土等组成的填土；经过压实或夯实的素填土为压实填土；杂填土为含有建筑垃圾、工业废料、生活垃圾等杂物的填土；冲填土为由水力冲填泥砂形成的填土。

（7）淤泥

淤泥为在静水或缓慢的流水环境中沉积，并经生物化学作用形成，其天然含水率大于液限、天然孔隙比大于或等于 1.5 的黏性土。天然含水率大于液限而天然孔隙比小于 1.5 但大于或等于 1.0 的黏性土或粉土为淤泥质土。含有大量未分解的腐殖质，有机质含量大于 60％的土为泥炭，有机质含量大于或等于 10％且小于或等于 60％的土为泥炭质土。

（8）红黏土

红黏土为碳酸盐岩系的岩石经红土化作用形成的高塑性黏土。其液限一般大于 50％。红黏土经再搬运后仍保留其基本特征，其液限大于 45％的土为次生红黏土。

（9）膨胀土

膨胀土为土中黏粒成分主要由亲水性矿物组成，同时具有显著的吸水膨胀和失水收缩特性，其自由膨胀率大于或等于 40％的黏性土。

（10）湿陷性土

湿陷性土为在一定压力下浸水后产生附加沉降，其湿陷系数大于或等于 0.015 的土。

2.6　特殊土的工程地质特性

特殊土是指某些具有特殊物质成分和结构，而工程地质性质也较特殊的土。这些特殊土一般都是在一定的生成条件下形成的，或是由于所处自然环境逐渐变化形成的。特殊土的种类甚多，本节主要叙述静水沉积的淤泥类土、含亲水性矿物较多的膨胀土、湿热气候条件下形成的红土、干旱气候条件下形成的黄土类土与盐渍土、人工填土和寒冷地区的冻土。这些特殊土的性质不同于常见的一般土，故其研究内容和研究方法也常有特殊要求。

2.6.1　淤泥类土

淤泥类土是指在水流缓慢的沉积环境中和有微生物参与作用的条件下沉积形成的含较多

有机质,疏松软弱(天然孔隙比大于1,天然含水率大于液限)的含较多粉粒的黏性土,为近代未经固结的在滨海、湖泊、沼泽、河湾、废河道等地区沉积的一种特殊土类。由于形成条件近似,不同成因形成的淤泥类土的性质是很相似的。

2.6.1.1 淤泥类土的形成条件、成分和结构特点

淤泥类土是在水流不通畅、缺氧、饱水条件下的静水盆地中形成的近代沉积物。其物质组成和结构具有一定的特点:主要是粉质亚黏土;除部分石英、长石、云母矿物外,还含有大量黏土矿物(其中常以伊利石和蒙脱石占多数),并含有少量的水溶盐类矿物,有机质含量较多(一般含量为5%~15%,个别较多些)。从外观上看,淤泥类土常呈灰色、灰蓝、灰绿和灰黑等暗淡的颜色,污染手指,并有臭味。由于淤泥类土含有大量的亲水性强的黏土矿物和有机物,并有少量的水溶盐分,它们起一定的暂时胶结作用,其结构形式常为蜂窝状或海绵状,疏松多孔;被扰动后,结构易被破坏,强度降低。淤泥类土定向排列明显,层理较发育,常具有薄层状构造,常含粉砂层或泥炭透镜体。

按形成和分布情况,我国淤泥类土基本上可以分为两大类:一类是沿海沉积的淤泥类土;一类是内陆和山区湖盆地及山前谷地沉积的淤泥类土。一般说,前者分布较稳定,厚度较大,土质较疏松软弱;后者常零星分布,沉积厚度较小,性质变化大。我国主要不同成因类型的淤泥类土如图2.28所示。

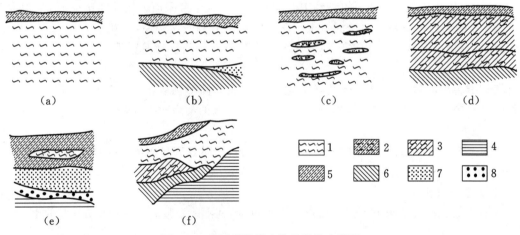

图2.28 我国淤泥类土的几种基本类型

(a)潟湖相;(b)谷相;(c)滨海相;(d)三角洲相;(e)河漫滩相;(f)山地型

1—淤泥;2—淤质亚黏土;3—淤质黏土;4—基岩;5—亚黏土;6—黏土;7—砂;8—砾石

(1)我国沿海沉积的淤泥类土,大致可分为以下四个类型。

① 潟湖相沉积:浙江温州、宁波等地区的淤泥类土属于这一类型。它的特征是地层比较单一,厚度大,沉积物颗粒微细、均匀,孔隙比大,强度低,分布范围宽阔,常形成滨海平原。

② 溺谷相沉积:福建福州闽江口地区属于这一类型。表层为耕土或人工填土,以及较薄的、较致密的黏土或亚黏土;以下为厚几米至十多米的高压缩性和低强度的淤泥类土;其下基岩或一般土层起伏变化较大,但淤泥类土分布范围较窄。

③ 滨海相沉积:天津塘沽新港和江苏连云港等地区淤泥类土属这种类型。表层为数米厚

的褐黄色亚黏土;以下为厚层(数十米)的淤泥类土,常夹粉砂薄层或透镜体。这种粉砂夹层是由黏土和粉砂交错形成的,呈细微条带状构造。这种有夹层的淤泥类土较前两类沉积物的工程地质性稍好。但在较深水处沉积的,特别是年代较新的淤泥类土,其工程地质很差。

④ 三角洲相沉积:长江三角洲、珠江三角洲等地区淤泥类土属于此类型。其特点是海相与陆相交替沉积。总体来说,软土层分布宽阔,厚度比较稳定、均匀,由于受海流与波浪的破坏,分选程度较差,多交错斜层理或不规则的透镜体夹层。比起前面三种类型的淤泥类土,这种淤泥类土的性质较好。

(2) 分布在内陆平原区的淤泥类土主要有以下类型。

① 湖相沉积:滇池东部、洞庭湖、洪泽湖、太湖等地区淤泥类土属于此类。其特点是颗粒微细均匀,富含有机质,淤泥成层较厚,不夹或很少夹砂层,但往往有厚度不等的泥炭夹层或透镜体。厚度各处不一,一般厚一二十米,其中所夹泥炭的性质很差。

② 河漫滩相沉积:长江、松花江中、下游河谷附近,淤泥类土常夹于上层黏性土之中,常为袋状或透镜体,产状、厚度、性质变化大,一般厚度小于 10 m,下层常为砂层。由于淤泥类土是局部淤积的,其成分、厚度、性质变化较大,会造成地基的不均一性。

③ 牛轭湖相沉积:土的性质与湖相沉积相近,但分布范围较窄,常有泥炭夹层,一般呈透镜体掩埋于冲积层之下,需慎重对待。

(3) 在我国广大山区沉积有"山地型"淤泥类土。它主要是由于当地的泥灰岩、各种页岩和泥岩的风化产物和地面的有机物,经水流搬运沉积在原始地形低洼处,长期泡水软化,间有微生物的作用而形成的,以坡洪积、湖积和冲积三种类型为主,其特点是分布面积不大,厚度变化悬殊,多分布在冲沟、谷地、河流阶地和各种洼地中。

2.6.1.2 淤泥类土工程地质性质的基本特点

在特定生成环境中形成的淤泥类土,具有某些特殊成分和结构,因而其工程地质性质表现出下列一些特点:

(1) 高孔隙比,饱水,天然含水率大于液限。我国淤泥类土孔隙比的常见值为 1.0～2.0,个别者达 2.4,液限一般为 40%～60%,饱和度一般都超过 95%,天然含水率多为 50%～70% 或更大。由于有一些联结,在未受扰动时,土常处于软塑状态;但一经扰动,结构破坏,土就处于流动状态。

(2) 透水性极弱,一般渗透系数为 10^{-8}～10^{-6} cm/s。由于常夹有极薄层的粉砂、细砂层,故垂直方向的渗透系数较水平方向要小些。

(3) 高压缩性。压缩系数 a_{1-2} 一般为 0.7～1.5 MPa^{-1},且随天然含水率的增大(即孔隙的增大)而增大。这是由于淤泥类土的结构疏松,矿物亲水性强,透水性弱,排水不易,沉积年代晚,故压密程度很差。表观变形量大而不均匀,变形稳定历时长。

(4) 抗剪强度低,且与加荷速度和排水固结条件有关。在不排水条件下进行三轴快剪试验时,φ 角接近于零;直剪试验时,φ 角一般只有 2°～5°,c 值一般小于 0.02 MPa。在排水条件下,抗剪强度随固结程度增加而增大,固结快剪的 φ 值可达 10°～15°,c 值在 0.02 MPa 左右。因此,要提高淤泥类土的强度,必须控制加荷的速度。

(5) 具有较显著的触变性和蠕变性,强震下易震陷。我国的淤泥类土常属于中灵敏性,也有的属于高灵敏性。因此,淤泥类土在取样、施工和作为地基使用过程中,应尽量避免扰动,或采取一定的措施。同时,必须考虑长期作用的影响,其长期强度往往还不足标准强度的一半。某些淤泥类土动强度很低,在较大的震动作用下易出现震陷,例如,厚度大于 3 m 的淤泥在 8 度地震时可能被震陷 150 mm 左右。

习惯上还将天然含水率大于液限,孔隙比大于 1.5(相当于天然含水率大于 55%)的淤泥类土称为"淤泥",即典型的淤泥类土,其压缩性很高,强度低,灵敏度较大;而将天然含水率大于液限,孔隙比为 1.0~1.5(相当于天然含水率为 36%~55%)的淤泥类土称为"淤泥质土"。它的特性介于典型淤泥和一般黏性土之间,其形成条件和成分与典型淤泥相近;但压密程度较好,含水率较低,故强度略高。

决定淤泥类土性质的根本因素是它的成分和结构。有机质或黏粒含量愈多,土的亲水性愈强,压缩性就愈高;但更重要的是与结构有关的孔隙比的大小,孔隙比愈大,天然含水率愈多,故压缩性就愈高,强度愈低,灵敏度愈大,性质就愈恶劣。

淤泥类土的强度主要取决于内聚力。它与含水率和孔隙比,即稠度和密实状态有关。由于抗剪强度很低,沉降量大或不均匀沉降明显,实质上,承载力取决于压缩性,主要是考虑变形不应超过某个限度。

在工程实践中,将天然孔隙比大于或等于 1.0,且天然含水率大于液限的细粒土称为软土,包括淤泥、淤泥质土、泥炭、泥炭质土等,其压缩系数大于 0.5 MPa^{-1},不排水抗剪强度小于 30 kPa。

2.6.2　膨胀土

在工程实践中,经常会遇到一种具有特殊变形性质的黏性土,它的体积随含水率的增加而膨胀,随含水率的减少而收缩。具有明显的膨胀性和收缩性的土,称为膨胀性土(简称膨胀土)。在膨胀土地区进行建设,如忽视对其特殊性质(膨胀或收缩)的研究,没有采取必要的措施,将给建筑物带来危害。

2.6.2.1　膨胀土的分布和成因类型

膨胀土在我国分布较广,云南、广西、贵州、湖北、河北、河南、山东、山西、四川、陕西、安徽等十多个省(自治区)均不同程度地分布有膨胀土;其中,尤以云南、广西、贵州、湖北、河南等省分布较多,有代表性。它给建筑工程带来了严重危害,因此备受重视。

膨胀土一般分布在盆地内垅岗、山前丘陵地带和二、三级阶地上,大多数是上更新世 Q_3 及以前的残坡积、冲积、洪积物,也有晚第三纪至第四纪的湖相沉积及其风化层;个别分布在全新世 Q_4 冲积一级阶地上。国外有些膨胀土属于冰湖沉积或海相沉积。

2.6.2.2　膨胀土的结构特征

从外表上看,膨胀土一般呈红、黄、褐、灰白等不同颜色,具有斑状结构,常含有铁锰质或钙质结核(这与淋滤沉淀有关)。土体常具有网状开裂,有蜡状光泽的挤压面,类似劈理。土层表层常出现各种纵横交错的裂隙和龟裂现象,这与失水土体强烈收缩有关。这些裂隙破坏了土体的完整性和强度,常形成软弱的结构面,使土体丧失稳定性。

膨胀土之所以具有胀缩特性,主要是因为土中含有较多的黏粒,一般黏粒含量达 35% 以上;更主要的是这些黏粒大部分为亲水性很强的蒙脱石和水云母等黏土矿物,膨胀收缩能力较强;易溶盐、中溶盐、有机质含量一般均较低,常见碳酸钙或铁锰质结核。部分膨胀土化学分析成果说明,主要化学成分为 SiO_2(45%~66%)、Al_2O_3(13%~31%)、Fe_2O_3(3%~15%),硅铝率为3~5;阳离子交换容量较大,一般呈中性或弱酸性。

天然状态下,膨胀土一般致密坚硬,孔隙比一般小于0.8,但某些残坡积红黏土却可达1.0以上。膨胀土物质成分一般在水平方向比较均一,但裂隙、微层理或隐层理却较发育。

2.6.2.3 膨胀土一般工程地质性质

膨胀土的液限、塑限和塑性指数都较大,液限为40%~68%,塑限为17%~35%,塑性指数为18~33。膨胀土的饱和度一般较大,常在80%以上,但天然含水率较小,大部分为17%~30%,一般在20%左右,所以土常处于硬塑或坚硬状态,强度较高,内聚力较大,内摩擦角普遍较高,压缩性一般中等偏低,故常被简单认为是很好的地基。但在水量增加或结构扰动时,其力学性质向不良方向转化较明显。某些资料表明,浸湿后和结构破坏后的重塑土,其抗剪强度比原状土降低1/3~2/3,其中内聚力降低较多,内摩擦角降低较少;而压缩系数可能增大1/4~1/2,这与部分胶结联结被破坏和水膜增厚有关。

2.6.2.4 膨胀土收缩性分级

膨胀土是指土中黏粒成分主要由亲水性矿物组成,同时具有显著的吸水膨胀和失水收缩两种变形特性的黏性土。具有下列工程地质特征的地区,且自由膨胀率大于或等于40%的土应判定为膨胀土:①裂隙发育,常有光滑面和擦痕,有的裂隙中充填着灰白、灰绿色黏土,在自然条件下呈坚硬或硬塑状态;②多出露于二级或一级以上阶地及山前和盆地边缘丘陵地带,地形平缓,无明显自然陡坎;③常见浅层塑性滑坡、地裂,新开挖坑(槽)壁易发生坍塌等;④建筑物裂缝随气候变化而张开和闭合。

在我国,膨胀土基本上可分为三种类型:第一类是湖相沉积及其风化层,黏土矿物成分以蒙脱石为主,自由膨胀率、液限、塑性指数都较大,土的膨胀和收缩性最显著;第二类是冲积、冲洪积、坡积物等,分布在河流阶地上,黏土矿物成分以水云母为主,自由膨胀率和液限较大,土的膨胀与收缩性也显著;第三类是碳酸盐类岩石的残积、坡积及洪积的红黏土,液限高,但自由膨胀率经常小于40%,常被判定为非膨胀性土,然而,其收缩性很显著,建筑物也受损害,故不能只按自由膨胀率判定,应根据当地经验综合判别。

影响土的膨胀性和收缩性的主要因素有:土的粒度和矿物成分、土的天然含水率、结构状态及水溶液的介质等。黏粒含量愈多,亲水性强的蒙脱石和水云母含量愈多,土的膨胀性和收缩性愈大。天然含水率愈小,可能吸水量愈大,故膨胀率可能愈大,但失水收缩则愈小。同一成分的土,吸水膨胀率将随天然孔隙比增大而减小,而收缩率则随着其增大而增大。因此,排列形式和胶结物类型都决定着土的胀缩特性。但是,土体发生膨胀或收缩变形是由于含水率的变化所致。这受自然条件或人为条件影响而发生变化,故土体产生膨胀或收缩变形的性质还与地形地势、土层分布、厚度、特性、气候条件、植物吸水及人为渗漏水等外部条件有关。

2.6.3 红土

红土是一种具有特殊工程地质性质的区域性特殊土,广泛分布于我国长江以南地区。其形成条件特殊,种类繁多,性质差别较大。

2.6.3.1　红土的分布

红土是在湿热气候条件下经历了一定红土化作用而形成的一种含较多黏粒,富含铁、铝氧化物胶结的红色黏性土。红土化作用是化学风化最终阶段的一种作用。任何岩土,经过红土化作用(其中的盐基成分大量淋失,铁、铝显著累积)都可以形成硅铝比较小,黏土矿物以高岭石为主,活动性较低的红土。出于物质来源的差异及经历了不同程度的红化作用,形成的红土类型不同:一类是各种岩石的残积(或局部坡积)风化壳上部的原生残积红土(经过再搬运而改造形成的,称次生红土);另一类是非残坡积成因,在氧化环境中经过搬运、沉积、红土化作用而形成的红土。分布最广的红土有如下几类:

(1)花岗岩残积红土:华南各地广泛分布着燕山期花岗岩类,发育着巨厚的红色风化壳,表层全风化带为残积土。根据其成分和结构特征,可分为均质红土、网纹红土和杂色黏性土,前两者统称残积红土。

(2)玄武岩残积红土:雷州半岛和海南岛北部,第四纪期间多期大面积喷发的玄武岩经风化后形成厚薄不等的风化壳,其表层的红色黏性土就是残积红土。南方其他地方也有零星分布。

(3)红层残积红土:华中、华南等地分布着第三系或侏罗-白垩系的内陆盆地沉积的红色岩层,主要是砂岩、粉砂岩和泥岩等,所形成的红色风化壳的表层为土状带,其中黏性土即为残积红土。

(4)红黏土:在我国,红黏土是特指碳酸盐类岩石在亚热带温湿气候条件下,经残积或局部坡积所形成的褐红、棕红等颜色的黏性土,以贵州、云南、广西分布最广,川南、湖南、湖北、广东、江西也有分布,厚度变化很大,除残坡积成因外,还有洪积、冲积等不同成因的次生红黏土。

(5)冲积网纹红土:在我国华中、华南地区零星分布着一种以河流冲积相为主的中更新世地层(Q_4)。它是在高温湿润气候条件下地表浅部沉积物受红土化作用而形成的,一般是一套具有二元结构的棕红色黏性土和砂砾石层,红色黏性土即为一般所谓的网纹红土或化斑土。

2.6.3.2　红土的工程地质特性

各类红土都是热带、亚热带湿热气候条件下的产物,风化程度高。矿物、化学成分变化强烈。碎屑矿物主要是石英和少量未风化长石;黏粒含量较多。黏土矿物以高岭石类为主,伊利石含量较少;含一定量的针铁矿和赤铁矿,部分含有三水铝石。化学成分以 SiO_2、Al_2O_3、Fe_2O_3 为主,其他成分含量很少,硅铝比小,pH 值低,有机质和可溶盐含量极少,比表面积及阳离子交换容量较低,游离氧化物含量较高,尤其是游离氧化铁含量占全铁的 $50\%\sim80\%$。总之,红土是以亲水性较弱的高岭石和石英为主,活动性较低,有铁质胶结的红色黏性土。

红土的粒度成分与母岩关系密切,砂岩、砾岩、花岗岩残积红土的粒度粗,砂砾含量多,黏粒含量较少($20\%\sim40\%$);碳酸盐类岩石和玄武岩残积红土,粒度细,黏粒含量多($40\%\sim80\%$)。

红土的基本特性一般如下:

(1)液限较大,含水较多,饱和度常大于 80%,土常处于硬塑至可塑状态。

(2)孔隙比一般较大,变化范围也大,尤其是残积红土的孔隙比常超过 0.9,甚至达 2.0;前期固结压力和超固结比很大,除少数软塑状态红土外,均为超固结土,这与游离氧化物胶结有关;一般常具有中等偏低的压缩性。

（3）强度变化范围大，一般较高，内聚力一般为 $10\sim60$ kPa，内摩擦角为 $10°\sim30°$ 或更大；

（4）膨胀性极弱。但某些土具有一定收缩性，这与粒度、矿物、胶结物情况有关；某些红土化程度较低的"黄层"收缩性较强，应划入膨胀土范畴；

（5）浸水后强度一般降低，部分含粗粒较多的红土，湿化崩解明显。

综上所述，红土是一种处于饱和状态、孔隙比较大、以硬塑和可塑状态为主、中等压缩性、较高强度的黏性土，具有一定收缩性。

2.6.3.3　各类红土的不同特性及评价

红土的工程地质性质取决于物质成分和结构特征，而这又与所受红土化作用的条件和程度有关。下面扼要阐述各主要类型红土的工程地质特性。

（1）花岗岩残积红土：粒度粗，含较多砂砾，黏粒含量为 $10\%\sim40\%$，主要矿物为石英和高岭石，含少量伊利石、针铁矿、三水铝石等。硅铝比小，亲水性弱，游离氧化物含量较多（$8\%\sim14\%$）；塑性不很强（液限为 $30\%\sim60\%$，塑性指数为 $10\sim25$），孔隙比大（$0.7\sim1.1$），常处硬塑状态，胀缩性弱；压缩性中等，超固结比很大（$2\sim13$），内摩擦角大（$20°\sim35°$），强度较高。

（2）玄武岩残积红土：粒度很细，黏粒含量较多（$40\%\sim70\%$），主要矿物为高岭石类、三水铝石、针铁矿或赤铁矿等；硅铝比很小，亲水性较弱，游离氧化物很多（$11\%\sim20\%$），红土化程度高；塑性强（液限为 $35\%\sim85\%$，塑性指数为 $15\sim35$），孔隙比很大（多数大于1，最大可达2），中等收缩性；由于含水情况不同，强度参数变化很大，φ 值一般为 $10°\sim30°$；c 值为 $10\sim60$ kPa。云南和湖南较老的玄武岩形成的残积红土比琼雷地区第四纪玄武岩残积红土的强度高些。玄武岩残积红土的特性接近红黏土，其强度一般比红黏土略低些。

（3）碳酸盐岩残积红土：红黏土分散度高（黏粒含量为 $10\%\sim80\%$），液、塑限大（液限为 $45\%\sim120\%$，塑限为 $20\%\sim60\%$）。碎屑矿物主要为石英、褐铁矿，黏土矿物为高岭石、绿泥石、伊利石等，有时含少量蒙脱石；硅铝比最大，活性较高，含游离氧化物为 $4\%\sim10\%$，低密实度（孔隙比为 $0.9\sim2.2$）；天然含水率高，近饱和状态，稠度状态上层硬、下层软，具有一定收缩性。裂隙发育，土体呈碎块状，中等压缩性，强度相对不低（φ 值一般为 $10°\sim20°$，c 值为 $20\sim60$ kPa），具有一定的结构强度，超固结比较大（$2\sim10$）。由于母岩性质、地形地貌、气候条件的不同，各地红黏土的工程特性有差别。

（4）红层残积红土：砂岩残积红土，粒度较粗，黏粒较少，而泥质岩残积红土，粒度较细，黏粒较多。碎屑矿物为石英、长石，黏土矿物主要为高岭石和伊利石，一般黏粒含量为 $20\%\sim50\%$；塑性中等（液限为 $30\%\sim60\%$，塑性指数为 $11\sim29$）；孔隙比较低，含水较少，常处可塑和硬塑状态，中等压缩性。砂岩残积红土，内摩擦角较大，内聚力小，一般无胀缩性，其特性接近花岗岩残积红土；而泥质岩残积红土，内摩擦角较小，内聚力稍大些，有弱膨胀性，其特性接近泥质灰岩残积红土。

（5）冲积网纹红土：湖南、江西等地的网纹红土（Q_2^{al}）是一种典型的老黏性土，自下而上逐渐由粗变细，黏粒含量一般为 $20\%\sim60\%$，下部常为粉质亚黏土，处可塑状态；上部为粉质黏土，含水较少，为硬塑或坚硬状态。网纹红土胶结较好，抗水性较强，孔隙比较小、较密实、中等偏低压缩性，强度较高（c、φ 值都较大），前期固结压力很大，超固结比可达8或更大。

综合成因和工程特性，可将红土分为残坡积和非残坡积（冲洪积）两大类。残坡积红土的性质与其粒度、矿物成分密切相关，一种是粒度粗，石英含量多，塑性较弱，以亚黏土为主，强度较高,具有极弱胀缩性,如花岗岩残积红土、砂砾岩等碎屑岩残积红土;另一种是粒度细,石英含量少,塑性较强,以黏土为主,强度稍低,具有弱—中等胀缩性,部分应划入膨胀土范畴,如碳酸盐岩残积红土、玄武岩残积红土、凝灰岩残积红土及泥质岩残积红土。非残坡积红土的性质与其形成年代、胶结物及粒度关系密切,一种是年代较老的红土,如 Q_2—Q_3 时期形成的网纹红土,胶结力强,强度高,无胀缩性,其性质接近典型老黏性土;另一种是年代较新的红土,如 Q_4 时期形成的红土化程度较低的冲洪积土及经过改造再沉积的次生红土,胶结力弱,联结差,强度较低,可能有一定的胀缩性,其性质更接近一般黏性土。

由于红土的形成条件和所处位置不同等原因,同一地段和不同层位的红土的性质和土体结构有时变化很大。因此,不能将红土土体视作均质体。应根据其所处的地形地貌单元、土的物质组成和土体结构,所处稠度状态及与下伏基岩的关系等,划分不同的土质单元。对不同土质单元采用不同指标进行评价,尤其是碳酸盐类岩石残坡积形成的红黏土,这个问题更为突出,表现如下:

① 随着深度的加大,红黏土的天然含水率、孔隙比、压缩系数都有较大的增高,状态由坚硬、硬塑可变为可塑、软塑,而强度则大幅度降低。这是因为地表水往下渗滤过程中,靠近地面部分易受蒸发,水分少,往深处渗滤强烈,且可能接收下卧基岩裂隙水的补给,水分多。

② 由于地形地貌和下伏基岩的起伏变化,红黏土的性质变化也很大。地势较高者,由于排水条件好,天然含水率和压缩性较低,强度较高;而地势较低者则相反。下伏基岩顶面起伏不同,也使红黏土的性质不同,相距很近就有很大变化,含水较多者一般位于溶沟溶槽等洼部,这些地方易积水,有时土处于软塑状态。

③ 不同成因类型的土也有差别。残积红黏土在地貌上呈溶蚀残丘或缓斜平台,土质较致密,但厚度变化悬殊;坡积红黏土多处于坡麓,较松散,结构性较差,下部有时夹软塑至流塑状黏土。

④ 强烈的失水收缩,使红黏土表层的裂隙很发育,破坏了土体的整体性,降低了土体强度,增强了透水性,这对于浅埋基础或边坡的稳定性都有影响。

2.6.4 黄土类土

黄土类土是一种特殊的第四纪大陆松散堆积物,在世界各地分布很广,性质特殊。

2.6.4.1 黄土类土的分布和标志

我国黄土类土基本上分布在西北、华北和东北地区,面积达六十多万平方千米,一般仅限于北纬 $30°$～$48°$分布,尤以北纬 $31°$～$45°$ 最为发育。这些地区位于我国大陆的内部西北沙漠区的外围东部地区,干旱少雨,具有大陆性气候的特点。

黄土类土是第四纪的产物,从早更新世 Q_1 开始堆积,经历了整个第四纪,直到目前还没有结束。按地层时代及其基本特征,黄土类土可分为三类。

(1) 老黄土:一般没有湿陷性,土的承载力较高。其中,Q_1 午城黄土主要分布在陕甘高原,覆盖在第三纪红土层或基岩上;而 Q_2 离石黄土分布较广,厚度也大,形成黄土高原的主体,主要分布在甘肃、陕西、山西及河南西部等地。

(2) 新黄土:广泛覆盖在老黄土之上,在北方各地分布很广,与工程建筑关系密切,一般都具有湿陷性。分布面积约占我国黄土的 60%,尤以 Q_3 马兰黄土分布更广,构成湿陷性黄土的主体。

（3）新近堆积黄土：分布在局部地方，是第四纪最近沉积物，厚仅数米，土质松软，压缩性高，湿陷性不一，土的承载力较低。

各地区黄土类土的总厚度不一，一般说来，高原地区较厚，且以陕甘高原最厚，可达 100～200 m，而其他高原地区一般只有 30～100 m。河谷地区的黄土总厚度一般只有几米到 30 m，且主要是新黄土，老黄土常缺失。黄土类土的成因是一个争论热烈、尚未最终解决的问题。一般认为，黄土类土是在一定的自然条件下，有不同的物质来源，受不同的地质作用，分布在不同的地貌单元上的多种成因的堆积物。我国黄土类土主要是风积成因类型，也有冲积、洪积、坡积、冰水沉积等成因类型。

黄土类土的颜色主要呈黄色或褐黄色，以粉粒为主，富含碳酸钙，有肉眼可见到的大孔，垂直节理发育，浸湿后土体显著沉陷（称湿陷性）。具有上述全部特征的土即为"典型黄土"，与之相类似，但有的特征不明显的土就称为"黄土状土"。典型黄土和黄土状土统称为"黄土类土"，习惯上常简称为"黄土"。不管是典型黄土或黄土状土，作为黄土类土的主要标志是以黄色为主，粉质，富钙，大孔性，垂直节理发育和具有湿陷性。尤其是湿陷性对建筑物有直接影响。因而，具有湿陷性的黄土类土一般又称"湿陷性黄土"。对它的勘察、设计、施工与一般土不一样，另有规范规定。下面着重论述典型黄土，尤其是西北地区 Q_3 马兰黄土（以下简称黄土）的特征。

2.6.4.2 黄土的成分和结构特征

黄土在干燥时具有较高的强度，而遇水后表现出明显的湿陷性，这是由黄土本身特殊的成分、结构所决定的。

黄土中含六十多种矿物，以碎屑矿物为主（约占 3/4 以上），并含部分黏土矿物（约占 10%～25%）。碎屑矿物中主要为石英（常超过一半以上），长石（约占 30%～40%，且以正长石为主），碳酸盐（含量为 8%～17%，主要为碳酸钙，成粒状或结核状存在），还有少量云母类矿物（只占百分之几）和重矿物（含量一般为 4%～7%）。黏土矿物绝大多数为水云母，并有少量蒙脱石和高岭石等。易溶盐、中溶盐和有机物的含量较少，一般都不超过 1%。

黄土化学成分中含量最多的是 SiO_2（50%～60%）、Al_2O_3（8%～15%）和 CaO（4%～12%），这与黄土的主要矿物是石英、长石、云母、碳酸钙有关。其次是 Fe_2O_3、MgO、FeO、K_2O，其含量一般都小于 6%，这与含少量辉石、角闪石、铁矿类矿物有关。小于 0.002 mm 胶粒部分的硅铝率一般为 2.5～3.0，pH 值为 6～9，一般都大于 7，呈弱碱性。交换容量一般不大，交换阳离子以 Ca^{2+}、Mg^{2+} 为主，也有 Na^+、K^+。

黄土基本上是由小于 0.25 mm 的颗粒组成的，尤以 0.1～0.01 mm 的颗粒占主要地位。粉粒含量常超过一半以上，甚至达到 60%～70%，且其中主要是 0.05～0.01 mm 的粗粉粒；砂粒含量较少，一般很少超过 20%，甚至只有百分之几，且其中主要的是 0.1～0.05 mm 的极细砂粒；黏粒含量变化较大，在 5%～35%，最常见为 15%～25%。

构成结构体系的是骨架颗粒，包括单个颗粒和颗粒集合体，它们的形态和联结形式影响到结构体系的胶结强度，它们的排列方式决定着结构体系的稳定性。湿陷性黄土一般都形成粒状架空点接触或半胶结形式。湿陷程度与骨架颗粒的强度、排列紧密情况、接触面积和胶结物的性质和分布情况有关。从结构排列和联结情况看，黄土是由石英和长石（还有少量的云母、重矿物和碳酸钙)的极细砂粒和粗粉粒构成基本骨架,其中,砂粒基本上互相不接触,分散在以粗粉粒所组成的架空结构中。以石英和碳酸钙等细粉粒作为填充料,聚集在较粗颗粒之间。以水云母为主(还有少量的腐殖质和其他胶体)的黏粒和所吸附的结合水以及部分水溶盐作为

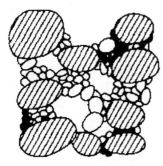

图 2.29　黄土结构示意图

胶结材料,依附在上述各种颗粒的周围,将较粗颗粒胶结起来,形成大孔和多孔的结构形式。由于胶结材料的成分、数量和胶结形式不同,黄土在水和压力作用下的表现就不一样。黄土的这种特殊结构形式是在干燥气候条件下形成和长期变化的产物。黄土在形成时是极松散的,在颗粒的摩擦或少量水分的作用下联结,但水分逐渐蒸发后,体积有些收缩,胶体、盐分、结合水集中在较细颗粒周围,形成一定的胶结联结。经过多次的反复湿润、干燥过程,盐分累积增多,部分胶体陈化,因此,逐渐加强胶结联结而形成上述较松散的结构形式(图 2.29)。

综上所述,黄土的成分和结构的基本特点是:以石英和长石组成的粉粒为主,矿物亲水性较弱,粒度细而均一,联结虽较强但不抗水;未经很好压实;结构疏松多孔,大孔性明显。所以,黄土具有明显的遇水联结减弱、结构趋于紧密的倾向。

2.6.4.3　黄土的工程地质性质的基本特点

在天然状态下,黄土表现出如下一些特点:

(1)塑性较弱。液限一般为 23％～33％,塑限常为 15％～20％,塑性指数多为 8～13。

(2)含水较少。天然含水率一般为 10％～25％,常处于半固态或硬塑状态,饱和度一般为 30％～70％。

(3)压实程度很差。孔隙较大,孔隙率大,常为 45％～55％(孔隙比为 0.8～1.1),干密度常为 1.3～1.5 g/cm³。

(4)抗水性弱。遇水强烈崩解,膨胀量较小,但失水收缩较明显,遇水湿陷较明显。

(5)透水性较强。由于大孔和垂直节理发育,故透水性比粒度成分相类似的一般黏性土要强得多,常具有中等透水性(渗透系数超过 10^{-3} cm/s),但具有明显的各向异性,垂直方向比水平方向要强得多,渗透系数可大数倍甚至数十倍。

(6)强度较高。尽管孔隙率很高,但压缩性仍属中等,抗剪强度较高(一般 φ 值为 15°～25°,c 值为 0.03～0.06 MPa)。但新近堆积黄土的土质松软,强度较低,压缩性较高。击实后的黄土,其强度增高,湿陷性减弱。

与一般黏性土一样,黄土的强度取决于土的类型、孔隙和含水情况。在含水率较小时,随着黏粒含量(或者塑性指数)的增大或均匀分布的碳酸钙含量的增多,土体强度增大。对同一成分的黄土,随着含水率的增大或孔隙的增多,土体强度降低。

天然状态下,黄土的主要特点是密实度低、含水少、透水强和强度高。但遇水后性质发生急剧变化,土体强度急剧降低,土体产生强烈沉陷变形。

2.6.4.4　黄土的湿陷系数

黄土在一定压力作用下,受水浸湿后结构迅速破坏而产生显著附加沉陷的性能,称为湿陷性,可以用浸水压缩试验求得湿陷系数来评价。天然黄土样在某压力 p 作用下压缩稳定后

（这时土样的高度为 h_p），不增加荷重而将土样浸水饱和，土样产生附加变形（这时测得土样的高度为 h'_p），h_p 和 h'_p 之差愈大，说明土的湿陷愈明显。一般用 h_p 和 h'_p 之差（湿陷值）与土样原始高度 h_0 之比来衡量黄土的湿陷程度，这个指标叫"湿陷系数"，即

$$\delta_s = \frac{h_p - h'_p}{h_0}$$

δ_s 值愈大，说明黄土的湿陷性愈强烈。但在不同压力下，黄土的 δ_s 是不一样的，一般以 0.2 MPa 压力作用下的 δ_s 作为评价黄土湿陷性的标准。黄土的湿陷系数 $\delta_s > 0.015$ 时，则认为该黄土为湿陷性黄土，且该值愈大，黄土湿陷性愈强烈。工程实践中还规定：δ_s 为 0.015～0.03 时，湿陷性轻微；δ_s 为 0.03～0.07 时，湿陷性中等；$\delta_s > 0.07$ 时，湿陷性强烈。当 $\delta_s <$ 0.015 时，则为非湿陷性黄土，可按一般土对待。

2.6.4.5　黄土的自重湿陷性和非自重湿陷性

工程实践中发现，在某些黄土地区出现如下现象：由于洼地积水造成地面下沉，或因水管漏水波及建筑物地基使建筑物产生很大裂缝，以及路基发生局部严重坍塌等；而在另一些地区则没有这种现象发生。这就必须区分这两种不同湿陷情况的黄土，即自重湿陷性和非自重湿陷性黄土。黄土受水浸湿后，在上部土层的饱和自重压力作用下而发生湿陷的，称为自重湿陷性黄土。自重湿陷性黄土的湿陷起始压力较小，低于其上部土层饱和自重压力。受水湿陷后，在上部土层饱和自重力作用下不发生湿陷的黄土，称为非自重湿陷性黄土。非自重湿陷性黄土的湿陷起始压力一般较大，高于其上部土层的饱和自重压力。

划分非自重湿陷性和自重湿陷性黄土，可取土样在室内做浸水压缩试验，在土的饱和自重压力下测定土的自重湿陷系数 δ_{zs}，即

$$\delta_{zs} = \frac{h_z - h'_z}{h_0}$$

式中　h_z——保持天然含水率和结构的土样，加压至土的饱和自重压力时，下沉稳定后的高度（cm）；

h'_z——上述加压稳定后的土样，在浸水作用下，下沉稳定后的高度（cm）；

h_0——土样的原始高度（cm）。

测定自重湿陷系数用的自重压力，自地面算起，至该土样顶面为止的上覆土的饱和（$S_r =$ 85%）自重压力。当 $\delta_{zs} < 0.015$ 时，应定为非自重湿陷性黄土；当 $\delta_{zs} \geqslant 0.015$ 时，应定为自重湿陷性黄土。

黄土的湿陷性一般是自地表向下逐渐减弱，埋深七八米以内的黄土湿陷性较强。不同地区、不同时代的黄土是不同的，这与土的成因、成岩作用、所处环境等条件有关。

2.6.5　盐渍土

地表土层易溶盐含量大于 0.5% 的土称为盐渍土。由于它发育在地表，与道路等表层建筑有密切关系。

2.6.5.1　盐渍土的分布及形成条件

盐渍土，按地理分布可分为滨海盐渍土、冲积平原盐渍土和内陆盐渍土等类型。我国盐渍土分布很广，主要分布在江苏北部和渤海西岸，华北平原的河北、河南等省，东北松辽平原西部

和北部,以及西北和内蒙古等地区,尤以西北地区最发育。

盐渍土的形成及其所含盐的成分和数量与当地的地形地貌、气候条件、地下水的埋藏深度和矿化度、土壤性质和人类活动有关。滨海盐渍土主要是海水浸入沿岸地区,经过蒸发,盐分残留地面而形成。冲积平原盐渍土主要是由于河床淤积抬高或水库渠道渗漏等使沿岸地下水位升高,地下水通过毛细上升作用不断将盐分输送到地表土层,经过蒸发,盐分集聚而形成。内陆盐渍土主要是由内陆洼地矿化潜水蒸发残留盐分形成的,或是封闭盆地中水分蒸发盐分沉积而成。

盐渍土的厚度并不很大,一般分布在地表以下 2～4 m,内陆盐湖区盐渍土厚度则可达数十米,这与地形地貌、气候条件、地下水埋藏深度和土的毛细上升高度有关。土的含盐量主要是近地表处较多,向深处盐分逐渐减少。但季节变化很大,旱季盐分向地表大量聚积,表层含盐量增高;雨季盐分被水冲洗淋滤下渗,表层含盐量减少。

盐渍土的特点是干旱时具有较高的强度,潮湿时强度减弱、压缩性增强,具有溶陷性,而且与所含盐的成分和数量有关。

2.6.5.2 盐渍土的类型及其特性

盐渍土的性质与所含盐的成分和含盐量有关。土中的盐类主要是氯盐、硫酸盐和碳酸盐三类。这几类盐有不同特性,对土的影响不相同。

氯盐主要有 $NaCl$、KCl、$CaCl_2$、$MgCl_2$ 等,具有很大的溶解度($330～750$ g/L^3),易随水分流动而迁移;具有强烈的吸湿性,能从空气中吸收水分,例如 $CaCl_2$ 晶体可以从空气中吸收超过本身质量 $4～5$ 倍的水分,故具有保持一定水分的能力。氯盐结晶时,体积不膨胀。因此,以含氯盐为主的盐渍土,在干燥时具有良好的工程地质性质:强度高,且因吸湿而保持了一定的水分,填土易于压实;但是,当潮湿时,氯盐很易溶解而土被泡软,盐渍土具有很大的塑性和压缩性,强度大大削减,稳定性被破坏。含氯盐盐渍土,由于其具有吸湿性而常处于潮湿状态,故称为"湿盐土"。

硫酸盐主要有 Na_2SO_4 和 $MgSO_4$,也具有很大的溶解度($110～350$ g/L^3),且随温度不同而变化显著。硫酸盐结晶时具有结合一定数量水分子的能力,如 Na_2SO_4 结晶为芒硝,结合 10 个水分子,即 $Na_2SO_4 \cdot 10H_2O$,因此体积膨胀大。当失水时,晶体变为无水状态,体积相应缩小。硫酸盐的这种胀缩现象经常是随着温度的变化而变化。当温度降低时,盐溶液达过饱和状态,盐分即从溶液中结晶析出,体积增加;温度升高时又溶解于溶液中,体积缩小。所以,含硫酸盐的盐渍土,有时由于昼夜温差变化而产生胀缩现象。例如,晚上温度较低,硫酸盐结晶而膨胀,盐渍土体积也随之膨胀;白天温度较高,硫酸盐又脱水成粉末状固体或溶于水溶液中,体积缩小。这种周期性的变化,使土的结构被破坏,产生松胀现象,故以含硫酸盐为主的盐渍土又称为"松胀盐土"。

碳酸盐主要有 $NaHCO_3$ 和 Na_2CO_3,也具有较大的溶解度(如 Na_2CO_3 的溶解度为 215 g/L^3),其水溶液具有较大的碱性反应。由于含有较多的钠离子,吸附作用强,遇水使黏土胶粒得到很多的水分,体积膨胀。在盐渍土中,碳酸盐的含量一般较少,但其影响很大。含碳酸盐的盐渍土具有明显碱性反应,故又称为"碱土"。干燥时,致密坚硬,强度较高;潮湿时,具有很大的亲水性,塑性、膨胀性、压缩性都很大,稳定性很低,不易排水,很难干燥,道路工程因而泥泞不堪。

此外,土中还含有少量的中溶盐和难溶盐 $CaSO_4$ 和 $CaCO_3$,其溶解度较低,在土中一般起胶结作用和凝聚作用,相对于易溶盐具有较好的性质,干燥时,土致密坚硬;潮湿时,也不疏松。

由上述可见,盐渍土中所含盐分及其数量对土的工程地质性质影响很大(主要考虑到道路工程),因此,盐渍土可按含盐成分及含量进行分类。

盐渍土中易溶盐含量小于 0.5% 时,对土性质的影响较小;超过此量时,盐分对于土的性质影响就很明显,它改变了土的成分,影响了土的结构,从而影响了有关的性质,如塑性、透水性、膨胀性、压缩性、击实性等。在干燥时,随着盐分的增多,土的强度增大而承载能力提高,但浸湿时压缩性增大而强度降低,稳定性很差,由于溶陷作用而增大土体变形量。此外,盐渍土及其中的地下水对地下建筑结构材料有腐蚀性。因此,作为路堤填料时,含盐量是有限制的,超盐渍土一般不能作为路堤填料。强盐渍土中,硫酸盐或碳酸盐含量较少,并采取一定措施后可作为路堤填料。中盐渍土或弱盐渍土一般可直接作路堤填料,但要注意,作为过水路堤或水工堤坝,应采取相应的措施。在特定的条件下,如在西北极干旱地区,超盐渍土作为填料也是允许的。实践证明,在水分缺乏地区,超盐渍土作为材料效果很好,甚至加大氯盐含量效果更好。

2.6.6 人工填土

人工填土是指由于人类活动而堆填的土。人工填土种类繁多,性质相差很悬殊,对人工填土的分类主要考虑堆积年限、组成物质和密实度等因素。目前,对人工填土作如下分类。

(1)素填土。主要由黏性土、砂或碎石组成,夹有少量碎砖、瓦片等杂物,有机质含量不超过 10%。素填土,按其堆积年限分为新素填土和老素填土两类。当年限不易确定时,可根据其孔隙比指标判定其类别。

黏性老素填土:堆积年限在 10 年以上,或孔隙比小于或等于 1.10;

非黏性老素填土:堆积年限在 5 年以上,或孔隙比小于或等于 1.00;

新素填土:堆积年限少于上述年限或指标不满足上列数值的素填土。

经分层碾压或夯实的填土称为压实填土。它是有目的地达到一定密实程度的填土,应与一般素填土区别。

(2)杂填土。主要为建筑垃圾、生活垃圾或工业废料等,它们各自的特征如下。

建筑垃圾杂填土:主要由房渣土组成,其中碎砖、瓦片等杂物约占 40% 以上。碎砖、石、砂等含量越多,土质越松散。

生活垃圾杂填土:主要由炉灰、煤渣和菜皮等有机杂物组成,其中含有未分解的有机质,组成物杂乱和松散。

工业废料杂填土:主要由矿渣、炉渣、金属切削丝和其他工业废料组成。

(3)冲填土。冲填土是用水力冲填法将水底泥砂等沉积物堆积而成的。按冲填堆积年限可分为老冲填土(冲填时间在 5 年以上者)和新冲填土。

由于人工填土的形成复杂而极不规律,组成物质杂乱,分布范围很不一致,一般是任意堆填,未经充分压实,故土质松散,空洞、孔隙极多。因此,人工填土的最基本特点是不均匀性、低密实度、高压缩性和低强度,有时具有湿陷性。

人工填土的不均匀性表现在颗粒成分的不均匀、压实度的不均匀,以及分布和厚度等的不均匀。人工填土的颗粒成分很复杂,有天然土的颗粒,也有碎砖、瓦片、石块及人类生产和生活所抛弃的垃圾。某些人工填土的颗粒成分是稳定的,如其中的天然土颗粒;有些成分是不稳定的,如其中岩石碎块的进一步风化、炉渣的崩解,以及有机物的腐烂和分解等。人工填土,还应考虑某些颗粒本身的强度,如煤渣、碎砖、瓦块等本身就是多孔、质轻,除空隙很大未压密外,在不大的压力下即可破碎,从而引起建筑物的剧烈沉陷。人工填土组成颗粒复杂,排列又无规律,瓦砾、石块间常有很大空隙,且无充填物充填,所以直接影响到密实度的不均匀性。

人工填土的孔隙比很大,压缩变形强烈,强度低。这与组成物质、排水情况、堆填年限、松密程度等因素有关。粗颗粒的填土,一般透水性较强,下沉稳定较快,密实度较大,其变形较小,强度较高。细颗粒的填土,尤其是有机质含量多的饱和软土素填土和冲填土,变形量很大,固结时间很长,强度很低,稳定性很差。人工填土中的有机质种类多,特别是生活垃圾,其中的有机质主要为半分解的动植物遗体,仅仅经过短时间的腐化。当人工填土中有机质含量过多时,就会影响沉降稳定时间,而且也会大大降低其强度。一般填积年限越久,土越密实,其中的有机质含量相对就少。老人工填土地基比较稳定,因在长期自重压力的作用下,由自重引起的下沉已基本完成;而新人工填土,因自重压力引起的下沉尚未完成,本身是不稳定的。

某些干燥的或稍湿的人工填土具有浸水湿陷的特性。填土形成时间短、结构疏松,这是引起浸水湿陷的主要原因。另外,人工填土中往往含有较多的可溶盐也是引起湿陷的原因之一。人工填土浸水湿陷,是地基雨后下沉和局部积水引起房屋裂缝的主要原因。

研究评价人工填土,主要是查明填土的成分、分布和堆积年代,了解不同地段和层位的压实度、变形特性和强度,判断土体的均匀程度,结合当地建筑经验提出土质改良的某些处理方法,采取与地基不均匀沉降相应的结构和措施。

2.6.7 冻土

在寒冷地区,当气温低于 0 ℃时,土中液态水冻结为固态冰,冰胶结了土粒形成的一种特殊联结的土称为冻土。当温度升高时,土中的冰融化为液态水,这种融化了的土称为融土,其中所含水分比未冻结前的土中水分增加很多。所以,冻土的强度较高,压缩性很低;而融土的强度极低,压缩性大大增强。冻结时,土中水分结冰膨胀,土体积随之增大,地基隆起;融化时,土中的水分融化,土体积缩小,地基沉降。土的冻结和融化,土体膨胀和缩小,常给建筑物带来不利的影响,甚至导致其破坏。

2.6.7.1 冻土的形成条件

土中水结成冰与冰融化为水是土中温度降低与升高的结果,土体的热动态变化促使土中的水的物理状态的变化,使土的力学性质剧烈变化。土体的热动态与当地气候条件有关,故土的冻结情况各地不同。冬季冻结,春季融化,冻结和融化具有季节性,这是最常见的现象,这种冻结的土称为"季节冻土"。由于气候条件不同,冻结土的深度也不同。我国秦岭以北及西南高寒地区,在冬季,土都具有不同程度的冻结现象,如沈阳、北京、太原及兰州以北的地区,冻结深度都超过 1 m。黑龙江北部和青藏高原等地区可达 2 m 以上。由于气候寒冷,冬季冻结时间长,夏季融化时间短,冻融现象只发生在表层一定深度,而下面土层的温度终年低于 0 ℃ 而不融化。这种多年冻结(3 年以上)而不融化的冻土称为"多年冻土"。东北多年冻土的地区,一般是年平均气温低于 0 ℃ 的地方,大致为从吉林、黑龙江交界到黑龙江省嫩江、鹤岗一线以北的地区,冻土厚 1~20m 或更大。多年冻土的分布,一般在水平方向是断断续续的(其间是夏季能融化的季节冻土区),形成所谓岛状多年冻土。在多年冻土的上层是季节性冻土,这种夏融冬冻的土层又称为"融冻层"或"活动层"。在多年冻土层内部,有时也可发现有部分不冻层。

土在冻结过程中,不单纯是土层中原有水分的冻结,还有未冻结土层中的水向冻结土层迁移而冻结。所以,土的冻胀不仅仅是水结冰时体积增加的结果,更主要的是水分在冻结过程中由下部向上部迁移富集再冻结的结果。重力水和毛细水在 0 ℃或稍低于 0 ℃时就冻结,冻结后不再迁移;而结合水以薄膜形式存在于土粒表面,由于吸附的关系,结合水外层一般要到 −1 ℃左右才冻结,内层甚至在 −10 ℃也不完全冻结。所以,当气温稍低于 0 ℃时,重力水和毛细水都先后冻结,结合水仍不冻结,依然从水膜厚处向薄处移动。当含盐浓度不同时,结合水由浓度低处向高处移动,水分移动虽缓慢,数量也不大。但是如有不断补给来源,一定时间内的移动水量还是很可观的。水的补给来源主要通过下面的毛细水补给,由于结合水向上移动,在温度合适时它也被冻结,这就造成冻结后的水分比冻结前的水分富集量大。所以,结合水的存在,毛细水不断的补给,合适的冻结温度和一定的时间,是大量水迁移的必要条件。土中水的迁移取决于当地的土质条件和水文地质条件。细粒土的冻胀很明显,含粉粒多的细粒土的渗透性较强,且毛细水可能及时补给,故水分更易大量富集。但是,地下水条件也很重要。地下水面浅,毛细水才能源源不断地供应,地下水面太深,毛细水不可能供应,水的迁移就很少,土的冻胀也就不明显。所以,只有在一定的低温、合适的土质条件和地下水埋藏较浅的情况下,土的冻胀才最强烈。此外,地形、植物及雪的覆盖情况,也影响到温度的变化,对土的冻胀也有影响。

2.6.7.2 土的冻胀性及其危害

土的冻胀是冻土区各种建筑物破坏的主要原因。冻胀使地基隆起,融化使地基沉降。由于冻胀和融化在建筑物地基下各处并不均一,往往对建筑物造成严重的破坏。此外,冻结过程中土与基础连在一起,基础可能因土的冻胀而被抬起、开裂和变形。土冻胀越明显,对建筑物的危害可能性越大。所以,土的冻胀程度是评价冻土地基的主要标准之一。

土的冻胀程度一般用冻胀率 η(又称冻胀量或冻胀系数)来表示,它是冻结后土体膨胀的体积与未冻结土体体积的百分比,其值越大,则土的冻胀性越强。一般按土的冻胀率将土划分为五类:Ⅰ级不冻胀土,$\eta < 1.0\%$;Ⅱ级弱冻胀土,$1.0\% < \eta \leqslant 3.5\%$;Ⅲ级冻胀土,$3.5\% < \eta \leqslant 6.0\%$;Ⅳ级强冻胀土,$6.0\% < \eta \leqslant 12.0\%$;Ⅴ级特强冻胀土,$\eta > 12.0\%$。

实践证明,土的冻胀程度除与气温条件有关外,与土的粒度成分、冻前土的含水率和地下水位的关系最为密切。在同样的条件下,粗粒的土比细粒的土冻胀程度小;冻前土的含水率越小,则土的冻胀程度越小;无地下水位补给条件土,比有地下水补给条件土的冻胀程度小。一般认为,冻结期间地下水位低于冻结深度的距离小于毛细水上升高度时,地下水就能不断补给。试验资料表明,黏性土在无地下水补给条件下开始产生冻胀的含水率基本上接近塑限,且随着天然含水率的增大其冻胀率也增大。

根据我国具体情况,含细粒(< 0.075 mm)较少的卵砾类土都属于不冻胀性土。但山区的卵砾类常夹黏土充填物,当充填物不处于坚硬或硬塑状态时,土的冻胀性就应根据黏性土的含水率和地下水位情况决定。除粉砂外,大多数砂土都属于不冻胀土,但细粒含量较多的细砂和粉砂,其中可能含部分粉粒和黏粒,冻胀性可能较明显,所以必须考虑天然含水率和地下水位情况决定其冻胀程度。对于目前无地下水补给的黏性土地基,如果由于其他原因可能使地基在冻结深度范围内土的含水率有显著增加时,也要按有地下水补给来确定其冻胀性。

冻土地区各类建筑物受到各种形式冻害的主要原因是,土的冻胀和热融作用及与其有关的地质现象(如冰堆、热融滑塌等)造成建筑物强烈的或不均匀的冻胀变形或热融下沉。对于季节冻土,冻胀作用的危害是主要的;对于多年冻土,热融作用的危害是主要的。冻胀和热融的关系是很密切的,一般是冻胀严重,热融也严重。但同一种土,因冻结条件不一样,冻结后土的情况就可能不同。

由于土质、水文地质和冻结条件的差异,多年冻土层中地下冰发育程度具有根本的区别:有的赋存厚冰层;有的发育着薄冰层,与整体状冻土互层;有的呈包裹冰;有的只在土粒中生长着冰晶。各土层冰的发育程度不同,土在融化时的性质也就差别很大。在我国建筑实践中,一般以冻胀性作为评价季节冻土的标准,而对于多年冻土,则以含冰情况不同而有不同融沉性作为评价标准。

由于冻土包括土粒、水、冰、气体的四相体系,故其物理力学性质更为复杂,现已形成一门独立的研究冻土的学科——冻土学。有关冻土的一些特殊指标和冻融机理,可参阅有关文献。

 思考题

1. 简述土中水的形式有哪些。

2. 土的三相比例指标有哪些? 哪些可以直接测定? 哪些需要通过换算求得?

3. 什么是塑性指数、液性指数? 塑性指数的大小与哪些因素有关? 如何应用液性指数来评价土的软硬状态?

4. 简述《建筑地基基础设计规范》(GB 50007)对地基土的分类。

5. 已知土样试验数据:土的重度为 19.0 kN/m²,土粒重度为 27.1 kN/m³,土的干重度为 14.5 kN/m³,求土样的含水率、孔隙比、孔隙率和饱和度。

6. 某黏性土的含水率为 36.4%,液限为 48%,塑限为 25.4%,试求该土样的塑性指数和液性指数,并确定该土样的状态。

3 土工试验

3.1 土的物理性质及试验

3.1.1 土的颗粒分析试验

3.1.1.1 土的颗粒级配

在自然界中存在的土,都是由大小不同的土粒组成。土粒的粒径由粗到细逐渐变化时,土的性质相应地发生变化。土粒的大小称为粒度,通常以粒径表示。介于一定粒度范围内的土粒,称为粒组。各个粒组随着分界尺寸的不同,而呈现出一定质的变化。划分粒组的分界尺寸称为界限粒径。

3.1.1.2 颗粒分析试验(筛析法)

筛析法适用于粒径为 0.075~60 mm 的土。

1. 仪器设备

(1)分析筛:

① 粗筛,孔径为 60、40、20、10、5、2(mm)。

② 细筛,孔径为 2.0、1.0、0.5、0.25、0.1、0.075(mm)。

(2)天平:称量 5000 g,分度值 1 g;称量 1000 g,分度值 0.1 g;称量 200 g,分度值 0.01 g。

(3)振筛机:筛析过程中应能上下振动,应符合现行行业标准《实验室用标准筛振荡机技术条件》(DZ/T 0118)的规定。

(4)其他:烘箱、研钵、瓷盘、毛刷等。

2. 取样数量

筛析法的取样数量,应符合表 3.1 规定。

表 3.1 筛析法取样数量

颗粒尺寸(mm)	取样数量(g)	颗粒尺寸(mm)	取样数量(g)
<2	100~300	<40	2000~4000
<10	300~1000	<60	4000 以上
<20	1000~2000		

3. 筛析法试验步骤

（1）按表 3.1 的规定称取试样质量，应准确至 0.1 g，试样数量超过 500 g 时，应准确至 1 g。

（2）将试样过 2 mm 筛，称筛上和筛下的试样质量。当筛下的试样质量小于试样总质量的 10% 时，不做细筛分析；筛上的试样质量小于试样总质量的 10% 时，不做粗筛分析。

（3）取 2 mm 筛上的试样倒入依次叠好的粗筛最上层筛中，筛下的试样倒入依次叠好的细筛最上层筛中，进行筛析。细筛宜置于振筛机上振筛，振筛时间宜为 10~15 min。由最大孔径筛开始，按由上而下的顺序将各筛取下，称各级筛上及底盘内试样的质量，应准确至 0.1 g。

（4）筛后各级筛上和筛底上试样质量的总和与筛前试样总质量的差值，不得大于试样总质量的 1%。

注：根据土的性质和工程要求可适当增减不同筛径的分析筛。

4. 含有细粒土颗粒的砂土试验步骤

（1）按表 3.1 的规定称取代表性试样，置于盛水容器中充分搅拌，使试样的粗细颗粒完全分离。

（2）将容器中的试样悬液通过 2 mm 筛，取筛上的试样烘至恒量，称烘干试样质量，应准确到 0.1 g，并进行粗筛分析，取筛下的试样悬液，用带橡皮头的研杆研磨，再过 0.075 mm 筛，并将筛上试样烘至恒量，称烘干试样质量，应准确至 0.1 g，然后进行细筛分析。

（3）当粒径小于 0.075 mm 的试样质量大于试样总质量的 10% 时，应按《土工试验方法标准》(GB/T 50123)密度计法或移液管法测定小于 0.075 mm 的颗粒组成。

5. 结果整理

小于某粒径的试样质量占试样总质量的百分比，应按下式计算：

$$X = \frac{m_A}{m_B} d_x$$

式中　X——小于某粒径的试样质量占试样总质量的百分比（%）；

　　m_A——小于某粒径的试样质量（g）；

　　m_B——细筛分析时为所取的试样质量，粗筛分析时为试样总质量（g）；

　　d_x——粒径小于 2 mm 的试样质量占试样总质量的百分比（%）。

以小于某粒径的试样质量占试样总质量的百分比为纵坐标，颗粒粒径为横坐标，在单对数坐标上绘制颗粒大小分布曲线。

必要时计算级配指标：不均匀系数 C_u 和曲率系数 C_c。

颗粒分析试验的记录格式见表 3.2。

表 3.2　颗粒分析试验记录表（筛析法）

任务单号		试验者	
试验日期		计算者	
烘箱编号		校核者	
试样编号		天平编号	

风干土质量＝_____ g	小于 0.075 mm 的土占总土质量百分数 X＝_____ %
2 mm 筛上土质量＝_____ g	小于 2 mm 的土占总土质量百分数 X＝_____ %
2 mm 筛下土质量＝_____ g	细筛分析时所取试样质量 m_B＝_____ %

试验筛编号	孔径（mm）	累积留筛土质量（g）	小于某粒径的试样质量 m_A(g)	小于某粒径的试样质量百分数（%）	小于某孔径的试样质量占试样总质量的百分数 X(%)
底盘总计					

3.1.2　土的密度试验

土的密度是土体质量与土体体积的比值,即单位体积中土体的质量,通常以 g/cm³ 为单位。根据土所处的状态不同,土的密度分为天然密度、饱和密度和干密度三种。天然状态下单位体积土的质量称为天然密度。饱和密度是指土体孔隙中全部充满水时,单位土体体积的质量。天然密度和饱和密度称为土体的湿密度。干密度指的是土的孔隙中完全没有水时的密度,即固体颗粒的质量与土的总体积之比值。土的密度取决于土粒的密度、孔隙体积的大小和孔隙中水的质量多少,它综合反映了土的物质组成和结构特征,是计算土的干密度、孔隙比和饱和度的重要依据,也是自重应力计算、挡土墙压力计算、土坡稳定性验算、地基承载力和沉降量估算以及路基路面施工填土压实控制的重要指标之一。

土的密度试验是采用测定试样体积和试样质量而求取的。试验时将土充满给定容积的容器,然后称出该体积土的质量,或者测定一定质量的土所占的体积。其试验方法有环刀法、蜡封法、灌水法、灌砂法等。

环刀法适用于能用环刀切取的层状样、重塑土和细粒土,是试验的基本方法。蜡封法适用于环刀难以切取并易碎裂的土和形状不规则的坚硬土,不适用于具有大孔隙的土。灌水法和灌砂法适用于现场测试的碎石土和砂土。

3.1.2.1　环刀法

环刀法是用已知质量及容积的环刀,切取土样,称重后减去环刀质量即得土的质量,环刀的容积即为土的体积,进而可求得土的密度。

1. 仪器设备

(1) 环刀:内径 61.8 mm 或 79.8 mm,高 20 mm。

（2）天平：称量 500 g，分度值 0.1 g；称量 200 g，分度值 0.01 g。

（3）其他：切土刀、钢丝锯、玻璃板和凡士林。

2. 试验步骤

（1）按工程需要取原状土或人工制备扰动土样，其直径和高度应略大于环刀的尺寸，整平两端放在玻璃板上。

（2）将环刀的刃口向下放在土样上垂直下压，并用切土刀沿环刀外侧切削土样，边压边削至土样高出环刀，根据试样的软硬程度，采用钢丝锯或切土刀将环刀两端余土削去修平。

（3）擦净环刀外壁，称环刀和土的总质量，准确至 0.1 g。

3. 结果整理

（1）环刀法密度试验的记录格式见表 3.3。

表 3.3　密度试验记录表（环刀法）

任务单号		试验者	
试验日期		计算者	
天平编号		校核人员	
烘箱编号			

试样编号	环刀号	环刀容积 $V(\text{cm}^3)$	湿土质量 $m_0(\text{g})$	湿密度 $\rho(\text{g/cm}^3)$	含水率 $w(\%)$	干密度 $\rho_d(\text{g/cm}^3)$	平均干密度 $\bar{\rho}_d(\text{g/cm}^3)$

（2）土的湿密度（土的天然密度），应按下式计算：

$$\rho = \frac{m_0}{V}$$

式中　ρ——试样的湿密度（g/cm³），准确至 0.01 g/cm³；

m_0——湿土质量（g）；

V——环刀容积（cm³）。

（3）土的干密度，应按下式计算：

$$\rho_d = \frac{\rho}{1 + 0.01w}$$

式中　ρ_d——试样的干密度（g/cm³），准确至 0.01 g/cm³；

　　　ρ——试样的湿密度（g/cm³）；

　　　w——含水率（%）。

本试验应进行两次平行测定，其平行差值不得大于 0.03 g/cm³；取两次测值的算术平均值。

3.1.2.2　蜡封法

蜡封法是将已知质量的土块浸入融化的石蜡中，使试样有一层蜡外壳，以保持完整的外形。通过分别称得带蜡壳试样在空气中和水中的质量，根据浮力原理，计算出试样体积及土的密度。

1. 仪器设备

（1）蜡封设备：应附熔蜡加热器；

（2）天平：称量 500 g，分度值 0.1 g；称量 200 g，分度值 0.01 g。

2. 试验步骤

（1）切取约 30 cm³ 的试样。削去松浮表土及尖锐棱角后，系于细线上称量，准确至 0.01 g，取代表性试样测定含水率。

（2）持线将试样徐徐浸入刚过熔点的蜡中，待全部沉浸后，立即将试样提出。检查涂在试样四周的蜡中有无气泡存在。当有气泡时，应用热针刺破，并涂平孔口。冷却后称蜡封试样质量，准确至 0.1 g。

（3）用线将试样系在天平端，并使试样浸没于纯水中称量，准确至 0.1 g。测记纯水的温度。

（4）取出试样，擦干蜡表面的水分，用天平称量蜡封试样，准确至 0.1 g。当试样质量增加时，应另取试样重做试验。

3. 结果整理

按下式计算湿密度及干密度：

$$\rho = \frac{m}{\dfrac{m_1 - m_2}{\rho_{wt}} - \dfrac{m_1 - m}{\rho_n}}$$

$$\rho_d = \frac{\rho}{1 + 0.01w}$$

式中　ρ——土的湿密度（g/cm³），准确至 0.01 g/cm³；

　　　ρ_d——土的干密度（g/cm³），准确至 0.01 g/cm³；

　　　m——试件质量（g）；

　　　m_1——蜡封试件质量（g）；

m_2——蜡封试件水中质量(g);

ρ_{wt}——纯水在 t ℃时密度(g/cm³),准确至 0.01 g/cm³;

ρ_n——蜡密度(g/cm³),准确至 0.01 g/cm³;

w——含水率(%)。

本试验须进行两次平行测定,取其算术平均值,其平行差值不得大于 0.03 g/cm³。

3.1.2.3 灌砂法

灌砂法是利用均匀颗粒的砂去置换试坑中的试样。该试验法适用于现场测定细粒土、砂类土和砾类土的密度。试样的最大粒径一般不得超过 15 mm,测定密度层的厚度为 150~200 mm。

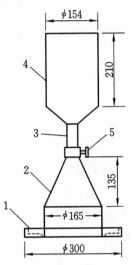

图 3.1 密度测定器

1—底盘;2—灌砂漏斗;
3—螺纹接头;4—容砂瓶;5—阀门

1. 仪器设备

(1) 密度测定器(图 3.1):由容砂瓶、灌砂漏斗和底盘组成。灌砂漏斗高 135 mm、直径 165 mm,尾部有孔径为 13 mm 的圆柱形阀门;容砂瓶容积为 4 L,容砂瓶和灌砂漏斗之间用螺纹接头连接。底盘承托灌砂漏斗和容砂瓶。

(2) 天平:称量 10 kg,分度值 5 g;称量 500 g,分度值 0.1 g。

2. 标准砂密度的测定步骤

(1) 标准砂应清洗洁净,粒径宜选用 0.25~0.50 mm,密度宜选用 1.47~1.61 g/cm³。

(2) 组装容砂瓶与灌砂漏斗,螺纹连接处应旋紧,称其质量。

(3) 将密度测定器竖立,灌砂漏斗口向上,关阀门,向灌砂漏斗中注满标准砂,打开阀门使灌砂漏斗内的标准砂漏入容砂瓶内,继续向漏斗内注砂漏入瓶内,当砂停止流动时迅速关闭阀门,倒掉漏斗内多余的砂,称容砂瓶、灌砂漏斗和标准砂的总质量,准确至 5 g。试验中应避免振动。

(4) 倒出容砂瓶内的标准砂,通过漏斗向容砂瓶内注水至水面高出阀门,关阀门,倒掉漏斗中多余的水,称容砂瓶、漏斗和水的总质量,准确到 5 g,并测定水温,准确到 0.5 ℃。重复测定 3 次,3 次测值之间的差值不得大于 3 mL,取 3 次测值的平均值。

3. 容砂瓶的容积计算

$$V_r = (m_{r2} - m_{r1})/\rho_{wt}$$

式中 V_r——容砂瓶容积(mL);

m_{r2}——容砂瓶、漏斗和水的总质量(g);

m_{r1}——容砂瓶和漏斗的质量(g);

ρ_{wt}——不同水温时水的密度(g/cm³),查表3.4。

表 3.4 水的密度

温度(℃)	水的密度(g/cm³)	温度(℃)	水的密度(g/cm³)	温度(℃)	水的密度(g/cm³)
4.0	1.0000	15.0	0.9991	26.0	0.9968
5.0	1.0000	16.0	0.9989	27.0	0.9965
6.0	0.9999	17.0	0.9988	28.0	0.9962
7.0	0.9999	18.0	0.9986	29.0	0.9959
8.0	0.9999	19.0	0.9984	30.0	0.9957
9.0	0.9998	20.0	0.9982	31.0	0.9953
10.0	0.9997	21.0	0.9980	32.0	0.9950
11.0	0.9996	22.0	0.9978	33.0	0.9947
12.0	0.9995	23.0	0.9975	34.0	0.9944
13.0	0.9994	24.0	0.9973	35.0	0.9940
14.0	0.9992	25.0	0.9970	36.0	0.9937

4. 标准砂的密度计算

$$\rho_s = \frac{m_{rs} - m_{rl}}{V_r}$$

式中 ρ_s——标准砂的密度(g/cm³);

m_{rs}——容砂瓶、漏斗和标准砂的总质量(g)。

5. 灌砂法的试验步骤

(1) 根据试样最大粒径,确定试坑尺寸,见表 3.5。

表 3.5 试坑尺寸(mm)

试样最大粒径	试坑尺寸		试样最大粒径	试坑尺寸	
	直径	深度		直径	深度
5(20)	150	200	60	250	300
40	200	250			

(2) 将选定试验处的试坑地面整平,除去表面松散的土层。

(3) 按确定的试坑直径画出坑口轮廓线,在轮廓线内下挖至要求深度,边挖边将坑内的试样装入盛土容器内,称试样质量,准确到 10 g,并应测定试样的含水率。

(4) 向容砂瓶内注满砂,关阀门,称容砂瓶、漏斗和砂的总质量,准确至 10 g。

(5) 将密度测定器倒置(容砂瓶向上)于挖好的坑口上,打开阀门,使砂注入试坑。在注砂过程中不应振动。当砂注满试坑时关闭阀门,称容砂瓶、漏斗和余砂的总质量,准确至 10 g,并计算注满试坑所用的标准砂质量。

6. 结果整理

试样的密度,应按下式计算:

$$\rho_0 = \frac{m_p}{\dfrac{m_s}{\rho_s}}$$

式中　m_p——试样质量(g)；

　　　m_s——注满试坑所用标准砂的质量(g)。

试样的干密度,应按下式计算,准确至 0.01 g/cm³。

$$\rho_d = \frac{\dfrac{m_p}{1+0.01w_1}}{\dfrac{m_s}{\rho_s}}$$

式中　w_1——试样的含水率(%)。

3.1.3　土的相对密度试验

土粒密度与同体积 4 ℃时水的密度之比称为土粒相对密度,它在数值上等于单位体积土粒的质量。颗粒相对密度的大小取决于土的矿物成分。有机质土的土粒相对密度为 2.4～2.5,泥炭土的土粒相对密度为 1.5～1.8,含铁质较多黏性土的土粒相对密度为 2.8～3.0。同一种类的土,其颗粒相对密度变化幅度较小,由于颗粒变化的幅度不大,通常可按经验数值选用。测定土粒相对密度,可为计算土的孔隙比、饱和度以及土的其他物理力学试验(如颗粒分析的密度计法试验、固结试验等)提供必需的数据。土粒相对密度是土粒固有的属性,与土体所处状态无关,且只能通过试验测定,与含水率、密度合称为土的直接试验指标。

测定土粒相对密度的试验方法有比重瓶法、浮称法和虹吸管法。比重瓶法适用于粒径小于 5 mm 的各类土;浮称法和虹吸管法适用于粒径大于或等于 5 mm 的各类土。当其中粒径大于 20 mm 的土颗粒质量小于总土质量的 10% 时采用浮称法。当其中粒径大于 20 mm 土颗粒的质量大于或等于总土质量的 10% 时采用虹吸管法。其中比重瓶法是常用的试验方法,这里仅介绍比重瓶法。

1. 仪器设备

(1) 比重瓶:容量 100 mL 或 50 mL,分长颈和短颈两种;

(2) 天平:称量 200 g,分度值 0.001 g;

(3) 恒温水槽:最大允许误差应为 ±1 ℃;

(4) 砂浴:应能调节温度;

(5) 真空抽气设备:真空度 −98 kPa;

(6) 温度计:测量范围 0～50 ℃,分度值 0.5 ℃;

(7) 筛:孔径 5 mm;

(8) 其他:烘箱、纯水、中性液体、漏斗、滴管。

2. 比重瓶的校准步骤

(1) 将比重瓶洗净,烘干,称量两次,准确至 0.001 g。取其算术平均值,其最大允许平均差值应为 ±0.002 g。

（2）将煮沸并冷却的纯水注入比重瓶,对长颈比重瓶,达到刻度为止;对短颈比重瓶,注满水,塞紧瓶塞,多余水自瓶塞毛细管中溢出。将比重瓶移入恒温水槽。待瓶内水温稳定后,将瓶取出,擦干外壁的水,称瓶、水总质量,准确至 0.001 g。测定两次,取其算术平均值,其最大允许平行差值应为±0.002 g。

（3）将恒温水槽水温以 5 ℃级差调节,逐级测定不同温度下的瓶、水总质量。

（4）以瓶、水总质量为横坐标,温度为纵坐标,绘制瓶、水总质量与温度的关系曲线(图 3.2)。

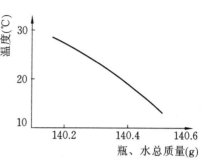

图 3.2 温度和瓶、水总质量关系曲线

3. 试验步骤

（1）将比重瓶烘干。当使用 100 mL 比重瓶时,应称粒径小于 5 mm 的烘干土 15 g 装入;当使用 50 mL 比重瓶时,应称粒径小于 5 mm 的烘干土 12 g 装入。

（2）可采用煮沸法或真空抽气法排除土中的空气。向已装有干土的比重瓶注入纯水至瓶的一半处,摇动比重瓶,将瓶放在砂浴上煮沸,煮沸时间自悬液沸腾起,砂土不得少于 30 min,细粒土不得少于 1 h。煮沸时应注意不使土液溢出瓶外。

（3）将纯水注入比重瓶,当采用长颈比重瓶时,注水至略低于瓶的刻度处;当采用短颈比重瓶时,应注水至近满,有恒温水槽时,可将比重瓶放于恒温水槽内。待瓶内悬液温度稳定及瓶上部悬液澄清。

（4）当采用长颈比重瓶时,用滴管调整液面恰至刻度处,以弯液面下缘为准,擦干瓶外及瓶内壁刻度以上部分的水,称瓶、水、土总质量;当采用短颈比重瓶时,塞好瓶塞,使多余水分自瓶塞毛细管中溢出,将瓶外水分擦干后,称瓶、水、土总质量。称量后应测定瓶内水的温度。

（5）根据测得的温度,从已绘制的温度与瓶、水总质量关系中查得瓶、水总质量。

（6）当土粒中含有易溶盐、亲水性胶体或有机质时,测定其土粒相对密度应用中性液体代替纯水,用真空抽气法代替煮沸法,排除土中空气。抽气时真空度应接近一个大气负压值(−98 kPa),抽气时间可为 1~2 h,直至悬液内无气泡逸出时为止。其余按步骤(3)至(5)的规定进行。

（7）本试验称量应准确至 0.001 g,温度应准确至 0.5 ℃。

4. 结果整理

土粒的相对密度,应按下式计算:

$$d_s = \frac{m_d}{m_{bk} + m_d - m_{bks}} \cdot G_{kT}$$

式中　m_{bk}——比重瓶、水总质量(g);

$\quad\quad m_{bks}$——比重瓶、水、试样总质量(g);

$\quad\quad m_d$——干土质量(g);

$\quad\quad G_{kT}$——T ℃时纯水或中性液体的相对密度。

水的相对密度可查物理手册;中性液体的相对密度应实测,称量应准确至 0.001 g。

本试验应进行两次平行测定,试验结果取其算术平均值,其最大允许平行差值应为±0.02。

比重瓶法试验的记录格式见表 3.6。

表 3.6　相对密度试验记录表（比重瓶法）

试样编号	比重瓶号	温度（℃）G_{kT}	液体相对密度G_{kT}	干土质量$m_d(g)$	比重瓶、液总质量$m_{bk}(g)$	比重瓶、液、土总质量$m_{bks}(g)$	与干土同体积的液体质量(g)	相对密度d_s	平均相对密度$\overline{d}_s$	备注
		(1)	(2)	(3)	(4)	(5)	$(6)=(3)+(4)-(5)$	$(7)=\frac{(3)}{(6)}\times(2)$		

3.1.4　土的含水率试验

土体中水相物质（液态水和冰）的质量与土粒质量的百分比被称为土的含水率，即

$$w=\frac{m_w}{m_s}\times100\%$$

式中　w——土的含水率。

土的含水率是反映土的干湿程度的指标之一，它具体表明土体中水相物质的含量多少。

含水率的变化对黏性土等一类细粒土的力学性质有很大影响，一般说来，同一类土（细粒土）的含水率愈大，土愈湿愈软，作为地基时的承载能力愈低。天然土体的含水率变化范围很大，我国西北地区由于降水量少，蒸发量大，沙漠表面的干砂含水率为零，一般干砂，其含水率也接近于零；而饱和的砂土含水率可高达 40%；在我国沿海软黏土地层中，土体含水率可高达 60%～70%，云南某地的淤泥和泥炭土含水率更是高达 270%～299%。

土的三相物质中除颗粒一相外，其余两相经常随气候和季节而发生变化，因此含水率是用相对不变的颗粒质量做分母而不是用土的总质量做分母。一般说来，同一类土（尤其是细粒土），当其含水率增大时，其强度就降低。土的含水率一般用"烘干法"测定。先称小块原状土样的湿土质量，然后置于烘箱内维持 105 ℃烘至恒量，再称干土质量，湿、干土质量之差与干土质量的比值，就是土的含水率。

1. 仪器设备

(1) 烘箱：可采用电热烘箱或温度能保持 105～110 ℃的其他能源烘箱；

(2) 电子天平：称量 200 g，分度值 0.01 g；

(3) 电子台秤：称量 5000 g，分度值 1 g；

(4) 其他：干燥器、称量盒。

2. 试验步骤

(1) 取有代表性试样：细粒土 15～30 g，砂类土 50～100 g，砂砾石 2～5 kg。将试样放入称

量盒内,立即盖好盒盖,称量,细粒土、砂类土称量应准确至 0.01 g,砂砾石称量应准确至 1 g。当使用恒质量盒时,可先将其放置在电子天平或电子台秤上清零,再称量装有试样的恒质量盒,称量结果即为湿土质量。

(2) 揭开盒盖,将试样和盒放入烘箱,在 105～110 ℃下烘到恒量。烘干时间,对黏质土,不得少于 8 h;对砂类土,不得少于 6 h;对有机质含量为 5％～10％的土,应将烘干温度控制在 65～70 ℃的恒温下烘至恒量。

(3) 将烘干后的试样和盒取出,盖好盒盖放入干燥器内冷却至室温,称干土质量。

3. 结果整理

试样的含水率,应按下式计算,准确至 0.1％。

$$w = \left(\frac{m_0}{m_d} - 1\right) \times 100\%$$

式中　m_d——干土质量(g);

　　　m_0——湿土质量(g)。

本试验必须对两个试样进行平行测定,取其算数平均值。最大允许平行差值为:当含水率小于 10％时,为 ±0.5％;当含水率 10％～40％时,为 ±1.0％;当含水率大于 40％时,为 ±2.0％。

含水率试验的记录格式见表 3.7。

表 3.7　含水率试验记录表

任务单号				试验者			
试验日期				计算者			
天平编号				校核者			
烘箱编号							

试样编号	试样说明	盒号	盒质量(g)	盒加湿土质量(g)	盒加干土质量(g)	水分质量(g)	干土质量 m_d(g)	含水率 w(%)	平均含水率 $\bar{w}$(%)
			(1)	(2)	(3)	(4)=(2)-(3)	(5)=(3)-(1)	(6)=$\frac{(4)}{(5)}\times100$	(7)

3.1.5 液塑限试验

3.1.5.1 土的界限含水率

土的界限含水率是土由一种含水状态过渡到另一种状态时的含水率分界值。1911 年,阿太堡(Atterberg)研究提供了一种简单的试验技术以量测土的液限和塑性;1932 年,卡萨格兰德(Casagrande)研制了标准的液限仪(碟式液限仪);1940 年人们开始用液限和塑性指数作为土分类的基础,所以土的界限含水率也称为阿太堡界限,有液限、塑限和缩限之分。

3.1.5.2 液塑限联合测定法

联合测定法使用的仪器为电磁式锥式液限仪,调制土样时使其具有不同的含水率,按第2.3.2节测液限的方法,测读 5 s 后的锥尖下沉深度,并测取土样的含水率;在双对数坐标系中描点作图,则图中与锥尖沉入深度为 10 mm 所对应的含水率即为土的液限,与锥尖沉入深度为 2 mm 所对应的含水率即为土的塑限。联合测定法适用于粒径小于 0.5 mm 以及有机质含量不大于试样总质量 5% 的土。

1. 主要仪器设备

液塑限联合测定仪应包括带标尺的圆锥仪、电磁铁、显示屏、控制开关和试样杯(图 3.3)。圆锥仪质量为 76 g,锥角为 30°;读数显示宜采用光电式、游标式和百分表式。

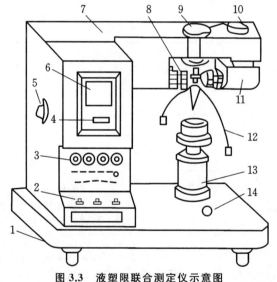

图 3.3 液塑限联合测定仪示意图

1—水平调节螺丝;2—控制开关;3—指示灯;4—零线调节螺丝;5—反光镜调节螺丝;6—屏幕;7—机壳;
8—物镜调节螺丝;9—电磁装置;10—光源调节螺丝;11—光源;12—圆锥仪;13—升降台;14—水平泡

2. 试验步骤

(1)液塑限联合试验宜采用天然含水率的土样制备试样,也可用风干土制备试样。

(2)当采用天然含水率的土样时,应剔除粒径大于 0.5 mm 的颗粒,再分别按接近液限、塑限和两者的中间状态制备不同稠度的土膏,静置湿润。静置时间可视原含水率的大小而定。

(3)当采用风干土样时,取过 0.5 mm 筛的代表性土样约 200 g,分成 3 份,分别放入 3 个盛土皿中,加入不同数量的纯水,使其分别达到(2)中所述的含水率,调成均匀土膏,放入密封的保湿缸中,静置 24 h。

(4) 将制备好的土膏用调土刀充分调拌均匀,密实地填入试样杯中,应使空气逸出。高出试样杯的余土用刮土刀刮平,将试样杯放在仪器底座上。

(5) 取圆锥仪,在锥体上涂以薄层润滑油脂,接通电源,使电磁铁吸稳圆锥仪。当使用游标式或百分表式时,提起锥杆,用旋钮固定。

(6) 调节屏幕准线,使初读数为零。调节升降座,使圆锥仪锥角接触试样面,指标灯亮时圆锥在自重下沉入试样内,当使用游标式或百分表式时用手扭动旋扭,松开锥杆,经 5 s 后测读圆锥下沉深度。然后取出试样杯,挖去锥尖入土处的润滑油脂,取锥体附近的试样不得少于 10 g,放入称量盒内,称量,准确至 0.01 g,测定含水率。

(7) 应按(4)至(6)的规定,测试其余 2 个试样的圆锥下沉深度和含水率。

3. 结果整理

(1) 试样的初始含水率应按下式计算:

$$w_0 = \left(\frac{m_0}{m_d} - 1\right) \times 100\%$$

式中　m_d——干土质量(g);

　　　m_0——湿土质量(g)。

(2) 以含水率为横坐标,圆锥入土深度为纵坐标在双对数坐标纸上绘制关系曲线(图 3.4),三点应在一直线上,如图中 A 线。当三点不在一直线上时,通过高含水率的点和其余两点连成两条直线,在下沉为 2 mm 处查得相应的 2 个含水率,当两个含水率的差值小于 2% 时,应以两点含水率的平均值与高含水率的点连一直线如图中 B 线,当两个含水率的差值大于或等于 2% 时,应重做试验。

(3) 在含水率与圆锥入土深度的关系图上查得下沉深度为 10 mm 所对应的含水率为液限,查得下沉深度为 2 mm 所对应的含水率为塑限,取值以百分数表示,准确至 0.1%。

(4) 塑性指数按下式计算:

$$I_P = w_L - w_p$$

式中　I_P——塑性指数;

　　　w_L——液限(%);

　　　w_p——塑限(%)。

(5) 液性指数应按下式计算:

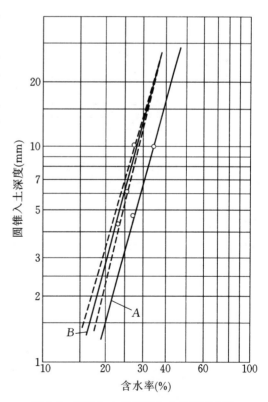

图 3.4　圆锥入土深度与含水率关系曲线

$$I_L = \frac{w - w_p}{w_L - w_p}$$

式中　I_L——液性指数,计算至0.01。

3.2　土的压缩性试验

土的压缩性是指土体在压力作用下体积缩小的特性。试验研究表明,在一般压力(100～600 kPa)作用下,土粒和土中水的压缩量与土体的压缩总量之比是很微小的,可以忽略不计,很少量封闭的土中气被压缩,也可忽略不计,因此,土的压缩是指土中孔隙的体积缩小和土中水的排出,即土中水和土中气的体积缩小,此时,土粒调整位置,重新排列,互相挤紧。饱和土的压缩,随着孔隙的体积减小,相应土中水的体积减小。饱和土在压力作用下随土中水体积减小的全过程,称为土的固结,或称土的压密。计算地基沉降时,必须取得土的压缩性指标,无论是采用室内试验还是原位测试来测定它们,应当力求试验条件与土的天然状态及其在外荷作用下的实际应力条件相适应。

3.2.1　固结试验原理和压缩曲线

压缩曲线是室内土的固结试验成果,它是土的孔隙比与所受压力的关系曲线。

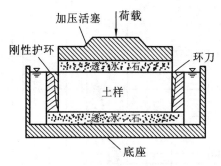

图3.5　固结仪的固结容器简图

室内固结试验时,用金属环刀切取保持天然结构的原状土样,并置于圆筒形压缩容器的刚性护环内(图3.5),土样上下各垫一块透水石,受压后可以自由排水。由于金属环刀和刚性护环的限制,土样在压力作用下只能发生竖向压缩变形,而无侧向变形。土样在天然状态下或经过人工饱和后,进行逐级加压固结,以便测定各级压力 p_i 作用下土样压缩稳定后的孔隙比 e_i。

设土样的初始高度为 H_0,受压后土样高度为 H_i,则 $H_i = H_0 - \Delta H_i$,ΔH_i 为外压力 p_i 作用下土样的稳定压缩量。根据土的孔隙比的定义以及土粒体积 V_s 不会变化,又令 $V_s = 1$,则土样孔隙体积 V_v 在受压前相应等于初始孔隙比 e_0,在受压后相应等于孔隙比 e_i(图3.6)。

为求土样稳定后的孔隙比 e_i,利用受压前后土粒体积不变和土样横截面积不变的两个条件,得出:

$$\frac{H_0}{1+e_0} = \frac{H_0 - \Delta H_i}{1+e_i} \quad 或 \quad \frac{\Delta H_i}{H_0} = \frac{e_0 - e_i}{1+e_0} \quad 或 \quad e_i = e_0 - \frac{\Delta H_i}{H_0}(1+e_0)$$

式中 $e_0 = d_s(1+w_0)(\rho_w/\rho_0) - 1$,其中 d_s、w_0、ρ_0、ρ_w 分别为土粒相对密度、初始含水率、初始密度和水的密度。这样,只要测定土样在各级压力 p_i 作用下的稳定压缩量 ΔH_i 后,就可按上式算出相应的孔隙比 e_i,从而绘制土的压缩曲线。

压缩曲线可按两种方式绘制,一种是采用普通直角坐标绘制的 e-p 曲线,如图3.7(a)所

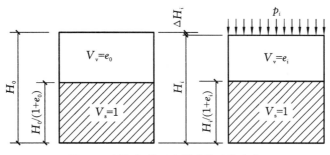

图 3.6　侧限条件下土样孔隙比的变化

示。另一种是横坐标取 p 的常用对数值,即采用半对数直角坐标绘制成 $e\text{-}\lg p$ 曲线,如图 3.7 (b)所示。$e\text{-}p$ 曲线可确定土的压缩系数 a、压缩模量 E_s 等压缩性指标;$e\text{-}\lg p$ 曲线可确定土的压缩指数 C_c 等压缩性指标。另外,固结试验结果还可绘制试样压缩变形与时间平方根(或时间对数)关系曲线,可测定土的竖向固结系数 C_v,它是单向固结理论中表示固结速度的一个特性指标。

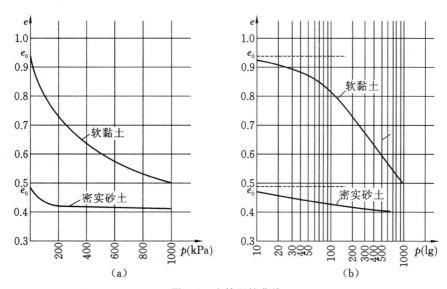

图 3.7　土的压缩曲线

(a)$e\text{-}p$ 曲线;(b)$e\text{-}\lg p$ 曲线

3.2.2　土的固结(压缩)试验

该试验方法适用于饱和的细粒土。当只进行压缩试验时,允许用于非饱和土。对于饱和土体常称为固结试验,对于非饱和土体常称为压缩试验。常用试验方法有标准固结(压缩)试验和应变控制连续加荷固结试验。本试验仅介绍标准固结(压缩)试验方法。

1. 主要仪器设备

(1) 固结容器:由环刀、护环、透水板、水槽、加压上盖组成。

① 环刀:内径为 61.8 mm 或 79.8 mm,高度为 20 mm。环刀应具有一定的刚度,内壁应

保持较高的光洁度,宜涂一薄层硅脂或聚四氟乙烯。

② 透水板:由氧化铝或不受腐蚀的金属材料制成,其渗透系数应大于试样的渗透系数。用固定式容器时,顶部透水板直径应小于环刀内径 0.2～0.5 mm;用浮环式容器时上下端透水板直径相等,均应小于环刀内径。

(2) 加压设备:应能垂直地在瞬间施加各级规定的压力,且没有冲击力,压力准确度应符合现行国家标准《岩土工程仪器基本参数及通用技术条件》(GB/T 15406)的规定。

(3) 变形量测设备:量程 10 mm,分度值为 0.01 mm 的百分表或准确度为全量程±0.2%的位移传感器。

2. 试验步骤

(1) 根据工程需要,切取原状土试样或制备给定密度与含水率的扰动土试样。制备方法应按《土工试验方法标准》(GB/T 50123)第 4.3 节、第 4.4 节执行。

(2) 冲填土应先将土样调成液限或 1.2 倍～1.3 倍液限的土膏,拌和均匀,在保湿器内静置 24 h。然后把环刀倒置于小玻璃板上用调土刀把土膏填入环刀,排除气泡刮平,称量。

(3) 试样的含水率及密度的测定应符合《土工试验方法标准》(GB/T 50123)第 5.2.2 条、第 6.2.2 条的规定。对于扰动试样需要饱和时,应按《土工试验方法标准》(GB/T 50123)第 4.6节规定的方法将试样进行饱和。

(4) 在固结容器内放置护环、透水板和薄滤纸,将带有环刀的试样小心装入护环,然后在试样上放薄滤纸、透水板和加压盖板,置于加压框架下,对准加压框架的正中,安装量表。

(5) 为保证试样与仪器上下各部件之间接触良好,应施加 1 kPa 的预压压力,然后调整量表,使读数为零。

(6) 确定需要施加的各级压力。加压等级宜为 12.5 kPa、25 kPa、50 kPa、100 kPa、200 kPa、400 kPa、800 kPa、1600 kPa、3200 kPa。最后一级的压力应大于上覆土层的计算压力100～200 kPa。

(7) 需要确定原状土的先期固结压力时,加压率宜小于 1,可采用 0.5 或 0.25。最后一级压力应使 e-$\lg p$ 曲线下段出现较长的直线段。

(8) 第 1 级压力的大小视土的软硬程度宜采用 12.5 kPa、25.0 kPa 或 50.0 kPa(第 1 级实加压力应减去预压压力)。只需测定压缩系数时,最大压力不小于 400 kPa。

(9) 如为饱和试样,则在施加第 1 级压力后,立即向水槽中注水至满。对非饱和试样,须用湿棉围住加压盖板四周,避免水分蒸发。

(10) 需测定沉降速率时,加压后宜按下列时间顺序测记量表读数:6 s、15 s、1 min、2 min15 s、4 min、6 min 15 s、9 min、12 min 15 s、16 min、20 min 15 s、25 min、30 min 15 s、36 min、42 min 15 s、49 min、64 min、100 min、200 min、400 min、23 h 和 24 h 至稳定为止。

(11) 当不需要测定沉降速率时,稳定标准规定为每级压力下固结 24 h 或试样变形每小时变化不大于 0.01 mm。测记稳定读数后,再施加第 2 级压力。依次逐级加压至试验结束。

(12) 需要做回弹试验时,可在某级压力(大于上覆有效压力)下固结稳定后卸压,直至卸至第 1 级压力。每次卸压后的回弹稳定标准与加压相同,并测记每级压力及最后一级压力时的回弹量。

(13) 需要做次固结沉降试验时,可在主固结试验结束时继续试验至固结稳定为止。

（14）试验结束后，迅速拆除仪器各部件，取出带环刀的试样。

（15）需测定试验后含水率时，则用干滤纸吸去试样两端表面上的水，测定其含水率。

3. 结果整理

试样的初始孔隙比，应按下式计算：

$$e_0 = \frac{(1+0.01w_0)d_s\rho_w}{\rho_0} - 1$$

式中　e_0——试样的初始孔隙比；

　　　d_s——试样的土粒相对密度；

　　　ρ_w——4 ℃时纯水的密度；

　　　ρ_0——试样的初始密度；

　　　w_0——试样的初始含水率。

各级压力下试样固结稳定后的孔隙比，应按下式计算：

$$e_i = e_0 - (1+e_0)\frac{\sum \Delta h_i}{h_0}$$

式中　e_i——某级压力下的孔隙比；

　　　$\sum \Delta h_i$——某级压力下试样的高度总变形量（cm）；

　　　h_0——试样的初始高度（cm）。

某一压力范围内的压缩系数，应按下式计算：

$$a_v = \frac{e_i - e_{i+1}}{p_{i+1} + p_i} \times 10^3$$

式中　a_v——压缩系数（MPa^{-1}）；

　　　p_i——某一单位压力值（kPa）。

某一压力范围内的压缩模量，应按下式计算：

$$E_s = \frac{1+e_0}{a_v}$$

式中　E_s——某压力范围内的压缩模量（MPa）。

某一压力范围内的体积压缩系数，应按下式计算：

$$m_v = \frac{1}{E_s} = \frac{a_v}{1+e_0}$$

式中　m_v——某压力范围内的体积压缩系数（MPa^{-1}）。

压缩指数和回弹指数，应按下式计算：

$$C_c \text{ 或 } C_s = \frac{e_i - e_{i+1}}{\lg p_{i+1} - \lg p_i}$$

式中　C_c——压缩指数；

　　　C_s——回弹指数。

以孔隙比（沉降量）为纵坐标，单位压力为横坐标绘制孔隙比（沉降量）与单位压力的关系曲线，见图3.8。

以孔隙比为纵坐标，以压力的对数为横坐标，绘制孔隙比与压力的对数关系曲线，见图3.9。

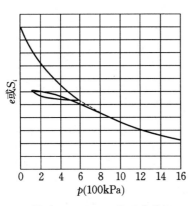

图3.8 $e(S_i)$-p 关系曲线

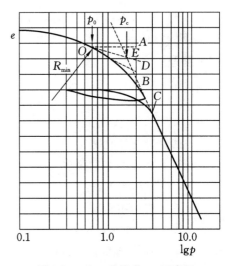

图3.9 e-$\lg p$ 曲线求 p_c 示意图

原状土的先期固结压力 p_c 的确定方法可按图3.9执行,用适当比例的纵横坐标作 e-$\lg p$ 曲线,在曲线上找出最小曲率半径 $R_{\min}$ 点 O。过 O 点作水平线 OA、切线 OB 及 $\angle AOB$ 的平分线 OD,OD 与曲线的直线段 C 的延长线交于点 E,则对应于 E 点的压力值即为该原状土的先期固结压力。

固结系数应按《土工试验方法标准》(GB/T 50123)中的时间平方根法和时间对数法进行计算。

固结试验的记录格式见表3.8至表3.10。

表3.8 固结试验记录表(一)

任务单号		试验者	
试验日期		计算者	
取土深度		校核者	
试样说明		试验日期	
仪器名称及编号			

1. 含水率试验

试样编号	盒号	盒加湿土质量(g)	盒加干土质量(g)	盒质量(g)	水质量(g)	干土质量 m_d(g)	含水率 w(%)	平均含水率 $\bar{w}$(%)
		(1)	(2)	(3)	(4)	(5)	(6)	(7)
		—	—	—	(1)−(2)	(2)−(3)	(4)/(5)×100	$\sum$(6)/2
试验前								
试验后								

2. 密度试验

试验情况	环刀加土质量 (g)	环刀质量 (g)	湿土质量 m_0(g)	试样体积 V(cm³)	湿密度 ρ(g/cm³)
	(1)	(2)	(3)	(4)	(5)
	—	—	(1)－(2)	—	(3)/(4)
试验前					
试验后					

3. 孔隙比及饱和度计算 d_s = _____

试样情况	试验前	试验后
含水率 w(%)		
湿密度 ρ(g/cm³)		
孔隙比 e		
饱和度 S_r(%)		

表 3.9 固结试验记录表（二）

任务单号		试验者	
试验编号		计算者	
试验日期		校核者	
仪器名称及编号			

经过时间	试样在不同上覆压力下变形							
	（ ）(kPa)		（ ）(kPa)		（ ）(kPa)		（ ）(kPa)	
	时间	量表读数 (0.01 mm)	时间	量表读数 (0.01 mm)	时间	量表读数 (0.01 mm)	时间	量表读数 (0.01 mm)
0								
6″								
15″								
1′								
2′15″								
4′								
6′15″								
9′								
12′15″								

续表 3.9

经过时间	试样在不同上覆压力下变形							
	(　　)(kPa)		(　　)(kPa)		(　　)(kPa)		(　　)(kPa)	
	时间	量表读数 (0.01 mm)	时间	量表读数 (0.01 mm)	时间	量表读数 (0.01 mm)	时间	量表读数 (0.01 mm)
16′								
20′15″								
25′								
30′15″								
36′								
42′15″								
49′								
64′								
100′								
200′								
400′								
23 h								
24 h								
总变形量(mm)								
仪器变形量(mm)								
试样总变形量(mm)								

表 3.10　固结试验记录表(三)

任务单号		试验者	
试验编号		计算者	
试验日期		校核者	
仪器名称及编号			
试样原始高度 $h_0 = 20.00$ mm 试验前孔隙比 $e_0 =$		$C_v = \dfrac{0.848(\bar{h})^2}{t_{90}}$　或　$C_v = \dfrac{0.1978(\bar{h})^2}{t_{90}}$	

续表 3.10

加压历时 (h)	压力 p (kPa)	试样总变形量 $\sum \Delta h_i$ (mm)	压缩后试样高度 h(mm)	孔隙比 e_i	压缩模量 E_s (MPa)	压缩系数 a_v (MPa^{-1})	排水距离 $\bar{h}$(cm)	固结系数 C_v (cm^2/s)
(1)	(2)	(3)	(4)	(5)	(6)	(7)	(8)	(9)
—	—	—	$(4)=h_0-(3)$	$(5)=e_0-\dfrac{(3)(1+e_0)}{h_0}$	—	—	$(8)=\dfrac{h_i+h_{i+1}}{4}$	—
0								
24								
24								
24								
24								
24								
24								
24								
24								
24								

3.2.3 土的击实试验

3.2.3.1 土的击实原理

土的击实性是指土在反复冲击荷载作用下能被压密的特性。土料压实的实质是将水包裹的土料挤压填充到土粒间的空隙里,排走空气占有的空间,使土料的空隙率减少,密实度提高。土料压实过程就是在外力作用下土料的三相重新组合的过程。同一种土,干密度愈大,孔隙比越小,土越密实。

影响击实的因素很多,但最重要的是土的性质、含水率和压实功能。

1. 土的性质

土是固相、液相和气相的三相体,即以土粒为骨架,以水和气体占据颗粒间的孔隙。当采用压实机械对土施加碾压时,土颗粒彼此挤紧,孔隙减小,顺序重新排列,形成新的密实体,粗粒土之间摩擦和咬合增强,细粒土之间的分子引力增大,从而土的强度和稳定性都得以提高。在同一压实功能作用下,含粗粒越多的土,其最大干密度越大,而最佳含水率越小。

土的颗粒级配对压实效果也有影响。颗粒级配越均匀,压实曲线的峰值范围就越宽广而平缓;对于黏性土,压实效果与其中的黏土矿物成分含量有关;添加木质素和铁基材料可改善土的压实效果。

砂性土也可用类似黏性土的方法进行试验。干砂在压力与振动作用下,容易密实;稍湿的砂土,因有毛细压力作用使砂土互相靠紧,阻止颗粒移动,击实效果不好;饱和砂土,毛细压力消失,击实效果良好。

2. 含水率

含水率的大小对击实效果的影响显著。可以这样来说明:当含水率较小时,水处于强结合水状态,土粒之间摩擦力、黏结力都很大,土粒的相对移动有困难,因而不易被击实。当含水率增加时,水膜变厚,土块变软,摩擦力和黏结力也减弱,土粒之间彼此容易移动。故随着含水率增大,土的击实干密度增大,至最优含水率时,干密度达到最大值。当含水率超过最优含水率后,水所占据的体积增大,限制了颗粒的进一步接近,含水率愈大,水占据的体积愈大,颗粒能够占据的体积愈小,因而干密度逐渐变小。由此可见,含水率不同,则改变了土中颗粒间的作用力,并改变了土的结构与状态,从而在一定的击实功能下,改变着击实效果。

试验统计证明:最优含水率 w_{op} 与土的塑限 w_p 有关,大致为 $w_{op}=w_p+2$。土中黏土矿物含量大,则最优含水率愈大。

3. 击实功能的影响

夯击的击实功能与夯锤的质量、落高、夯击次数以及被夯击土的厚度等有关;碾压的击实功能则与碾压机具的质量、接触面积、碾压遍数以及土层的厚度等有关。

击实试验中的击实功能用下式表示:

$$E=\frac{WdNn}{V}$$

式中　W——击锤质量(kg),在轻型标准击实试验中击锤质量为 2.5 kg;

　　　d——落距(m),击实试验中定为 0.305 m;

　　　N——每层土的击实次数,标准试验为 25 击;

　　　n——铺土层数,试验中分 3 层;

　　　V——击实筒的体积,947.4 cm³。

对于同一种土,用不同的功能击实,得到的击实曲线如图 3.10 所示。曲线表明,在不同的击实功能下,曲线的形状不变,但最大干密度的位置却随着击实功能的增大而增大,并向左上

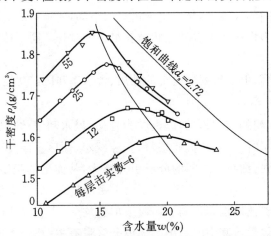

图 3.10　不同击实功能下的击实曲线(锤质量为 4.5 kg,落距为 45.7 cm)

方移动。这就是说,当击实功能增大时,最优含水率减小,相应最大干密度增大。所以在工程实践中,若土的含水率较小时,则应选用击实功能较大的机具,才能把土压实至最大干密度;在碾压过程中,如未能将土压实至最密实的程度,则须增大击实功能(选用功能较大的机具或增加碾压遍数);若土的含水率较大,则应选用击实功能较小的机具,否则会出现"橡皮土"现象。因此,若要把土压实到工程要求的干密度,必须合理控制压实时的含水率,选用适合的击实功能。

3.2.3.2　土的击实试验过程

击实试验是指用击实的方法使土的密度增大的一种试验,土在一定的击实功能作用下,如果含水率不同,则击实后所得到的干密度也不同。在某种击实功能下,使土达到最大密度时的含水率,称为最优含水率,对应的干密度称为最大干密度。击实试验的目的就是测定试样在一定击实次数下或某种击实功能下的含水率与干密度之间的关系,从而确定土的最大干密度和最优含水率,为施工控制填土密度提供设计依据。击实试验根据土颗粒的大小采用不同的击实功,分为轻型击实试验和重型击实试验。其中粒径小于 5 mm 的黏性土采用轻型击实试验;粒径不大于 20 mm 的土采用重型击实试验。采用三层击实时,土的最大粒径不大于 40 mm。轻型击实试验的单位体积击实功约为 592.2 kJ/m³,重型击实试验的单位体积击实功约为 2684.9 kJ/m³。

1. 仪器设备

(1) 击实仪,有轻型击实仪和重型击实仪两类,其击实筒(图 3.11)、击锤和导筒(图 3.12)等主要部件的尺寸应符合表 3.11 的规定。

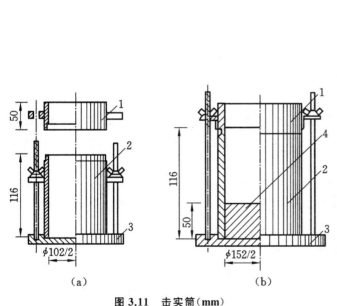

图 3.11　击实筒(mm)

(a)轻型击实筒;(b)重型击实筒

1—套筒;2—击实筒;3—底板;4—垫块

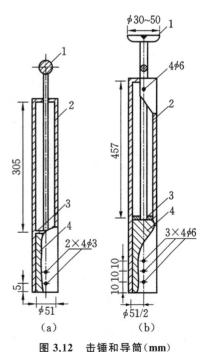

图 3.12　击锤和导筒(mm)

(a)2.5 kg 击锤;(b)4.5 kg 击锤

1—提手;2—导筒;3—硬橡皮垫;4—击锤

表 3.11　击实仪主要部件尺寸规格表

试验方法	锤底直径(mm)	锤质量(kg)	落高(mm)	层数	每层击数	击实筒 内径(mm)	击实筒 筒高(mm)	击实筒 容积(cm³)	护筒高度(mm)	备注
轻型	51	2.5	305	3	25	102	116	947.4	≥50	
				3	56	152	116	2103.9	≥50	
重型		4.5	457	3	42	102	116	947.4	≥50	
				3	94	152	116	2103.9	≥50	
				5	56					

（2）击实仪的击锤应配导筒,击锤与导筒间应有足够的间隙使锤能自由下落;电动操作的击锤必须有控制落距的跟踪装置和锤击点按一定角度（轻型 53.5°,重型 45°）均匀分布的装置（重型击实仪中心点每圈要加一击）。

（3）天平:称量 200 g,分度值 0.01 g。

（4）台秤:称量 10 kg,分度值 1 g。

（5）标准筛:孔径为 20 mm、5 mm。

（6）试样推出器:宜用螺旋式千斤顶或液压式千斤顶,如无此类装置,亦可用刮刀和修土刀从击实筒中取出试样。

2. 试样制备

试样制备分为干法和湿法两种。

（1）干法制备应按下列步骤进行:

① 用四点分法取一定量的代表性风干试样,其中小筒所需土样约为 20 kg,大筒所需土样约为 50 kg,放在橡皮板上用木碾碾散,也可用碾土器碾散。

② 土样轻型试验按要求过 5 mm 或 20 mm 筛,重型试验过 20 mm 筛,将筛下土样拌匀,并测定土样的风干含水率;根据土的塑限预估的最优含水率,并按《土工试验方法标准》（GB/T 50123）第 4.3 节规定的步骤制备不少于 5 个不同含水率的一组试样,相邻 2 个试样含水率的差值宜为 2%。

③ 将一定量土样平铺于不吸水的盛土盘内,其中小型击实筒所需击实土样约为 2.5 kg,大型击实筒所取土样约为 5.0 kg,按预定含水率用喷水设备往土样上均匀喷洒所需加水量,拌匀并装入塑料袋内或密封于盛土器内静置备用。静置时间分别为:高液限黏土不得少于 24 h,低液限黏土可酌情缩短,但不应少于 12 h。

（2）湿法制备应取天然含水率的代表性土样,其中小型击实筒所需土样约为 20 kg,大型击实筒所需土样约为 50 kg。碾散,按要求过筛,将筛下土样拌匀,并测定试样的含水率。分别风干或加水到所要求的含水率,应使制备好的试样水分均匀分布。

3. 试验步骤

（1）将击实仪平稳置于刚性基础上,击实筒内壁和底板涂一薄层润滑油,连接好击实筒与底板,安装好护筒。检查仪器各部件及配套设备的性能是否正常,并做好记录。

(2)从制备好的一份试样中称取一定量土料,分 3 层或 5 层倒入击实筒内并将土面整平,分层击实。手工击实时,应保证使击锤自由铅直下落,锤击点必须均匀分布于土面上;机械击实时,可将定数器拨到所需的击数处,击数可按规定确定,按动电钮进行击实。击实后的每层试样高度应大致相等,两层交接面的土面应搓毛。击实完成后,超出击实筒顶的试样高度应小于 6 mm。

(3)用修土刀沿护筒内壁削挖后,扭动并取下护筒,测出超高,应取多个测值进行平均,准确至 0.1 mm。沿击实筒顶细心修平试样,拆除底板。试样底面超出筒外时,应修平。擦净筒外壁,称量,准确至 1 g。

(4)用推土器从击实筒内推出试样,从试样中心处取 2 个一定量的土料,细粒土为 15~30 g,含粗粒土为 50~100 g。平行测定土的含水率,称量准确至 0.01 g,两个含水率的最大允许差值应为 ±1%。

(5)应按(1)至(4)的规定对其他含水率的试样进行击实。一般不重复使用土样。

4. 结果整理

(1)击实后各试样的含水率应按下式计算:

$$w = \left(\frac{m_0}{m_d} - 1\right) \times 100\%$$

(2)击实后各试样的干密度应按下式计算,计算至 0.01 g/cm²:

$$\rho_d = \frac{\rho_0}{1 + 0.01 w_i}$$

式中 w_i——某点试样的含水率(%)。

(3)干密度和含水率的关系曲线,应在直角坐标纸上绘制(图 3.13)。并应取曲线峰值点相应的纵坐标为击实试样的最大干密度,相应的横坐标为击实试样的最优含水率。当关系曲线不能绘出峰值点时,应进行补点,土样不宜重复使用。

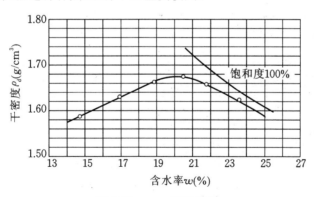

图 3.13 ρ_d-w 关系曲线

(4)土的饱和含水率应按下式计算:

$$w_{sat} = \left(\frac{\rho_w}{\rho_d} - \frac{1}{d_s}\right) \times 100\%$$

式中 w_{sat}——试样的饱和含水率(%);

ρ_w——温度 4 ℃时水的密度(g/cm³);

ρ_d——试样的干密度(g/cm^3)；

d_s——土颗粒相对密度。

击实试验的记录格式见表3.12。

表 3.12　击实试验记录表

任务单号				试验者						
试验日期				计算者						
击实仪编号				校核者						
台秤编号				天平编号						
击实筒体积(cm^3)				烘箱编号						
落距(mm)				击锤质量(kg)						
每层击数				击实方法						

试样编号	试验序号	干密度					含水率					超高(mm)
		筒加土质量(g)	筒质量(g)	湿土质量 m_0(g)	湿密度 ρ (g/cm^3)	干密度 ρ_d (g/cm^3)	盒号	湿土质量 m_0(g)	干土质量 m_d(g)	含水率 w(%)	平均含水率 $\bar{w}$(%)	
最大干密度 ρ_{dmax}　（g/cm^3）　　最优含水率 w_{op}　（%）												

3.3　土的渗透性试验

3.3.1　土的渗透性

土是多孔的粒状或片状材料的集合体,土颗粒之间存在大量的孔隙,而孔隙的分布是很不规则的。当土体中存在能量差时,土体孔隙中的水就会沿着土骨架之间的孔隙通道从能量高的地方向能量低的地方流动。水在这种能量差的作用下在土孔隙通道中流动的现象叫渗流,土的这种与渗流相关的性质为土的渗透性。水在土孔隙中的流动必然会引起土体中应力状态的改变,从而使土的变形和强度特性发生变化。

由于土体颗粒排列具有任意性,水在土孔隙中流动的实际路线是不规则的,渗流的方向和速度都是变化着的。土体两点之间的压力差和土体孔隙的大小、形状和数量是影响水在土中渗流的主要因素。为分析问题的方便,在渗流分析时常将复杂的渗流土体简化为一种理想的渗流模型,如图 3.14 所示。该模型不考虑渗流路径的迂回曲折而只分析渗流的主要流向,而且认为整个空间均为渗流所充满,即假定同一过水断面上渗流模型的流量等于真实渗流的流量,任一点处渗流模型的压力等于真实渗流的压力。

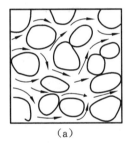
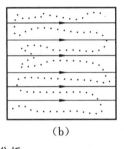

（a） （b）

图 3.14　渗流模型分析

（a）实际的渗流土体；（b）理想的渗流模型

3.3.1.1　渗流速度

水在饱和土体中渗流时,在垂直于渗流方向取一个土体截面,该截面叫过水截面。过水截面包括土颗粒和孔隙所占据的面积,平行渗流时为平面,弯曲渗流时为曲面。那么在时间 t 内渗流通过该过水截面(其面积为 A)的渗流量为 Q,渗流速度为:

$$v = \frac{Q}{At}$$

3.3.1.2　水头和水力坡降

如图 3.15 所示,根据水力学知识,水在土中从 A 点渗透到 B 点应该满足连续定律和能量平衡方程(伯努利方程),流场中单位质量的水体所具有的能量可用水头来表示,包括如下的 3 个部分。

（1）位置水头 z:水体到基准面的竖直距离,代表单位质量的水体从基准面算起所具有的位置势能;

（2）压力水头 u/γ_w：水压力所能引起的自由水面的升高，表示单位质量水体所具有的压力势能；

（3）流速水头 $v^2/2g$：表示单位质量水体所具有的动能。

因此，水流中一点单位质量水体所具有的总水头 h 为：

$$h = z + \frac{u}{\gamma_w} + \frac{v^2}{2g}$$

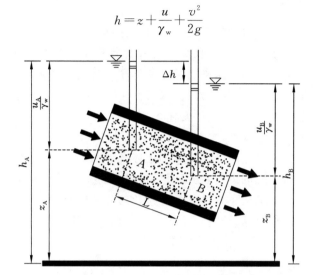

图 3.15　水在土中渗流示意图

不难看出，式中各项的物理意义均代表单位质量水体所具有的各种机械能，而其量纲却都是长度。总水头 h 的物理意义为单位质量水体所具有的总能量之和。

将伯努利方程用于土体中的渗流问题时，需要注意如下两点：

① 在上述诸水头中，最值得关心的是总水头，或者更确切地说是总水头差。因为饱和土体中两点间是否发生渗流，完全是由总水头差 Δh 决定的。只有当两点间的总水头差 $\Delta h > 0$ 时，孔隙水才会从总水头高的点向总水头低的点流动。这与前面所讲的，渗流是水从能量高的点向能量低的点流动的概念是一致的。

② 由于土体中渗流阻力大，故渗流流速 v 在一般情况下都很小，因而形成的流速水头 $v^2/2g$ 一般很小，为简便起见可以忽略。这样，渗流中任一点的总水头就可近似用测管水头来代替，于是上式可简化为：

$$h = z + \frac{u}{\gamma_w}$$

如图 3.15 所示，水流从 A 点流到 B 点的过程中的水头损失为 Δh，那么在单位流程中水头损失的多少就可以表征水在土中渗流的推动力的大小，可以用水力坡降（也称水头梯度）来表示，即：

$$i = \frac{\Delta h}{L}$$

水在土中的渗流是从高水头向低水头流动，而不是从高压力水头向低压力水头流动。如图 3.15 所示，若 A 点的压力水头小于 B 点的压力水头，渗流方向仍然是从 A 点流向 B 点；因为 A 点的水头大于 B 点的水头。因此，水流渗透的方向取决于水头而不是压力水头。常把促

使水渗流的水头差 Δh 叫驱动水头,而水力坡降 i 是使渗流从水头较高的地方向水头较低的地方运动的驱动力。

渗透试验根据土颗粒的大小可以分为常水头渗透试验和变水头渗透试验,对于粗粒土常采用常水头渗透试验,细粒土常采用变水头渗透试验。

3.3.2 常水头渗透试验

1. 试验设备

(1) 常水头渗透仪装置:封底圆筒的尺寸参数应符合现行国家标准《岩土工程仪器基本参数及通用技术条件》(GB/T 15406)的规定;当使用其他尺寸的圆筒时,圆筒内径应大于试样最大粒径的 10 倍;玻璃测压管内径为 0.6 cm,分度值为 0.1 cm(图 3.16)。

(2) 天平:称量 5000 g,分度值 1.0 g。

(3) 温度计:分度值 0.5 ℃。

(4) 其他附属设备:木锤和秒表等。

2. 试验步骤

(1) 应先装好仪器,并检查各管路接头处是否漏水。将调节管与供水管连通,由仪器底部充水至水位略高于金属孔板,关止水夹。

(2) 取具有代表性的风干试样 3～4 kg,称量准确至 1.0 g,并测定试样的风干含水率。

(3) 将试样分层装入圆筒,每层厚 2～3 cm,用木锤轻轻击实到一定的厚度,以控制其孔隙比。试样含黏粒较多时,应在金属孔板上加铺厚约 2 cm 的粗砂过渡层,防止试验时细粒流失,并量出过渡层厚度。

(4) 每层试样装好后,连接供水管和调节管,并由调节管中进水,微开止水夹,使试样逐渐饱和。当水面与试样顶面齐平,关止水夹。饱和时水流不应过急,以免冲动试样。

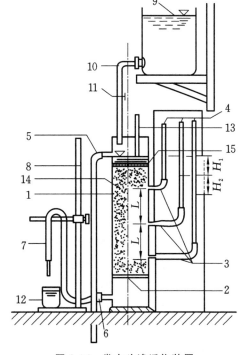

图 3.16 常水头渗透仪装置

1—封底金属圆筒;2—金属孔板;3—测压孔;

4—玻璃测压管;5—溢水孔;6—渗水孔;

7—调节管;8—滑动支架;9—供水瓶;

10—供水管;11—止水夹;12—容量为 500 mL 的量筒;

13—温度计;14—试样;15—砾石层

(5) 按照(1)至(4)的规定逐层装试样,至试样高出上测压孔 3～4 cm 为止。在试样上端铺厚约 2 cm 砾石作缓冲层。待最后一层试样饱和后,继续使水位缓缓上升至溢水孔。当有水溢出时,关止水夹。

(6) 试样装好后量测试样顶部至仪器上口的剩余高度,计算试样净高。称剩余试样质量,准确至 1.0 g,计算装入试样总质量。

(7) 静置数分钟后,检查各测压管水位是否与溢水孔齐平。不齐平时,说明试样中或测压管接头处有集气阻隔,用吸水球进行吸水排气处理。

（8）提高调节管,使其高于溢水孔,然后将调节管与供水管分开,并将供水管置于金属圆筒内。开止水夹,使水由上部注入金属圆筒内。

（9）降低调节管口,使其位于试样上部1/3高度处,造成水位差使水渗入试样,经调节管流出。在渗透过程中应调节供水管夹,使供水管流量略多于溢出水量。溢水孔应始终有余水溢出,以保持常水位。

（10）测压管水位稳定后,记录测压管水位,计算各测压管间的水位差。

（11）开动秒表,同时用量筒接取一定时间的渗透水量,并重复1次。接取渗透水量时,调节管口不得浸入水中。

（12）测记进水与出水处的水温,取平均值。

（13）降低调节管管口至试样中部及下部1/3处,以改变水力坡降,按（9）至（12）规定重复进行测定。

（14）根据需要,可装数个不同孔隙比的试样,进行渗透系数的测定。

3. 结果整理

常水头渗透试验渗透系数应按下列公式计算：

$$k_T = \frac{QL}{AHt}$$

本试验以水温20 ℃为标准温度,标准温度下的渗透系数应按下式计算：

$$k_{20} = k_T \frac{\eta_T}{\eta_{20}}$$

式中　k_T——水温 T ℃时试样的渗透系数(cm/s)；

　　　Q——时间 t s内的渗透水量(cm³)；

　　　L——渗径,等于两测压孔中心间的距离(cm)；

　　　H——平均水位差 $H = \frac{(H_1+H_2)}{2}$(cm)；

　　　t——时间(s)；

　　　k_{20}——标准温度(本试验以水温20 ℃为标准温度)时试样的渗透系数(cm/s)；

　　　η_T——T ℃时水的动力黏滞系数(kPa·s)；

　　　η_{20}——20 ℃时水的动力黏滞系数(kPa·s)。

黏滞系数比 η_T/η_{20} 查《土工试验方法标准》(GB/T 50123)表8.3.5-1。

当进行不同孔隙比下的渗透试验时,可在半对数坐标上绘制以孔隙比为纵坐标,渗透系数为横坐标的 $e\text{-}k$ 关系曲线图。

常水头渗透试验的记录格式见表3.13。

表3.13　常水头渗透试验记录表

任务单号		试样高度(cm)		干土质量(g)		试验者	
试样编号		试样面积 A(cm²)		土料相对密度 d_s		计算者	
仪器名称及编号		试样说明		孔隙比 e		校核者	
测压孔间距(cm)						试验日期	

试验次数	经过时间 $t(s)$	测压管水位（cm）			水位差（cm）			水力坡降 i	渗透水量 Q（cm³）	渗透系数 k_T（cm/s）	平均温度 T（℃）	校正系数 η_T/η_{20}	水温20℃渗透系数 k_{20}（cm/s）	平均渗透系数 $\bar{k}_{20}$（cm/s）	备注
		I管	II管	III管	H_1	H_2	平均H								
	(1)	(2)	(3)	(4)	(5)	(6)	(7)	(8)	(9)	(10)	(11)	(12)	(13)	(14)	
	—	—	—	—	(2)－(3)	(3)－(4)	$\dfrac{(5)+(6)}{2}$	$\dfrac{(7)}{L}$	—	$\dfrac{(9)}{A\times(8)\times(1)}$	—	—	(10)×(12)	$\dfrac{\sum(13)}{n}$	

3.3.3 变水头渗透试验

1. 试验设备

（1）渗透容器：由环刀、透水石、套环、上盖和下盖组成。环刀内径61.8 mm，高40 mm；透水石的渗透系数应大于10^{-3} cm/s。

（2）水头装置：变水头管的内径，根据试样渗透系数选择不同尺寸，且不宜大于1 cm，长度为1.0 m以上，分度值为1.0 mm。

2. 试验步骤

（1）用环刀在垂直或平行土样层面切取原状试样或扰动土制备成给定密度的试样，进行充分饱和。切土时，应尽量避免结构扰动，不得用削土刀反复涂抹试样表面。

（2）将容器套筒内壁涂一薄层凡士林，将盛有试样的环刀推入套筒，压入止水垫圈。把挤出的多余凡士林小心刮净。装好带有透水板的上、下盖，并用螺丝拧紧，不得漏气漏水。

（3）把装好试样的渗透容器与水头装置连通。利用供水瓶中的水充满进水管，水头高度根据试样结构的疏松程度确定，不应大于2 m，待水头稳定后注入渗透容器。开排气阀，将容器侧立，排除渗透容器底部的空气，直至溢出水中无气泡。关排气阀，放平渗透容器。

（4）在一定水头作用下静置一段时间，待出水管口有水溢出时，再开始进行试验测定。

（5）将水头管充水至需要高度后，关止水夹，开时测记变水头管中起始水头高度和起始时间，按预定时间间隔测记水头和时间的变化，并测记出水口的水温。如此连续测记2～3次后，再使水头管水位回升至需要高度，再连续测记数次，重复试验5～6次以上。

3. 结果整理

变水头渗透系数应按下式计算：

$$k_T = 2.3 \times \frac{aL}{A(t_2-t_1)}\lg\frac{H_1}{H_2}$$

本试验以水温 20 ℃为标准温度,标准温度下的渗透系数应按下式计算:

$$k_{20} = k_T \frac{\eta_T}{\eta_{20}}$$

式中　a——变水头管的截面面积(cm²);

　　　2.3——ln 和 lg 的换算系数;

　　　L——渗径,等于试样高度(cm);

　　　A——试样的断面面积(cm²);

　　　t_1——测读水头的起始时间(s);

　　　t_2——测读水头的终止时间(s);

　　　H_1——起始水头(cm);

　　　H_2——终止水头(cm);

　　　k_{20}——标准温度(本试验以水温 20 ℃为标准温度)时试样的渗透系数(cm/s);

　　　η_T——T ℃时水的动力黏滞系数(kPa·s);

　　　η_{20}——20 ℃时水的动力黏滞系数(kPa·s)。

变水头渗透试验的记录格式见表 3.14。

表 3.14　变水头渗透试验记录表

任务单号		试样说明					试样面积(cm²)			试验者	
试样编号		测压管 断面面积 a(cm²)					孔隙比 e			计算者	
仪器名称 及编号		试样高度(cm)					试验日期			校核者	
开始 时间 t_1 (d h min)	终了 时间 t_2 (d h min)	经过 时间 t (s)	开始 水头 H_1 (cm)	终止 水头 H_2 (cm)	$2.3\dfrac{a}{A}\dfrac{L}{t}$	$\lg\dfrac{H_1}{H_2}$	水温 T ℃ 渗透系数 k_T (cm/s)	水温 T(℃)	校正 系数 $\dfrac{\eta_T}{\eta_{20}}$	渗透 系数 k_{20} (cm/s)	平均渗 透系数 $\bar{k}_{20}$ (cm/s)
(1)	(2)	(3)	(4)	(5)	(6)	(7)	(8)	(9)	(10)	(11)	(12)
—	—	(2)− (1)	—	—	$2.3\dfrac{a}{A}\dfrac{L}{(3)}$	$\lg\dfrac{(4)}{(5)}$	(6)×(7)	—	—	(8)× (10)	$\dfrac{\sum(11)}{n}$

3.4　土的抗剪强度性能试验

3.4.1　土的抗剪强度

材料的强度是指材料抵抗外荷载的能力,其数值等于作用在其上的极限应力。在研究土的强度时,始终不应忘记土具有碎散性、多相性和自然变异性等基本特点。这些特点使得土的强度呈现出一些特殊性。

首先,土是一种碎散的颗粒材料。土颗粒矿物本身具有较大的强度,不易发生破坏。但土颗粒之间的接触界面相对软弱,容易发生相对滑移等。因此,土的强度主要由颗粒间的相互作用力决定,而不是由颗粒矿物的强度决定。这个特点决定了土破坏的主要表现形式是剪切破坏,其强度主要表现为黏聚力和摩擦力,亦即其抗剪强度主要由颗粒间的黏聚力和摩擦力组成。其次,土由三相组成,固体颗粒与液、气两相间的相互作用对于土的强度有很大影响,所以在研究时要考虑孔隙水压力、吸力等土所特有的影响因素。最后,土的地质历史造成土强度强烈的多变性、结构性和各向异性等。这些特性表明,土强度受到它内部和外部、微观和宏观众多因素的影响。

为了说明土体剪切破坏的主要特点,首先来考察如图3.17所示的砂坡。当我们通过一个漏斗向地面轻轻撒砂时,在地面上形成一个砂堆,其砂坡处于极限平衡状态。这个砂坡与水平面的夹角 α 就是天然休止角,也是最松状态下砂的内摩擦角。

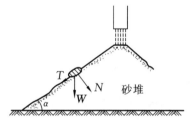

图 3.17　砂坡的天然休止角

在砂坡上取重量为 W 的微单元砂体进行受力分析,根据沿坡向的平衡可得:

$$\tan\alpha = \frac{T}{N}$$

显然,砂坡天然休止角的大小与砂粒本身的颗粒强度基本无关,而主要取决于砂粒之间在接触界面上的相互作用。经验表明,砂坡的天然休止角一般为 $30°\sim35°$,大于其组成矿物平面滑动的摩擦角。可见即使在"最松"状态下,除了滑动摩擦之外,颗粒间还存在一定的咬合作用。

土的强度通常是指土体抵抗剪切破坏的能力。例如当堤坝的边坡太陡时,要发生滑坡,如图3.18所示。滑坡就是边坡上的一部分土体相对另一部分土体发生的剪切破坏。地基土受过大的荷载作用,也会出现部分土体沿着某一滑动面挤出,导致建筑物严重下陷,甚至倾倒,如图3.19所示。土体中滑动面的产生就是由于滑动面上的剪应力达到土的抗剪强度所引起的。

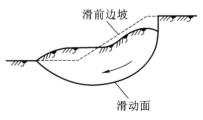

图 3.18　土坡滑动

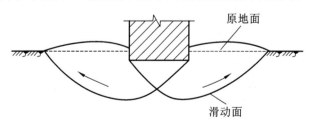

图 3.19　地基失稳

抗剪强度是土的主要力学性质之一。土是否达到剪切破坏状态,除了取决于它本身的性质外,还与所受的应力组合密切相关。这种破坏时的应力组合关系就称为破坏准则。土的破坏准则是一个十分复杂的问题,可以说,目前还没有一个被认为能圆满适用于土的理想的破坏准则。目前被认为比较能拟合试验结果,为生产实践所广泛采用的破坏准则是莫尔-库仑破坏准则。

土的抗剪强度,首先取决于它本身的基本性质,那就是土的组成、土的状态和土的结构,这些性质又与它形成的环境和应力历史等因素有关;其次还取决于它当前所受的应力状态。要认识土的抗剪强度的实质,需要开展对土的微观结构的研究。目前已能够通过电子显微镜、X射线的透视和衍射、差热分析等新技术研究土的物质成分、颗粒形状、排列、接触和联结方式,从而揭示强度的实质。

土的抗剪强度主要依靠室内试验和原位测试确定,试验仪器的种类和试验方法对确定强度值有很大的影响。直接剪切试验是测定土的抗剪强度的一种常用方法。通常采用至少4个试样,分别在不同的垂直压力 p 下,施加水平剪切力进行剪切,求得破坏时的剪应力 τ。然后根据库仑定律确定土的抗剪强度参数:内摩擦角 φ 和黏聚力 c。土的抗剪强度参数是土坝、土堤、路基、岸坡稳定性分析及地基承载力、土压力等计算中的重要指标。

土体的抗剪强度受到试验设备和试验方法的影响,测定土体的抗剪强度的室内试验方法主要有直接剪切试验(也称直剪试验)、三轴压缩试验和无侧限压缩试验,其中直接剪切试验和三轴压缩试验应用最为广泛。

3.4.2 土的直接剪切试验

直接剪切试验测定土的抗剪强度指标,即土的内摩擦角和黏聚力,为获得工程和科学研究领域所需的土体强度参数提供依据。直接剪切试验分别适用于细粒土和砂类土,对于细粒土一般可根据工程实际情况选用以下 3 种试验方法:

(1)快剪试验:用原状土样或制备尽量接近现场情况的扰动土样,在试样施加竖向应力后,立即快速施加水平剪应力使试样在较短时间内剪切破坏。

(2)固结快剪试验:先使土样在某荷重下固结,待固结稳定后,再以较快速度施加水平剪应力,直至试样剪切破坏。

(3)慢剪试验:先使土样在某荷重下固结,待固结稳定后,再以缓慢速度施加水平剪应力,直至试样剪切破坏。

快剪试验和固结快剪试验的土样宜为渗透系数小于 1×10^{-6} cm/s 的细粒土。

1. 试验设备

(1)应变控制式直剪仪(图 3.20):包括剪切盒(水槽、上剪切盒、下剪切盒),垂直加压框架,负荷传感器或测力计及推动机构等,其技术条件应符合现行国家标准《岩土工程仪器基本参数及通用技术条件》(GB/T 15406)的规定。

(2)位移传感器或位移计(百分表):量程 5~10 mm,分度值 0.01 mm。

(3)天平:称量 500 g,分度值 0.1 g。

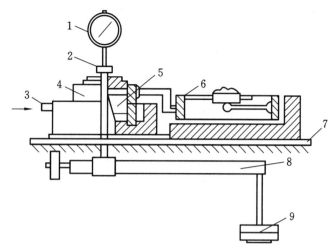

图 3.20　应变控制式直剪仪

1—垂直变形百分表；2—垂直加压框架；3—推动座；4—剪切盒；

5—试样；6—测力计；7—台板；8—杠杆；9—砝码

2. 试样制备步骤

（1）黏性土试样制备：

① 从原状土样中切取原状土试样或制备给定干密度及含水率的扰动土试样。制备方法应符合《土工试验方法标准》（GB/T 50123）第 4.5 节的规定。

② 测定试样的含水率及密度，应符合《土工试验方法标准》（GB/T 50123）第 5.2 节及第 6.2 节的规定。当试样需要饱和时，应按《土工试验方法标准》（GB/T 50123）第 4.6 节规定的方法进行抽气饱和。

（2）砂类土试样制备：

① 取过 2 mm 筛孔的代表性风干砂样 1200 g 备用。按要求的干密度称每个试样所需风干砂量，准确至 0.1 g。

② 对准上下盒，插入固定销，将洁净的透水板放入剪切盒内。

③ 将准备好的砂样倒入剪力盒内，拂平表面，放上一块硬木块，用手轻轻敲打，使试样达到要求的干密度，然后取出硬木块。

（3）垂直压力应符合下列规定：每组试验应取 4 个试样，在 4 种不同垂直压力下进行剪切试验。可根据工程实际和土的软硬程度施加各级垂直压力，垂直压力的各级差值要大致相等。也可取垂直压力分别为 100 kPa、200 kPa、300 kPa、400 kPa，各个垂直压力可一次轻轻施加，若土质松软，也可分级施加以防试样挤出。

3. 试样剪切步骤

（1）快剪试验

① 对准上下盒，插入固定销。在下盒内放入不透水板。将装有试样的环刀平口向下，对准剪切盒口，在试样顶面放入不透水板，然后将试样徐徐推入剪切盒内，移去环刀。对砂类土，

应按《土工试验方法标准》(GB/T 50123)第 21.3.1 条第 2 款的规定制备和安装试样。

② 转动手轮,使上盒前端钢珠刚好与负荷传感器或测力计接触。调整负荷传感器或测力计读数为零。顺次加上加压盖板、钢珠、加压框架,安装垂直位移传感器或位移计,测记起始读数。

③ 应按《土工试验方法标准》(GB/T 50123)第 21.3.1 条第 3 款的规定施加垂直压力。

④ 施加垂直压力后,立即拔去固定销。开动秒表,宜采用 0.8～1.2 mm/min 的速率剪切,每分钟 4 转～6 转的均匀速度旋转手轮,使试样在 3～5 min 内剪损。当剪应力的读数达到稳定或有显著后退时,表示试样已剪损,宜剪至剪切变形达到 4 mm。当剪应力读数继续增加时,剪切变形应达到 6 mm 为止,手轮每转一转,同时测记负荷传感器或测力计读数并根据需要测记垂直位移读数,直至剪损为止。

⑤ 剪切结束后,吸去剪切盒中的积水,倒转手轮,移去垂直压力、框架、钢珠、加压盖板等,取出试样。需要时,测定剪切面附近土的含水率。

（2）固结快剪试验

① 试样安装和定位应符合快剪试验的①②项的规定。试样上、下两面的不透水板改放湿滤纸和透水板。

② 当试样为饱和样时,在施加垂直压力 5 min 后,往剪切盒水槽内注满水;当试样为非饱和土时,仅在活塞周围包以湿棉花,防止水分蒸发。

③ 在试样上施加规定的垂直压力后,测定垂直变形读数。当每小时垂直变形读数变化不大于 0.005 mm 时,认为已达到固结稳定。试样也可在其他仪器上固结,然后移至剪切盒内,继续固结至稳定后,再进行剪切。

④ 试样达到固结稳定后,剪切应按快剪试验的④项执行,剪切后取出试样,测定剪切面附近试样的含水率。

（3）慢剪试验

① 安装试样应符合快剪试验的①②项的规定;试样固结应符合固结快剪试验①至③项的规定。待试样固结稳定后进行剪切。剪切速率应小于 0.02 mm/min。

也可按下式估算剪切破坏时间:

$$t_f = 50 \times t_{50}$$

式中　t_f——达到破坏所经过的时间(min);

　　　t_{50}——固结度达到 50% 的时间(min)。

② 剪损标准应按快剪试验④项的规定选取。

③ 应按快剪试验⑤项的规定进行拆卸试样及测定含水率。

4. 成果整理

（1）剪应力应按下式计算:

$$\tau = \frac{CR}{A_0} \times 10$$

式中　τ——剪应力(kPa);

　　　C——测力计率定系数(N/0.01 mm);

　　　R——测力计读数(0.01 mm);

A_0——试样初始的面积(cm^2)。

（2）以剪应力为纵坐标、剪切位移为横坐标，绘制剪应力与剪切位移关系曲线，如图3.21所示，取曲线上的峰值点或稳定值作为抗剪强度；无峰值时，取剪切位移4 mm对应的剪应力为抗剪强度。

（3）以抗剪强度为纵坐标，垂直压力为横坐标，绘制抗剪强度与垂直压力关系曲线，如图3.22所示，直线的倾角为摩擦角，直线在纵坐标上的截距为黏聚力。

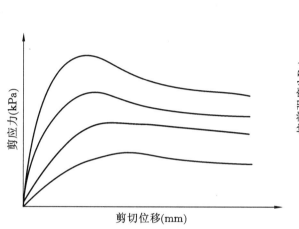

图3.21 剪应力与剪切位移关系曲线

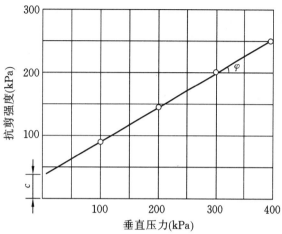

图3.22 抗剪强度与垂直压力关系曲线

（4）直接剪切试验的记录格式见表3.15、表3.16。

表3.15 直接剪切试验记录表（一）

任务单号		试验者	
试样编号		计算者	
试样说明		校核者	
试验日期		仪器名称及编号	

试样编号		1			2			3			4		
		起始	饱和后	剪后	起始	饱和后	剪后	起始	饱和后	剪后	起始	饱和后	剪后
湿密度 ρ(g/cm³)	(1)	(1)											
含水率 w(%)	(2)	(2)											
干密度 ρ_d(g/cm³)	(3)	$\dfrac{(1)}{1+0.01\times(2)}$											
孔隙比 e	(4)	$\dfrac{d_s}{(3)}-1$											
饱和度 S_r(%)	(5)	$\dfrac{d_s\times(2)}{(4)}$											

表 3.16　直接剪切试验记录表（二）

任务单号			计算者	
试样编号			校核者	
试验方法			试验者	
			试验日期	
试样编号			剪切前固结时间(min)	
仪器名称及编号			剪切前压缩量(mm)	
垂直压力 p(kPa)			剪切历时(min)	
测力计率定系数 C(N/0.01mm)			抗剪强度 S(kPa)	
手轮转数 (转)	测力计读数 R (0.01 mm)	剪切位移 Δl (0.01 mm)	剪应力 τ (kPa)	垂直位移 (0.01 mm)
(1)	(2)	$(3)=(1)\times 20-(2)$	$(4)=\dfrac{(2)\times C}{A_0}\times 10$	
1				
2				
3				
4				
5				
6				
⋮				
32				

3.4.3　土的三轴剪切试验

三轴剪切试验(或称三轴压缩试验)是测定土体的抗剪强度的室内试验方法之一。三轴剪切试验能够对圆柱状土体施加两向应力增量,能够模拟轴对称条件下土体的应力状态的变化,所以不仅可以获得土体抗剪强度参数,而且能够得到土体的应力-应变关系。三轴剪切试验能够克服直接剪切试验不能控制排水、不能量测孔隙水压力的缺点,但同样具有试验设备复杂、操作较繁杂、排水路径长等缺点。三轴剪切试验测定土的抗剪强度指标、孔隙水压力系数及土体的应力-应变关系,为获得土体强度参数、孔隙水压力系数,研究土体的本构模型及土体的三向变形特性提供依据。

根据工程要求,三轴剪切试验有 3 种试验方法:不固结不排水剪(UU)、固结不排水剪(CU)和固结排水剪(CD)试验。适用于细粒土和粒径小于 20 mm 的粗粒土。

1. 试验设备

(1) 应变控制式三轴仪:如图 3.23 所示,由压力室、反压力控制系统、周围压力控制系统、轴向加压设备、孔隙水压力量测系统、轴向变形和体积变化量测系统等组成。

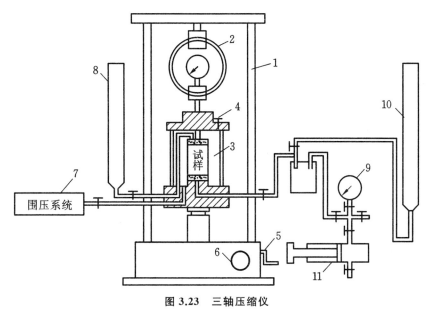

图 3.23　三轴压缩仪

1—轴向加压设备；2—量力环；3—压力室；4—排气孔；5—手轮；6—微调手轮；

7—围压系统；8—排水管；9—孔隙水压力表；10—量管；11—调压筒

（2）附属设备：包括击实器、饱和器、切土盘、切土器和切土架、承膜筒、对开圆模以及原状土分样器。

（3）天平：称量 200 g，分度值 0.01 g；称量 1000 g，分度值 0.1 g。

（4）量表：量程 30 mm，分度值 0.01 mm。

（5）橡皮膜：橡皮膜在使用前应做仔细检查，防止漏气。

（6）透水板：直径与试样直径相等，其渗透系数宜大于试样的渗透系数，使用前在水中煮沸并泡于水中。

2. 试验步骤

（1）试样制备

① 采用的试样最小直径为 39.1 mm，最大直径为 101 mm，试样的高度宜为试样直径的 2～2.5 倍。当试样直径小于 100 mm 时，试验允许最大粒径为试样直径的 1/10；当试样直径大于 100 mm 时，试验允许最大粒径为试样直径的 1/5。对于有裂缝、软弱面和构造面的试样，试样直径宜大于 60 mm。

② 原状土试样制备应按试验要求，将土样切成圆柱形试样。

A. 对于较软的土样，先用钢丝锯或切土刀切取一稍大于规定尺寸的土柱，放在切土盘上下圆盘之间，用钢丝锯或切土刀紧靠侧板，由上往下细心切削，边切削边转动圆盘，直至土样被削成规定的直径为止。试样切削时应避免扰动，当试样表面遇有砾石或凹坑时，允许用削下的余土填补。

B. 对较硬的土样，先用切土刀切取一稍大于规定尺寸的土柱，放在切土架上，用切土器切削土样，边削边压切土器，直至切削到超出试样高度约 2 cm 为止。

C. 取出试样，按规定的高度将两端削平，称量。并取余土测定试样的含水率。

D. 对于直径大于 10 cm 的土样,可用分样器切成 3 个土柱,按上述方法切取直径为 39.1 mm 或 61.8 mm 的试样。

③ 扰动土试样制备。

A. 选取一定数量的代表性土(对直径 39.1 mm 试样约取 2 kg,61.8 mm 和 101 mm 试样分别取 10 kg 和 20 kg),经风干、碾碎和过筛,测定风干含水率,按要求的含水率算出所需加水量。

B. 将需加的水量喷洒到土料上并拌匀。取出土料复测其含水率。测定的含水率与要求的含水率的差值应在 $\pm 1\%$ 以内。否则需调整含水率至符合要求为止。

C. 击样筒壁在使用前应洗擦干净,涂一薄层凡士林。根据要求的干密度,称取所需土质量。按试样高度分层击实,粉质土分 3~5 层,黏质土分 5~8 层击实。各层土料质量相等。每层击实至要求高度后,将表面刨毛,然后再加第 2 层土料。如此继续进行,直至击完最后一层。将击样筒中的试样两端整平,取出称其质量,一组试样的密度差值应小于 0.02 g/cm³。

D. 对制备好的试样,应量测其直径和高度。试样的平均直径应按下式计算:

$$D_0 = \frac{D_1 + 2D_2 + D_3}{4}$$

式中 D_0——试样平均直径(mm);

      D_1,D_2,D_3——试样上、中、下部位的直径(mm)。

(2)试样饱和

① 抽气饱和:将装有试样的饱和器放入真空缸内,真空缸和盖之间涂一薄层凡士林,盖紧。将真空缸与抽气机接通,启动抽气机,当真空压力表读数接近当地一个大气压力值时(抽气时间不少于 1 h),微开管夹,使清水徐徐注入真空缸,在注水过程中,真空压力表读数宜保持不变。待水淹没饱和器后停止抽气。开管夹使空气进入真空缸,静止一段时间,细粒土宜为 10 h,使试样充分饱和。

② 水头饱和:将试样按(3)的步骤安装于压力室内。试样周围不贴滤纸条。施加 20 kPa 周围压力。提高试样底部量管水位,降低试样顶部量管的水位,使两管水位差在 1 m 左右,打开孔隙水压力阀、量管阀和排水管阀,使纯水从底部进入试样,从试样顶部溢出,直至流入水量和溢出水量相等为止。当需要提高试样的饱和度时,宜在水头饱和前,从底部将二氧化碳气体通入试样,置换孔隙中的空气。二氧化碳的压力以 5~10 kPa 为宜,再进行水头饱和。

③ 反压力饱和:试样要求完全饱和时,应对试样施加反压力。反压力系统和周围压力系统相同(对不固结不排水剪试验可用同一套设备施加),但应用双层体变管代替排水量管。试样装好后,调节孔隙水压力等于大气压力,关闭孔隙水压力阀、反压力阀、体变管阀以及测记体变管读数。开周围压力阀,先对试样施加 20 kPa 的周围压力,开孔隙水压力阀,待孔隙水压力变化稳定,测记读数,关孔隙水压力阀。反压力应分级施加,同时分级施加周围压力,以尽量减少对试样的扰动。周围压力和反压力的每级增量宜为 30 kPa。开体变管阀和反压力阀,同时施加周围压力和反压力,缓慢打开孔隙水压力阀,检查孔隙水压力增量,待孔隙水压力稳定后,测记孔隙水压力和体变管读数,再施加下一级周围压力和孔隙水压力。计算每级周围压力引起的孔隙水压力增量,当孔隙水压力增量与周围压力增量之比大于 0.98 时,认为试样饱和。

（3）试样安装（固结不排水剪）

① 开孔隙水压力阀和量管阀,对孔隙水压力系统及压力室底座充水排气后,关孔隙水压力阀和量管阀。压力室底座上依次放上透水板、湿滤纸、试样、湿滤纸和透水板,试样周围贴浸水的滤纸条 7～9 条。将橡皮膜用承膜筒套在试样外,并用橡皮圈将橡皮膜下端与底座扎紧。打开孔隙水压力阀和量管阀,使水缓慢地从试样底部流入,排除试样与橡皮膜之间的气泡,关闭孔隙水压力阀和量管阀。打开排水阀,使试样帽中充水,放在透水板上,用橡皮圈将橡皮膜上端与试样帽扎紧,降低排水管,使管内水面位于试样中心以下 20～40 cm,吸除试样与橡皮膜之间的余水,关排水阀。需要测定土的应力-应变关系时,应在试样与透水板之间放置中间夹有硅脂的两层圆形橡皮膜,膜中间应留有直径为 1 cm 的圆孔排水。

② 将压力室罩顶部活塞提高,放下压力室罩。将活塞对准试样中心,并均匀地拧紧底座连接螺母。向压力室内注满清水,待压力室顶部排气孔有水溢出时,拧紧排气孔,并将活塞对准测力计和试样顶部。

③ 将离合器调至粗位,转动粗调手轮,当试样帽与活塞及测力计接近时,将离合器调至细位,改用细调手轮,使试样帽与活塞及测力计接触,装上变形指示计,将测力计和变形指示计调至零位。

（4）试样排水固结（固结不排水剪）

① 调节排水管使管内水面与试样高度的中心齐平,测记排水管水面读数。

② 开孔隙水压力阀,使孔隙水压力等于大气压力,关孔隙水压力阀,记下初始读数。

③ 将孔隙水压力调至接近周围压力值,施加周围压力后,再打开孔隙水压力阀,待孔隙水压力稳定后测定孔隙水压力。

④ 打开排水阀。当需要测定排水过程时,应测记排水管水面及孔隙水压力读数,直至孔隙水压力消散 95% 以上。固结完成后,关闭排水阀,测记孔隙水压力和排水管水面读数。

⑤ 微调压力机升降台,使活塞与试样接触,此时轴向变形指示计的变化值为试样固结时的高度变化。

（5）剪切试样（固结不排水剪）

① 剪切应变速率:黏土宜为每分钟应变 0.05%～0.1%;粉土宜为每分钟应变 0.1%～0.5%。

② 将测力计、轴向变形指示计及孔隙水压力读数均调整至零。

③ 启动电动机,合上离合器,开始剪切。试样每产生 0.3%～0.4% 的轴向应变(或 0.2 mm 变形值),测记 1 次测力计读数和轴向变形值。当轴向应变大于 3% 时,试样每产生 0.7%～0.8% 的轴向应变(或 0.5 mm 变形值),测记 1 次。

④ 当测力计读数出现峰值时,剪切应继续进行到轴向应变为 15%～20%。

⑤ 试验结束,关闭电动机,关闭各阀门,脱开离合器,将离合器调至粗位,转动粗调手轮,将压力室降下,打开排气孔,排除压力室内的水,拆卸压力室罩,拆除试样,描述试样的破坏形状,称量试样质量,并测定试样的含水率。

3. 结果整理

（1）试样固结后的高度,应按下式计算:

$$h_c = h_0 \left(1 - \frac{\Delta V}{V_0}\right)^{\frac{1}{3}}$$

式中 h_c——试样固结后的高度(cm);

　　ΔV——试样固结后与固结前的体积变化(cm³);

　　V_0——试样固结前的体积(cm³);

　　h_0——试样初始高度(cm)。

(2)试样固结后的断面面积,应按下式计算:

$$A_c = A_0 \left(1 - \frac{\Delta V}{V_0}\right)^{\frac{2}{3}}$$

式中 A_c——试样固结后的断面面积(cm²);

　　A_0——试样的初始断面面积(cm²)。

(3)轴向应变按下式计算:

$$\zeta_1 = \frac{\Delta h}{h_c}$$

式中 ζ_1——轴向应变(%);

　　Δh——试样剪切时高度变化,由轴向位移计测得(cm);

　　h_c——试样的固结后高度(cm)。

(4)试样断面面积的校正,应按下式计算:

$$A_a = \frac{A_c}{1 - \zeta_1}$$

(5)主应力差应按下计算:

$$\sigma_1 - \sigma_3 = \frac{CR}{A_a} \times 10$$

式中 σ_1——大主应力(kPa);

　　σ_3——小主应力(kPa);

　　C——测力计率定系数,N/0.01 mm;

　　R——测力计读数,0.01 mm。

(6)以主应力差为纵坐标,轴向应变为横坐标,绘制主应力差($\sigma_1 - \sigma_3$)与轴向应变 ζ_1 的关系曲线如图 3.24 所示。取曲线上主应力差的峰值作为破坏点,无峰值时,取 15% 轴向应变时的主应力差值作为破坏点。

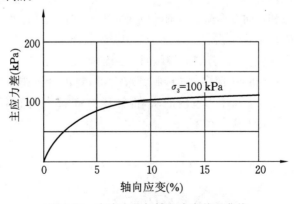

图 3.24　主应力差与轴向应变关系曲线

（7）以剪应力 τ 为纵坐标，法向应力 σ 为横坐标，在横坐标轴以破坏时的 $(\sigma_{1f}+\sigma_{3f})/2$ 为圆心，$(\sigma_{1f}-\sigma_{3f})/2$ 为半径，画破坏应力圆的包线，包线的倾角为内摩擦角 φ_{cu}，包线在纵轴上的截距为黏聚力 c_{cu}。

（8）三轴剪切试验的记录格式见表 3.17。

表 3.17 三轴剪切试验记录表

工程名称 _____				试验者 _____		
土样编号 _____				计算者 _____		
试验日期 _____				校核者 _____		

1.含水率

盒号	盒质量（g）	盒＋湿土质量（g）	盒＋干土质量（g）	水质量（g）	干土质量（g）	含水率（%）	平均含水率（%）

2.密度

试样高度(cm)	试样体积(cm³)	试样质量(g)	密度(g/cm³)	试样破坏描述
（起始）				
（固结后）				

3.反压力饱和

周围压力(kPa)	反压力(kPa)	孔隙水压力(kPa)	孔隙水压力增量(kPa)

4.固结排水

周围压力：_____ kPa　　　反压力：_____ kPa　　　孔隙水压力：_____ kPa

经过时间(h min s)	孔隙水压力(kPa)	量管读数(mL)	排出水量(mL)

思考题

1. 相对密度试验的方法通常采用(　　)。(单项选择题)

A.蜡封法　　　　　　　B.比重瓶法　　　　　　C.浮称法　　　　　　　D.虹吸筒法

2. 土的塑限含水率是指(　　)的界限含水率。(单项选择题)

A.塑态转半流态　　　B.半固态转固态　　　C.塑态转半固态　　　D.半流态转流态

3. 密度的测试方法有(　　)。(多项选择题)

A.环刀法　　　　　　　B.蜡封法　　　　　　　C.比重法　　　　　　　D.灌砂法

4. 常水头计算公式据达西定律推导而得,求得的渗透系数为(　　)下的渗透系数,在计算时要换算到(　　)下的渗透系数。(多项选择题)

A.测试温度　　　　　　B.标准温度　　　　　　C.恒温　　　　　　　　D.常温

5. 土的抗剪强度是指土体对于外荷载所产生剪应力的极限抵抗能力。(　　)是强度破坏的重点。(单项选择题)

A.压力破坏　　　　　　B.剪切破坏　　　　　　C.抗剪破坏　　　　　　D.受拉破坏

6. 做击实试验时,小试筒击实后,试样高出击实筒不宜超过 5 mm,大试筒击实后,试样高出击实筒不宜超过(　　)mm。(单项选择题)

A.5　　　　　　　　　　B.6　　　　　　　　　　C.7　　　　　　　　　　D.4

7. 重型击实试验与轻型击实试验的本质区别是(　　)。(单项选择题)

A.击实次数　　　　　　B.击实锤质量　　　　　C.击实筒大小　　　　　D.击实功能

 **4** 地基承载力检测

在岩土工程勘察的过程中,对地基岩土体物理、力学等参数进行检测,仅靠对岩土样品在实验室内进行试验往往是不够的。实验室的试验样品一般尺寸较小,不能完全准确地反映天然状态下的岩土性质,因而有必要进行原位测试。地基原位测试是指在岩体或者土体所处的位置,基本保证岩土原来的结构、湿度和应力状态,对岩土体进行的测试。

4.1 浅层平板载荷试验

4.1.1 检测参数

检测参数有地基承载力特征值、地基土的变形模量。

1. 地基承载力特征值

地基承载力特征值是指在建筑物荷载作用下,能保证地基不发生失稳破坏,同时也不产生建筑物所不容许的沉降时的最大地基压力。因此,地基承载力既要考虑土的强度性质,同时还要考虑不同建筑物对沉降的要求。在进行地基基础的设计时,设计人员需要得到地基承载力特征值才能进行后续计算,地基承载力特征值可由载荷试验或其他原位测试、公式计算,并结合工程实践经验等方法综合确定。

(1)根据载荷试验或者其他原位测试确定

载荷试验是确定地基承载力特征值最直接、最有效的方法,对于地基土浅基础采用浅层平板载荷试验,对于地基土深基础采用深层平板载荷试验,岩石浅基础或岩石桩端持力层则采用岩基载荷试验,在工程勘察阶段还可采用螺旋板载荷试验。

除载荷试验外,还可根据场地地基土性状选用相应的原位测试方法,但此类方法基本都是属于间接测试方法,现场得到的并不是承载力,而是和承载力相关的其他参数,根据此参数和承载力之间的关系推导出承载力的大小。此类方法虽然比较经济、简便,但是结果的准确度取决于转换关系的适用性和精准度。常用的测试方法有动力触探、标准贯入、旁压试验等,若是软土还可选用静力触探、十字板剪切试验等。

(2)根据经验公式确定

现场采集土样先进行土样的物理力学性能试验,根据统计结果以及基础的宽度和埋置深度,按规范中的表格和公式得到各地层的承载力。

(3)根据地基承载力理论公式确定

地基承载力理论公式是根据地基极限平衡条件得到的,公式计算结果只表明是地基强度及稳定性得到满足时的地基承载力,对于沉降方面,理论公式并未予以考虑,因此按地基承载

力理论公式确定地基承载力特征值时,还须结合建筑物对沉降的要求才能得到恰当的结果。

综上所述,载荷试验是得到地基承载力特征值最直接和准确的方法,缺点是人工、机械和时间成本较高,但在前期为了得到准确的地质勘察参数,这种方法是有必要的。

2. 地基土的变形模量

土的变形模量是土在无侧限条件下受压时,压应力增量与压应变增量之比,单位为 MPa。是评价土压缩性和计算地基变形量的重要指标。变形模量越大,土的压缩性越低。土的变形模量一般通过荷载试验得到。与土的变形模量对应的是压缩模量,压缩模量是指土在完全侧限条件下的竖向附加应力与相应的应变增量之比,也就是指土体在侧向完全不能变形的情况下受到的竖向压应力与竖向总应变的比值,一般通过室内试验得到。

4.1.2 试验原理

在一定面积的承压板上向地基土分级施加荷载,观测地基土的各种反应,以此来判断地基土的承载力。

4.1.3 相关规范

(1)《岩土工程勘察规范(2009 年版)》(GB 50021);

(2)《建筑地基基础设计规范》(GB 50007)。

其他行业的平板载荷试验应查询相关的行业规范。

4.1.4 适用范围

(1)《岩土工程勘察规范(2009 年版)》(GB 50021):适用于除水利、铁路、公路和桥隧工程以外的工程建设岩土工程勘察。

(2)《建筑地基基础设计规范》(GB 50007):适用于工业与民用建筑的地基承载力检测。

① 浅层平板载荷试验:把试验土层深度小于 5 m 的称为浅层平板载荷试验。

② 深层平板载荷试验:把试验土层深度大于 5 m 的称为深层平板载荷试验。

③ 岩石地基载荷试验:适用于确定完整、较完整、较破碎岩石地基作为天然地基或桩基础持力层时的承载力。

④ 旋板载荷试验:适用于确定深层地基土或者地下水位以下地基土的承载力。

不同的载荷试验原理是相同的,但是在加载设备、加载过程、判定标准上有差异。

深层载荷试验与浅层载荷试验的本质区别并不是试验深度,而在于试土是否存在边载,荷载作用于半无限体的表面还是内部。浅层载荷试验的试坑宽度或直径不应小于承压板宽度或直径的 3 倍,符合此条件下认为无边载;深层载荷试验的试井直径等于承压板直径;当试井直径大于承压板直径时,紧靠承压板周围土的高度不应小于承压板直径,深层载荷试验的试验深度不应小于 5 m。深层载荷试验过浅,不符合变形模量计算假定荷载作用于半无限体内部的条件,深层载荷试验的条件与基础宽度、土的摩擦角等有关。例如,载荷试验是在 8 m 深的基坑底进行,不管这个深度是否超过 5 m,由于没有边载,仍然是浅层载荷试验;反之,如果试验深度 5.5 m,但试井直径与承载板直径相同,有边载,则属于深层载荷试验。关于此问题的探讨在讲解深层载荷试验时进一步说明。

4.1.5 仪器设备

1. 反力系统

载荷试验常用的反力系统有堆重平台反力装置、地锚反力装置、锚桩反力梁反力装置和撑壁式反力装置四种。

一般采用堆重平台,需要根据预估的试验荷载搭建堆重平台,可根据现场实际条件选择混凝土块、砖块、沙袋、钢筋等作为荷载。

除重物加载装置外,其他加载装置均需配套的反力系统。载荷试验的反力可由重物、地锚或地锚与重物联合提供。然后再与梁架组合成稳定的反力系统。当在岩体内(如探坑或探槽)进行载荷试验时,可以利用围岩提供所需要的反力。

地锚反力系统中,地锚个数应确保有足够的抗拔力,以免试验中间被拔起。反力梁亦应有足够的刚度。

常见的反力系统见图 4.1、图 4.2。

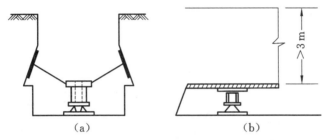

图 4.1 坚硬岩土体内载荷试验反力系统示意图
(a)撑壁式;(b)平洞式

图 4.2 堆重平台

2. 加载系统

加载系统有千斤顶、油泵、承压板。

根据试验所需最大加载量来选择千斤顶型号,且应遵循"二八原则",即加载量不应小于量程的 20%,且不应大于量程的 80%。

现场使用过程中,千斤顶的使用应该注意以下内容:在安放主梁之前放置千斤顶;千斤顶应放置在主梁的正下方、桩或地基的正上方;不能使千斤顶在试验开始之前受力压实试验对象,也不宜与主梁的距离过大。

当采用两台及两台以上千斤顶加载共同工作时,应符合下列规定:采用的千斤顶型号、规格应相同;千斤顶的合力中心应与受检桩的轴线重合;千斤顶应并联同步工作。

承压板面积不应小于 0.25 m²(对于矩形板,可采用 0.5m×0.5m),对于软土,不应小于 0.5 m²(对于矩形板,可采用 0.71 m×0.71 m)。

常见的载荷试验反力与加载布置方式见图 4.3。

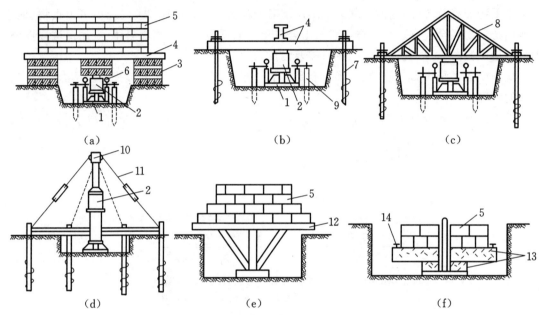

图 4.3　常见的载荷试验反力与加载布置方式

1—承压板;2—千斤顶;3—木跺;4—钢梁;5—钢锭;6—百分表;7—地锚;
8—桁架;9—立柱;10—分力帽;11—拉杆;12—载荷台;13—混凝土块;14—测点

3. 观测系统

观测系统有百分表(位移计)、磁性表座、基准梁、基准梁支座。通过百分表(位移计)测量承压板的位移来判断土体的变形,支撑百分表(位移计)的磁性表座应安装在基准梁上,基准梁的支座应尽量远离试坑,避免受到试坑沉降的影响,如图 4.4 所示。

图 4.4　观测系统安装图

4. 试坑

试坑即试验观测场地,试坑宽度不应小于承压板宽度或直径的 3 倍。试坑内应保持试验土层的原状结构和天然湿度,宜在拟试压表面用粗砂或中砂找平,其厚度不应超过 20 mm。

4.1.6 试验步骤

1. 抽检要求

载荷试验应布置在有代表性的地点,每个场地不宜少于 3 个,当场地内岩土体不均时,应适当增加检测点个数。浅层平板载荷试验应布置在基础底面标高处。

一般情况下,试验点应由设计单位、检测单位、建设单位、监理单位和施工单位等各方共同确定。并同时考虑以下因素。

① 因现场需要搭建反力平台,应考虑试验点必须具备荷载重物通行的条件。

② 检测点应有代表性。

③ 荷载试验的准确性,是建立在场地土质均一的基础上的。当场地是非均质土或者多层土时,应增加检测点。当土层变化复杂时,载荷试验反映的承压板影响范围内地基土的性状与实际基础下地基土的性状将有很大的差异,故在进行载荷试验时,对尺寸效应要有足够的估计。在条件允许的前提下,可将同一场地下不同类型的土质归属不同的检测批。

2. 设备安装原则

试验设备安装时应遵循先下后上、先中心后两侧的原则,即首先安放承压板,然后放置千斤顶于其上,再安装反力系统,最后安装观测系统。

3. 试验加载值的确定

对于验证性试验,试验荷载应加载到设计值的两倍。对于探索性试验,试验荷载应加载到出现终止加载的情况(破坏),以便获得完整的 p-s 曲线,确定承载力特征值。

4. 加载要求

载荷试验加载方式应采用分级维持荷载沉降相对稳定法(常规慢速法);有地区经验时,可采用分级加载沉降非稳定法(快速法)或等沉降速率法;加载等级宜取 10～12 级,并不应少于 8 级,荷载量测精度不应低于最大荷载的 10%。本文后续加载过程的讲解主要针对慢速法。

地基土体的承载能力特征值一般以单位 kPa 来表示,而加载时采用的加载系统一般以 kN 来控制,要注意两者之间的换算。

比如试验前某土体的预估破坏荷载达到 600 kPa,采用 0.25 m² 的承压板,则反力系统的堆载应达到 150 kN。若分为 10 级,每级应为 15 kN。

每级加载后,需要变形稳定后才能加载下一级。

稳定标准:每级加载后,按间隔 10 min、10 min、10 min、15 min、15 min 测读一次沉降量,以后为每隔 30 min 测读一次沉降量,当在连续两小时内,每小时的沉降量小于 0.1 mm 时,则认为已趋稳定,可加下一级荷载。

5. 地基土的受压破坏机理

地基受压破坏形式通常为整体剪切破坏，p-s 曲线（加载-变形曲线）具有两个明显特征点。p-s 曲线的特征点是决定地基承载力的重要参数，这两个特征点可以把 p-s 曲线分为 3 段，分别反映了地基土逐级受压以致破坏的 3 个变形阶段（图 4.5）。

（1）直线变形压密阶段：此阶段中土体颗粒主要产生竖向位移，地基土所受压力较小，主要以压密变形或弹性变形为主，变形较小，处于稳定状态，p-s 关系接近线性关系。直线段端点所对应的压力即为比例界限 p_0，可作为地基土的承载力特征值。

（2）局部剪切变形或塑性变形阶段：此阶段中土体颗粒有侧向位移。当压力继续增大超过比例界限时，在承压板边缘土体出现剪切破裂（塑性破坏），实际进入了屈服状态。随着压力继续增大，剪切破裂区不断向纵深发展，此段 p-s 关系呈曲线形状，曲线末端所对应的压力即为极限界限 p_u，可作为地基土极限承载力。当极限荷载值小于比例界限荷载值的 2 倍时，可取极限荷载值的一半，作为地基土承载力特征值。

（3）整体剪切破坏阶段：如果压力继续增加，承压板会急剧下沉。即使压力不再增加，承压板仍会不断急剧下沉，说明地基发生了整体剪切破坏。

6. 终止加载的情况

当出现下列情况之一时，即可终止加载：

① 承压板周围的土明显地侧向挤出；

② 沉降急骤增大，p-s 曲线出现陡降段；

③ 在某一级荷载下，24 h 内沉降速率不能达到稳定标准；

④ 沉降量与承压板宽度或直径之比大于或等于 0.06。

《建筑地基基础设计规范》（GB 50007）未对陡降段给出明确定义，但在《岩土工程勘察规范（2009 年版）》（GB 50021）10.2.3 条中指出：本级荷载的沉降量大于前级荷载沉降量的 5 倍，荷载与沉降曲线出现明显陡降（图 4.6）。

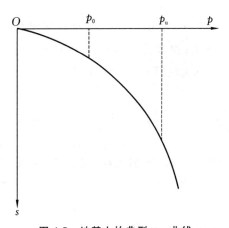

图 4.5 地基土的典型 p-s 曲线

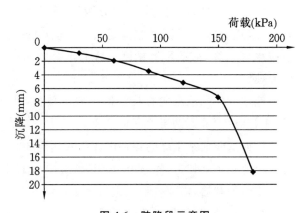

图 4.6 陡降段示意图

发生明显侧向挤出隆起或裂缝，表明受荷地层发生整体剪切破坏（图 4.7），这属于强度破坏极限状态;等速沉降或加速沉降,表明承压板下产生塑性破坏或刺入破坏,这是变形破坏极限状态;过大的沉降(承压板直径的 0.06 倍),属超过限制变形的正常使用极限状态。

图 4.7　土体开裂图片

7. 极限荷载的判定

当出现终止加载的前 3 种情况之一时,取对应的前一级荷载为极限荷载。

8. 比例界限的判定

p-s 曲线直线段与曲线段的交点处,即为比例界限。

9. 承载力特征值的判定

承载力特征值的确定应符合下列规定:

① 当 p-s 曲线上有比例界限时,取该比例界限所对应的荷载值;

② 当极限荷载小于对应比例界限的荷载值的 2 倍时,取极限荷载值的一半;

③ 当不能按上述两款要求确定时,可取 $s/b=0.01\sim0.015$ 所对应的荷载(b 为承压板宽度或直径),但其值不应大于最大加载量的一半。

10. 场地土层承载力特征值的判定

同一土层参加统计的试验点不应少于 3 点,各试验实测值的极差不得超过其平均值的 30%,取此平均值作为该土层的地基承载力特征值。

11. 地基变形模量的计算

浅层平板试验的天然地基、人工地基的变形模量可按下式计算:

$$E_0 = I_0(1-\mu^2)\frac{pb}{s}$$

式中　E_0——变形模量(MPa);

　　　I_0——刚性承压板的形状系数,圆形承压板取 0.785,方形承压板取 0.886;

　　　μ——土的泊松比,碎石土取 0.27,砂土取 0.30,粉土取 0.35,粉质黏土取 0.38,黏土取 0.42,或根据试验确定;

　　　b——承压板直径或边宽(m);

　　　p——p-s 曲线线性段的压力值或承载力特征值(kPa);

　　　s——与 p 对应的沉降(mm)。

4.2 浅层平板载荷试验检测工程案例

4.2.1 验证性试验案例

1. 工程概况

受××公司委托,××质量检测有限公司于 2019 年 1 月 1 日至 2019 年 1 月 7 日对×× 项目地基进行了浅层平板载荷试验,试验点的抽样方式和数量为建设单位、勘察单位、设计单位共同指定,验证该场地地基基础承载力特征值是否达到 150 kPa。

2. 试验仪器设备

(1) 加载系统:面积为 0.25 m² 的承压板(钢制板,矩形 500 mm×500 mm);加载装置为液压千斤顶,试验用千斤顶容许压力大于最大加载时压力的 1.2 倍。

(2) 反力系统:加载反力装置能提供的反力不小于最大加载量的 1.2 倍。

(3) 量测系统:基准梁、量程为 50 mm 的百分表。

3. 试验方法

试验按照现行《建筑地基基础设计规范》(GB 50007)和《岩土工程勘察规范(2009 年版)》(GB 50021)中关于浅层平板载荷试验要求,对于地基土承载能力特征值和变形模量的试验采用面积为 0.25 m² 的承压板。试验过程如下:

(1) 加载操作:本工程 1# 至 3# 点浅层平板载荷试验的预估破坏荷载为 300 kPa,试验设计加载等级均分为 10 级,每级 30 kPa。

采用 0.25 m² 的承压板,则反力平台载重应为 300 kPa×0.25 m²=75 kN,$\frac{75000 \text{ N}}{10 \text{ N/kg}}=$ 7500 kg。

(2) 加载稳定标准:当在连续两小时内,每小时的沉降量小于 0.1 mm 时,则认为已趋稳定,可加下一级荷载。

(3) 沉降观测:每级加载后,按间隔 10 min、10 min、10 min、15 min、15 min 读记承压板沉降量一次,以后每半个小时读记一次。

(4) 试验观测与记录:将观测数据记录在载荷试验记录表中。

(5) 终止试验条件:当出现下列情况之一时,即可终止加载,当满足前三种情况之一时,其对应的前一级荷载定为极限荷载:

① 承压板周围的土明显地侧向挤出;

② 沉降急骤增大,$p\text{-}s$ 曲线出现陡降段;

③ 在某一级荷载下,24 小时内沉降速率不能达到稳定标准;

④ 沉降量与承压板宽度或直径之比大于或等于 0.06;

⑤ 当达不到极限荷载,而最大加载压力已大于设计要求压力值的 2 倍。

（6）地基承载力特征值的确定：

① 当 p-s 曲线上有比例界限时,取该比例界限所对应的荷载值;

② 当极限荷载小于对应比例界限的荷载值的 2 倍时,取极限荷载值的一半;

③ 当不能按上述两款要求确定时,可取 $s/b = 0.01 \sim 0.015$ 所对应的荷载,但其值不应大于最大加载量的一半。

$s/b = 0.01 \sim 0.015, b = 500$ mm,则 $s = 5 \sim 7.5$ mm。

试验过程分类见表 4.1。

表 4.1 试验过程分类

试验点编号	试验目的	承压板类型
1	地基土承载力特征值	方形,面积为 0.25 m²
2	地基土承载力特征值	方形,面积为 0.25 m²
3	地基土承载力特征值	方形,面积为 0.25 m²

4. 试验数据及资料整理

（1）现场数据原始记录见表 4.2 至表 4.4。

表 4.2 1# 点加载原始记录

项目名称							
试验依据							
加载级别	荷载 (kPa)	各测点百分表读数（mm）					沉降值（mm）	
		表 1	表 2	表 3	表 4	平均	本次	累计
0	0	2.54	2.23	2.13	3.22	2.53	0.00	0.00
1	30	3.54	3.30	3.06	3.66	3.39	0.86	0.86
2	60	4.17	4.48	5.01	4.50	4.54	1.15	2.01
3	90	5.68	6.00	5.77	6.75	6.05	1.51	3.52
4	120	7.92	7.59	7.93	7.60	7.76	1.71	5.23
5	150	9.59	9.43	9.93	10.49	9.86	2.10	7.33
6	180	12.78	12.16	12.45	12.17	12.39	2.53	9.86
7	210	14.81	15.43	14.83	15.33	15.10	2.71	12.57
8	240	17.62	18.31	17.61	18.66	18.05	2.95	15.52
9	270	21.00	21.03	21.56	21.17	21.19	3.14	18.66
10	300	25.09	25.15	25.08	24.52	24.96	3.77	22.43

表 4.3　2# 点加载原始记录

项目名称								
试验依据								
加载级别	荷载（kPa）	各测点百分表读数(mm)					沉降值（mm）	
		表1	表2	表3	表4	平均	本次	累计
0	0	3.51	2.93	3.41	3.59	3.36	0.00	0.00
1	30	4.69	4.58	4.99	4.02	4.57	1.21	1.21
2	60	4.81	5.69	5.35	5.03	5.22	0.65	1.86
3	90	5.71	5.79	6.16	6.78	6.11	0.89	2.75
4	120	7.09	7.42	7.39	6.66	7.14	1.03	3.78
5	150	8.04	8.80	8.73	7.99	8.39	1.25	5.03
6	180	10.02	10.16	9.43	10.07	9.92	1.53	6.56
7	210	11.77	11.14	11.98	11.51	11.60	1.68	8.24
8	240	13.23	13.16	13.63	13.86	13.47	1.87	10.11
9	270	15.56	15.89	16.11	15.28	15.71	2.24	12.35
10	300	18.31	17.96	18.42	18.83	18.38	2.67	15.02

表 4.4　3# 点加载原始记录

项目名称								
试验依据								
加载级别	荷载（kPa）	各测点百分表读数(mm)					沉降值（mm）	
		表1	表2	表3	表4	平均	本次	累计
0	0	3.53	4.07	3.91	3.13	3.66	0.00	0.00
1	30	4.43	4.03	4.15	4.15	4.19	0.53	0.53
2	60	4.97	5.13	4.59	4.95	4.91	0.72	1.25
3	90	5.51	5.64	5.53	7.32	6.00	1.09	2.34
4	120	7.58	6.81	7.29	7.00	7.17	1.17	3.51
5	150	8.94	9.15	8.54	8.13	8.69	1.52	5.03
6	180	10.50	9.74	9.83	10.65	10.18	1.49	6.52
7	210	11.90	12.47	12.43	11.16	11.99	1.81	8.33
8	240	14.59	13.79	14.08	14.14	14.15	2.16	10.49
9	270	16.64	16.84	16.48	17.12	16.77	2.62	13.11
10	300	20.35	19.49	20.11	19.97	19.98	3.21	16.32

注：表中的读数为每一级的最终变形值,稳定过程中的读数未在表中体现。

（2）绘制 $p\text{-}s$ 曲线（详见表4.5至表4.7）。

表4.5 验证性试验 1# 点浅层平板载荷试验沉降汇总及 $p\text{-}s$ 曲线

工程名称：×××		试点编号：1
压板面积：0.25 m²			
级数	荷载（kPa）	本级沉降（mm）	累计沉降（mm）
0	0	0	0
1	30	0.86	0.86
2	60	1.15	2.01
3	90	1.51	3.52
4	120	1.71	5.23
5	150	2.1	7.33
6	180	2.53	9.86
7	210	2.71	12.57
8	240	2.95	15.52
9	270	3.14	18.66
10	300	3.77	22.43

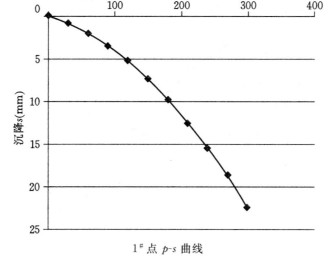

1# 点 $p\text{-}s$ 曲线

表 4.6 验证性试验 2# 点浅层平板载荷试验汇总及 *p-s* 曲线

工程名称：×××			试点编号：2
压板面积：0.25 m²			
级数	荷载（kPa）	本级沉降（mm）	累计沉降（mm）
0	0	0	0
1	30	1.21	1.21
2	60	0.65	1.86
3	90	0.89	2.75
4	120	1.03	3.78
5	150	1.25	5.03
6	180	1.53	6.56
7	210	1.68	8.24
8	240	1.87	10.11
9	270	2.24	12.35
10	300	2.67	15.02

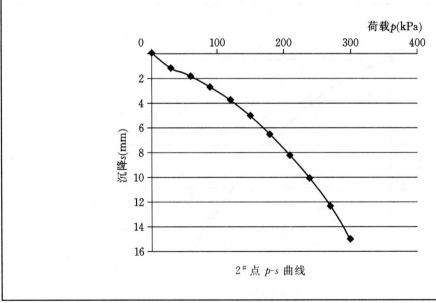

2# 点 *p-s* 曲线

表 4.7 验证性试验 3# 点浅层平板载荷试验汇总及 *p-s* 曲线

工程名称：×××			试点编号：3
压板面积：0.25 m²			
级数	荷载（kPa）	本级沉降（mm）	累计沉降（mm）
0	0	0	0
1	30	0.53	0.53
2	60	0.72	1.25
3	90	1.09	2.34
4	120	1.17	3.51
5	150	1.52	5.03
6	180	1.49	6.52
7	210	1.81	8.33
8	240	2.16	10.49
9	270	2.62	13.11
10	300	3.21	16.32

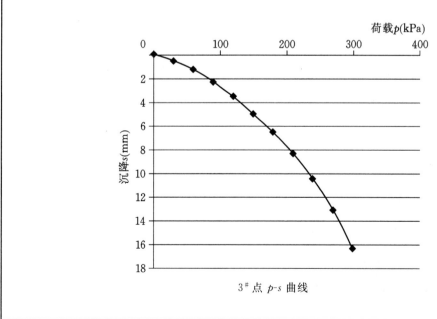

3# 点 *p-s* 曲线

（3）本工程各试验点的载荷试验概况见表 4.8。

表 4.8　试验点浅层平板静载试验概况

试验点编号	最大加载量（kPa）	最大沉降量（mm）	停止加载原因
1	300	22.43	达到试验荷载
2	300	15.02	达到试验荷载
3	300	16.32	达到试验荷载

5. 结论

（1）本工程 1# 至 3# 试验点地基承载力特征值检测结果见表 4.9。

表 4.9　地基承载力特征值检测结果

试验点号	比例界限法取值（kPa）	按相对变形法取值 $s/b=0.015$（kPa）	极限荷载的一半（kPa）	试验点地基承载力特征值（kPa）	极差（kPa）	平均值（kPa）	地基承载力特征值（kPa）
1	无明显比例界限	152	150	150			
2	无明显比例界限	197	150	150	0	150	150
3	无明显比例界限	196	150	150			

（2）3 个试验点的 p-s 曲线不存在明显的比例界限，取 $s/b=0.015$ 所对应的荷载为地基承载力特征值，因 $b=500$ mm，故取 $s=7.5$ mm 所对应的荷载。在各分级中很难刚好取值 $s=7.5$ mm，故采用内插法求取。

（3）根据现行《建筑地基基础设计规范》（GB 50007）附录 C 规定，1# 至 3# 点地基承载力特征值的平均值为 150 kPa，极差不超过平均值的 30%，故取平均值 150 kPa 为本工程地基承载力特征值，达到 150 kPa 的要求。

4.2.2　探索性试验案例

1. 工程概况

受××公司委托，××质量检测有限公司于 2019 年 1 月 1 日至 2019 年 1 月 7 日对××项目地基进行了浅层平板载荷试验，试验点的抽样方式和数量为建设单位、勘察单位、设计单位共同指定，检测该场地地基基础承载力特征值和变形模量，该地基土层为碎石土。

2. 试验仪器设备

（1）加载系统：面积为 0.25 m² 的承压板（钢制板，矩形 500 mm×500 mm）；加荷装置为液压千斤顶，试验用千斤顶容许压力大于最大加载时压力的 1.2 倍。

（2）反力系统：加载反力装置能提供的反力不小于最大加载量的 1.2 倍。

（3）量测系统：基准梁、量程为 50 mm 的百分表。

3. 试验方法

试验按照现行《建筑地基基础设计规范》（GB 50007）和《岩土工程勘察规范（2009 年版）》

(GB 50021)中关于浅层平板载荷试验要求,对于地基土承载能力特征值和变形模量的试验采用面积为 0.25 m² 的承压板。试验过程如下:

(1)加载操作:本工程 1# 至 3# 点浅层平板载荷试验的预估破坏荷载为 500 kPa,试验设计加载等级均分为 10 级,每级 50 kPa。

采用 0.25 m² 的承压板,则反力平台载重应为 500 kPa×0.25 m²=125 kN,$\dfrac{125000\ \text{N}}{10\ \text{N/kg}}$=12500 kg。

(2)加载稳定标准:当在连续两小时内,每小时的沉降量小于 0.1 mm 时,则认为已趋稳定,可加下一级荷载。

(3)沉降观测:每级加载后,按间隔 10 min、10 min、10 min、15 min、15 min 读记承压板沉降量一次,以后每半个小时读记一次。

(4)试验观测与记录:将观测数据记录在载荷试验记录表中。

(5)终止试验条件:当出现下列情况之一时,即可终止加载,当满足前三种情况之一时,其对应的前一级荷载定为极限荷载:

① 承压板周围的土明显地侧向挤出;

② 沉降急骤增大,$p\text{-}s$ 沉降曲线出现陡降段;

③ 在某一级荷载下,24 小时内沉降速率不能达到稳定标准;

④ 沉降量与承压板宽度或直径之比大于或等于 0.06;

⑤ 当达不到极限荷载,而最大加载压力已大于设计要求压力值的 2 倍。

(6)地基承载力特征值的确定:

① 当 $p\text{-}s$ 曲线上有比例界限时,取该比例界限所对应的荷载值;

② 当极限荷载小于对应比例界限的荷载值的 2 倍时,取极限荷载值的一半;

③ 当不能按上述两款要求确定时,可取 s/b=0.01~0.015 所对应的荷载,但其值不应大于最大加载量的一半。

试验过程分类见表 4.10。

表 4.10　试验过程分类

试验点编号	试验目的	承压板类型
1	地基土承载力特征值,变形模量	方形,面积为 0.25 m²
2	地基土承载力特征值,变形模量	方形,面积为 0.25 m²
3	地基土承载力特征值,变形模量	方形,面积为 0.25 m²

(7)地基土变形模量的确定

地基土的变形模量应根据 $p\text{-}s$ 曲线的初始直线段,按均质各向同性半无限弹性介质的弹性理论计算。

浅层平板载荷试验的变形模量 E_0(MPa)按下式计算:

$$E_0 = I_0(1-\mu^2)\frac{pd}{s}$$

式中　I_0——刚性承压板的形状系数;

　　　μ——土的泊松比;

p——$p\text{-}s$ 曲线线性段的压力值；

d——承压板的直径或边长；

s——与 p 对应的沉降量。

4. 试验数据及资料整理

（1）现场数据原始记录见表 4.11 至表 4.13。

表 4.11　1# 点加载原始记录

项目名称								
试验依据								
加载级别	荷载（kPa）	各测点百分表读数（mm）					沉降值（mm）	
		表1	表2	表3	表4	平均	本次	累计
0	0	2.52	2.04	2.75	2.33	2.41	0.00	0.00
1	50	3.09	3.10	3.29	3.32	3.20	0.79	0.79
2	100	3.71	3.53	3.58	5.06	3.97	0.77	1.56
3	150	5.26	4.64	4.45	4.73	4.77	0.80	2.36
4	200	7.92	7.82	7.92	8.66	8.08	3.31	5.67
5	250	10.70	10.70	10.29	10.87	10.64	2.56	8.23
6	300	13.44	13.94	13.85	13.85	13.77	3.13	11.36
7	350	16.55	16.33	17.03	16.69	16.65	2.88	14.24
8	400	19.34	19.72	19.49	19.17	19.43	2.78	17.02
9	450	23.79	23.94	24.01	23.18	23.73	4.30	21.32
10	500	27.80	28.38	27.80	28.50	28.12	4.39	25.71

表 4.12　2# 点加载原始记录

项目名称								
试验依据								
加载级别	荷载（kPa）	各测点百分表读数（mm）					沉降值（mm）	
		表1	表2	表3	表4	平均	本次	累计
0	0	3.17	2.96	3.01	4.66	3.45	0.00	0.00
1	50	4.68	4.04	4.07	4.05	4.21	0.76	0.76
2	100	4.44	4.67	5.00	5.41	4.88	0.67	1.43
3	150	5.48	6.05	5.14	5.73	5.60	0.72	2.15
4	200	9.14	8.58	8.75	8.45	8.73	3.13	5.28
5	250	11.66	11.27	11.60	10.51	11.26	2.53	7.81

续表 4.12

加载级别	荷载(kPa)	各测点百分表读数(mm)					沉降值(mm)	
		表1	表2	表3	表4	平均	本次	累计
6	300	13.70	13.91	14.47	13.88	13.99	2.73	10.54
7	350	17.55	17.72	17.19	18.18	17.66	3.67	14.21
8	400	21.72	21.42	22.01	21.09	21.56	3.90	18.11
9	450	27.04	27.16	26.94	27.34	27.12	5.56	23.67

表 4.13 3# 点加载原始记录

项目名称								
试验依据								
加载级别	荷载(kPa)	各测点百分表读数(mm)					沉降值(mm)	
		表1	表2	表3	表4	平均	本次	累计
0	0	2.60	2.21	2.65	2.82	2.57	0.00	0.00
1	50	3.01	3.28	2.72	3.87	3.22	0.65	0.65
2	100	4.10	4.38	3.69	3.47	3.91	0.69	1.34
3	150	4.87	4.16	4.12	5.09	4.56	0.65	1.99
4	200	4.75	5.39	5.30	5.40	5.21	0.65	2.64
5	250	6.23	6.22	6.40	7.91	6.69	1.48	4.12
6	300	9.13	8.40	8.66	9.41	8.90	2.21	6.33
7	350	11.21	11.21	11.19	12.79	11.60	2.70	9.03
8	400	14.32	14.36	14.69	15.35	14.68	3.08	12.11
9	450	18.79	18.77	18.55	18.73	18.71	4.03	16.14
10	500	23.43	22.53	22.86	23.18	23.00	4.29	20.43

注:表中的读数为每一级的最终变形值,稳定过程中的读数未在表中体现。

(2)绘制 p-s 曲线(详见表 4.14 至表 4.16)。

表 4.14 探索性试验 1# 点浅层平板载荷试验沉降汇总及 p-s 曲线

工程名称:×××			试点编号:1
压板面积:0.25 m²			
级数	荷载(kPa)	本级沉降(mm)	累计沉降(mm)
0	0	0	0
1	50	0.79	0.79

续表 4.14

级数	荷载(kPa)	本级沉降(mm)	累计沉降(mm)
2	100	0.77	1.56
3	150	0.8	2.36
4	200	3.31	5.67
5	250	2.56	8.23
6	300	3.13	11.36
7	350	2.88	14.24
8	400	2.78	17.02
9	450	4.3	21.32
10	500	4.39	25.71

$1^{\#}$ 点 $p\text{-}s$ 曲线

表 4.15　探索性试验 $2^{\#}$ 点浅层平板载荷试验沉降汇总及 $p\text{-}s$ 曲线

工程名称：×××			试点编号：2
压板面积：0.25 m²			
级数	荷载(kPa)	本级沉降(mm)	累计沉降(mm)
0	0	0	0
1	50	0.76	0.76
2	100	0.67	1.43
3	150	0.72	2.15
4	200	3.13	5.28

续表 4.15

级数	荷载（kPa）	本级沉降（mm）	累计沉降（mm）
5	250	2.53	7.81
6	300	2.73	10.54
7	350	3.67	14.21
8	400	3.9	18.11
9	450	5.56	23.67

2# 点 p-s 曲线

表 4.16　探索性试验 3# 点浅层平板载荷试验沉降汇总及 p-s 曲线

工程名称：×××		试点编号：3
压板面积：0.25 m²		
级数	荷载（kPa）	本级沉降（mm）	累计沉降（mm）
0	0	0	0
1	50	0.65	0.65
2	100	0.69	1.34
3	150	0.65	1.99
4	200	0.65	2.64
5	250	1.48	4.12
6	300	2.21	6.33
7	350	2.7	9.03
8	400	3.08	12.11

续表 4.16

级数	荷载(kPa)	本级沉降(mm)	累计沉降(mm)
9	450	4.03	16.14
10	500	4.29	20.43

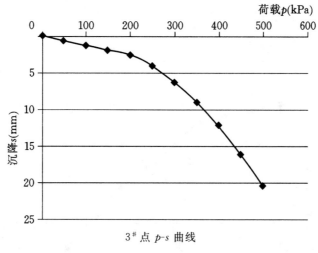

$3^{\#}$ 点 p-s 曲线

（3）本工程各试验点的载荷试验概况见表 4.17。

表 4.17　试验点浅层平板静载试验概况

试验点编号	极限荷载(kPa)	最大沉降量(mm)	停止加载原因
1	500	25.71	加载到 550 kPa 时土侧向挤出
2	450	23.67	加载到 500 kPa 时土侧向挤出
3	500	20.43	加载到 550 kPa 时土侧向挤出

5. 结论

（1）地基承载力特征值

本工程 $1^{\#}$ 至 $3^{\#}$ 试验点地基承载力特征值检测结果见表 4.18。

表 4.18　地基承载力特征值检测结果

试验点号	比例界限法取值(kPa)	按相对变形法取值 $s/b=0.015$ (kPa)	极限荷载的一半(kPa)	试验点地基承载力特征值(kPa)	极差(kPa)	平均值(kPa)	地基承载力特征值(kPa)
1	150	—	250	150			
2	150	—	225	150	50	167	167
3	200	—	250	200			

根据现行《建筑地基基础设计规范》(GB 50007)附录 C 规定,1#至 3#点地基承载力特征值的平均值为 167 kPa,极差未超过平均值的 30%,故取平均值 167 kPa 为本工程地基承载力特征值。

(2)地基土变形模量

碎石土泊松比取 0.27,方形承压板形状系数取 0.886。

其他计算见表 4.19。

表 4.19 地基土变形模量计算

试验点号	线性段 p 值 (kPa)	线性段 s 值 (mm)	变形模量 E_0 (MPa)	变形模量平均值 (MPa)
1	150	2.36	26.1	
2	150	2.15	28.6	28.6
3	200	2.64	31.1	

4.3 深层平板载荷试验和其他载荷试验

4.3.1 深层平板载荷试验

1. 检测参数

检测参数有地基承载力特征值、土的变形模量、桩的端阻力。

2. 试验原理

在一定面积的承压板上向地基土分级施加荷载,观测地基土的各种反应,以此来判断地基土的承载力。

3. 规范

(1)《岩土工程勘察规范(2009 年版)》(GB 50021);

(2)《建筑地基基础设计规范》(GB 50007);

(3)其他行业的平板载荷试验应查询相关的行业规范。

4. 适用范围

(1)《岩土工程勘察规范(2009 年版)》(GB 50021):适用于除水利、铁路、公路和桥隧工程以外的工程建设岩土工程勘察。

(2)《建筑地基基础设计规范》(GB 50007):适用于工业与民用建筑的地基承载力检测。

深层平板载荷试验:把试验土层深度大于 5 m 的称为深层平板载荷试验。

在前面已经讲述,深层载荷试验与浅层载荷试验的本质区别并不是试验深度,而在于试土是否存在边载,荷载作用于半无限体的表面还是内部。浅层载荷试验只用于确定地基承载力和土的变形模量,不能用于确定桩的端阻力;深层载荷试验可用于确定地基承载力、桩的端阻力和土的变形模量。

5. 仪器设备

（1）反力系统

载荷试验常用的反力系统有堆重平台反力装置、地锚反力装置、锚桩反力梁反力装置和撑壁式反力装置四种。

（2）加载系统

加载系统有千斤顶、油泵、承压板。

根据试验所需最大加载量来选择千斤顶型号，且应遵循"二八原则"，即加载量不应小于量程的20%，且不应大于量程的80%。

现场使用过程中，千斤顶的使用应该注意以下内容：在安放主梁之前放置千斤顶；千斤顶应放置在主梁的正下方、桩或地基的正上方；不能使千斤顶在试验开始之前受力压实试验对象，也不宜与主梁的距离过大。

当采用两台及两台以上千斤顶加载共同工作时，应符合下列规定：采用的千斤顶型号、规格应相同；千斤顶的合力中心应与受检桩的轴线重合；千斤顶应并联同步工作。

承压板：直径不小于0.8 m的刚性板。

（3）观测系统

观测系统有百分表（位移计）、磁性表座、基准梁、基准梁支座。通过百分表（位移计）测量承压板的位移来判断土体的变形，支撑百分表（位移计）的磁性表座应安装在基准梁上，基准梁的支座应尽量远离试坑，避免受到试坑沉降的影响。

（4）试验场地

紧靠承压板周围外侧的土层高度应不少于80 cm（当试井直径大于承压板直径时，紧靠承压板周围土的高度不应小于承压板直径）。

规范规定，对于深层平板载荷试验，试井截面应为圆形，直径宜取0.8～1.2 m，并有安全防护措施；承压板直径取0.8 mm时，采用厚约300 mm的现浇混凝土板或预制的刚性板，可直接在外径为800 mm的钢环或钢筋混凝土管柱内浇筑成承压板；紧靠承压板周围土层高度不应小于承压板直径，以尽量保持半无限体内部的受力状态，避免试验时土的挤出；用立柱与地面的加载装置连接，亦可利用井壁护圈作为反力，加载试验时应直接测读承压板的沉降；对试验面，应注意使其尽可能平整，避免扰动，并保证承压板与土之间有良好的接触。

6. 试验步骤

（1）抽检要求

载荷试验应布置在有代表性的地点，每个场地不宜少于3个，当场地内岩土体不均时，应适当增加。

一般情况下，试验点应由设计单位、检测单位、建设单位、监理单位和施工单位等各方共同确定。并同时考虑以下因素。

① 因现场需要搭建反力平台，应考虑试验点必须具备荷载重物通行的条件。

② 检测点应有代表性。

③ 荷载试验的准确性，是建立在场地土质均一的基础上的。当场地是非均质土或者多层土时，应增加检测点。当土层变化复杂时，载荷试验反映的承压板影响范围内地基土的性状与

实际基础下地基土的性状将有很大的差异。故在进行载荷试验时,对尺寸效应要有足够的估计。在条件允许的前提下,可将同一场地下不同类型的土质归属不同的检测批。

（2）设备安装原则

试验设备安装时应遵循先下后上、先中心后两侧的原则,即首先安放承压板,然后放置千斤顶于其上,再安装反力系统,最后安装观测系统。

（3）试验加载值的确定

对于验证性试验,试验荷载应达到设计值的两倍。对于探索性试验,应加载到出现终止加载的情况（破坏）,以便获得完整的 $p\text{-}s$ 曲线,确定承载力特征值。

（4）加载要求

可按预估极限承载力的 1/15～1/10 分级施加。

每级加载后,需要变形稳定后才能加载下一级。

稳定标准:每级加载后,按间隔 10 min、10 min、10 min、15 min、15 min 测读一次沉降量,以后为每隔 30 min 测读一次沉降量,当在连续两小时内,每小时的沉降量小于 0.1 mm 时,则认为已趋稳定,可加下一级荷载。

（5）终止加载的情况

当出现下列情况之一时,即可终止加载:

① 沉降急剧增大,$p\text{-}s$ 曲线上有可判定极限承载力的陡降段,且沉降量超过 0.04d（d 为承压板直径）;

② 在某级荷载下,24 h 内沉降速率不能达到稳定;

③ 本级沉降量大于前一级沉降量的 5 倍;

④ 当持力层土层坚硬,沉降量很小时,最大加载量不小于设计要求的 2 倍。

（6）极限荷载的判定

当出现终止加载的前 3 种情况之一时,取对应的前一级荷载为极限荷载。

（7）比例界限的判定

$p\text{-}s$ 曲线直线段与曲线段的交点处,即为比例界限。

（8）承载力特征值的判定

承载力特征值的确定应符合下列规定:

① 当 $p\text{-}s$ 曲线上有比例界限时,取该比例界限所对应的荷载值;

② 当极限荷载小于对应比例界限的荷载值的 2 倍时,取极限荷载值的一半;

③ 当不能按上述两款要求确定时,可取 $s/b = 0.01 - 0.015$ 所对应的荷载,但其值不应大于最大加载量的一半。

（9）场地土层承载力特征值的判定

同一土层参加统计的试验点不应少于 3 点,各试验实测值的极差不得超过其平均值的 30%,取此平均值作为该土层的地基承载力特征值。

4.3.2 其他载荷试验

除了深层平板载荷试验和浅层平板载荷试验,实际工程常见的还有其他几种类型的载荷试验,其试验原理大致相同,只是在细节上略有差异,现列于表 4.20 至表 4.23 中进行对比。

表 4.20　几种载荷试验的规范、适用范围、检测参数、试验荷载

试验名称	规范	适用范围	检测参数	试验荷载
浅层平板载荷试验	《岩土工程勘察规范(2009 年版)》(GB 50021)；《建筑地基基础设计规范》(GB 50007)	试验土层深度小于5 m,试坑宽度或直径不应小于承压板宽度或直径的 3 倍	地基承载力特征值、地基土的变形模量	对于验证性试验,试验荷载应达到设计值的 2 倍。对于探索性试验,应加载到出现终止加载的情况
深层平板载荷试验	《岩土工程勘察规范(2009 年版)》(GB 50021)；《建筑地基基础设计规范》(GB 50007)	试验土层深度不小于 5 m,当试井直径大于承压板直径时,紧靠承压板周围土的高度不应小于承压板直径	地基承载力特征值、土的变形模量、桩的端阻力	同浅层平板载荷试验
岩石地基载荷试验	《岩土工程勘察规范(2009 年版)》(GB 50021)；《建筑地基基础设计规范》(GB 50007)	确定完整、较完整、较破碎岩石地基作为天然地基或桩基础持力层时的承载力	岩石地基作为天然地基或桩基础持力层时的承载力	同浅层平板载荷试验
复合地基载荷试验	《岩土工程勘察规范(2009 年版)》(GB 50021)；《建筑地基基础设计规范》(GB 50007)；《建筑地基处理技术规范》(JGJ 79)	复合地基是指部分土体被增强或被置换,形成的由地基土和增强体共同承担荷载的人工地基	复合地基承载力特征值	最大加载压力不应小于设计要求承载力特征值的 2 倍(复合地基一般设计会提出目标荷载)

表 4.21　几种载荷试验的设备要求、场地要求、抽检要求

试验名称	设备要求	场地要求	抽检要求
浅层平板载荷试验	承压板:面积不应小于 0.25 m²；对于软土,不应小于 0.5 m²	试坑宽度或直径不应小于承压板宽度或直径的 3 倍	载荷试验应布置在有代表性的地点,每个场地不宜少于 3 个,当场地内岩土体不均时,应适当增加
深层平板载荷试验	直径不小于 0.8 m 的刚性板	紧靠承压板周围外侧的土层高度应不少于 80 cm(当试井直径大于承压板直径时,紧靠承压板周围土的高度不应小于承压板直径)	同浅层平板载荷试验

续表 4.21

试验名称	设备要求	场地要求	抽检要求
岩石地基载荷试验	采用圆形刚性承压板,直径为 300 mm	当岩石埋藏深度较大时,可采用钢筋混凝土桩,但桩周需采取措施以消除桩身与土之间的摩擦力	同浅层平板载荷试验
复合地基载荷试验	载荷试验的压板面积不宜小于 1 m²,应具有足够刚度。单桩复合地基载荷试验的承压板可用圆形或方形,面积为一根桩承担的处理面积;多桩复合地基载荷试验的承压板可用方形或矩形,其尺寸按实际桩数所承担的处理面积确定。桩的中心(或形心)应与承压板中心保持一致,并与荷载作用点相重合	试验标高处的试坑宽度和长度不应小于承压板尺寸的 3 倍。基准梁及加载平台支点(或锚桩)宜设在试坑以外,且与承压板边的净距不应小于 2 m	对按复合地基进行检测的人工地基,复合地基承载力检验数量应为施工总桩数的 0.5%~1%,且每项单体工程不应少于 3 点。有单桩强度和质量检验要求时,检验数量应为施工总桩数的 0.5%~1%,且不应少于 3 根。对于大型工程则应按单体工程的数量或工程的面积确定检验点数

表 4.22　几种载荷试验的分级要求、稳定要求、停止加载的情况

试验名称	分级要求	稳定要求	停止加载的情况
浅层平板载荷试验	加载等级宜取 10~12 级,并不应少于 8 级	每级加载后,按间隔 10 min、10 min、10 min、15 min、15 min 测读一次沉降量,以后为每隔半小时测读一次沉降量,当在连续两小时内,每小时的沉降量小于 0.1 mm 时,则认为已趋稳定,可加下一级荷载	①承压板周围的土明显地侧向挤出;②沉降急骤增大,p-s 曲线出现陡降段;③在某一级荷载下,24 h 内沉降速率不能达到稳定标准;④沉降量与承压板宽度或直径之比大于或等于 0.06
深层平板载荷试验	可按预估极限承载力的 1/15~1/10 分级施加	每级加载后,按间隔 10 min、10 min、10 min、15 min、15 min 测读一次沉降量,以后为每隔半小时测读一次沉降量,当在连续两小时内,每小时的沉降量小于 0.1 mm 时,则认为已趋稳定,可加下一级荷载	①沉降急剧增大,p-s 曲线上有可判定极限承载力的陡降段,且沉降量超过 0.04d(d 为承压板直径);②在某级荷载下,24 h 内沉降速率不能达到稳定;③本级沉降量大于前一级沉降量的 5 倍;④当持力土层坚硬,沉降量很小时,最大加载量不小于设计要求的 2 倍

续表 4.22

试验名称	分级要求	稳定要求	停止加载的情况
岩石地基载荷试验	加载时,第一级加载值应为预估设计荷载的 1/5,以后每级应为预估设计荷载的 1/10	沉降量测读应在加载后立即进行,以后每 10 min 读数一次。连续三次读数之差均不大于 0.01 mm,可视为达到稳定,可施加下一级荷载	①沉降量读数不断变化,在 24 h 内,沉降速率有增大的趋势;②压力加不上或勉强加上而不能保持稳定。注:若限于加载能力,荷载也应增加到不少于设计要求的 2 倍
复合地基载荷试验	加载等级可分为 8~12 级	每加一级荷载前后均应各测读承压板沉降量一次,以后每半个小时测读一次。当一小时内沉降量小于 0.1 mm 时,即可加下一级荷载	①沉降急剧增大,土被挤出或承压板周围出现明显的隆起;②承压板的沉降累计量已大于其宽度或直径的 6%;③达不到极限荷载,而最大加载压力已大于设计要求的 2 倍

表 4.23 几种载荷试验极限荷载、单点承载力特征值、场地特征值的判定

试验名称	极限荷载的判定	单点承载力特征值的判定	场地特征值的判定
浅层平板载荷试验	满足终止加载条件前三款的条件之一时,其对应的前一级荷载定为极限荷载	①p-s 曲线上有比例界限时,取该比例界限所对应的荷载值;②当极限荷载小于对应比例界限的荷载值的 2 倍时,取极限荷载值的一半;③当不能按上述两款要求确定时,可取 $s/b=0.01\sim0.015$ 所对应的荷载,但其值不应大于最大加载量的一半	同一土层参加统计的试验点不应少于 3 点,各试验实测值的极差不得超过其平均值的 30%,取此平均值作为该土层的地基承载力特征值
深层平板载荷试验	满足终止加载条件前三款的条件之一时,其对应的前一级荷载定为极限荷载	同浅层平板载荷试验	同浅层平板载荷试验
岩石地基载荷试验	符合终止加载的前一级荷载定为极限荷载	将极限荷载除以安全系数 3,所得值与对应于比例界限的荷载值相比较,取小值	每个场地载荷试验的数量不应少于 3 个,取最小值作为岩石地基承载力特征值

续表 4.23

试验名称	极限荷载的判定	单点承载力特征值的判定	场地特征值的判定
复合地基载荷试验	满足终止加载条件前两款的条件之一时，其对应的前一级荷载定为极限荷载	（1）当 p-s 曲线上极限荷载能确定，而其值不小于对应比例界限的 2 倍时，可取比例界限；当其值小于对应比例界限的 2 倍时，可取极限荷载的一半； （2）当 p-s 曲线是平缓的光滑曲线时，可按相对变形值确定，但不应大于最大试验荷载的一半。 　①对砂石桩、振冲桩复合地基或强夯置换墩：当以黏性土为主的地基，可取 s/b 或 s/d 等于 0.015 所对应的压力（s 为载荷试验承压板的沉降量；b 和 d 分别为承压板宽度或直径）；当以粉土或砂土为主的地基，可取 s/b 或 s/d 等于 0.01 所对应的压力。 　②对土挤密桩、石灰桩或柱锤冲扩桩复合地基，可取 s/b 或 s/d 等于 0.012 所对应的压力。对灰土挤密桩复合地基，可取 s/b 或 s/d 等于 0.008 所对应的压力。 　③对水泥粉煤灰碎石桩或夯实水泥土桩复合地基，当以卵石、圆砾、密实粗中砂为主的地基，可取 s/b 或 s/d 等于 0.008 所对应的压力；当以黏性土、粉土为主的地基，可取 s/b 或 s/d 等于 0.01 所对应的压力。 　④对水泥土搅拌桩或旋喷桩复合地基，可取 s/b 或 s/d 等于 0.006 所对应的压力。 　⑤对有经验的地区，可按当地经验确定相对变形值。对变形控制严格的工程也可按设计要求的沉降允许值作为相对变形值。 　⑥复合地基荷载试验，当采用承压板边长或直径超过 2 m 的大承压板进行试验时，b 或 d 按 2 m 计	试验点的数量不应少于 3 点，当满足其极差不超过平均值的 30% 时，设计时可取其平均值为复合地基承载力特征值。工程验收时应视建筑物结构、基础形式综合评价，对于独立基础，桩数少于 5 根或条形基础，排数少于 3 排时应取最低值

 思考题

1. 地基的平板载荷试验分为哪些类型？

2. 浅层平板载荷试验如何抽检？

3. 浅层平板载荷试验荷载值如何确定？

4. 浅层平板载荷试验的仪器设备有哪些？

5. 浅层平板载荷试验是一次性加载还是分级加载？描述其加载方式。

6. 浅层平板载荷试验的加载的稳定标准是什么？

7. 浅层平板载荷试验终止加载的情况有哪些？

8. 浅层平板载荷试验如何判定极限值和比例界限？

9. 浅层平板载荷试验如何判定单点的地基土承载力特征值？

10. 浅层平板载荷试验如何判定场地一组检测对象的地基土承载力特征值？

 **5** 地基原位试验

5.1 静力触探试验

5.1.1 试验内容

1. 检测参数

可以对地基土进行力学分层并判断土的类型,进行土类定名、划分土层界面;

可以确定地基土的参数(强度、模量、状态、应力历史)、砂土液化可能性、浅基础承载力、单桩竖向承载力等;

可以根据孔压消散曲线估算土的固结系数和渗透系数。

2. 试验原理

静力触探试验是利用静力以一恒定的贯入速率将圆锥探头通过一系列探杆压入土中,根据测得的探头贯入阻力大小来间接判定土的物理力学性质的原位试验。

(1)优点

① 测试连续、快速,效率高,功能多,兼有勘探与测试的双重作用;

② 采用电测技术后,易于实现测试过程的自动化,测试成果可由计算机自动处理,大大减轻了工作强度。

(2)缺点

① 贯入机理不清,无数理模型;

② 对碎石类土和密实砂土难以贯入,也不能直接观测土层。

因此,在地质勘探工作中,静力触探常和钻探取样联合运用。

(3)探头的工作原理

静力触探试验将探头压入土中时,土层的阻力会使探头受到压力。土层的强度越高,探头所受到的压力越大。通过探头内置的阻力传感器,将土层的阻力转换成电信号,然后由仪表测量出来。

探头就是利用材料变形的胡克定律、电量变化的电阻率定律和电桥原理,而实现岩土原位勘察功能的。

传感器受力后产生变形,根据胡克定律,如果应力不超过材料的弹性范围,其应变的大小与土的阻力大小成正比,而与传感器的截面面积成反比。

因此,只要能够将传感器的应变变化的大小测量出来,即可知道土阻力的大小,从而求得土的有关指标。

3. 规范

《岩土工程勘察规范(2009年版)》(GB 50021);

《建筑地基检测技术规范》(JGJ 340);

各地相关地方标准。

4. 适用范围

适用于软土、一般黏性土、粉土、砂土和含少量碎石的土。静力触探试验对碎石类土和较密实砂土难以贯入,也不能直接地识别土层。

5. 仪器设备

静力触探仪包括贯入设备、量测记录系统和探头。

(1)贯入设备

静力触探贯入设备包括加压装置和反力装置两部分,其目的是将探头压入土中。

① 加压装置的作用是将探头压入土中。一般有"机械传动式""全液压传动式"等。

机械传动式:其中最常见的是手摇式,用于较大设备难以进入的狭小场地的浅层地基土的现场测试。

全液压传动式:是普遍应用的贯入设备,最大贯入阻力可达200 kN。

② 反力装置包括利用地锚作反力、利用重物作反力、利用车辆自重作反力等方法。

利用地锚作反力:用于地表有一层较硬的黏性土覆盖时。

利用重物作反力:用于地表土为砂砾、碎石土等地锚难以下入时。

利用车辆自重作反力:贯入设备装在汽车上。

(2)量测记录系统

国内静力触探量测仪器有数字式电阻应变仪、电子电位差自动记录仪、微电脑数据采集仪。

(3)探头

探头是静力触探仪的关键部件,包括摩擦筒和锥头两部分。目前,国内外使用的探头可分为三种类型

① 单桥探头:是我国所特有的一种探头类型。它是将锥头与外套筒连在一起,因而只能测量一个参数。这种探头结构简单,造价低,坚固耐用。但应指出,这种探头功能少,其规格与国际标准也不统一,不便于开展国际交流,其应用受到限制。

② 双桥探头:是一种将锥头与摩擦筒分开,可同时测锥头阻力和侧壁摩擦力两个参数的探头。国内外普遍采用这种探头,用途很广。

③ 孔压探头:一般是在双桥探头基础上再安装一种可测触探时产生的超孔隙水压力装置的探头。孔压探头最少可测三种参数,即锥尖阻力、侧壁摩擦力及孔隙水压力,功能多,用途广,在国外已得到普遍应用。

此外,还有可测波速、孔斜、温度及电导率等的多功能探头。

规范规定,探头圆锥锥底截面面积应采用10 cm² 或15 cm²,单桥探头侧壁高度应分别采用57 mm 或70 mm,双桥探头侧壁面积应采用150~300 cm²,锥尖锥角应为60°。常见探头规格见表5.1,探头外形见图5.1;触探仪构造见图5.2和图5.3。

表 5.1　常用探头规格

探头种类	型号	锥头			摩擦筒	
		顶角(°)	直径(mm)	底面面积(cm²)	长度(mm)	表面积(cm²)
单桥	I—1	60	35.7	10	57	—
	I—2	60	43.7	15	70	—
	I—3	60	50.4	20	81	—
双桥	II—0	60	35.7	10	133.7	150
	II—1	60	35.7	10	179	200
	II—2	60	43.7	15	219	300
孔压	—	60	35.7	10	133.7	150
	—	60	43.7	15	179	200

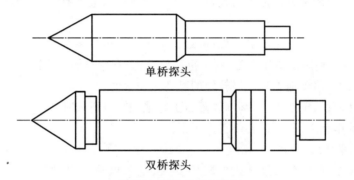

单桥探头

双桥探头

图 5.1　探头外形示意图

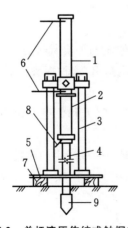

图 5.2　单杠液压传统式触探主机

1—活塞杆；2—油缸；3—支架；4—探杆；5—底座；
6—高压油管；7—垫木；8—电缆；9—探头

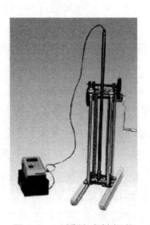

图 5.3　手摇链式触探仪

6. 检测步骤

（1）现场准备工作

① 设置反力装置；

② 安装贯入、量测和其他设备；

③ 试运行检查仪器设备是否正常工作。

（2）探头的归零检查

① 使用单桥或双桥探头时，当贯入地面以下 0.5～1.0 m 后，上提 5～10 cm，待读数漂移稳定后，将仪表调零即可正式贯入。在地面以下 1～6 m，每贯入 1～2 m 提升探头 5～10 cm，并记录探头不归零读数，随即将仪器调零。孔深超过 6 m 后，可根据不归零读数的大小，放宽归零检查的深度间隔。终孔起拔时和探头拔出地面后，也应记录不归零读数。

② 使用孔压探头时，在整个贯入过程中不得提升探头。终孔后，待探头刚一提出地面时，应立即卸下滤水器，记录不归零读数。

（3）贯入速率的要求

触探机的贯入必须匀速，贯入速率为 1.2 m/min。

（4）贯入读数

一般要求每 10 cm 左右记录一次读数，也可根据土层情况增减，但不能超过 0.2 m；当贯入深度超过 30 m，或穿过厚层软土后再贯入硬土层时，应采取措施防止孔斜或断杆，也可配置测斜探头，量测触探孔的偏斜角，校正土层界线的深度。

（5）终止贯入

当贯入到达预定深度或出现下列情况之一时，应停止贯入：

① 触探主机达到最大容许贯入能力；

② 探头阻力达到最大容许压力；

③ 探杆出现明显弯曲；

④ 反力装置失效。

（6）标定要求

探头测力传感器应连同仪器、电缆进行定期标定，室内探头标定测力传感器的非线性误差、重复性误差、滞后误差、温度漂移、归零误差均应小于 1% FS，现场试验归零误差应小于 3% FS，绝缘电阻不小于 500 MΩ。

7. 数据分析与处理

（1）绘制各种贯入曲线：单桥和双桥探头应绘制 p_s-z 曲线、q_c-z 曲线、f_s-z 曲线、R_f-z 曲线；孔压探头尚应绘制 u_i-z 曲线、q_t-z 曲线、f_t-z 曲线、B_q-z 曲线和 u_t-$\lg t$ 曲线（孔压消散曲线）。

其中，R_f——摩阻比；

$\quad\quad p_s$——比贯入阻力；

$\quad\quad q_c$——锥尖阻力；

$\quad\quad f_s$——侧壁摩阻力；

$\quad\quad z$——探深；

u_i——孔压探头贯入土中量测的孔隙水压力(即初始孔压);

q_t——真锥头阻力(经孔压修正);

f_t——真侧壁摩阻力(经孔压修正);

B_q——静探孔压系数,$B_q = \dfrac{u_i - u_0}{u_t - \sigma_{v0}}$;

u_0——试验深度处静水压力(kPa);

σ_{v0}——试验深度处总上覆压力(kPa);

u_t——孔压消散过程时刻 t 的孔隙水压力。

(2)根据贯入曲线的线型特征,结合相邻钻孔资料和地区经验,划分土层和判定土类;计算各土层静力触探有关试验数据的平均值,或对数据进行统计分析,提供静力触探数据的空间变化规律。

(3)根据静力触探资料,利用地区经验,可进行力学分层,估算土的塑性状态或密实度、强度、压缩性、地基承载力、单桩承载力、沉桩阻力,进行液化判别等。根据孔压消散曲线可估算土的固结系数和渗透系数。

利用静力触探资料可估算土的强度参数、浅基或桩基的承载力、砂土或粉土的液化。只要经验关系经过检验已证实是可靠的,利用静力触探资料可以提供有关设计参数。利用静力触探资料估算变形参数时,由于贯入阻力与变形参数间不存在直接的机理关系,其可靠性差些;利用孔压静力触探资料有可能评定土的应力历史,这方面还有待于积累经验。

5.1.2　静力触探试验案例

1. 工程概况

工程概况见表5.2。

表 5.2　工程概况

工程名称	×××		
工程地点	×××		
委托单位	×××		
建设单位	×××		
设计单位	×××		
勘察单位	×××		
监理单位	×××		
施工单位	×××		
检测日期	××	检测方法	静力触探
地基类型	××	钻孔编号	

钻孔标高	××	地下水位	
仪器类型及编号	静力触探仪 CPT1000	率定系数	
探头类型及编号		标定时间	
备注		本报告共　页	

2. 地质条件描述

略。

3. 检测仪器（表 5.3）

表 5.3　检测仪器

仪器名称	规格型号	编号	检定日期	有效期
静力触探仪	CPT1000			

4. 检测目的、依据、方法原理、判断标准

（1）检测目的

测定土的力学特性。

（2）检测依据

《岩土工程勘察规范(2009 年版)》(GB 50021)；

《建筑地基检测技术规范》(JGJ 340)；

《建筑地基基础工程施工质量验收标准》(GB 50202)；

《高层建筑岩土工程勘察规程》(JGJ/T 72)。

（3）方法原理

① 检测方法

静力触探。

② 基本原理

以静压力(相对动力触探而言,无动力或少动力冲击荷载)将一个内部装有传感器的圆锥形探头以均速压入土中,量测其贯入阻力。由于地层中各类土的软硬程度不同,探头所受的阻力不一样,经传感器将这种大小不同的贯入阻力通过电信号传入记录仪中,再通过贯入阻力与土的工程地质特征定性及统计相关关系,实现按其所受阻力的大小划分土层,确定土的工程性质,获取土层剖面,用以推定原状土与处理土的地基承载力。

（4）试验过程

① 贯入前,应先将触探头贯入土中 0.5～1.0 m,然后提升 5～10 cm,待记录无明显零位漂移时开始贯入。触探的贯入速率应控制在(1.2±0.3) m/min 范围内,在同一检测孔的试验过程中宜保持匀速贯入。

② 在贯入过程中,每隔 2～3 m 提升探头一次,测读零漂值,调整零位;反复直到终位,一般试验深度为 15 m 左右。终止试验时,必须测读和记录漂移值。测读和记录贯入阻力的测点间距宜为 0.1～0.2 m,同一检测孔的测点间距应保持不变。

③ 探杆全部拔离土体后及时清洗,拔出地锚,探头须上润滑油保护,此时,试验孔触探结束。

（5）试验终止条件

① 达到试验要求的贯入深度;

② 试验记录显示异常;

③ 反力装置失效;

④ 触探杆的倾斜度已经超过 10°。

（6）数据处理与分析

① 在场地的静力触探试验完成后,静力触探微机连接台式计算机,进行分层统计计算,根据各标准层地基土的力学指标确定同一土层,提供地基土变形模量参考值和承载力特征值。

$$p_s = K_p(\varepsilon_p - \varepsilon_0)$$
$$q_c = K_q(\varepsilon_q - \varepsilon_0)$$
$$f_s = K_f(\varepsilon_f - \varepsilon_0)$$
$$\alpha = f_s / q_c \times 100\%$$

式中 p_s——单桥探头的比贯入阻力(kPa);

    q_c——双桥探头的锥尖阻力(kPa);

    f_s——双桥探头的侧壁摩阻力(kPa);

    α——摩阻比(%);

    K_p——单桥探头率定系数(kPa/$\mu\varepsilon$);

    K_q——双桥探头的锥尖阻力率定系数(kPa/$\mu\varepsilon$);

    K_f——双桥探头的侧壁摩阻力率定系数(kPa/$\mu\varepsilon$);

    ε_p——单桥探头的比贯入阻力应变量($\mu\varepsilon$);

    ε_q——双桥探头的锥尖阻力应变量($\mu\varepsilon$);

    ε_f——双桥探头的侧壁摩阻力应变量($\mu\varepsilon$);

    ε_0——触探头的初始读数或零读数应变量($\mu\varepsilon$)。

② 对于每个检测孔,双桥探头应整理并绘制锥尖阻力、侧壁摩阻力、摩阻比与深度的关系曲线,并以此曲线为主进行土层力学分层。

5. 检测结论

将原始数据经过相关验算后,检测孔触探深度为 2.7 m,结合侧壁摩阻力和摩阻比与深度的关系曲线,场地自上而下土层可以分为 3 层,见表 5.4。静力触探记录见表 5.5、表 5.6,静力触探曲线见图 5.4、图 5.5。

表 5.4   检测结果

深度（m）	土层性状	p_s 平均值（MPa）	q_c 平均值（MPa）	f_s 平均值（kPa）	地基承载力特征值(kPa)	地基土压缩模量(MPa)
0.0~0.5	粉土、黏土（Ⅰ）	0.69	0.95	25.94	159	—
0.5~2.4	淤泥	0.52	0.62	33.81	93	4.19
2.4~2.7	粉土、黏土（Ⅱ）	1.48	4.16	67.07	263	—

表 5.5　单桥静力触探记录

工程编号　J09-13　　　　孔　号　09-2　　　　孔　深　2.7 m　　　　探头编号　215_012

测试日期　2017.09.14　　　锥头面积　10 cm²　　　率定系数　2.784 kPa

深度 （m）	比贯入阻力 p_s（MPa）	深度 （m）	比贯入阻力 p_s（MPa）	深度 （m）	比贯入阻力 p_s（MPa）	深度 （m）	比贯入阻力 p_s（MPa）	深度 （m）	比贯入阻力 p_s（MPa）
0.1	0.24								
0.2	1.18								
0.3	0.77								
0.4	0.68								
0.5	0.60								
0.6	0.31								
0.7	0.27								
0.8	0.32								
0.9	0.09								
1.0	0.15								
1.1	0.29								
1.2	0.39								
1.3	0.47								
1.4	0.51								
1.5	0.70								
1.6	0.77								
1.7	0.65								
1.8	0.54								
1.9	0.59								
2.0	0.59								
2.1	0.66								
2.2	0.74								
2.3	0.92								
2.4	0.97								
2.5	1.38								
2.6	1.49								
2.7	1.58								

表 5.6　双桥静力触探记录

工程编号　09-2　　　孔　号　11-02　　　孔　深　2.7 m　　　探头编号　215_012

测试日期　2017.09.14　　　锥头面积　10 cm²　　　率定系数 K_q:2.848 kPa　　　K_f:0.0426 kPa

深度 (m)	锥头阻力 q_c(MPa)	侧壁阻力 f_s(kPa)	摩阻比 R_f(%)	深度 (m)	锥头阻力 q_c(MPa)	侧壁阻力 f_s(kPa)	摩阻比 R_f(%)	深度 (m)	锥头阻力 q_c(MPa)	侧壁阻力 f_s(kPa)	摩阻比 R_f(%)
0.1	0.66	22.9	3.5								
0.2	0.76	24.3	3.2								
0.3	1.18	30.7	2.6								
0.4	1.15	24.7	2.1								
0.5	0.99	27.1	2.7								
0.6	1.85	30.5	1.6								
0.7	1.63	29.1	1.8								
0.8	1.30	32.0	2.5								
0.9	1.32	32.8	2.5								
1.0	0.48	28.3	5.9								
1.1	0.31	24.2	7.8								
1.2	0.44	26.0	5.9								
1.3	0.26	35.2	13.5								
1.4	0.34	29.1	8.6								
1.5	0.39	30.2	7.7								
1.6	0.40	29.7	7.4								
1.7	0.31	29.6	9.5								
1.8	0.45	31.8	7.1								
1.9	0.40	30.3	7.6								
2.0	0.60	33.1	5.5								
2.1	0.47	30.3	6.4								
2.2	0.61	43.7	7.2								
2.3	0.73	57.2	7.8								
2.4	0.73	59.2	8.1								
2.5	3.79	61.8	1.6								
2.6	4.12	68.9	1.7								
2.7	4.57	70.5	1.5								

单 桥 静 力 触 探 曲 线 图

工程编号 J09-13   孔 号 09-2   孔 深 2.7 m   探头编号 215_012   测试日期 2017.09.14

孔口高程 3.50 m   地下水位 1.25 m   图 例 p_s: ———

图 5.4 单桥静力触探曲线图

双 桥 静 力 触 探 曲 线 图

工程编号 09-2   孔 号 11-02   孔 深 2.7 m   探头编号 215_012   测试日期 2017.09.14

孔口高程 3.50 m   地下水位 1.25 m   图 例 q_c: ——— f_s: - - - - - R_f: ———

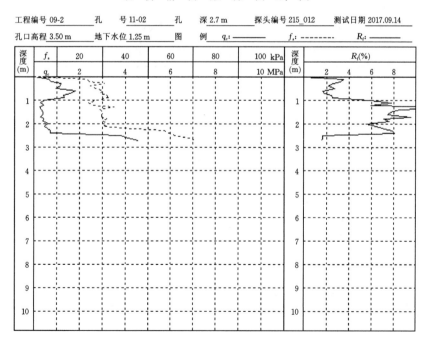

图 5.5 双桥静力触探曲线图

5.2 圆锥动力触探试验

5.2.1 试验内容

1. 检测参数

(1) 利用触探曲线进行力学分层；

(2) 评价地基的密实度；

(3) 评价地基承载力；

(4) 确定地基土的变形模量；

(5) 确定单桩承载力；

(6) 确定抗剪强度,进行地基检验和确定地基持力层；

(7) 评价地基均匀性。

2. 检测原理

利用一定的锤击动能,将一定规格的圆锥探头打入土中,然后依据贯入击数或动贯入阻力判别土层的变化,确定土的工程性质,对地基土做出岩土工程评价。

(1) 优点:试验设备相对简单,操作方便,适应土类较广,并且可以连续贯入。

(2) 缺点:试验误差较大,再现性较差。

(3) 适用土类:难以取样的各种填土、砂土、粉土、碎石土、砂砾土、卵石、砾石等含粗颗粒的土类。

圆锥动力触探试验的类型,按贯入能量的大小可分为轻型、重型和超重型 3 种(表 5.7)。

表 5.7 轻型、重型和超重型圆锥动力触探试验

类型		轻型	重型	超重型
落锤	锤的质量(kg)	10.0	63.5	120
	落距(cm)	50	76	100
探头	直径(mm)	40	74	74
	锥角(°)	60	60	60
探杆直径(mm)		25	42	50
指标		贯入 30 cm 的锤击数 N_{10}	贯入 10 cm 的锤击数 $N_{63.5}$	贯入 10 cm 的锤击数 N_{120}

3. 规范

《岩土工程勘察规范(2009 年版)》(GB 50021)；

相关行业标准；

各地相关地方标准。

4. 适用范围

圆锥动力触探试验适用范围见表 5.8。

表 5.8 不同圆锥动力触探试验类型适用范围

类型	轻型	重型	超重型
适用土类	浅部填土、砂土、粉土和黏性土	砂土、中密以下的碎石和极软岩	密实和很密的碎石土、极软岩、软岩

5. 仪器设备

圆锥动力触探仪由导杆、穿心锤、锤座、探杆和探头组成,重锤的提升有人力和机械两种。重型、超重型设备与轻型设备相似,只是在尺寸和质量上有差别。另外,重型动力触探试验一般都采用自动落锤方式,在锤上增加了提引器。提引器可分为内挂式和外挂式两种。

（1）内挂式提引器:利用导杆的颈缩,使提引器内的活动装置（钢珠、偏心轮或挂钩）发生变位,完成挂锤、脱钩及自由落锤的过程。

（2）外挂式提引器:利用上提力完成挂锤,靠导杆顶端所设弹簧锥或凸块强制挂钩张开,使重锤自由落下。

动力触探仪及探头见图 5.6 至图 5.9。

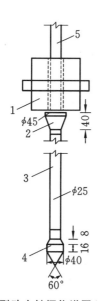

图 5.6 轻型动力触探仪详图（单位:mm）

1—穿心锤;2—钢砧与锤垫;3—触探杆;
4—圆锥探头;5—导向杆

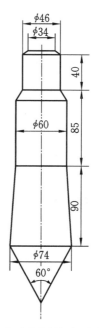

图 5.7 重型、超重型动力触探探头详图（单位:mm）

图 5.8 轻型动力触探仪实物

图 5.9 重型动力触探仪实物

6.试验方法

(1) 轻型动力触探

① 先用轻便钻具钻至试验土层标高,然后对所需试验土层进行连续贯入。

② 试验时,穿心锤的落距为 50 cm,使其自由下落。垂直度的最大偏差不得超过 2%。锤击频率每分钟宜 15~30 击,并始终保持探杆垂直,记录每打入土层中 0.30 m 时所需的锤击数 N_{10}。

③ 若需描述土层情况时,可将触探杆拔出,取下探头,换钻头进行取样。

④ 如遇密实坚硬土层,当贯入 0.30 m 所需锤击数超过 100 击或贯入 0.15 m 超过 50 击时,即可停止试验。如需对下卧土层进行试验时,可用钻具穿透坚实土层后再贯入。

(2) 重型动力触探

① 试验前将触探架安装平稳,使触探保持垂直地进行。垂直度的最大偏差不得超过 2%。触探杆应保持平直,连接牢固。

② 贯入时,应使穿心锤自由落下,落锤高度为 76 cm。地面上的触探杆的高度不宜过高,以免倾斜与摆动太大。

③ 锤击速率仍为每分钟 15~30 击。打入过程仍应连续,及时记录一阵击的贯入深度及相应的锤击数。

④ 及时记录每贯入 0.10 m 所需的锤击数。其方法可在触探杆上每 0.1 m 划出标记,然后直接(或用仪器)记录锤击数;也可以记录每一阵击的贯入度,然后再换算为每贯入 0.1 m 所需的锤击数。最初贯入的 1 m 内可不记读数。

⑤ 每贯入 0.1 m 所需锤击数连续三次超过 50 击时,即停止试验。如需对下部土层继续进行试验时,可改用超重型动力触探。

⑥ 本试验也可在钻孔中分段进行,一般可先进行贯入,然后进行钻探,直至动力触探所测深度以上 1 m 处,取出钻具将触探器放入孔内再进行贯入。

(3) 超重型动力触探

① 贯入时穿心锤自由下落,落距为 100 cm。

② 其他步骤可参照重型动力触探进行。

(4) 现场结果的影响因素

① 杆长的影响

不同的行业规范或者地方规范,对此影响因素的考虑程度不同。《岩土工程勘察规范(2009 年版)》(GB 50021)对动力触探试验指标均不进行杆长修正。

② 侧摩阻力的影响

不同的行业规范或者地方规范,对此影响因素的考虑程度不同。《岩土工程勘察规范(2009 年版)》(GB 50021)并未明确要求进行修正,只是在条文说明中要求采取以下措施减小侧摩阻力的影响:

A.使探杆直径小于探头直径。在砂土中探头直径与探杆直径比应大于 1.3,而在黏土中可小些。

B.贯入一定深度后旋转探杆(每 1 m 转动一圈或半圈),以减少侧摩阻力;贯入深度超过

10 m,每贯入 2 m,转动一次。

C.探头的侧摩阻力与土类、土性、杆的外形、刚度、垂直度、触探深度等均有关,很难用一固定的修正系数处理,应采取切合实际的措施,减少侧摩阻力,对贯入深度加以限制。

D.贯入过程应不间断地连续击入,在黏性土中击入的间歇会使侧摩阻力增大。

③ 锤击能量的影响

锤击能量是最重要的因素。规定落锤方式采用控制落距的自动落锤,使锤击能量比较恒定,注意保持杆件垂直,探杆的偏斜度不超过 2%。锤击时防止偏心及探杆晃动。

④ 锤击速度的影响

锤击速度也影响试验成果,一般采用每分钟 15～30 击,在砂土、碎石土中,锤击速度影响不大,则可采用每分钟 60 击。

⑤ 地下水的影响

地下水位对击数与土的力学性质的关系没有影响,但对击数与土的物理性质(砂土孔隙比)的关系有影响,故应记录地下水位。

7. 数据分析与处理

(1) 圆锥动力触探试验成果分析应包括的内容

① 单孔连续圆锥动力触探试验应绘制锤击数与贯入深度关系曲线。

② 计算单孔分层贯入指标平均值时,应剔除临界深度以内的数值、超前和滞后影响范围内的异常值。

根据触探击数、曲线形态,结合钻探资料可进行力学分层,分层时注意超前、滞后现象,不同土层的超前、滞后量是不同的。

上为硬土层下为软土层,超前约为 0.5～0.7 m,滞后约为 0.2 m;上为软土层下为硬土层,超前约为 0.1～0.2 m,滞后约为 0.3～0.5 m。

在整理触探资料时,应剔除异常值,在计算土层的触探指标平均值时,超前、滞后范围内的值不反映真实土性;临界深度以内的锤击数偏小,不反映真实土性,故不应参加统计。动力触探本来是连续贯入的,但也有配合钻探,间断贯入的做法,间断贯入时临界深度以内的锤击数同样不反映真实土性,不应参加统计。

③ 根据各孔分层的贯入指标平均值,用厚度加权平均法计算场地分层贯入指标平均值和变异系数。

④ 当需要采用动贯入阻力进行评价时,可将锤击数根据下列公式转换为动贯入阻力。

$$q_d = \frac{M}{M+m} \times \frac{MgH}{Ae}$$

式中　q_d——动贯入阻力(MPa);

　　　M——落锤质量(kg);

　　　m——圆锥探头及杆件系统(包括打头、导向杆等)的质量(kg);

　　　H——落距(m);

　　　A——圆锥探头面积(cm^2);

　　　e——贯入度,等于 D/N,D 为规定贯入深度,N 为规定贯入深度的锤击数;

g——重力加速度，其值为 9.81 m/s^2。

（2）数据的处理和运用

① 评价碎石土的密实度。重型动力触探试验或者超重型动力触探试验可根据表 5.9 和表 5.10 评价碎石土的密实度。

表 5.9　重型动力触探试验评价碎石土的密实度

重型动力触探锤击数 $N_{63.5}$	密实度	重型动力触探锤击数 $N_{63.5}$	密实度
$N_{63.5} \leqslant 5$	松散	$10 < N_{63.5} \leqslant 20$	中密
$5 < N_{63.5} \leqslant 10$	稍密	$N_{63.5} > 20$	密实

表 5.10　超重型动力触探试验评价碎石土的密实度

超重型动力触探锤击数 N_{120}	密实度	超重型动力触探锤击数 N_{120}	密实度
$N_{120} \leqslant 3$	松散	$11 < N_{63.5} \leqslant 14$	密实
$3 < N_{120} \leqslant 6$	稍密	$N_{63.5} > 14$	很密
$6 < N_{120} \leqslant 11$	中密		

当采用重型圆锥动力触探确定碎石土密实度时，锤击数 $N_{63.5}$ 应按下式修正：

$$N_{63.5} = \alpha N'_{63.5}$$

式中　$N'_{63.5}$——实测锤击数；

α——修正系数，按表 5.11 取值；

$N_{63.5}$——修正后的锤击数。

表 5.11　重型圆锥动力触探试验修正系数 α

L（m）	$N'_{63.5}$								
	5	10	15	20	25	30	35	40	$\geqslant 50$
2	1.00	1.00	1.00	1.00	1.00	1.00	1.00	1.00	—
4	0.96	0.95	0.93	0.92	0.90	0.89	0.87	0.86	0.84
6	0.93	0.90	0.88	0.85	0.83	0.81	0.79	0.78	0.75
8	0.90	0.86	0.83	0.80	0.77	0.75	0.73	0.71	0.67
10	0.88	0.83	0.79	0.75	0.72	0.69	0.67	0.64	0.61
12	0.85	0.79	0.75	0.70	0.67	0.64	0.61	0.59	0.55
14	0.82	0.76	0.71	0.66	0.62	0.58	0.56	0.53	0.50
16	0.79	0.73	0.67	0.62	0.57	0.54	0.51	0.48	0.45
18	0.77	0.70	0.63	0.57	0.53	0.49	0.46	0.43	0.40
20	0.75	0.67	0.59	0.53	0.48	0.44	0.41	0.38	0.36

注：表中 L 为杆长。

当采用超重型圆锥动力触探确定碎石土密实度时,锤击数 N_{120} 应按下式修正:

$$N_{120} = \alpha N'_{120}$$

式中　N_{120}——修正后的锤击数;

　　　α——修正系数,按表 5.12 取值;

　　　N'_{120}——实测锤击数。

表 5.12　超重型圆锥动力触探试验修正系数 α

L(m)	N'_{120}											
	1	3	5	7	9	10	15	20	25	30	35	40
1	1.00	1.00	1.00	1.00	1.00	1.00	1.00	1.00	1.00	1.00	1.00	1.00
2	0.96	0.92	0.91	0.90	0.90	0.90	0.90	0.89	0.89	0.88	0.88	0.88
3	0.94	0.88	0.86	0.85	0.84	0.84	0.84	0.83	0.82	0.82	0.81	0.81
5	0.92	0.82	0.79	0.78	0.77	0.77	0.76	0.75	0.74	0.73	0.72	0.72
7	0.90	0.78	0.75	0.74	0.73	0.72	0.71	0.70	0.68	0.68	0.67	0.66
9	0.88	0.75	0.72	0.70	0.69	0.68	0.67	0.66	0.64	0.63	0.62	0.62
11	0.87	0.73	0.69	0.67	0.66	0.66	0.64	0.62	0.61	0.60	0.59	0.58
13	0.86	0.71	0.67	0.65	0.64	0.63	0.61	0.60	0.58	0.57	0.56	0.55
15	0.86	0.69	0.65	0.63	0.62	0.61	0.59	0.58	0.56	0.55	0.54	0.53
17	0.85	0.68	0.63	0.61	0.60	0.60	0.57	0.56	0.54	0.53	0.52	0.50
19	0.84	0.66	0.62	0.60	0.58	0.58	0.56	0.54	0.52	0.51	0.50	0.48

注:表中 L 为杆长。

② 动力触探指标可用于评定土的状态、地基承载力、场地均匀性等,这种评定是建立在地区经验的基础上。

5.2.2　圆锥动力触探试验案例

公路工程碎石挤密桩检测报告

1. 工程概况

受××公司的委托,××试验检测中心有限公司承担了××高速公路工程碎石挤密桩密实程度检测任务,对 BKO+308～BKO+334 处的碎石挤密桩采用重型动力触探法进行检测,详见表 5.13。

表 5.13 工程概况

工程名称			
工程地点	BKO+308～BKO+334		
委托单位			
建设单位			
设计单位			
施工单位			
监理单位			
检测方法	重型动力触探	检测依据	《岩土工程勘察规范(2009 年版)》(GB 50021)
桩型	碎石挤密桩	桩截面尺寸(mm)	φ500
桩间距(m)	1.2	检测桩数(根)	5
工程桩总数(根)	5	开工日期	2015.08.23
设计桩长(m)	8	检测日期	2015.09.06

2. 地形、地质条件描述

项目路线所经过区域河流属于淮河水系,路区内河流大多为西北至东南流向。河流径流主要来自地表径流,并具有鲜明的季风气候区的特点。地表径流分布与大气降水总趋势一致,一般是夏季多,春秋季次之,冬季最小,6～9 月份径流量占年径流量的 60%～70%。路线跨越的主要河流有斜河、丰收河等,均属淮河水系。

设计标准:全线采用双向四车道高速公路标准,设计速度 120 km/h,桥涵设计荷载为公路—Ⅰ级。

3. 受检结构物检测内容

根据业主、监理、委托单位及设计单位的要求,按照合同规定,本次检测的主要项目包括:

(1)检验桩身密实程度。

(2)根据桩身检测数据评价桩身质量。

按照施工单位提供的设计及施工资料,各检测桩的情况见表5.14,本报告中桩号按设计图纸编写,桩位见设计图纸。

表 5.14 受检结构物桩基施工资料

序号	结构物桩号	设计桩长(m)	设计桩径(mm)	本次检测数量
1	BKO+308～BKO+334	8	500	5

4. 检测设备、测试原理及判定标准

动力触探是利用一定的落锤能量,将一定尺寸的圆锥形探头打入土中的难易程度(贯入度)来判断土的性质的一种原位测试方法。本检测工作按照《岩土工程勘察规范(2009 年版)》(GB 50021) 进行。

（1）检测设备。设备采用张探 DTP-100 型钻机车，主要由柴油发动机、三脚架、触探杆、触探头（φ74）及穿心锤组成。触探杆为直径 60 mm 的钻杆，穿心锤重 63.5 kg。

（2）碎石桩桩身密实度评判标准根据重型圆锥动力触探锤击数确定，详见表 5.15。

表 5.15　重型圆锥动力触探锤击数判定碎石桩密实度标准

重型动力触探击数 $N_{63.5}$	密实度	重型动力触探击数 $N_{63.5}$	密实度
$N_{63.5} \leqslant 5$	松散	$10 < N_{63.5} \leqslant 20$	中密
$5 < N_{63.5} \leqslant 10$	稍密	$N_{63.5} > 20$	密实

对碎石桩进行密实度判断时，除对照表 5.15 的判别标准，对于连续 30 cm 击数均小于 5 的碎石桩判为松散。

（3）试验要点

① 贯入前，触探架应安装平稳，保持触探孔垂直；贯入时，应采用自动落锤装置，并应减小导向杆与锤间的摩阻力；贯入中，应使穿心锤自由下落，地面上的触探杆高度不应过高，以免倾斜或摆动过大。

② 触探杆要定期检查，其最大偏斜度不应超过 2%，接头牢固；锤击贯入应连续进行；同时，应防止锤击偏心、触探杆倾斜及侧向晃动；锤击速率每分钟宜为 15～20 击。

③ 每贯入 1 m，应将探杆转动约一圈半，使探头能保持垂直贯入，并减少探杆的侧阻力；当贯入深度超过 10 m 时，每贯入 0.20 m，即应旋转探杆。

④ 试验时，每一触探孔应连续贯入至预定深度，不宜中断，中途若有中断，应记录时间。

⑤ 当连续三次 $N_{63.5} > 50$ 时，即可停止试验。

（4）动力触探锤击数的校正

动力触探锤击数按下式校正：

$$N_{63.5} = \alpha \cdot N'_{63.5}$$

式中　$N_{63.5}$——修正后的重型动力触探试验锤击数；

　　　$N'_{63.5}$——实测锤击数；

　　　α——触探杆长度修正系数，见表 5.16。

表 5.16　重型圆锥动力触探锤击数修正系数

杆长 L（m）	$N'_{63.5}$								
	5	10	15	20	25	30	35	40	$\geqslant 50$
2	1.00	1.00	1.00	1.00	1.00	1.00	1.00	1.00	—
4	0.96	0.95	0.93	0.92	0.90	0.89	0.87	0.86	0.84
6	0.93	0.90	0.88	0.85	0.83	0.81	0.79	0.78	0.75
8	0.90	0.86	0.83	0.80	0.77	0.75	0.73	0.71	0.67
10	0.88	0.83	0.79	0.75	0.72	0.69	0.67	0.64	0.61

5. 检测结果汇总、重型动力触探试验原始数据汇总

（1）检测结果汇总表 1 张，见表 5.17；

（2）重型动力触探试验原始数据表 5 张，见表 5.18 至表 5.22。

表 5.17　重型动力触探检测结果汇总

工程名称：×××					委托单位：　×××			
检测段落：BKO＋308～BKO＋334					检测单位：　×××			
序号	桩号	桩径（m）	桩长（m）	施工日期	检测日期	锤击数＜5 段数（10 cm）		密实度评价
1	1-1	0.5	8	2015.08.23	2015.09.06	0		稍密
2	1-2	0.5	8	2015.08.23	2015.09.06	0		中密
3	2-1	0.5	8	2015.08.23	2015.09.06	1		中密
4	3-1	0.5	8	2015.08.23	2015.09.06	7		稍密
5	3-2	0.5	8	2015.08.23	2015.09.06	0		稍密

表 5.18　BKO＋308～BKO＋334　1-1# 碎石挤密桩检测原始数据

孔深(m)	0.1	0.2	0.3	0.4	0.5	0.6	0.7	0.8	0.9	1.0
动探击数	4	5	7	7	7	7	8	7	9	9
孔深(m)	1.1	1.2	1.3	1.4	1.5	1.6	1.7	1.8	1.9	2.0
动探击数	11	9	10	10	10	8	8	8	7	6
孔深(m)	2.1	2.2	2.3	2.4	2.5	2.6	2.7	2.8	2.9	3.0
动探击数	6	6	5	5	9	9	10	10	9	9
孔深(m)	3.1	3.2	3.3	3.4	3.5	3.6	3.7	3.8	3.9	4.0
动探击数	8	7	9	11	11	10	12	15	15	14
孔深(m)	4.1	4.2	4.3	4.4	4.5	4.6	4.7	4.8	4.9	5.0
动探击数	13	11	11	14	18	21	21	22	18	14
孔深(m)	5.1	5.2	5.3	5.4	5.5	5.6	5.7	5.8	5.9	6.0
动探击数	13	12	12	9	10	9	9	10	9	7
孔深(m)	6.1	6.2	6.3	6.4	6.5	6.6	6.7	6.8	6.9	7.0
动探击数	7	7	6	6	7	9	7	7	6	6
孔深(m)	7.1	7.2	7.3	7.4	7.5	7.6	7.7	7.8	7.9	8.0
动探击数	6	5	5	6	5	5	6	5	6	5

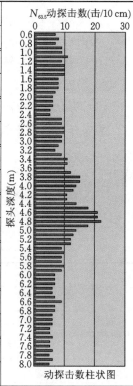

$N_{63.5}$动探击数(击/10 cm)

动探击数柱状图

判定：最小击数为 5 击，最大击数为 22 击，整桩平均击数为 9 击。

无连续 3 个 10 cm 小于 5 击的段，所以判为合格。

注：桩头 0.5 m 的击数不参与评判，表中击数已修正。

表 5.19 BKO＋308～BKO＋334 1-2# 碎石挤密桩检测原始数据

孔深(m)	0.1	0.2	0.3	0.4	0.5	0.6	0.7	0.8	0.9	1.0
动探击数	6	7	9	10	9	8	7	7	7	10
孔深(m)	1.1	1.2	1.3	1.4	1.5	1.6	1.7	1.8	1.9	2.0
动探击数	12	13	13	13	12	10	9	10	10	8
孔深(m)	2.1	2.2	2.3	2.4	2.5	2.6	2.7	2.8	2.9	3.0
动探击数	9	10	9	9	10	9	10	9	11	11
孔深(m)	3.1	3.2	3.3	3.4	3.5	3.6	3.7	3.8	3.9	4.0
动探击数	9	10	10	7	8	9	10	10	10	11
孔深(m)	4.1	4.2	4.3	4.4	4.5	4.6	4.7	4.8	4.9	5.0
动探击数	11	13	14	12	16	14	13	15	12	14
孔深(m)	5.1	5.2	5.3	5.4	5.5	5.6	5.7	5.8	5.9	6.0
动探击数	15	16	17	15	14	13	16	15	14	14
孔深(m)	6.1	6.2	6.3	6.4	6.5	6.6	6.7	6.8	6.9	7.0
动探击数	12	13	12	10	10	10	10	10	11	11
孔深(m)	7.1	7.2	7.3	7.4	7.5	7.6	7.7	7.8	7.9	8.0
动探击数	11	12	13	12	11	13	14	13	12	11

判定：最小击数为 7 击，最大击数为 17 击，整桩平均击数为 11 击。

无连续 3 个 10 cm 小于 5 击的段，所以判为合格。

注：桩头 0.5 m 的击数不参与评判，表中击数已修正。

表 5.20 BKO＋308～BKO＋334 2-1# 碎石挤密桩检测原始数据

孔深(m)	0.1	0.2	0.3	0.4	0.5	0.6	0.7	0.8	0.9	1.0
动探击数	3	4	5	5	6	6	6	6	7	8
孔深(m)	1.1	1.2	1.3	1.4	1.5	1.6	1.7	1.8	1.9	2.0
动探击数	7	8	8	8	9	7	8	8	8	5
孔深(m)	2.1	2.2	2.3	2.4	2.5	2.6	2.7	2.8	2.9	3.0
动探击数	5	5	4	5	8	9	10	10	9	8
孔深(m)	3.1	3.2	3.3	3.4	3.5	3.6	3.7	3.8	3.9	4.0
动探击数	5	4	5	7	7	10	15	22	19	21
孔深(m)	4.1	4.2	4.3	4.4	4.5	4.6	4.7	4.8	4.9	5.0
动探击数	22	28	21	23	25	24	28	27	27	24
孔深(m)	5.1	5.2	5.3	5.4	5.5	5.6	5.7	5.8	5.9	6.0
动探击数	25	23	22	23	23	22	21	21	21	22
孔深(m)	6.1	6.2	6.3	6.4	6.5	6.6	6.7	6.8	6.9	7.0
动探击数	21	20	19	17	15	17	15	13	15	11
孔深(m)	7.1	7.2	7.3	7.4	7.5	7.6	7.7	7.8	7.9	8.0
动探击数	11	11	10	12	9	8	7	7	6	5

判定：最小击数为 4 击，最大击数为 28 击，整桩平均击数为 14 击。

无连续 3 个 10 cm 小于 5 击的段，所以判为合格。

注：桩头 0.5 m 的击数不参与评判，表中击数已修正。

表 5.21　BKO＋308～BKO＋334　3-1# 碎石挤密桩检测原始数据

孔深(m)	0.1	0.2	0.3	0.4	0.5	0.6	0.7	0.8	0.9	1.0
动探击数	5	6	7	9	9	10	11	12	13	14
孔深(m)	1.1	1.2	1.3	1.4	1.5	1.6	1.7	1.8	1.9	2.0
动探击数	13	13	12	11	11	11	12	11	14	10
孔深(m)	2.1	2.2	2.3	2.4	2.5	2.6	2.7	2.8	2.9	3.0
动探击数	8	9	8	6	5	4	3	5	8	8
孔深(m)	3.1	3.2	3.3	3.4	3.5	3.6	3.7	3.8	3.9	4.0
动探击数	8	7	6	8	10	10	8	8	8	8
孔深(m)	4.1	4.2	4.3	4.4	4.5	4.6	4.7	4.8	4.9	5.0
动探击数	8	15	19	17	15	13	9	7	7	10
孔深(m)	5.1	5.2	5.3	5.4	5.5	5.6	5.7	5.8	5.9	6.0
动探击数	10	8	7	7	8	5	6	4	5	4
孔深(m)	6.1	6.2	6.3	6.4	6.5	6.6	6.7	6.8	6.9	7.0
动探击数	4	5	5	5	5	5	4	5	5	5
孔深(m)	7.1	7.2	7.3	7.4	7.5	7.6	7.7	7.8	7.9	8.0
动探击数	5	6	5	5	4	6	5	5	6	6

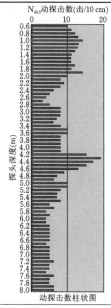

判定：最小击数为 3 击，最大击数为 19 击，整桩平均击数为 8 击。

　　无连续 3 个 10 cm 小于 5 击的段，所以判为合格。

　　注：桩头 0.5 m 的击数不参与评判，表中击数已修正。

表 5.22　BKO＋308～BKO＋334　3-2# 碎石挤密桩检测原始数据

孔深(m)	0.1	0.2	0.3	0.4	0.5	0.6	0.7	0.8	0.9	1.0
动探击数	3	3	2	3	5	5	6	8	8	8
孔深(m)	1.1	1.2	1.3	1.4	1.5	1.6	1.7	1.8	1.9	2.0
动探击数	8	7	7	7	7	7	10	13	13	13
孔深(m)	2.1	2.2	2.3	2.4	2.5	2.6	2.7	2.8	2.9	3.0
动探击数	13	12	13	9	9	6	7	7	8	9
孔深(m)	3.1	3.2	3.3	3.4	3.5	3.6	3.7	3.8	3.9	4.0
动探击数	9	9	10	12	11	11	6	7	5	7
孔深(m)	4.1	4.2	4.3	4.4	4.5	4.6	4.7	4.8	4.9	5.0
动探击数	15	21	23	26	24	20	24	24	19	19
孔深(m)	5.1	5.2	5.3	5.4	5.5	5.6	5.7	5.8	5.9	6.0
动探击数	20	20	23	17	11	6	6	7	5	5
孔深(m)	6.1	6.2	6.3	6.4	6.5	6.6	6.7	6.8	6.9	7.0
动探击数	5	6	6	7	9	6	7	7	5	5
孔深(m)	7.1	7.2	7.3	7.4	7.5	7.6	7.7	7.8	7.9	8.0
动探击数	5	5	6	6	5	6	5	5	5	5

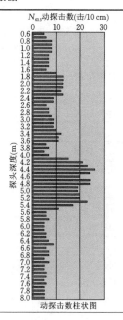

判定：最小击数为 5 击，最大击数为 26 击，整桩平均击数为 10 击。

　　无连续 3 个 10 cm 小于 5 击的段，所以判为合格。

　　注：桩头 0.5 m 的击数不参与评判，表中击数已修正。

6. 检测结论

本次对 BKO＋308～BKO＋334 处 5 根碎石挤密桩进行了桩身密实度检测,其密实度达到规范和设计要求。

5.3 标准贯入试验

5.3.1 试验内容

标准贯入试验是一种在现场用 63.5 kg 的穿心锤,以 76 cm 的落距自由落下,将一定规格的带有小型取土筒的标准贯入器打入土中,记录打入 30 cm 的锤击数(即标准贯入击数 N),并以此评价土的工程性质的原位试验。

标准贯入试验原位测试技术仍属于动力触探范畴,所不同的是,其贯入器不是圆锥探头,而是标准规格的圆筒形探头(由两个半圆筒合成的取土器)。与圆锥动力触探试验相似,标准贯入试验并不能直接测定地基土的物理力学性质,而是通过与其他原位测试手段或室内试验成果进行对比,建立关系式,积累地区经验,才能评定地基土的物理力学性质。

1. 检测参数

(1)评价地基土的物理状态(如地层剖面及软弱夹层);

(2)评价地基土的力学性能参数(如变形模量、物理力学指标);

(3)计算天然地基的承载力;

(4)计算单桩的极限承载力及选择桩尖持力层;

(5)评价场地砂土和粉土的液化可能性及等级。

应该指出的是,除判别液化外,其余的应用方法都是基于与其他测试方法的对比建立起计算公式的。如桩的承载力的预估值是与载荷试验建立相关关系得到的,土的物理力学性质指标是与室内试验成果建立相关关系得到的。因此,对缺乏使用经验的地区,在应用标准贯入试验时应与其他测试方法配合使用。

2. 检测原理

标准贯入试验的试验原理与动力触探试验十分相似。因此,第 5.2 节中关于动力触探的试验原理也适用于标准贯入试验。但是,标准贯入试验与动力触探试验在贯入器上的差别,决定了标准贯入试验的基本原理的独特性。标准贯入试验在贯入过程中,整个贯入器对端部和周围土体将产生挤压和剪切作用,标准贯入试验的贯入器是空心的,在冲击力作用下,将有一部分土挤入贯入器,其工作状态和边界条件十分复杂。

影响标准贯入试验的因素有很多,主要有以下两个方面:

(1)钻孔孔底土的应力状态

不同的钻进工艺(回转、水冲等)、孔内外水位的差异、钻孔直径的大小等,都会改变钻孔孔底土的应力状态。

(2)锤击能量

通过实测,即使是自动自由落锤,传递给探杆系统的锤击能量也有很大的波动,变化范围达到±(45％～50％),对于不同单位、不同机具、不同操作水平,锤击能量的变化范围更大。

3. 规范

《岩土工程勘察规范(2009 年版)》(GB 50021);

《建筑地基检测技术规程》(JGJ 340);

《建筑桩基技术规范》(JGJ 94);

其他相关行业及地方标准。

4. 设备

标准贯入试验设备主要由贯入器、穿心锤(落锤)和触探杆三部分组成,如图 5.10 所示。

（1）贯入器

标准规格的贯入器是由对开管和管靴两部分组成的探头。对开管是由两个半圆管合成的圆筒形取土器;管靴是一底端带刃口的圆筒体。两者通过螺纹连接,管靴起到固定对开管的作用。贯入器的外径、内径、壁厚、刃角与长度都有标准化尺寸,见表 5.23。

（2）穿心锤

穿心锤是重 63.5 kg 的铸钢件,中间有一直径 45 mm 的穿心孔,此孔为放导向杆用。国际、国内的穿心锤除质量相同外,锥形上不完全统一。落锤能量受落距控制,落锤方式有自动脱钩和非自动脱钩两种。目前国内普遍使用自动脱钩装置。

（3）触探杆

国际上多用直径为 40～50 mm 的无缝钢管作触探杆,我国则常用直径为 42 mm 的工程地质钻杆作触探杆。在与穿心锤连接处设置一锤垫。

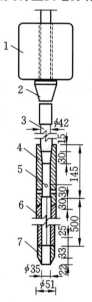

图 5.10　标准贯入试验设备(单位:mm)

1—穿心锤;2—锤垫;3—触探杆;4—贯入器;

5—出水孔;6—取土器;7—贯入器靴

表 5.23　标准贯入试验设备尺寸

落锤		锤的质量(kg)	63.5
		落距(cm)	76
贯入器	对开管	长度(mm)	>500
		外径(mm)	51
		内径(mm)	35
	管靴	长度(mm)	50～76
		刃口角度(°)	18～20
		刃口单刃厚度(mm)	1.6
钻杆		直径(mm)	42
		相对弯曲	<1/1000

标准贯入试验设备以前并不标准,各部件的规格各国有所差异。国际土力学与基础工程协会(ICSMFE)于1957年成立专门委员会开展研究工作,以解决SPT的标准化问题。并于1988年向第一届国际触探试验会议提出标准贯入试验国际标准建议稿,于1989年获得通过并开始执行。

我国目前采用的标准贯入试验设备与国际标准一致,《岩土工程勘察规范(2009年版)》(GB 50021)要求标准贯入试验的设备应符合表5.23的规定。

5. 适用范围

适用土层:砂性土、黏性土,不适用于碎石类土及岩层。

优点:操作简单、使用方便,地层适用性较广。

缺点:试验数据离散性较大,精度较低,对于饱和软黏土,远不及十字板剪切试验及静力触探试验等方法精度高。

6. 试验方法

(1) 准备工作

① 标准贯入试验需与钻探配合,钻进至需要进行标准贯入试验位置的土层标高以上15 cm处。

② 在钻杆上安装贯入器,放入钻孔底部,避免冲击孔底。

③ 吊装落锤和导杆,注意保持贯入器、钻杆、导向杆连接后的垂直。

(2) 试验阶段

① 在钻杆上标上贯入深度标记,先标15 cm标记,然后再标三个10 cm标记。

② 采用自动脱钩装置将落锤提升至76 cm后自由落下,将贯入器先打入15 cm不记录锤击数。然后继续贯入土中30 cm,记录其锤击数,即为标准贯入击数N值。

③ 锤击时,速率控制在每分钟15~30击。记录每打入10 cm的锤击数,累计30 cm的锤击数即为N,并记录贯入深度与试验情况。

④ 提出贯入器,将贯入器中土样取出进行鉴别、描述、记录,并测量其长度。

⑤ 按照相同步骤进行下一深度的试验,直至试验结束。

(3) 拆卸阶段

① 试验结束后,拔出钻杆。

② 拆卸装置。

7. 数据分析和处理

(1) 标准贯入试验的成果整理应包含的内容

① 标准贯入试验成果整理时,试验资料应当齐全,包括:钻孔孔径、钻进方式、护孔方式、落锤方式、地下水位及孔内水位(或泥浆高程)、初始贯入度、预打击数、试验标准贯入击数及深度、贯入器所取扰动土样的鉴别描述。

如做过锤击能量标定试验的,应有$F(t)$-t曲线。

② 绘制标准贯入击数N与深度的关系曲线,或在地质剖面图上,进行标准贯入试验的钻孔旁,于试验点深度处标出N值。作为勘察资料提供时,对N值不必进行杆长修正、上覆压力修正及地下水位修正。

如进行锤击能量标定试验的,可按锤击能量标定试验资料计算N_{60}。

③ 当锤击数已达 50 击,而贯入深度未达到 30 cm 时,宜终止试验,记录 50 击的实际贯入深度,应按下式换算成相当于贯入 30 cm 的标准贯入试验实测锤击数:

$$N = 30 \times \frac{50}{\Delta S}$$

式中　N——标准贯入击数;

　　　ΔS——50 击时的贯入度(cm)。

④ 结合钻探及其他原位试验,依据 N 值在深度上的变化,对地基土进行分层,对各土层的 N 值进行统计。统计时,要剔除个别异常值。各分层土的标准贯入锤击数代表值应取每个检测孔不同深度的标准贯入试验锤击数的平均值。同一土层参加统计的试验点不应少于 3 点,当其极差不超过平均值的 30% 时,应取其平均值作为代表值;当极差超过平均值的 30% 时,应分析原因,结合工程实际判别,可增加试验点数量。

⑤ 当作杆长修正时,锤击数可按下式进行钻杆长度修正:

$$N' = \alpha N$$

式中　N'——标准贯入试验修正锤击数;

　　　N——标准贯入试验实测锤击数;

　　　α——触探杆长度修正系数,可按表 5.24 确定。

表 5.24　标准贯入试验触探杆长度修正系数

触探杆长度(m)	≤3	6	9	12	15	18	21	25	30
α	1.00	0.92	0.86	0.81	0.77	0.73	0.70	0.68	0.65

(2)试验成果分析及应用

① 评定砂土和粉土的密实状态

依据《建筑地基检测技术规程》(JGJ 340),根据锤击数可判定砂土和粉土的紧密程度,见表 5.25、表 5.26。

表 5.25　砂土的密实度分类

$\overline{N}$(实测平均值)	密实度	$\overline{N}$(实测平均值)	密实度
$\overline{N} \leq 10$	松散	$15 < \overline{N} \leq 30$	中密
$10 < \overline{N} \leq 15$	稍密	$\overline{N} > 30$	密实

表 5.26　粉土的密实度分类

孔隙比 e	N_k(实测标准值)	密实度
—	$N_k \leq 5$	松散
$e > 0.9$	$5 < N_k \leq 10$	稍密
$0.75 \leq e \leq 0.9$	$10 < N_k \leq 15$	中密
$e < 0.75$	$N_k > 15$	密实

② 评定黏性土的稠度状态

依据《建筑地基检测技术规程》(JGJ 340),锤击数与稠度状态之间的关系见表5.27。

表5.27 黏性土的状态分类

I_L	N_k'(修正后标准值)	状态
$0.75<I_L\leqslant1$	$2<N_k'\leqslant4$	软塑
$0.5<I_L\leqslant0.75$	$4<N_k'\leqslant8$	软可塑
$0.25<I_L\leqslant0.5$	$8<N_k'\leqslant14$	硬可塑
$0<I_L\leqslant0.25$	$14<N_k'\leqslant25$	硬塑
$I_L\leqslant0$	$N_k'>25$	坚硬

③ 评定地基土的承载力

依据《建筑地基检测技术规程》(JGJ 340),可按表5.28至表5.30评定地基土的承载力。

表5.28 砂土承载力特征值 f_{ak}(kPa)

N'	10	20	30	50
中砂、粗砂	180	250	340	500
粉砂、细砂	140	180	250	340

表5.29 粉土承载力特征值 f_{ak}(kPa)

N'	3	4	5	6	7	8	9	10	11	12	13	14	15
f_{ak}	105	125	145	165	185	205	225	245	265	285	305	325	345

表5.30 黏性土承载力特征值 f_{ak}(kPa)

N'	3	5	7	9	11	13	15	17	19	21
f_{ak}	90	110	150	180	220	260	310	360	410	450

④ 评定土的变形参数

用标准贯入试验估算土的变形参数时有两种途径:一种是与平板载荷试验对比,得出变形模量 E_0;另一种是与室内压缩试验对比,得出压缩模量 E_s。

国内一些勘察和研究单位建立的评定土的变形参数的经验关系式汇总于表5.31。

表5.31 N 值与 E_0 或 E_s 的经验关系

单位	关系式	土类
冶金部武汉勘查公司	$E_s=1.04N+1.89$	中南、华东地区黏性土
湖北省水利电力勘察设计院	$E_0=1.066N+7.431$	黏性土、粉土
武汉城市规划设计院	$E_0=1.41N+2.62$	武汉地区黏性土、粉土
西南综合勘察设计院	$E_s=0.276N+10.22$	唐山粉细砂

⑤ 预估单桩承载力及选择桩尖持力层

A.求单桩容许承载力

《岩土工程勘察规范（2009 年版）》（GB 50021）和《建筑地基基础设计规范》（GB 50007）没有关于利用标贯试验结果确定单桩的承载力规定，但当积累了大量的工程经验后，可以用标准贯入击数来估计单桩承载力。

B.选择桩尖持力层

利用标准贯入试验选择桩尖持力层，从而确定桩的长度是一个比较简便和有效的方法，特别是地层变化较大的情况更具突出的优点。

根据国内外的实践，对于打入式预制桩，常选 $N=30\sim50$ 击作为持力层。

对广州地区的残积层 $N=30$ 就可以满足桩长 $15\sim20$ m 对持力层的要求。

应用时，应结合地区经验考虑。

⑥ 砂土液化判别

目前，国内外用于砂土液化评价的现场试验手段主要有标准贯入试验和静力触探试验两种。

我国《建筑抗震设计规范》（GB 50011）规定：

当初步判别认为需进一步进行液化判别时，应采用标准贯入试验判别法判别地面下 20 m 深度范围内土的液化；但对可不进行天然地基及基础的抗震承载力验算的各类建筑，可只判别地面下 15 m 范围内土的液化。当饱和土标准贯入锤击数（未经杆长修正）小于或等于液化判别标准贯入锤击数临界值时，应判为液化土。当有成熟经验时，尚可采用其他判别方法。

$$N_{63.5} < N_{cr}$$

式中　$N_{63.5}$——饱和土标准贯入锤击数实测值（不经杆长修正）；

　　　N_{cr}——液化判别标准贯入锤击数临界值。在地面下 20 m 深度范围内，液化判别标准贯入锤击数临界值可按下式计算：

$$N_{cr} = N_0 \beta \left[\ln(0.6d_s + 1.5) - 0.1d_w \right] \sqrt{3/\rho_c}$$

式中　N_0——液化判别标准贯入锤击数基准值，按表 5.32 取用；

　　　d_s——饱和土标准贯入试验点深度（m）；

　　　d_w——地下水位深度，宜按建筑使用期内年平均最高水位或近期内年最高水位采用；

　　　ρ_c——黏粒百分含量，当小于 3 或为砂土时，应采用 3；

　　　β——调整系数，设计地震分组第一组取 0.80，第二组取 0.95，第三组取 1.05。

表 5.32　液化判别标准贯入锤击数基准值 N_0

设计基本地震加速度（g）	0.10	0.15	0.20	0.30	0.40
液化判别标准贯入锤击数基准值	7	10	12	16	19

5.3.2　标准贯入试验案例

1. 工程概况

××房地产开发有限公司拟建的房建工程位于××市××路北侧。该工程由××建筑设计研究院设计,住宅楼基础为人工挖孔桩,车库及道路工程基础为强夯地基。××建设工程总公司承担该地基强夯加固处理任务,设计要求强夯地基承载力特征值为 180 kPa。

受××房地产开发有限公司委托,××勘察测绘有限公司对该工程拟建场区的强夯地基进行了标准贯入试验确定人工挖孔桩桩身极限侧摩阻力标准值工作。本次试验布置 1 个标准贯入试验点,试验工作量与试验点位均由委托方指定。试验点位置见试验点位平面布置示意图(图 5.11)。工程概况及试验工作量见表 5.33。

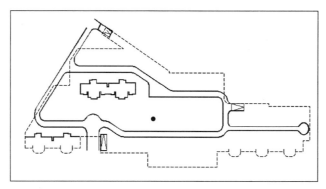

图 5.11　试验点位平面布置示意图

注:●为试验点点位

表 5.33　工程概况及试验工作量

地基类型	试验项目	检测标高(m)	检测数量	设计强夯地基承载力特征值(kPa)
强夯地基	标准贯入试验确定桩身极限侧摩阻力	87.0	1 个试验点	180

现场检测于 2013 年 8 月 3 日至 8 月 4 日进行,检测期间天气晴朗,气温约 30～33 ℃,2013 年 8 月 16 日提交检测报告。

2. 工程地质状况

根据提供的《××市××区 G073 地块岩土工程勘察报告》,在场区勘察深度范围内,揭露地层为第四系填土、黏性土、碎石土,基岩为砾岩、闪长岩。经钻探揭露,场区地层可分为 10 层。各地层及各岩土层物理力学性质由上而下简述如下:

(1)素填土(Q_4^{ml},第 1 层)

灰褐色,松散,稍湿,主要成分为粉质黏土,偶见树根、砖沫、碎石块等。该层填土主要揭露于场区西部泄洪沟附近,堆积年限较短,分布不均匀。

场区该层局部分布,厚度:0.90～14.90 m,平均 7.26 m;层底标高:79.65～95.97 m,平均 88.41 m;层底埋深:0.90～14.90 m,平均 7.26 m。

(2)黄土状粉质黏土(Q_4^{al+pl},第 2 层)

黄褐色,可塑～硬塑,断面见少量白色钙质条纹及针状虫孔,土质较均匀,无摇振反应,切面稍光滑,韧性及干强度中等。

该层分布较普遍,仅在场区东侧泄洪沟处局部缺失,厚度:1.70～7.20 m,平均 5.66 m;层底标高:89.32～95.05 m,平均 91.34 m;层底埋深:2.20～7.20 m,平均 5.89 m。

(3) 碎石土(Q$_4^{al+pl}$,第 2 层)

杂色,松散,稍湿,灰岩质,次棱角状,排列无序,一般直径 1～3 cm,最大 6 cm,碎石含量约 59%,颗粒级配较好,充填可塑粉质黏土。

该层在局部钻孔中揭露,厚度:0.80～5.80 m,平均 2.63 m;层底标高:88.93～92.83 m,平均 91.36 m;层底埋深:4.30～7.30 m,平均 5.82 m。

(4) 黄土状粉土(Q$_4^{al+pl}$,第 2 层)

褐黄色,中密,稍湿,见锈斑及少量针状虫孔,土质不均匀,切面无光泽,摇振反应中等,干强度低,韧性低。

该层仅在 9 个钻孔中揭露,厚度:0.70～1.60 m,平均 1.08 m;层底标高:90.51～93.31 m,平均 92.43 m;层底埋深:3.50～6.10 m,平均 4.58 m。

(5) 粉质黏土(Q$_4^{al+pl}$,第 3 层)

灰褐色,可塑～硬塑,见铁锰氧化物,土质较均匀,无摇振反应,切面稍光滑,韧性及干强度中等。

该层分布较普遍,厚度:1.60～5.80 m,平均 3.49 m;层底标高:83.99～90.29 m,平均 87.57 m;层底埋深:7.40～12.30 m,平均 9.64 m。

(6) 粉质黏土(Q$_4^{al+pl}$,第 4 层)

褐黄色,可塑～硬塑,见锈斑,土质不均匀,偶见姜石,无摇振反应,切面稍光滑,韧性及干强度中等。

该层分布较普遍,厚度:0.90～5.90 m,平均 2.88 m;层底标高:78.69～88.07 m,平均 84.95 m;层底埋深:6.50～17.60 m,平均 12.08 m。

(7) 碎石土(Q$_4^{al+pl}$,第 4 层)

杂色,稍密,稍湿,灰岩质,次棱角状,排列无序,一般直径 1～3 cm,最大 7 cm,碎石含量约 65%,颗粒级配较好,充填可塑状粉质黏土。

该层仅个别钻孔揭露,厚度:1.00～4.50 m,平均 2.76 m;层底标高:82.30～87.89 m,平均 84.94 m;层底埋深:9.50～15.10 m,平均 12.46 m。

(8) 粉土(Q$_4^{al+pl}$,第 5 层)

褐黄色,中密,湿,见锈斑,土质不均匀,切面无光泽,摇振反应中等,干强度低,韧性低。

该层在场地西部分布较普遍,厚度:1.40～9.40 m,平均 4.55 m;层底标高:74.86～85.67 m,平均 80.06 m;层底埋深:11.50～22.10 m,平均 16.98 m。

(9) 粉质黏土(Q$_4^{al+pl}$,第 6 层)

微棕黄色,可塑～硬塑,见锈斑,土质均匀,无摇振反应,切面稍光滑,韧性及干强度中等。

该层分布较普遍,厚度:1.00～8.20 m,平均 4.70 m;层底标高:74.52～82.65 m,平均 79.73 m;层底埋深:14.10～21.50 m,平均 17.53 m。

(10) 碎石土(Q$_3^{al+pl}$,第 6 层)

灰黄色,稍密～中密,稍湿,灰岩质,次棱角状,排列无序,一般直径 1～4 cm,最大 6 cm,碎石含量约 68%,颗粒级配较好,充填可塑粉质黏土。

该层分布较普遍,厚度:0.60~9.60 m,平均 4.28 m;层底标高:73.95~79.50 m,平均 77.38 m;层底埋深:11.00~23.60 m,平均 19.15 m。

(11) 粉质黏土(Q_3^{al+pl},第 7 层)

微棕红色,可塑,见铁锰氧化物及铁锰结核,土质均匀,无摇振反应,切面稍光滑,韧性及干强度中等。

该层分布较普遍,厚度:1.10~7.60 m,平均 4.01m;层底标高:69.55~79.39 m,平均 75.17 m;层底埋深:18.00~28.00 m,平均 22.18 m。

(12) 碎石土(Q_3^{al+pl},第 8 层)

灰黄色,稍密~中密,稍湿,灰岩质,次棱角状,排列无序,一般直径 2~4 cm,最大 6 cm,碎石含量约 70%,颗粒级配较好,充填可塑粉质黏土。

该层分布较普遍,厚度:0.70~18.30 m,平均 4.73 m;层底标高:63.42~78.36 m,平均 71.23 m;层底埋深:18.00~33.50 m,平均 25.61 m。

(13) 粉质黏土(Q_3^{al+pl},第 8 层)

微棕红色,可塑~硬塑,见铁锰氧化物及铁锰结核,局部夹碎石块,土质不均匀,无摇振反应,切面稍光滑,韧性及干强度中等。

该层仅在 9 个钻孔中揭露,厚度:1.10~5.50 m,平均 2.44 m;层底标高:68.35~73.25 m,平均 70.63 m;层底埋深:17.10~29.00 m,平均 24.68 m。

(14) 强风化砾岩(E,第 9 层)

青灰色,粗粒结构,块状构造,灰岩质砾石胶结,主要填隙物为粉砂、黏土物质等,岩芯呈块状及短柱状,一般块径 3~8 cm,最大 12 cm,岩芯采取率 70%。

该层仅在 14 个钻孔中揭露,厚度:1.40~9.50 m,平均 4.78 m;层底标高:62.57~72.62 m,平均 67.23 m;层底埋深:24.20~34.90 m,平均 29.90 m。

该层进行动力触探试验 6 次,均反弹。

(15) 中风化砾岩(E,第 9 层)

青灰色,粗粒结构,块状构造,灰岩质砾石胶结,裂隙充填粉砂、黏土等,岩芯多呈短柱状,一般节长 10~15 cm,最大 25 cm,局部见小溶孔,岩芯采取率 90%,$RQD=75$。

该层取岩样 9 组,其饱和单轴极限抗压强度为 18.68~45.86 MPa,平均值为 26.52 MPa,标准差为 8.23,变异系数 0.31,标准值 21.37 MPa,属较软岩,完整性指数 0.48,较破碎,岩体质量基本等级为 IV 级。

该层主要分布在场地西部,厚度:2.50~7.30 m,平均 4.29 m;层底标高:57.47~72.39 m,平均 66.25 m;层底埋深:23.20~40.00 m,平均 30.22 m。

(16) 全风化闪长岩(δ_5^3,第 10 层)

灰绿色,结构构造已风化破坏,主要矿物成分斜长石、辉石、角闪石,岩芯呈砂土状,手掰易碎,岩芯采取率 85%。

该层仅在 6 个钻孔中揭露,厚度:1.00~5.30 m,平均 3.20 m;层底标高:58.92~70.09 m,平均 65.50 m;层底埋深:27.00~38.40 m,平均 31.83 m。

（17）强风化闪长岩（δ_5^3,第10层）

灰绿色,半自形粒状结构,块状构造,主要矿物成分斜长石、辉石、角闪石,岩芯多块状,一般块径3～10 cm,最大15 cm,岩芯采取率65％。

该层仅在7个钻孔中揭露,厚度:1.80～5.30 m,平均3.20 m;层底标高:63.98～73.77 m,平均69.67 m;层底埋深:23.50～33.40 m,平均27.86 m。

（18）中风化闪长岩（δ_5^3,第10层）

灰绿色,半自形粒状结构,块状构造,主要矿物成分斜长石、辉石、角闪石,岩芯多呈短柱状,一般节长15～20 cm,最大30 cm,岩芯采取率85％,$RQD=70$。

该层取岩样15组,其饱和单轴极限抗压强度为14.46～41.07 MPa,平均值为27.52 MPa,标准差为9.70,变异系数0.35,标准值23.05 MPa,属较软岩,完整性指数0.47,较破碎,岩体质量基本等级为Ⅳ级。

该层主要分布在场地东部,该层未穿透,最大揭露厚度8.00 m。

3. 试验目的、试验方法、试验依据及主要仪器设备

（1）试验目的

确定各土层的人工挖孔桩桩身极限侧摩阻力标准值。

（2）试验方法

本次试验采用标准贯入试验记录标准贯入锤击数 N,确定砂土的密实度,然后根据《建筑桩基技术规范》(JGJ 94)经验参数法确定人工挖孔桩桩身极限侧摩阻力标准值。试验点1个。试验深度5 m,试验点位置见试点位置图。

（3）主要仪器设备

标准贯入试验设备主要由标准贯入器(图5.12)、触探杆及穿心锤组成。

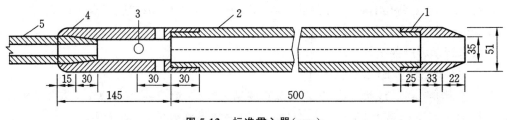

图 5.12　标准贯入器（mm）

1—贯入器靴;2—由两个半圆形管合成的贯入器身;3—ϕ15出水孔;4—贯入器头;5—触探杆

（4）标准贯入试验步骤

① 先用钻具钻至试验土层标高以上0.15 m处,清除残土。清孔时,应避免试验土层受到扰动。当在地下水位以下的土层中进行试验时,应使孔内水位保持高于地下水位,以免出现涌砂和塌孔;必要时,应下套管或用泥浆护壁。

② 贯入前应拧紧钻杆接头,将贯入器放入孔内,避免冲击孔底,注意保持贯入器、钻杆、导向杆连接后的垂直度。孔口宜加导向器,以保证穿心锤中心施力。贯入器放入孔内后,应测定贯入器所在深度,要求残土厚度不大于0.1 m。

③ 采用自动脱钩的自由落锤法进行锤击,并减少导向杆与锤间的摩阻力,避免锤击的偏

心和侧向晃动,保持垂直速率 15～30 击/min。

④ 将贯入器先打入土中 15 cm,不计锤击数;然后开始记录每打入 10 cm 的锤击数,累计打入 30 cm 的锤击数为标准贯入试验锤击数 N。若遇密实土层,锤击数超过 50 击时,不应强行打入,并记录 50 击的贯入深度,然后根据下式换算出标贯锤击数 N。

$$N = 30 \times \frac{50}{\Delta S}$$

式中　N——标准贯入击数;

　　　ΔS——50 击时的贯入度(cm)。

⑤ 旋转钻杆,然后提出贯入器,取贯入器中的土样进行鉴别、描述记录,并测量其长度。将需要保存的土样仔细包装、编号,以备试验之用。

⑥ 重复①至④步骤,进行下一深度的标贯测试,直至所需深度。一般每隔 1m 进行一次标贯试验。

(5)触探杆长度影响修正

当用标准贯入试验锤击数按规范查表确定承载力或其他指标时,应根据规范规定按下式对锤击数进行触探杆长度校正

$$N' = \alpha N$$

式中　N'——标准贯入试验修正锤击数;

　　　N——标准贯入试验实测锤击数;

　　　α——触探杆长度修正系数,可按表 5.34 确定。

表 5.34　标准贯入试验触探杆长度修正系数

触探杆长度(m)	≤3	6	9	12	15	18	21	25	30
α	1.00	0.92	0.86	0.81	0.77	0.73	0.70	0.68	0.65

(6)确定桩身极限侧摩阻力标准值

依据《建筑桩基技术规范》(JGJ 94)第 5 章第 3 部分中经验参数法确定桩的极限侧摩阻力标准值的办法,根据标准贯入试验记录整理后的标贯锤击数 N,确定土的密实程度,然后通过查表 5.35,利用内插法计算得出人工挖孔桩的极限侧摩阻力标准值 q_{sik}。

表 5.35　桩的极限侧摩阻力标准值 q_{sik}(kPa)

土的名称	土的状态	标准贯入锤击数 N	混凝土预制桩	泥浆护壁钻(冲)孔桩	干作业钻(挖)孔桩
粉细砂	稍密	10<N≤15	24～48	22～46	22～46
	中密	15<N≤30	48～66	46～64	46～64
	密实	N>30	66～88	64～86	64～86

注:① 该表节选自《建筑桩基技术规范》(JGJ 94)表 5.3.5-1。

　　② 因经现场勘察,本次试验点试验土层为粉细砂土层,故仅选取原表中粉细砂土的部分,极限侧摩阻力取值依据表中粉细砂土干作业挖孔桩数据计算。

（7）试验依据

《建筑桩基技术规范》(JGJ 94)；

《建筑地基基础设计规范》(GB 50007)；

《岩土工程勘察规范(2009 年版)》(GB 50021)。

4. 试验结果的整理与分析

（1）资料整理

分层标准贯入试验成果统计见表 5.36。

表 5.36　分层标准贯入试验成果统计

试验编号	层号	标准贯入深度（m）	触探杆长(m)	杆长度修正系数	实测锤击数(击)	修正锤击数(击)	土类名称	备注
1—1	1	0～1.0	1.9	1.00	10	10.0	粉细砂	
	2	1.0～2.0	1.9	1.00	10	10.0	粉细砂	
	3	2.0～3.0	3.6	1.00	12	12.0	粉细砂	
	4	3.0～4.0	3.6	0.96	14	13.4	粉细砂	
	5	4.0～5.0	5.6	0.92	16	14.7	粉细砂	

（2）桩身极限侧摩阻力标准值计算

由表 5.36 可知，修正后标准贯入锤击数 N' 介于 10 至 15 之间，土的状态为稍密状态。由表 5.35 可得稍密状态土层下桩的极限侧摩阻力标准值 q_{sik}(kPa)内插计算公式如下：

$$q_{sik} = 22 + \frac{N'-10}{15-10} \times (46-22)$$

式中　q_{sik}——桩的极限侧摩阻力标准值(kPa)；

　　　　N'——修正后标准贯入锤击数。

将表 5.36 中各层号下土的修正后标准贯入锤击数 N' 代入上式，得出各土层干作业人工挖孔桩桩身极限侧摩阻力标准值，结果汇总见表 5.37。

表 5.37　各土层干作业人工挖孔桩桩身极限侧摩阻力标准值

试验编号	层号	标准贯入深度(m)	修正后标准贯入锤击数 N'	人工挖孔桩桩身极限侧摩阻力标准值 q_{sik}(kPa)
1—1	1	0～1.0	10.0	22
	2	1.0～2.0	10.0	22
	3	2.0～3.0	12.0	31.6
	4	3.0～4.0	13.4	38.3
	5	4.0～5.0	14.7	44.6

5. 试验结论

工程强夯地基各土层人工挖孔桩桩身极限侧摩阻力标准值 q_{sik} 如下：

0～2.0 m 范围桩的极限侧摩阻力标准值为 22 kPa。

2.0～3.0 m 范围桩的极限侧摩阻力标准值为 31.6 kPa。

3.0～4.0 m 范围桩的极限侧摩阻力标准值为 38.3 kPa。

4.0～5.0 m 范围桩的极限侧摩阻力标准值为 44.6 kPa。

详见工程质量试验报告（表 5.38）和标准贯入试验曲线图（图 5.13）。

表 5.38　工程质量试验报告

样品名称（规格、型号）		强夯地基（承载力特征值 180 kPa）	
委托单位		报告编号	
工程名称		样品编号	见试点平面位置图
建设单位		试验类别	委托试验
设计单位		工程地点	
勘察单位		试验仪器	标准贯入仪
监理单位		试验地点	工程现场
施工单位		试验日期	
试验项目	强夯地基各土层桩的极限侧摩阻力标准值	抽样地点	工程现场
抽样基数		抽样日期	
抽样数量	1个	抽样人	/
检测依据	《建筑地基基础设计规范》(GB 50007)《建筑桩基技术规范》(JGJ 94)		
检测结论	各土层人工挖孔桩桩身极限侧摩阻力标准值：0～2.0 m 范围桩的极限侧摩阻力标准值为 22 kPa。2.0～3.0 m 范围桩的极限侧摩阻力标准值为 31.6 kPa。3.0～4.0 m 范围桩的极限侧摩阻力标准值为 38.3 kPa。4.0～5.0 m 范围桩的极限侧摩阻力标准值为 44.6 kPa。具体检测数据详见报告部分。		
	注册岩土工程师（签章）：（签字）	检测单位（签章）日期：　年　月　日	

标 准 贯 入 试 验 曲 线

工程名称						工程编号					
钻孔编号	1-1		坐			动探类型	重型				
孔口高程	87.0m		标			稳定水位					

地层编号	地层名称	层底深度(m)	层底高程(m)	柱状图 1:25	动探图	探杆长度(m)	触探深度(m)	实测锤击数 N	贯入度(cm/击)	杆长度修正系数	修正锤击数 N¹
					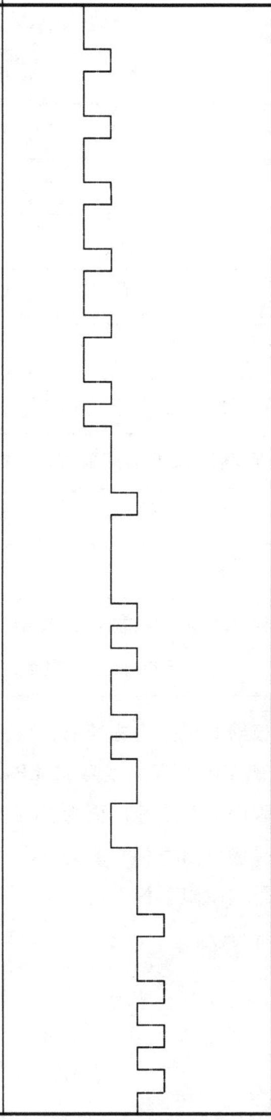	1.90	0.10	3.0	3.33	1.000	3.0
						1.90	0.20	3.0	3.33	1.000	3.0
						1.90	0.30	4.0	2.50	1.000	4.0
						1.90	0.40	3.0	3.33	1.000	3.0
						1.90	0.50	3.0	3.33	1.000	3.0
						1.90	0.60	4.0	2.50	1.000	4.0
						1.90	0.70	3.0	3.33	1.000	3.0
						1.90	0.80	3.0	3.33	1.000	3.0
						1.90	0.90	4.0	2.50	1.000	4.0
						1.90	1.00	3.0	3.33	1.000	3.0
						1.90	1.10	3.0	3.33	1.000	3.0
						1.90	1.20	4.0	2.50	1.000	4.0
						1.90	1.30	3.0	3.33	1.000	3.0
						1.90	1.40	3.0	3.33	1.000	3.0
						1.90	1.50	4.0	2.50	1.000	4.0
						1.90	1.60	3.0	3.33	1.000	3.0
						1.90	1.70	3.0	3.33	1.000	3.0
						1.90	1.80	4.0	2.50	1.000	4.0
	粉细砂					3.60	1.90	3.0	3.33	0.963	2.9
						3.60	2.00	4.0	2.50	0.965	3.9
						3.60	2.10	4.0	2.50	0.966	3.9
						3.60	2.20	4.0	2.50	0.968	3.9
						3.60	2.30	5.0	2.00	0.968	4.8
						3.60	2.40	4.0	2.50	0.966	3.9
						3.60	2.50	4.0	2.50	0.965	3.9
						3.60	2.60	4.0	2.50	0.963	3.9
						3.60	2.70	4.0	2.50	0.972	3.9
						3.60	2.80	5.0	2.00	0.966	4.8
						3.60	2.90	4.0	2.50	0.968	3.9
						3.60	3.00	5.0	2.00	0.972	4.9
						3.60	3.10	4.0	2.50	0.972	3.9
						3.60	3.20	4.0	2.50	0.968	3.9
						3.60	3.30	5.0	2.00	0.968	4.8
						3.60	3.40	4.0	2.50	0.966	3.9
						5.60	3.50	5.0	2.00	0.936	4.7
						5.60	3.60	5.0	2.00	0.929	4.6
						5.60	3.70	4.0	2.50	0.922	3.7
						5.60	3.80	4.0	2.50	0.929	3.7
						5.60	3.90	5.0	2.00	0.925	4.6
						5.60	4.00	5.0	2.00	0.925	4.6
						5.60	4.10	5.0	2.00	0.932	4.7
						5.60	4.20	6.0	1.67	0.925	5.6
						5.60	4.30	5.0	2.00	0.929	4.6
						5.60	4.40	5.0	2.00	0.932	4.7
						5.60	4.50	6.0	1.67	0.932	5.6
						5.60	4.60	5.0	2.00	0.925	4.6
						5.60	4.70	6.0	1.67	0.922	5.5
						5.60	4.80	5.0	2.00	0.929	4.6
						5.60	4.90	6.0	1.67	0.925	5.6
		5.00	82.0			5.60	5.00	5.0	2.00	0.925	4.6

图 5.13　标准贯入试验曲线图

5.4 十字板剪切试验

5.4.1 试验内容

十字板剪切试验(Vane Shear Test)是一种通过对插入地基土中的规定形状和尺寸的十字板头施加扭矩,使十字板头在土体中等速扭转形成圆柱状破坏面,通过换算、评定地基土不排水抗剪强度的现场试验。

十字板剪切试验所测得的抗剪强度值,相当于试验深度处天然土层在原位压力下固结的不排水抗剪强度,由于十字板剪切试验不需要采取土样,避免了土样扰动及天然应力状态的改变,是一种有效的现场测试方法。

十字板剪切试验技术最初是由瑞典人在1919年提出来的,到20世纪40年代有巨大进展。其间,英国Skempton等人结合$\varphi=0$原理的概念在应用上做了很大贡献。此后,在世界范围内获得广泛应用。

在我国,十字板剪切试验在20世纪50年代由南京水利科学研究院引进,并在沿海诸省及多条河流的冲积平原软黏土地区得到广泛应用。历时十余年的工作奠定了在我国的应用基础。此后,我国很多单位在设备的改进和应用试验方面做了大量工作。

1. 检测参数

(1)测定原位应力条件下软黏土的不排水抗剪强度;

(2)评定软黏性土的灵敏度;

(3)计算地基的承载力;

(4)判断软黏土的固结历史。

2. 检测原理

十字板剪切仪的试验如图5.14所示。其原理是利用十字板旋转,在上、下两面和周围侧面上形成剪切带,使得土体剪切破坏,测出其相应的极限扭力矩。然后,根据力矩的平衡条件,推算出圆柱形剪切破坏面上土的抗剪强度。

具体而言,测试时,先将十字板插到要进行试验的深度,再在十字板剪切仪上端的加力架上以一定的转速施加扭力矩,使板头内的土体与其周围土体产生相对扭剪。十字板剪切试验中土体受力如图5.15所示,包括侧面所受扭矩和两个端面所受扭矩。其中十字板侧表面对土体的侧面产生的极限扭矩为:

$$M_1=(\pi DH)\tau_f\frac{D}{2}=\tau_f\frac{\pi D^2 H}{2}$$

式中　M_1——十字板侧表面产生的极限扭矩(N·m);

　　　D——十字板板头直径(mm);

　　　H——十字板板头高度(mm);

　　　τ_f——十字板周侧土的抗剪强度(kPa)。

假设土体上、下两端面产生的极限扭矩相同,且端面上的剪应力在等半径处均匀分布,在

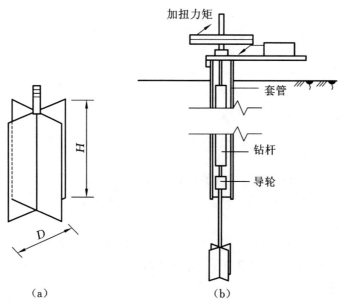

（a）　　　　　　　　　　　（b）

图 5.14　十字板剪切仪试验示意图

（a）板头；（b）试验情况

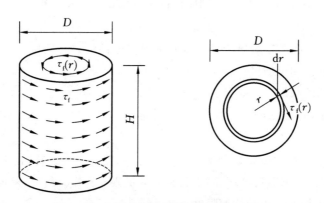

图 5.15　十字板剪切试验中土体受力示意图

轴心处为零，边界上最大。则上、下两端面极限扭矩之和为：

$$M_2 = 2 \times \int_0^{\frac{D}{2}} r\tau(r) 2\pi r \, \mathrm{d}r$$

假设剪应力在横截面上沿半径呈指数关系分布，则：

$$M_2 = 2 \times \int_0^{\frac{D}{2}} r\tau_\mathrm{f} \left(\frac{r}{D/2}\right) 2\pi r \, \mathrm{d}r = \frac{\pi \tau_\mathrm{f} D^3}{2(a+3)}$$

式中　M_2——上、下两端面极限扭矩之和（N·m）；

$\quad\quad D$——十字板板头直径（mm）；

$\quad\quad r$——上、下端面任意小于 $D/2$ 的土层半径（mm）；

$\quad\quad \tau_\mathrm{f}$——上、下端面的抗剪强度（kPa）；

a——与圆柱上、下端面剪应力分布有关的系数。当两端剪应力在横截面上为均匀分布时,取 $a=0$;若是沿半径呈线性三角形分布,则取 $a=1$;若是沿半径呈二次曲线分布,则取 $a=2$。

因此设备读出的总极限扭矩值为:

$$M_{max}=M_1+M_2$$

假定侧面和上、下端面的抗剪强度相等,故可得破坏时刻的极限剪应力值为:

$$\tau_f=\frac{2M_{max}}{\pi D^3\left(\dfrac{H}{D}+\dfrac{1}{a+3}\right)}$$

此外,对于黏土,类似三轴试验或直剪试验中的应力-应变曲线,在十字板剪切过程中也可能会出现强度峰值和残余强度,因此读数时 M_{max} 的值也会有两个。

最后,上述推导是基于圆柱两端面的抗剪强度与侧面抗剪强度相等,如果考虑各向异性,则要取平均值。

3. 规范

《岩土工程勘察规范(2009 年版)》(GB 50021);

相关行业标准;

各地相关地方标准。

4. 设备

十字板剪切仪的基本构造包括十字板头、试验用探杆、贯入主机和测力与记录装置等。从驱动形式上分为机械式和电测式两种。前者是通过钻机或其他成孔装置预先成孔,再放入十字板头并压入孔底以下一定深度进行剪切;后者则利用静力触探的贯入主机携带十字板头压入指定深度试验,无须钻孔。相对而言,电测式十字板剪切仪轻便灵活,操作简单,试验结果也较为稳定,目前应用较为广泛。

十字板剪切仪的十字板头尺寸规格也有区分。国内常见的十字板剪切仪的尺寸规格见表5.39。

表 5.39　国内常见十字板剪切仪尺寸规格

板宽 D(mm)	板高 H(mm)	板厚(mm)	刃角(°)	面积比(%)	轴杆直径 d(mm)
50	100	2	60	14	13
75	150	3	60	13	16

测力装置通常分两种:用于一般机械式十字板剪切仪的开口刚环测力装置和用于电测式十字板剪切仪的电阻应变式测力装置。

普通的十字板剪切仪采用开口钢环测力装置,利用蜗轮旋转插入土层中的十字板头,并通过钢环的拉伸变形换算刚度,求得施加扭矩的大小,使用方便,但转动时易产生晃动,影响精度。同时,该装置需要配备钻孔设备,成孔后再放下十字板头进行试验,深度一般不超过 30 m。

而电测式十字板剪切仪采用电阻应变式测力装置以及相应的读数设备。其以贴在十字板头上连接处的电阻片为传感器,不需要进行钻杆和轴杆的校正,也不需要配备钻孔设备,节省工序,提高效率,且精度较高。两种测力装置构成如图 5.16 所示。

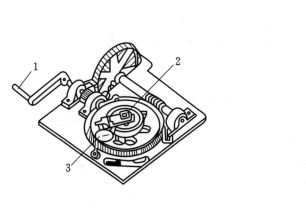

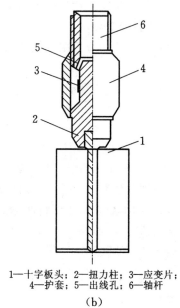

1—摇把;2—开口钢环;3—百分表

（a）

1—十字板头；2—扭力柱；3—应变片；
4—护套；5—出线孔；6—轴杆

（b）

图 5.16 十字板剪切仪两种测力装置构成图

（a）开口钢环测力装置；（b）电阻应变式测力装置

5. 适用范围

适用土性:十字板剪切试验可用于测定饱和软黏性土($\varphi \approx 0$)的不排水抗剪强度和灵敏度。

优点:避免取土扰动的影响,所测得的强度能较好地反映土的天然强度,设备简单,操作方便。

缺点:对于不均匀土层,特别是夹有薄层粉细砂或粉土的软黏土,测试结果会有较大误差,使用时必须谨慎。

6. 试验方法

(1) 根据土层性质选择合适的十字板尺寸,对浅层软黏土选用 75 mm×150 mm 十字板,对稍硬土层,采用 50 mm×100 mm。

(2) 将十字板安装在电阻应变式板头上,接通电缆,连接电阻应变仪与应变片。

(3) 按照类似静力触探的方法,把十字板贯入到预定深度。

(4) 顺时针方向匀速转动探杆,当量测仪表读数开始增大时,即开动秒表,以每秒 0.1°的速率旋转钻杆。每转 1°测记读数 1 次,应在 2 min 内测得峰值。当读数出现峰值或稳定值后,再继续旋转 1 min,测记峰值或稳定值作为原状土剪切破坏时的读数。

(5) 将探杆连续转动 6 周,以使得土体产生扰动,再重复步骤(4),测记重塑土剪切破坏时的读数。

(6) 完成一次试验后,如需继续进行试验,可松开钻杆夹具,将十字板头压至下一个试验深度,重复上述步骤(3)至(5)。

(7) 试验完毕后,逐节提取钻杆和十字板头,清洗干净,检查各部件完好程度。

7. 数据分析和处理

(1) 计算土体的十字板不排水抗剪强度 τ_f 和灵敏度 S_t。灵敏度为土体原状土的十字板不排水抗剪强度与重塑土的十字板不排水抗剪强度之比:

$$S_t = \frac{\tau_f}{\tau'_f}$$

式中　S_t——灵敏度;

τ_f——原状土十字板不排水抗剪强度值(kPa);

τ'_f——重塑土十字板不排水抗剪强度值(kPa)。

(2) 绘制十字板不排水抗剪强度 τ_f 与灵敏度 S_t 随深度变化的曲线。

(3) 根据十字板不排水抗剪强度 τ_f 和灵敏度 S_t 随深度变化曲线对土质进行分层。

(4) 上述数据整理,都是在直接测定数据的基础上进行的。

此外,十字板剪切试验所得参数对工程应用问题也有实用价值,举例如下:

① 用于评价现场土层的不排水强度。但此时需注意剪切速率的影响,一般剪切速率较快时,强度较高,而且十字板剪切试验值比真实值偏高,通常在设计中只能取试验值的 60%～70%。

② 对软土地基承载力进行评价。一般是先根据经验公式,求得地基承载力特征值(测定的实际值是没有埋深影响),然后通过该值对土体的埋深再进行修正。中国建筑科学研究院和华东电力设计院曾通过研究,针对黏聚力为零的软土地基,建立了如下的地基承载力标准值修正公式:

$$f_{ak} = 2\tau_f + \gamma h$$

式中　f_{ak}——地基承载力标准值(kPa)(现行国家规范中已取消地基承载力标准值概念,而改用地基承载力特征值和设计值,因此读者在借鉴早期经验公式时,还要注意这些不同概念可能引起的数量评估上的差异);

τ_f——十字板抗剪强度(kPa);

γ——基础底面以上土的加权平均重度(地下水位以下取浮重度)(kN/m³);

h——基础埋置深度(m)。

③ 在桩基工程中,单桩极限承载力可按下式进行估计:

$$R_a = Q_u / K$$

$$Q_u = u_p \sum c_{ai} l_i + \tau_f N_c A_b$$

式中　R_a——单桩极限承载力(kPa);

Q_u——单桩净极限承载力(kPa);

K——安全系数;

u_p——桩身周边长度(m);

c_{ai}——第 i 层土与桩之间的附着力(kPa);

l_i——第 i 层土厚度(m);

τ_f——十字板抗剪强度(kPa);

N_c——地基承载力系数,当桩长径比 $l/D > 5$ 时,$N_c = 9$;

A_b——桩的横截面面积(cm²)。

5.4.2 十字板剪切试验案例

1. 工程概况

××区改造项目××工程施工图设计阶段共完成十字板剪切试验钻孔 13 个,试验土层主要针对该工程区域下卧的淤泥质粉质黏土层(层号④₂)。由于施工场地地理位置特殊、水深较深,同时地层埋藏较深和厚度厚薄不均匀、上覆盖层淤泥及粉质黏土厚度较厚,以及土层物理力学性质较为复杂的特点,××勘察院 2010 年 5 月完成的《××区改造工程工程地质勘察报告》建议十字板剪切试验成果不能直接作为稳定计算的主要依据。

2010 年 5 月 27 日至 28 日,在××召开的"××区改造项目××工程重大技术方案专家咨询会"上形成的专家意见:普遍认为该土层是相对较好的软土层,建议勘察单位对该土层十字板剪切测试结果进一步分析整理,提出可供设计使用的参数。会议认为该项目进行的十字板剪切试验经过进一步分析整理,可以作为稳定计算的依据之一。根据专家意见,××勘察院对淤泥质粉质黏土层(层号④₂)的十字板剪切试验成果进行重新分析、统计并提出推荐指标供设计使用。

2. 淤泥质粉质黏土层(层号④₂)十字板剪切试验成果统计

(1)客运码头区统计数据见表 5.40 至表 5.43。

表 5.40　客运码头区④₂层十字板剪切试验成果统计

统计项目	原状土强度	重塑土强度	灵敏度
统计个数	20	20	20
最大值	97.68 kPa	60.32 kPa	1.70
最小值	41.04 kPa	32.54 kPa	1.14
平均值	63.18 kPa	45.65 kPa	1.39
标准差	12.58 kPa	6.35 kPa	0.19
变异系数	0.20	0.14	0.14
小值平均值	55.61 kPa	42.61 kPa	1.32
推荐值	33.37 kPa	25.57 kPa	0.79

表 5.41　客运码头区④₂₋₁层十字板剪切试验成果统计

统计项目	原状土强度	重塑土强度	灵敏度
统计个数	1	1	1
最大值	62.45 kPa	37.49 kPa	1.67
最小值	62.45 kPa	37.49 kPa	1.67
平均值	62.45 kPa	37.49 kPa	1.67
标准差	—	—	—
变异系数	—	—	—
推荐值	31.23 kPa	18.75 kPa	0.83

表 5.42　客运码头区④₂₋₂层十字板剪切试验成果统计

统计项目	原状土强度	重塑土强度	灵敏度
统计个数	15	15	15
最大值	97.68 kPa	60.32 kPa	1.70
最小值	41.04 kPa	32.54 kPa	1.14
平均值	62.10 kPa	45.71 kPa	1.36
标准差	14.38 kPa	6.95 kPa	0.20
变异系数	0.23	0.15	0.15
小值平均值	53.99 kPa	43.52 kPa	1.25
推荐值	32.39 kPa	26.11 kPa	0.75

表 5.43　客运码头区④₂₋₃层十字板剪切试验成果统计

统计项目	原状土强度	重塑土强度	灵敏度
统计个数	4	4	4
最大值	71.01 kPa	49.68 kPa	1.53
最小值	64.26 kPa	45.54 kPa	1.36
平均值	67.44 kPa	47.47 kPa	1.42
标准差	2.77 kPa	1.84 kPa	0.07
变异系数	0.04	0.04	0.05
推荐值	33.72 kPa	23.73 kPa	0.71

（2）邮轮区统计数据见表 5.44 至表 5.47。

表 5.44　邮轮区④₂层十字板剪切试验成果统计

统计项目	原状土强度	重塑土强度	灵敏度
统计个数	17	17	17
最大值	94.50 kPa	62.84 kPa	3.06
最小值	52.41 kPa	18.36 kPa	1.23
平均值	76.96 kPa	45.31 kPa	1.77
标准差	11.95 kPa	10.85 kPa	0.39
变异系数	0.16	0.24	0.22
小值平均值	66.27 kPa	36.67 kPa	1.94
推荐值	39.76 kPa	22.00 kPa	1.16

表 5.45　邮轮区④$_{2-1}$层十字板剪切试验成果统计

统计项目	原状土强度	重塑土强度	灵敏度
统计个数	8	8	8
最大值	84.06 kPa	53.46 kPa	3.06
最小值	52.41 kPa	18.36 kPa	1.49
平均值	68.57 kPa	38.86 kPa	1.88
标准差	11.58 kPa	11.69 kPa	0.52
变异系数	0.17	0.30	0.28
小值平均值	58.87 kPa	29.35 kPa	2.17
推荐值	35.32 kPa	17.61 kPa	1.30

表 5.46　邮轮区④$_{2-2}$层十字板剪切试验成果统计

统计项目	原状土强度	重塑土强度	灵敏度
统计个数	5	5	5
最大值	94.50 kPa	52.67 kPa	1.84
最小值	77.15 kPa	45.45 kPa	1.62
平均值	85.38 kPa	48.94 kPa	1.75
标准差	6.76 kPa	3.52 kPa	0.09
变异系数	0.08	0.07	0.05
小值平均值	82.21 kPa	48.18 kPa	1.71
推荐值	49.33 kPa	28.91 kPa	1.03

表 5.47　邮轮区④$_{2-3}$层十字板剪切试验成果统计

统计项目	原状土强度	重塑土强度	灵敏度
统计个数	4	4	4
最大值	90.07 kPa	62.84 kPa	1.94
最小值	77.37 kPa	43.66 kPa	1.23
平均值	83.22 kPa	53.65 kPa	1.58
标准差	5.42 kPa	8.18 kPa	0.29
变异系数	0.07	0.15	0.18
推荐值	49.93 kPa	32.19 kPa	0.95

（3）预留客运码头区统计数据见表 5.48 至表 5.51。

表 5.48 预留客运码头区④₂层十字板剪切试验成果统计

统计项目	原状土强度	重塑土强度	灵敏度
统计个数	32	32	32
最大值	96.48 kPa	57.80 kPa	2.11
最小值	26.96 kPa	14.51 kPa	1.43
平均值	64.77 kPa	39.02 kPa	1.68
标准差	17.95 kPa	11.36 kPa	0.14
变异系数	0.28	0.29	0.08
小值平均值	52.41 kPa	31.24 kPa	1.69
推荐值	31.45 kPa	18.74 kPa	1.02

表 5.49 预留客运码头区④₂₋₁层十字板剪切试验成果统计

统计项目	原状土强度	重塑土强度	灵敏度
统计个数	7	7	7
最大值	64.62 kPa	34.18 kPa	1.93
最小值	26.96 kPa	14.51 kPa	1.47
平均值	44.00 kPa	25.34 kPa	1.75
标准差	14.54 kPa	8.20 kPa	0.16
变异系数	0.33	0.32	0.09
小值平均值	37.77 kPa	22.81 kPa	1.68
推荐值	22.66 kPa	13.69 kPa	1.01

表 5.50 预留客运码头区④₂₋₂层十字板剪切试验成果统计

统计项目	原状土强度	重塑土强度	灵敏度
统计个数	18	18	18
最大值	96.48 kPa	56.35 kPa	2.11
最小值	38.05 kPa	24.88 kPa	1.43
平均值	66.33 kPa	39.95 kPa	1.67
标准差	13.60 kPa	8.46 kPa	0.15
变异系数	0.21	0.21	0.09
小值平均值	57.91 kPa	35.08 kPa	1.66
推荐值	34.74 kPa	21.05 kPa	0.99

表 5.51　预留客运码头区④₂₋₃层十字板剪切试验成果统计

统计项目	原状土强度	重塑土强度	灵敏度
统计个数	7	7	7
最大值	93.68 kPa	57.80 kPa	1.68
最小值	68.98 kPa	43.14 kPa	1.54
平均值	81.54 kPa	50.30 kPa	1.62
标准差	9.53 kPa	5.18 kPa	0.05
变异系数	0.12	0.10	0.03
小值平均值	75.37 kPa	47.03 kPa	1.60
推荐值	45.22 kPa	28.22 kPa	0.96

3. 提出推荐值的依据

(1) 根据《岩土工程勘察规范(2009 年版)》(GB 50021)第 10.6.4 条条文说明:"十字板剪切试验测得的不排水抗剪强度峰值,一般认为是偏高的,土的长期强度只有峰值强度的 60%～70%。因此在工程中,需根据土质条件和当地经验对十字板测定的值做必要的修正,以供设计采用。"对于该项目的淤泥质粉质黏土层(层号④₂)十字板剪切试验成果推荐值的提出,主要是根据此条文说明和××勘察院在××地区的勘察经验。

(2) 根据规范和试验经验,十字板剪切试验在含砂或贝壳碎屑的软土层中进行时,失真较为严重。本场地淤泥质粉质黏土层(层号④₂)含砂和贝壳碎屑等包含物情况较为普遍,土质很不均匀,因此,在统计时,采用小值平均值折减后提出推荐值。

4. 本场地十字板剪切试验的局限性

(1) 由于该勘察场地处于客运站航道及其两侧,受来往客轮影响,进行十字板剪切试验场地条件恶劣,虽然××勘察院搭建了水上平台作业(图 5.17),把风浪的影响降到了最低,但航道区特别是邮轮区南端和客运码头区西端淤泥质粉质黏土层(层号④₂)层厚相对较大的地段进行的十字板试验较少,仅两个孔,在区域上代表性不足。

图 5.17　十字板剪切试验水上平台作业

（2）根据《岩土工程勘察规范（2009 年版）》（GB 50021）第 10.6.1 条规定："十字板剪切试验可用于测定饱和软黏土（$\varphi \approx 0$）的不排水抗剪强度和灵敏度。"我国的工程经验也限于饱和软黏土，对于其他的土，或夹（或混）砂层的土层，十字板剪切试验会有相当大的误差。对于该场地的淤泥质粉质黏土层（层号④₂），钻探资料表明，其土质不均匀，主要成分为黏粒，其形成年代相对较早，受海相和陆相的共同作用，导致其厚度变化大，包含物较多，主要有坚硬的胶结块（钻探发现的块径为 2~8 cm，质硬）、腐木、贝壳（耗壳）碎片、黏土团块以及不规律的夹（或混）薄层砂类土（图 5.18），对于十字板剪切试验的影响较大，导致其强度指标偏大。

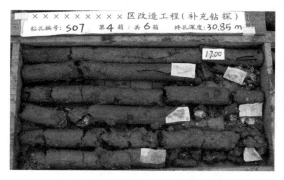

图 5.18 S07 钻孔④₂层岩芯照片

5. 结论

（1）本项目的十字板剪切试验指标的重新统计，按照规范和地区勘察经验，考虑了土层不均匀性和包含物较多等因素，提出的推荐值可作为稳定计算的指标之一。

（2）对于淤泥质粉质黏土层（层号④₂）的十字板剪切试验指标，根据本场地土层情况，进行了分区、分层统计和总体统计，设计单位在选用时，可根据具体情况选用。

（3）本工程场地淤泥质粉质黏土层的性质特殊，土层厚度较厚，施工中应加强监测，以保证施工安全。

5.5 旁压试验

5.5.1 试验内容

旁压试验是在现场钻孔中进行的一种水平向荷载试验。具体试验方法是将一个圆柱形的旁压器放到钻孔内设计标高处，加压使得旁压器横向膨胀，根据试验的读数可以得到钻孔横向扩张的体积-压力或应力-应变关系曲线，据此可用来估计地基承载力，测定土的强度参数、变形参数、基床系数，估算基础沉降、单桩承载力与沉降。

旁压试验于 1930 年起源于德国，最初是在钻孔内进行侧向载荷试验的单腔式旁压仪。1957 年，法国工程师路易斯·梅纳研制成功三腔式旁压仪。现在旁压仪器包括预钻式、自钻式和压入式三种，国内外都是以预钻式为主。预钻式旁压仪的原理是预先用钻具钻出一个符合要求的垂直钻孔，将旁压器放入钻孔内的设计标高处，然后进行旁压试验。自钻式旁压仪是将旁压仪设备和钻机一体化,将旁压器安装在钻杆上,在旁压器的端部安装钻头,钻头在钻进时,将切碎的土屑从旁压器(钻杆)的空心部位用泥浆带走,至预定标高后进行旁压试验。自钻式旁压试验的优越性就是最大限度地保证了地基土的原状性。

1. 检测参数

通过对旁压试验成果分析,并结合地区经验,可以用于以下岩土工程应用:

(1) 对土进行分类;

(2) 评价地基土的承载力;

(3) 评价地基土的变形参数,进行沉降估算;

(4) 根据旁压曲线,可推求地基土的原位水平应力、静止侧压力系数和不排水抗剪强度等参数。

2. 检测原理

仪器工作时,由加压装置通过高压导管将压力传至旁压器,使旁压器弹性膜膨胀导致地基孔壁受压而产生相应的侧向变形(图5.19)。其变形量可由量测装置测定,压力 p 由压力传感器测得。根据所测结果,得到压力 p 和体积变化量 V 之间的关系,即旁压曲线。从而得到地基土层的临塑压力、极限压力、旁压模量等有关土力学指标。

3. 规范

《岩土工程勘察规范(2009年版)》(GB 50021);

相关行业标准;

各地相关地方标准。

4. 设备

旁压试验所需的仪器设备主要由旁压器、变形测量系统和加压稳压装置等部分组成。

(1) 预钻式旁压仪

国内使用的预钻式旁压仪有 PY 型和较新的 PM 型(图5.20)两种型号。

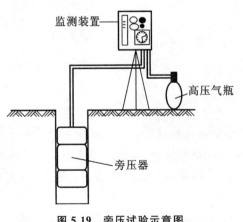

图 5.19　旁压试验示意图

图 5.20　PM-1BZ 型旁压仪

预钻式旁压仪由旁压器、控制单元(变形量测装置和加压稳压装置)和管路三部分组成。

① 旁压器:为圆柱形骨架,外部套有密封的弹性橡皮膜。一般分上、中、下三个腔体。中

腔为主腔(测试腔,长 250 mm,初始体积为 491 mm³),上、下腔以金属管相连通,为保护腔(各长 100 mm),与中腔隔离(图 5.21)。

测试时,高压水从控制装置经管路进入主腔,使橡皮膜发生径向膨胀,压迫周围土体,测得主腔压力与体积增量的关系。与此同时,以同样压力水向保护控压入,这样,三腔同步向四周变形,以此保证主腔周围土体的变形呈平面应变状态。

② 变形量测装置

变形测量装置用于测读和控制进入旁压器的水量,由不锈钢储水筒、目测管、位移和压力传感器、显示记录仪、精密压力表、同轴导压管及阀门等组成。测管和辅管都是有机玻璃管,最小刻度 1 mm。

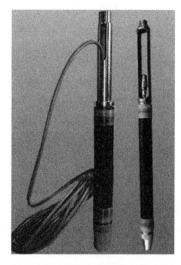

图 5.21　预钻式旁压仪的旁压器

③ 加压稳压装置

加压稳压装置控制旁压器给土体分级施加压力,并在试验规定的时间内自动精确稳定各级压力。由高压储气瓶(氮气)、精密调压阀、压力表及管路等组成。

④ 管路

管路系统是用于连接旁压器和控制单元、输送和传递压力与体积信息的系统,通常包括气路、水(油)路和电路。

(2) 自钻式旁压仪

自钻的原理是把装有旁压器的薄壁取样器用某一速率压入土中,同时用几个转动的刀片将进入取样器内的土芯弄碎,形成钻屑,钻屑因刀片标高处射出的液体作用而变成悬浮液,从旁压器的中央通过钻杆空心孔排到地面。

5. 适用范围

旁压试验适用于黏性土、粉土、砂土、碎石土、残积土、极软岩和软岩等。

(1) 预钻式旁压仪

优点:仪器比较简单、操作容易。

缺点:预先钻孔,孔壁土层中的天然应力卸除,加之钻孔孔径与旁压器外径难以有效配合,土层的扰动在所难免,使测试效果不太理想。

(2) 自钻式旁压仪

优点:具有自钻功能,当钻到预定深度后进行旁压试验,旁压器周围土体内应力状态基本保持原位的应力状态。

缺点:由于设备繁杂,操作较为复杂,人员需经过培训方可上岗,但所获得的资料仍需有丰富的使用经验方可取得较好的使用效果。

(3) 压入式旁压仪

压入式旁压试验在压入过程中对周围有挤土效应,对试验结果有一定的影响。

自钻式、压入式旁压仪推广效果不及预钻式旁压仪。

6. 试验方法

(1) 试验前准备工作

使用前,必须熟悉仪器的基本原理、管路图和各阀门的作用,并按下列步骤做好准备工作:

① 充水:向水箱注满蒸馏水或干净的冷开水,旋紧水箱盖。注意,试验用水严禁使用不干净水,以防生成沉积物而影响管道的畅通。

② 连通管路:用同轴导压管将仪器主机和旁压器细心连接,连接好气源导管并旋紧。

③ 注水、排气:打开高压气瓶阀门并调节其上减压器,使其输出压力为 0.15 MPa 左右。将旁压器竖置于地面,各阀门调到指定位置。

旋转调压阀手轮,给水箱施加 0.15 MPa 左右的压力,以水箱盖中的皮膜受力鼓起时为准,以加快注水速度。当水上升至(或稍高于)目测管的"0"位时,关闭注水加压阀门,旋松调压阀,打开水箱盖。在此过程中,应不断晃动拍打导压管和旁压器,以排出管路中滞留的空气。

④ 调零:把旁压器垂直提高,使其测试腔的中点与目测管"0"刻度相齐平,小心地将旁压器注水阀旋至调零位置,使目测管水位逐渐下降至"0"位时,随即关闭旁压器注水阀,将旁压器放好待用。

⑤ 检查:检查传感器和记录仪的连接等是否处于正常工况,并设置好试验时间标准。

(2) 测试设备的标定、校正

测试设备的标定是保证旁压试验正常进行的前提。当出现下列情况时,测试设备需要进行标定:

A. 旁压仪首次使用或较长时间不用时;

B. 更换弹性膜需进行弹性膜约束力标定,为提高压力精度,弹性膜经多次试验后,也应进行弹性膜复核校正;

C. 加长或缩短导管时,需进行仪器综合变形值标定。

测试设备的标定共包括两项内容:弹性膜约束力标定、仪器综合变形值标定。

① 弹性膜约束力的标定

标定的目的是确定在某一体积增量时消耗于弹性膜本身的压力值。标定前,适当加压(0.05 MPa)之后,当目测水管水位降至 36 cm 时,退压至零(旁压器中腔的中点与目测管水位齐平),使弹性膜呈不受压的状态,如此反复 5 次,之后开始校正。

校正时,按试验的压力增量(10 kPa)逐级加压,并按试验的测读时间(1 min 观测)记录测管水位下降值(或体积扩张值)。最后绘制压力 p 与水位下降值 S 的 p-S 曲线。

② 仪器综合变形值的标定

主要是标定量管中的液体在到达旁压器主腔以前的体积损失值。此损失值主要是测管及管路中充满受压液体后所产生的膨胀。

标定前将旁压器放存一内径比旁压器外径略大的厚壁钢管(校正筒)内,使旁压器在侧限条件下分级加压,压力增量一般为 100 kPa,加压 5～7 级后终止试验。在各级压力下的观测时间与正式试验一样(即 15 s、30 s、60 s、120 s),测量压力与扩张体积的关系通常为直线关系。取直线的斜率为综合变形校正系数 a。

（3）钻孔质量

① 预钻式旁压仪

针对不同性质的土层及深度，可选用与其相应的提土器或与其相适应的钻机钻头。例如，对于软塑～流塑状态的土层，宜选用提土器；对于坚硬～可塑状态的土层，可采用勺形钻；对于钻孔孔壁稳定性差的土层，宜采用泥浆护壁钻进。对预钻式旁压试验，要求尽量减少孔壁土的扰动，使钻孔截面为完整的圆形，其孔径应略大于旁压器外径，一般大 2～3 mm。对孔壁稳定性差的土层，宜采用泥浆护壁。成孔后应尽快进行试验以免缩孔，间隔时间一般不宜超过 15 min。

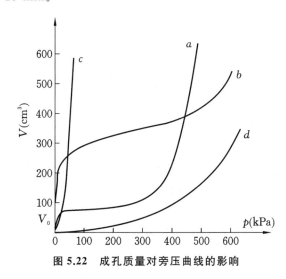

图 5.22 成孔质量对旁压曲线的影响

旁压试验的可靠性关键在于成孔质量的好坏，钻孔直径应与旁压器的直径相适应，孔径太小，放入旁压器会较困难，或因放入而扰动土体；孔径太大，很大一部分能量消耗在孔穴上，无法进行试验，图 5.22 反映了成孔质量对旁压曲线的影响。

a 线：正常的旁压曲线；

b 线：反映孔壁严重扰动，因旁压器体积容量不够而迫使试验终止；

c 线：反映孔径太大，旁压器的膨胀量有相当一部分消耗在空穴体积上，试验无法进行；

d 线：钻孔直径太小，或有缩孔现象，试验前孔壁已受到挤压，故曲线没有前段。

预钻成孔的孔壁要求垂直、光滑，孔形圆整，并尽量减少对孔壁土体的扰动，并保持孔壁土层的天然含水率。

② 自钻式旁压仪

对自钻旁压试验，钻头离刃口的距离、钻头的转速、钻进进尺速度、泥浆压力和流量应做合理的选择，才能达到最佳的效果。在黏性土中，自钻式旁压仪自钻就位后，会有一定的超孔隙压力出现，应静待消散（1～2 h），然后才能开始进行试验。

（4）加荷等级和变形稳定标准

加荷等级一般为预计临塑压力的 1/7～1/5。各级压力增量可相等，也可不等。

变形稳定标准，即指每级压力下测体积变化的观测时间。各级压力下的观测时间，可根据土的特征等具体情况，采用 1 min 或 2 min，按下列时间顺序测记测量管的水位下降值 s。

① 观测时间为 1 min 时：15 s、30 s、60 s；

② 观测时间为 2 min 时：15 s、30 s、60 s、120 s。

（5）试验终止

当测管水位下降接近 40 cm 或水位急剧下降无法稳定时，应立即终止试验，以防弹性膜胀破。可根据现场情况，采用下列方法之一终止试验。

① 尚需进行试验时:

当试验深度小于 2 m,可迅速将调压阀按逆时针方向旋至最松位置,使所加压力为零。利用弹性膜的回弹,迫使旁压器内的水回至测管。当水位接近"0"位时,关闭调压阀,取出旁压器。

当试验深度大于 2 m 时,打开水箱盖,利用系统内的压力,使旁压器里的水回至水箱备用。旋松调压阀,使系统压力为零,取出旁压器。

② 试验全部结束时:

利用试验中当时系统内的压力将水排净后旋松调压阀。导压管快速接头取下后,应罩上保护套,严防泥砂等杂物带入仪器管道。

(6) 注意事项

① 一次试验必须在同一土层,否则,不但试验资料难以应用,而当上、下两种土层差异过大时,会造成试验中旁压器弹性膜的破裂,导致试验失败。

② 钻孔中取过土样或进行过标准贯入试验的孔段,由于土体已经受到不同程度的扰动,不宜进行旁压试验。

③ 试验点的垂直间距应根据地层条件和工程要求确定,但不宜小于 1 m;试验孔与已钻孔的水平距离也应不小于 1 m。

④ 在试验过程中,如由于钻孔直径过大或被测岩(土)体的弹性区较大时,可能水量不够,即岩(土)体仍处在弹性区域内,而施加压力尚未达到仪器最大压力值,且位移量已达到 320 mm 以上。此时,如要继续试验,则应进行补水。

⑤ 试验完毕,若较长时间内不再使用仪器,须将仪器内部所有水排尽,并擦净外表,放在阴凉、干燥处。

7. 数据分析和处理

(1) 试验结果校正

绘制 $p\text{-}S$ 曲线前,要对原始资料进行整理,主要是对各级压力和相应的测管水位下降值进行校正。

① 压力校正公式:

$$p = p_m + p_w - p_i$$

式中　p——校正后的压力(kPa);

　　　p_m——压力表读数(kPa);

　　　p_w——静水压力(kPa);

　　　p_i——弹性膜约束力,可查弹性膜约束力校正曲线(kPa)。

对式中 p_w 的计算应考虑无地下水和有地下水两种条件,

无地下水时:　　　　　　　　$p_w = (h_0 + z)\gamma_w$

有地下水时:　　　　　　　　$p_w = (h_0 + h_w)\gamma_w$

式中　h_0——测管水面离孔口的高度(m);

　　　z——地面至旁压器中腔中点的距离(m);

　　　h_w——地下水位离孔口的距离(m);

　　　γ_w——水的重度(kN/m³)。

② 测管水位下降值(或体积)校正公式:

$$S = S_m - \alpha(p_m + p_w)$$
$$V = V_m - \alpha(p_m + p_w)$$

式中　S, V——校正后的测管水位下降值或体积;

　　　S_m, V_m——实测测管水位下降值或体积;

　　　α——仪器综合变形校正系数,由综合校正曲线查得(cm/kPa)。

其他符号同前。

(2) 旁压曲线的绘制

① 旁压曲线参数

绘制修正后的压力 p 和测管水位下降值 S 的曲线。国外常用 p-V 曲线代替 p-S 曲线,V 为测管内水的体积变化量。换算公式为:

$$V = AS$$

式中　V——换算后的体积变形量(cm^3);

　　　A——测管内截面面积(cm^2);

　　　S——测管水位下降值(cm)。

② 旁压曲线绘制步骤

A. 定坐标:在直角坐标系中,以 V 或 S 为纵坐标,p 为横坐标,比例可以根据试验数据的大小自行选定。

B. 根据校正后各级压力 p 和对应的测管水位下降值 S,分别将其确定在选定的坐标上,然后先连直线段并两端延长,与纵轴相交的截距即为 S_0;再用曲线板连曲线部分,定出曲线与直线段的切点,此点为直线段的终点。

同样可绘制预钻式 p-V 旁压曲线,见图 5.23。图中蠕变曲线为 p-$\Delta V_{60\sim30}$ 曲线,其中 $\Delta V_{60\sim30}$ 为该压力 p 下经 60 s 与 30 s 的体积差。

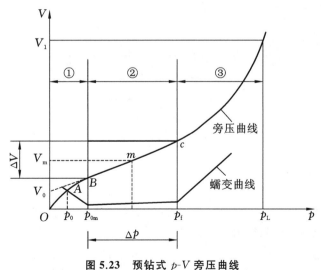

图 5.23　预钻式 p-V 旁压曲线

③ 曲线分析

p-V 曲线可分为三段：

① 段——首曲线段为初步阶段；

② 段——似弹性阶段，压力与体积变化量大致成直线关系；

③ 段——尾曲线段处于塑性阶段，随压力的增大，体积变化量迅速增加。

（3）特征压力值的确定

① 原位水平土压力（初始压力）p_0：直线段延长与纵轴相交于 V_0（或 S_0），与 V_0（或 S_0）对应的压力为 p_0。

② 临塑压力 p_f 有两种方法确定：

A. 直线段的终点所对应的压力为 p_f。

B. 按各级压力下 $30\sim60$ s 的增量 $\Delta V_{60\sim30}$ 或 $30\sim120$ s 的体积增量 $\Delta V_{120\sim30}$ 与压力 p 的关系曲线辅助分析确定，如图 5.24 所示。

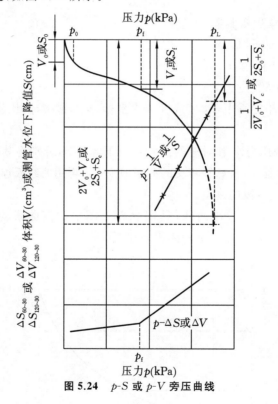

图 5.24 p-S 或 p-V 旁压曲线

③ 极限压力 p_L：

A. 手工外推法

凭眼力将曲线用曲线板加以延伸且与实测曲线光滑自然地连接，取 $S=2S_0+S_c$ 或 $V=2V_0+V_c$ 所对应的压力为极限压力 p_L。

B. 倒数曲线法

把临塑压力 p_f 以后曲线部分各点的水位下降值 S 或 V 取倒数 $1/S$ 或 $1/V$ 与 S 或 V 所对应的压力 p 作 p-$1/S$ 或 p-$1/V$ 关系曲线，此曲线为一近似直线。在直线上取 $1/(2S_0+S_c)$

或 $1/(2V_0+V_c)$ 所对应的压力为极限压力 p_L。

（4）旁压模量值的确定

根据压力与体积曲线的直线段斜率，按下式计算旁压模量：

$$E_m = 2(1+\mu)(V_c + \frac{V_0+V_f}{2})\frac{\Delta p}{\Delta V}$$

式中　E_m——旁压模量（kPa）；

μ——泊松比，按《岩土工程勘察规范（2009 年版）》（GB 50021）式（10.2.5）取值；

V_c——旁压器量测腔初始固有体积（cm^3）；

V_0——与初始压力 p_0 对应的体积（cm^3）；

V_f——与临塑压力 p_f 对应的体积（cm^3）；

$\Delta p/\Delta V$——旁压曲线直线段的斜率（kPa/cm^3）。

5.5.2　旁压试验案例

1. 前言

受××房地产开发有限责任公司委托，××勘察院于××年××月××日完成了疗养小区××花园 A2 地块岩土工程勘察旁压试验的野外测试工作。

本次测试执行规范：

（1）《建筑地基基础设计规范》（GB 50007）；

（2）《岩土工程勘察规范（2009 年版）》（GB 50021）；

（3）《工程地质手册》。

2. 工程概况

拟建场地位于××路与××路之间××河左右两岸，是××房地产开发有限责任公司开发建设的集住宅、商业等功能为一体的综合性项目。

本次勘察的 A2 地块建筑物包括 7 栋 33 层高层建筑（编号分别为 A2-01#、A2-04#、A2-05#、A2-08#、A2-10#、A2-11#、A2-12#）和 5 栋 18 层高层建筑（编号分别为 A2-02#、A2-03#、A2-06#、A2-07#、A2-9#）及 2 栋配套商业楼组成（2、3 层），均为 2 层地下室。A2 地块总用地面积 78475.03 m^2，净用地面积 53127.59 m^2，总建筑面积 229051.47 m^2，地下总建筑面积 70000 m^2。容积率 3.0，绿地率 46.6%，建筑密度 25.3%。

3. 工程地质及试验目的

（1）工程地质

详见勘察报告。

（2）试验目的

该场地岩土种类多，地基土不均匀，成因较多，依据常规的钻探、取样、室内试验手段来取得准确的岩土物理力学性质指标参数存在着一定的困难。因此，为使获得的岩土物理力学性质指标参数更加准确，要求勘探中更加注重原位测试技术。

在本工程勘察中，采用旁压试验，确定各岩土物理力学性质指标参数，为工程设计提供依据。

4. 工作概况

本次疗养小区××花园 A2 地块勘察旁压试验共在 3 个钻孔中进行，分别在 ZK117 号孔

3.50 m、7.50 m、9.30 m、12.80 m、14.80 m、17.00 m 处,ZK153 号孔 6.30 m、8.40 m、10.10 m、12.80 m、14.30 m、17.40 m、18.90 m 处,ZK177 号孔 3.40 m、5.10 m、7.80 m、11.80 m、13.30 m、15.80 m、17.30 m、18.60 m 处进行试验。

5. 检测结果的计算

本次旁压试验布置测孔数 3 个,共在 8 个不同土层进行了 21 点试验,数据的分析与判定依据《PY 型预钻式旁压试验规程》(JGJ 69)、《岩土工程勘察规范(2009 年版)》(GB 50021)、《工程地质手册》进行。各试验点具体检测结果见表 5.52。

① p_0 为 p-S 曲线上直线段起点对应的压力,相应的位移量为 S_0。

② 临塑压力 p_f 为 p-S 曲线上直线段终点对应的压力,或 p-$\Delta S_{120\sim60}$ 曲线上,曲线斜率开始增大的点对应的压力,p_f 对应的位移量为 S_f。

③ 极限压力 p_L 为 p-S 曲线上 $S_L = S_c + 2S_0$ 对应的压力,当需外延 p-S 曲线确定 p_L 时,外延部分不得超过试验曲线的 20%;外延有困难时,可另外作 p-$1/S$ 曲线确定,以 $1/(S_c + 2S_0)$ 对应的压力为 p_L。

(1) 旁压剪切模量 G_m 的计算

$$G_m = S_{cm} \Delta p / \Delta S$$
$$S_{cm} = S_c + S_0 + \Delta S/2$$
$$\Delta p = p_f - p_0$$
$$\Delta S = S_f - S_0$$

式中　S_c——旁压器测量腔固有体积(V_c)用位移值表示(cm),本次试验所使用的仪器 S_c 为 36.06 cm($V_c = 2130 \text{ cm}^3$)。

(2) 旁压模量 E_m 的计算

$$E_m = 2(1+\mu)(S_c + S_m)\Delta p / \Delta S$$

式中　μ——泊松比,本次试验地层主要为可塑性状态黏性土,泊松比取 0.35;
　　　S_m——平均位移(cm),$S_m = (S_0 + S_f)/2$;
　　　$\Delta p / \Delta S$——旁压曲线直线段的斜率(kPa/cm)。

(3) 地基承载力特征值 f_{ak} 的确定

临塑荷载法:　　　　　$$f_{ak} = p_f - p_0$$

极限荷载法:　　　　　$$f_{ak} = (p_L - p_0)/F_s$$

式中　F_s——安全系数,一般取 2~3,也可根据地区经验。

对于一般土宜采用临塑荷载法;对旁压试验曲线过临塑压力后急剧变陡的土宜采用极限荷载法。

(4) 变形模量 E_0 及压缩模量 E_s 的确定

变形模量:　　　　　$$E_0 = K_1 G_m$$

压缩模量:　　　　　$$E_s = K_2 G_m$$

式中　E_0——土的变形模量(MPa);
　　　E_s——压力为 100~200 kPa 的压缩模量(MPa);
　　　K_1, K_2——比值,按表 5.53 确定。

工程名称：

表 5.52　旁压试验成果分层统计

岩土编号	岩土名称	勘探点编号	试验深度 (m)	初始压力 p_0 (kPa)	临塑压力 p_f (kPa)	极限压力 p_L (kPa)	初始位移量 S_0 (cm)	临塑位移量 S_f (cm)	剪切模量 (kPa)	旁压模量 E_m (MPa)	压缩模量 E_s (比值法)(MPa)	压缩模量 E_s (经验公式法)(MPa)	变形模量 E_0 (MPa)	不排水抗剪强度 C_u (kPa)	承载力特征值 f_{ak} (kPa)(临塑荷载法)
2	粉质黏土	ZK117	3.5	116.2	308.5	400	0.14	17.9	488.1	1.32	1.22	5.95	1.42	45.92	192.3
		ZK177	3.4	49	169.92	209.81	0.12	5.48	877.37	2.37	2.19	6.81	2.54	26.02	120.92
		样本数		2	2	2	2	2	2	2	2	2	2	2	2
		平均值		82.6	239.21	304.91	0.13	11.69	682.69	1.84	1.71	6.38	1.98	35.97	156.61
3	黏土	ZK117	7.5	96.3	242.8	321.2	13.25	24.22	713.77	1.98	1.83	6.49	2.12	35.16	138.9
		ZK177	5.1	72.3	181.5	212.23	0.43	13.92	349.98	0.94	0.87	5.64	1.01	22.64	109.02
		样本数		2	2	2	2	2	2	2	2	2	2	2	2
		平均值		84.3	212.15	266.72	6.84	19.07	540.87	1.46	1.35	6.07	1.57	28.9	124.05
4	黏土	ZK153	6.3	86.4	240.5	364.3	1.3	5.22	1545.72	4.17	3.86	8.29	4.48	44.96	154.1
			8.4	103.4	307.9	420.1	0.21	3.06	2704.78	7.3	6.76	10.86	7.84	51.3	149.2
		样本数		2	2	2	2	2	2	2	2	2	2	2	2
		平均值		94.9	274.2	392.2	0.76	4.14	2125.25	5.74	5.31	9.58	6.16	48.13	151.65
5	粉质黏土	ZK117	9.3	119.36	263.05	376.9	9.11	11.68	2597.32	7.01	6.49	10.62	7.53	39.69	131.43
		ZK153	12.8	166.2	329.4	573.8	2.02	2.99	6488.46	17.52	16.22	19.24	18.82	65.96	163.2
			14.3	191.2	341.4	445.8	4.76	14.32	716.44	1.93	1.79	6.46	2.08	41.2	150.2
		ZK177	7.8	128.6	287.44	586.1	0.83	4.63	1621.42	4.38	4.05	8.46	4.7	74.03	158.8
		样本数		4	4	4	4	4	4	4	4	4	4	4	4
		平均值		151.34	305.32	495.65	4.18	8.41	2855.91	7.71	7.14	11.19	8.28	55.22	150.91

续表 5.52

岩土编号	岩土名称	勘探点编号	试验深度 (m)	初始压力 p_0 (kPa)	临塑压力 p_f (kPa)	极限压力 p_L (kPa)	初始位移量 S_0 (cm)	临塑位移量 S_f (cm)	剪切模量 (kPa)	旁压模量 E_m (MPa)	压缩模量 E_s (比值法) (MPa)	压缩模量 E_s (经验公式法) (MPa)	变形模量 E_0 (MPa)	不排水抗剪强度 C_u (kPa)	承载力特征值 f_{ak} (kPa) (临塑荷载法)
5月1日 6	粉土	ZK153	10.1	165.4	307.9	346.67	0.04	6.77	835.76	2.26	2.09	6.72	2.42	37.47	168.3
		ZK117	14.8	203.22	359.82	456.31	11.38	21.43	817.51	2.21	2.04	6.68	2.37	40.95	156.6
		ZK177	17	250.8	430.6	519.6	11.21	28.11	592.81	1.6	1.48	6.18	1.72	43.61	180.52
	黏土	ZK177	11.8	162.5	307.9	395.5	1.23	1.09	684.8	1.85	1.71	6.39	1.99	37.7	145.4
		样本数		3	3	3	3	3	3	3	3	3	3	3	3
		平均值		205.51	366.11	457.14	7.94	19.88	698.37	1.89	1.75	6.42	2.03	40.75	160.84
6月2日 8	粉土	ZK117	12.8	164.3	298.38	371.6	3.61	17.24	457.28	1.23	1.14	5.88	1.33	33.54	134.08
		ZK153	17.4	274.06	442.93	506.14	1.65	17.59	483.94	1.31	1.21	5.94	1.4	48.4	119.15
			18.9	274.1	463.5	579.98	3.88	17.53	648.89	1.75	1.62	6.31	1.88	75.66	240
			13.3	195.3	388.1	537.2	2.52	14.25	730.52	1.97	1.83	6.49	2.12	55.32	192.8
	黏土	ZK177	15.8	213.6	372.49	493.46	2.77	10.38	890.18	2.4	2.23	6.84	2.58	45.28	158.89
			17.3	240.72	383.94	456.02	3.33	18.95	432.78	1.17	1.08	5.83	1.26	34.84	143.22
			18.6	257.9	436.8	429.4	1.93	11.05	834.67	2.25	2.09	6.72	2.42	37.94	178.9
		样本数		6	6	6	6	6	6	6	6	10	6	6	6
		平均值		242.61	414.63	510.87	2.68	14.96	670.16	1.81	1.68	6.35	1.94	49.57	172.16
		标准差		29.72	34.4	39.04	0.77	3.32	168.62	0.46	0.42	0.37	0.49	13.45	38.51
		标准值								1.81	1.68	6.35		49.57	172.16

压缩模量也可由地区经验公式计算：

$$E_s = 4.78 + 0.82E_m$$

表 5.53　比值 K_1、K_2

模　量	土　类	比　值	适用条件
变形模量 E_0	新黄土	$K_1 = 5.3$	$G_m \leqslant 7$ MPa
	黏性土	$K_1 = 2.9$	硬塑～流塑
		$K_1 = 4.8$	硬塑～半坚硬
压缩模量 E_s	新黄土	$K_2 = 1.8$	$G_m \leqslant 10$ MPa；$z \leqslant 3$ m
		$K_2 = 1.4$	$G_m \leqslant 15$ MPa；$z > 3$ m
	黏性土	$K_2 = 2.5$	硬塑～流塑
		$K_2 = 3.5$	硬塑～半坚硬

注：z——深度。

6. 检测结果的分析

本次××花园 A2 地块岩土工程勘察旁压试验共进行 3 钻孔 21 个试验点，旁压试验成果分层统计见表 5.52。

本次××花园 A2 地块岩土工程勘察旁压试验使用的仪器为预钻式旁压仪，由于预钻式旁压仪对成孔质量要求较高，而本次试验的地层大多为较软的可塑状黏性土，存在着小岩心管成孔容易缩颈，导致旁压器不能放入，而岩心管过大又导致试验无法进行的难题，加之软土容易受扰动，故本次试验有很大一部分因钻孔孔径过大，软土受扰动而导致试验数据不理想。

7. 结论及建议

（1）本次试验严格遵照相关规程规范进行。

（2）本次数据处理的地层名称为主要土层的名称，不包含岩性描述，实际应用中，包含物会对数据产生影响，因而在使用本次原位测试的成果时，应结合岩性描述、室内土工试验成果及其他原位测试数据。

（3）本报告所提供的物理力学参数所使用的经验公式具有一定的局限性，建议在使用过程中，利用不同的经验公式计算，对比其他原位测试成果及土工试验成果，以准确确定各土层的物理力学参数。

（4）在使用不同的经验公式进行计算时，可将公式中的体积（V）用本次试验数据位移（S）替代。局部公式含有固定值，是与体积（V）相对应的，这类公式则需转换为体积计算，转换公式为 $V(\text{cm}^3) = 2130(\text{cm}^3)/36.06\ \text{cm} \times S(\text{cm}^2)$。

（5）由于该地区缺乏旁压试验的相关数据资料，建议在使用的时候多搜集该地区的相关资料对比使用。

（6）通过对旁压试验的检测结果进行分析，发现数据具有一定的可靠性，其值基本上反映了被测土体的力学性质，在同相关可靠数据对比确认的情况下，可以为工程设计提供参考。

5.6 扁铲侧胀试验

5.6.1 试验内容

扁铲侧胀试验(Flat Dilatometer Test,简称 DMT)是 20 世纪 70 年代末意大利人 Silvano Marchetti 提出的一种原位测试方法,是利用静力或锤击动力将一扁平铲形探头压入土中,达到预定试验深度后,利用气压使扁铲探头上的钢膜片侧向膨胀,分别测得膜片中心侧向膨胀不同距离(分别为 0.05 mm 和 1.10 mm)时的气压值,根据测得的压力与变形之间的关系,获得地基土参数的一种现场试验。

1. 检测参数

根据扁铲侧胀试验的结果,并结合当地经验,可以用于:

(1) 土层划分与定名;

(2) 计算不排水剪切强度;

(3) 确定应力历史;

(4) 计算静止土压力系数和侧向机床系数;

(5) 确定压缩模量、固结系数。

2. 检测原理

扁铲侧胀试验中膜片变形量较小,将其视为弹性变形过程。

膜片向外鼓胀假设为在无限弹性介质内部,在膜片上施加均布荷载 ΔP,如果弹性介质的弹性模量为 E,泊松比为 μ,膜片上任一点的位移量 S 为:

$$S(r)=\frac{4R\Delta P(1-\mu^2)}{\pi E}\sqrt{1-(\frac{r}{R})^2}$$

式中　R——钢膜片的半径;

　　　r——膜片上任一点到膜片中心点的距离。

当 $r=0$ 时

$$\frac{E}{1-\mu^2}=\frac{4R}{\pi S(0)}\Delta P$$

式中　$R,S(0)$——膜片的半径和膜片中心的位移量;

　　　ΔP——膜片从基座鼓胀到距基座 1.10 mm 时的压力增量(P_1-P_0)。

该式 ΔP 表示增量与测试土的性质 $E/(1-\mu^2)$ 直接相关。

3. 规范

《岩土工程勘察规范(2009 年版)》(GB 50021);

相关行业标准;

各地相关地方标准。

4. 仪器设备

(1) 扁铲探头和弹性钢膜片(图 5.25)

探头的工作原理:绝缘体将基座与扁铲体隔离,基座与测控箱电源正极相连,而刚膜片通过地线与测控箱的负极相连。在自然状态下,基座与扁铲体之间被绝缘体分开,电路处于断开状态,膜片受土压力作用向内收缩与基座接触,或是受气压作用使膜向外膨胀,钢柱在弹簧作用下与基座接触时,电路形成回路,使测控箱上的蜂鸣器响起。

(2) 测控箱(5.26)

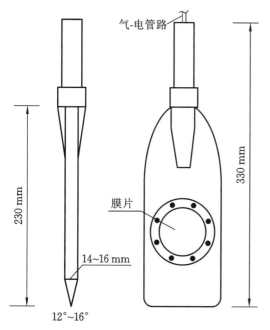

图 5.25　扁铲探头和弹性钢膜片

图 5.26　测控箱

① 压力计

平行连接两个量程不同的压力计,一个小量程的(1 MPa),一个大量程的(6 MPa),小量程压力计达到量程时自动退出工作,能够较好地适应于不同的软弱~坚硬土层。

② 气流控制阀

总阀:关闭或开启气源与探头控制系统的连接;微调阀:控制试验中的气体流量,也可以关闭气源与探头控制系统的连接;肘接排气阀:迅速排除系统内的压力;慢速排气阀:缓慢释放气流以获取 C(膜片回到 0.05 mm 的压力)读数。

③ 电路

指示扁铲探头的开闭状态,提供可视的检流计信号和声音信号。

④ 气电管路

由厚壁、小直径、耐高压的尼龙管制成,内贯穿铜质导线,两端连接专用接头用于输送气压和传递电信号,每根长约 25 m。

（3）气压源

试验用高压钢瓶储存的高压气体作为气压源，气体为干燥的空气或氮气。充气 15 MPa 的 10 L 气压瓶，在中等密实度土用 25 m 长气电管路做试验，一般可进行 1000 个测点，试验点间距 0.2 m，则试验总长 200 m。

（4）贯入设备

一般采用静力触探机具，贯入速率应控制在 20 cm/min。较坚硬黏性土或较密实的砂土层可采用标准贯入机具。

5. 适用范围

适用于软土、一般性黏土、粉土、黄土和松散～中密的砂土，一般在软弱松散土中适宜性好，随着土的坚硬程度或密实程度的增加，适宜性变差。不适用于含碎石的土、风化岩等。

6. 试验方法

（1）膜片的标定

膜片的标定是为了克服膜片本身的刚度对试验结果影响，通过标定可以得到膜片的标定值 ΔA 和 ΔB，可用于对 A、B、C（分别为膜片膨胀至 0.05 mm、1.10 mm 和回到 0.05 mm 的压力）读数进行修正；ΔA 是采用率定气压计通过对扁铲探头抽真空，使膜片从自由位置回缩到距离基座 0.05 mm 时所需的压力；ΔB 是通过对扁铲探头充气，使膜片从自由位置到 B 点时所需的气压力。

① 标定过程

A. ΔA：关闭排气阀，用率定气压计对扁铲探头抽气，膜片在大气压力作用下从自然位置移向基座，待蜂鸣声响起（此时膜片离基座小于 0.05 mm）停止抽气；缓慢加压直到蜂鸣声停止膜片离基座为（0.05±0.02）mm 时记下测控箱的读数，即为 ΔA。

B. ΔB：读取 ΔA 读数后继续对扁铲探头施加压力，直到蜂鸣器再次响起，膜片离基座为（1.10±0.03）mm 时的气压值即为 ΔB。

C. 标定过程，抽气和加压均应缓慢进行。

② ΔA 和 ΔB 的合理范围

ΔA：在 5～25 kPa，理想的值为 15 kPa。

ΔB：在 10～110 kPa，理想的值为 40 kPa。

③ 膜片的老化处理

利用标定气压计对新膜片缓慢加压至蜂鸣器响[B 位置，膨胀（1.10±0.03）mm]时，记录 ΔB 值，连续数次，若 ΔB 在允许范围之内，不必进行老化处理，若不在此范围，加压至 300 kPa，蜂鸣器响后，排气降压至零。用 300 kPa 的气压循环老化几次，ΔB 值达到允许范围，则停止老化。

若 ΔB 的值以 300 kPa 的压力值老化处理后仍偏高，可以用每级 50 kPa 递升重复老化，直到 ΔB 的值降到标定范围之内，最大压力不应超过 600 kPa。

（2）试验步骤

① 准备工作

A. 将气-电管路连接在探杆上。静力触探贯入探头时管路贯穿探杆；钻机开孔锤击贯入探头，可按一定的间隔直接用胶带将管路绑在钻杆上。

B. 逐根连接探杆。

C. 检查测控箱、气压源等设备是否完好，提前估算气压源是否满足测试的要求，彼此用气电管路连接。

D. 地线接到测控箱的地线插座上，另一端接到探杆或贯入机具基座上。

E. 检查电路是否连通。

② 测试过程

A. 扁铲探头贯入速率应控制在 2 cm/s 左右，试验点的间距取 20～50 cm。贯入过程中排气阀始终是打开的。当探头达到预定深度后：

a.关闭排气阀，缓慢打开微调阀，当蜂鸣器停止响的瞬间记下 A 读数气压值。

b.继续缓慢加压，直到蜂鸣器响时，记下 B 读数气压值。

c.立即打开排气阀，并关闭微调阀以防止膜片过分膨胀损坏膜片；贯入下一点指定深度，重复下一次试验。

B. 加压速率应控制在一定范围，压力从 0 到 A 值应控制在 15 s 之内测得，B 值应在 A 值读数后的 15～20 s 之间获得，C 值在 B 值读数后 1 min 获得。注：这个速率是气-电管路为 25 m 长的加压速率。

C. 试验过程中应注意校核差值（$B-A$）是否出现 $B-A < \Delta A + \Delta B$，如果出现，应停止试验，检查原因，是否需要更换膜片。

D. 试验结束后应对扁铲探头进行标定，获得试验后的 ΔA 和 ΔB。注：ΔA 和 ΔB 应在允许范围之内，且试验前后 ΔA 值和 ΔB 值相差不应超过 25 kPa，否则试验数据不能使用。

（3）消散试验

在排水不畅的黏性土层中，由扁铲贯入引起的超孔压随着时间逐步消散，消散需要的时间远比一个试验点的时间（2 min）要大。因此在不同时间间隔连续测定某一个读数可以反映出超孔压的消散情况。目前主要有三种消散试验：DMT-A、DMT-A2 和 DMT-C。

① DMT-A 消散试验

A. 将扁铲贯入到试验深度，缓慢加压并启动秒表，蜂鸣器响时读取 A 读数并记录下所需的时间 t，立即释放压力回零；

B. 分别在时间间隔 1、2、4、8、15、30、90（min）测读一次 A 读数，以后每 90 min 测读一次，现场绘制 A-$\lg t$ 曲线，直到 S 形曲线出现第二个拐点后终止试验。

② DMT-A2 消散试验

与 DMT-A 消散试验相似，区别在于需要进行一个完整的扁铲侧胀试验测试之后读 A 值。

A. 扁铲贯入到试验深度后按正常的扁铲侧胀试验测读 A、B、C 一个循环，然后只读 A 值，记为 A_2，并记录相应的时间 t；

B. 分别在时间间隔 1、2、4、8、15、30、90（min）测读一次 A_2 读数，以后每 90 min 测读一次，现场绘制 A_2-$\lg t$ 曲线，消散试验持续到能够发现 t_{50} 后终止试验。

7. 数据分析和处理

（1）实测数据修正

试验所得到 A、B、C 值，仅为对应位置时扁铲内部的气压，须将其换算成实际位置的土压力，则：

$$P_0 = 1.05(A - z_m + \Delta A) - 0.05(B - z_m - \Delta B)$$

$$P_1 = B - z_m - \Delta B$$

$$P_2 = A - z_m + \Delta A$$

式中　P_0——膜片向土中膨胀之前的接触压力(kPa);

P_1——膜片膨胀至 1.10 mm 时的压力(kPa);

P_2——膜片回到 0.05 mm 时的终止压力(kPa);

z_m——调零前的压力表初读数(kPa)。

(2) 扁铲侧胀试验的基本参数

① 侧胀土性指数 I_D:

$$I_D = \frac{P_1 - P_0}{P_0 - u_0}$$

② 侧胀水平应力指数 K_D:

$$K_D = \frac{P_0 - u_0}{\sigma'_{V0}}$$

式中　u_0——试验深度处的静水压力;

σ'_{V0}——试验深度处土的有效上覆压力。

③ 侧胀模量 E_D。定义扁胀模量 $E_D = \dfrac{E}{1-\mu^2}$,由 $S = 1.1$ mm,可得:

$$E_D = 34.7\Delta P = 34.7(P_1 - P_0)$$

④ 侧胀孔压指数 U_D:

$$U_D = \frac{P_2 - u_0}{P_0 - u_0}$$

(3) 岩土参数评价

① 土的状态和应力历史

A. 土的分类和土的重度

从求得的压力 P_0 和 P_1 发现,在黏性土中 P_0 和 P_1 的值比较接近,在砂土中相差比较大。Marchetti 根据侧胀土性指数 I_D 对土体进行了分类(表 5.54)。

表 5.54　判别土类的 I_D 值

土类	泥炭或灵敏黏土	黏土	粉质黏土	粉土	砂土
I_D 值	$I_D < 0.1$	$0.1 \leq I_D < 0.3$	$0.3 \leq I_D < 0.6$	$0.6 \leq I_D < 1.8$	$I_D > 1.8$

B. 超固结比 OCR

黏性土的 OCR 根据侧胀水平应力指数 K_D 来确定。正常固结黏性土中 $K_D \approx 2$。对 K_D 的测试结果有助于认识沉积土层的应力历史。

$$OCR = (0.5K_D)^{1.56}$$

对于未胶结、颗粒级配良好的饱和土,当 $I_D < 1.2$ 时上式成立;对于胶结的构造土,上式不成立。

砂土的 OCR 比较复杂,只能靠近似的方法进行估计。正常固结土的比值介于 5～10,超固结土的比值范围是 12～24。

C. 静止侧压力系数 K_0

侧胀水平应力指数与土的静止侧压力系数有很好的相关性,对于黏性土,Marchetti 提出的 K_0 统计式为:

$$K_0 = (K_D/1.5)^{0.47} - 0.6$$

我国《铁路工程地质原位测试规程》(TB 10018)建议的估算静止侧压力系数的经验关系式为:

$$K_0 = 0.30 K_D^{0.54}$$

② 土的强度参数

A. 不排水抗剪强度

Marchetti 提出的计算 c_u 的表达式为:

$$c_u = 0.22 \sigma'_{V0} (0.5 K_D)^{1.25}$$

利用该公式计算的不排水抗剪强度与十字板剪切试验测出的值进行对比,其值稍微偏小,并且有局限性,但是还是比较精确可靠的。

B. 砂土的内摩擦角

可以建立以下有关内摩擦角(φ)的近似关系式:

$$\varphi = 28° + 14.6° \times \lg K_D - 2.1° \times \lg^2 K_D$$

③ 土的变形参数

A. 扁铲侧胀模量

扁铲侧胀模量是一维竖向排水条件下的变形对 σ'_{V0} 的切线模量,记为 M_{DMT}:

$$M_{DMT} = R_M E_D$$

式中 R_M 是 I_D 和 K_D 的函数。

B. 杨氏模量 E

杨氏模量 E 可以根据弹性理论由 M_{DMT} 推算出来:

$$E = \frac{(1+\mu)(1-2\mu)}{1-\mu} M_{DMT}$$

$\mu = 0.25 \sim 0.30$ 时,$E \approx 0.8 M_{DMT}$。

我国《铁路工程地质原位测试规程》(TB 10018)建议,对于 $\Delta P \leqslant 100$ kPa 的饱和黏性土可按下式计算:

$$E = 3.5 E_D$$

C. 土的侧向基床系数 K_h

陈国民根据扁铲侧胀试验的结果按下式估算地基土的侧向基床系数 K_h:

$$K_h = \Delta P / \Delta S$$

由于扁铲侧胀试验是小应变试验,最大位移量仅为 1.10 mm,土体的变形处于弹性阶段,估算的侧向基床系数偏大,与实际受力状态不同。根据室内压缩试验和载荷试验的应力应变形态,采用双曲线拟合扁铲侧胀试验的变形曲线形态,推导出实际工程中大应变条件下的侧向基床系数。

初始切线基床系数: $$K_{h0} = 955 \Delta P$$

变形曲线上任一点的割线基床系数：

$$K_{hs} = a_t K_{h0}(1 - R_s R_f)$$

式中　a_t——加荷速率有关的修正系数；

R_s——应力比，该点的应力与极限应力之比；

R_f——破坏比，极限应力与破坏应力之比。

④ 土的水平固结系数 C_h

土的固结系数是通过扁铲侧胀试验的消散试验得到的。探头贯入到试验深度后进行水平应力（主要是孔压）消散试验，根据试验数据：

A. 绘制 A-$\lg t$ 曲线；

B. 找出 S 形曲线的第二个转折点，并确定对应的时间 t_{fles}；

C. 按下式计算土的水平固结系数

$$C_h \approx 7/t_{fles}$$

注意：上式对应的是超固结土，对于欠固结土来说，C_h 的值会有所下降。

5.6.2　扁铲侧胀试验案例

1. 工程概况

××勘察院于××年 5 月 3 日至 5 月 6 日对××项目进行了扁铲侧胀试验，试验位置为 DMT-1(C4 附近)、DMT-2(C5 附近)、DMT-3(C8 附近)，其目的是提供地基土强度及变形参数，为设计、施工提供地质依据。

2. 本次试验执行标准

(1)《岩土工程勘察规范(2009 年版)》(GB 50021)；

(2)《铁路工程地质原位测试规程》(TB 10018)；

(3) 上海市《岩土工程勘察规范》(DGJ 08—37)。

3. 测试方法及资料整理

扁铲侧胀试验(DMT)方法是试验时将接在探杆上的扁铲测头压入至土中预定深度，然后施压，使位于扁铲测头一侧的圆形钢膜向土内膨胀，量测钢膜膨胀三个特殊位置(A、B、C)的压力，从而获得多种岩土参数。

(1) 试验设备

扁铲侧胀试验的设备主要由扁铲测头、测控箱、率定附件、气-电管路、压力源和贯入设备所组成。本次测试仪器采用××工程勘察仪器有限公司的 DMT-T2 型扁铲侧胀仪。

(2) 现场试验

扁铲膜片的率定，需通过在大气压下标定膜片中心外移 0.05 mm 和 1.10 mm 所需的压力 ΔA 和 ΔB。率定值一般为 $\Delta A = 5 \sim 25$ kPa、$\Delta B = 10 \sim 110$ kPa，取试验前后平均值作为修正值。

试验时，测定三个钢膜位置的压力 A、B、C。

压力 A：为当膜片中心刚开始向外扩张，向垂直扁铲周围的土体水平位移 0.05 mm 时，作用在膜片内侧的气压。

压力 B：为膜片中心外移达 1.10 mm 时作用在膜片内侧的气压。

压力 C：为在膜片外移 1.10 mm 后，缓慢降压，使膜片回缩触着基座时作用在膜片内的气压值。

（3）资料整理

根据三个压力 A、B、C 及 ΔA、ΔB 计算钢膜片中心外移 0.0 mm 时初始压力 P_0、外移 1.10 mm 时压力 P_1 和钢膜片中心回复到初始外移 0.05 mm 时的剩余压力 P_2。

$$P_0 = 1.05(A - z_m + \Delta A) - 0.05(B - z_m - \Delta B)$$
$$P_1 = B - z_m - \Delta B$$
$$P_2 = C - z_m + \Delta A$$

式中，z_m 为通大气时压力表零位读数，通常 $z_m = 0$。

根据 P_0、P_1、P_2 计算下列扁铲指数：

$$I_D = (P_1 - P_2)/(P_0 - u_0)$$
$$K_D = (P_0 - u_0)/\sigma'_{V0}$$
$$E_D = 34.7(P_1 - P_0)$$

式中　I_D——侧胀土性指数；

　　　K_D——侧胀水平应力指数；

　　　E_D——侧胀模量；

　　　u_0——静水压力；

　　　σ'_{V0}——试验点有效上覆压力。

静止侧压力系数 K_0 的确定：

根据上海地区已有工程经验，对淤泥质土 K_0 应按下式计算

$$K_0 = 0.35 K_D^n$$

其中 n 取值：淤泥质粉质黏土为 0.44，淤泥质黏土为 0.60。

对褐黄色硬壳层和粉土、砂土 K_0 应按下式计算：

$$K_0 = 0.34 K_D^n - 0.06 K_D$$

其中 n 取值：褐黄色硬壳层为 0.54，粉土和砂土为 0.47。

4. 各土层扁铲侧胀试验数据汇总（表5.55）

表 5.55　各土层扁铲侧胀试验数据汇总

层号	土层名称	水平应力指数 K_D	侧胀模量 E_D(MPa)	静止侧压力系数 K_0	侧向基床反力系数 K_X(MPa/m)
2	黏土	7.76	14.00	0.482	36.69
3	粉质黏土	4.60	9.43	0.505	24.71
4	粉土	3.65	25.04	0.426	65.61
5	粉砂	3.44	45.97	0.402	120.44
6	粉质黏土	2.82	5.55	0.534	14.54
7	黏土	3.76	21.17	0.449	55.45
8	粉质黏土	2.46	13.52	0.494	35.42

5. 各孔扁铲侧胀试验数据汇总（表5.56至表5.58）

表5.56 DMT-1孔扁铲侧胀试验数据汇总

层号	土层名称	水平应力指数 K_D	侧胀模量 E_D(MPa)	静止侧压力系数 K_0	侧向基床反力系数 K_X(MPa/m)
2	黏土	7.91	14.24	0.479	37.31
3	粉质黏土	4.52	9.53	0.505	24.98
4	粉土	3.68	24.19	0.429	63.38
5	粉砂	3.46	45.36	0.405	118.84
6	粉质黏土	2.82	5.53	0.536	14.48
7	黏土	3.69	21.68	0.449	56.81
8	粉质黏土	2.42	13.54	0.495	35.48

表5.57 DMT-2孔扁铲侧胀试验数据汇总

层号	土层名称	水平应力指数 K_D	侧胀模量 E_D(MPa)	静止侧压力系数 K_0	侧向基床反力系数 K_X(MPa/m)
2	黏土	7.66	14.03	0.481	36.76
3	粉质黏土	4.67	9.51	0.511	24.93
4	粉土	3.66	26.50	0.421	69.43
5	粉砂	3.43	47.83	0.400	125.31
6	粉质黏土	2.79	5.57	0.533	14.59
7	黏土	3.78	20.80	0.451	54.48
8	粉质黏土	2.49	13.51	0.495	35.40

表5.58 DMT-3孔扁铲侧胀试验数据汇总

层号	土层名称	水平应力指数 K_D	侧胀模量 E_D(MPa)	静止侧压力系数 K_0	侧向基床反力系数 K_X(MPa/m)
2	黏土	7.71	13.74	0.485	35.99
3	粉质黏土	4.62	9.25	0.499	24.23
4	粉土	3.61	24.44	0.427	64.03
5	粉砂	3.44	44.73	0.402	117.18
6	粉质黏土	2.86	5.55	0.532	14.54
7	黏土	3.82	21.02	0.448	55.06
8	粉质黏土	2.47	13.50	0.493	35.37

5.7　现场直接剪切试验

5.7.1　试验内容

直接剪切试验最早在一百多年前被 Alexandre Collin 用于边坡稳定研究中。早期的直剪仪均为应力控制式,第一台现代的直剪仪是 1932 年 Casagrande 在哈佛大学设计的,Gilboy 于 1936 年在麻省理工学院将位移控制引入直剪仪中,从而可以得到土体材料较为准确的应力-位移关系和峰值以后的强度特性。

目前常规的室内直剪仪一般都是应变控制式,试验时用环刀切出厚为 20 mm 的圆形土饼,将土饼推入剪切盒内,分别在不同的垂直压力 P 下,施加水平剪切力进行剪切,使试样在上下剪切盒之间的水平面上发生剪切至破坏,求得破坏时的剪切应力加,根据库仑理论确定土的抗剪强度参数:内摩擦角 φ 和黏聚力 c。直接剪切试验所测试的岩土体抗剪强度在工程应用中具有重要的参考价值。

1. 检测参数

测定岩土体特定剪切面上的抗剪强度指标。

优点:由于现场直接剪切试验土样的受剪面积比室内试验大得多,且又是在现场直接进行试验的,因此较室内试验更能符合天然状态,得出的结果更加符合实际工程的技术要求。

2. 检测原理

根据库仑理论(1776),有:

$$\tau_f = c + \sigma \tan\varphi$$

式中　τ_f——剪切破坏面上的剪应力(kPa),即岩土体的抗剪强度;

σ——破坏面上的法向应力(kPa);

c——岩土体的黏聚力(kPa);

φ——岩土体的内摩擦角(°)。

依据所测得的 τ_f 可推求出相应的 c、φ 值。

(1)平推法

法向应力:　　　　　　　　　　　$\sigma = P/A$

切向应力:　　　　　　　　　　　$\tau = Q/A$

(2)斜推法

法向应力:　　　　　　　　$\sigma = P/A + Q\sin\alpha/A$

切向应力:　　　　　　　　　　$\tau = Q\cos\alpha/A$

式中　P——法向荷载(N);

Q——剪切荷载(N);

α——斜向荷载施力方向与剪切面之间的夹角。

3. 规范

《岩土工程勘察规范(2009 年版)》(GB 50021);

相关行业标准；

各地相关地方标准。

4. 仪器设备

土的现场直接剪切试验的主要设备由下列几部分构成：

（1）剪力盒，用以制备和装盛土样。

（2）法向荷载施加系统，由千斤顶、加压反力装置及滚动滑板构成，用以施加法向应力。

（3）水平剪力施加系统，由千斤顶及附属装置（反力支座等）构成。

（4）测量系统，由位移量测系统（位移计、百分表等）和力测量系统（力传感器）构成，用以测量法向荷载、法向位移、水平剪力、水平位移等。

图 5.27　现场直接剪切试验装置

现场直接剪切试验装置见图 5.27。

5. 适用范围

现场直接剪切试验可用于岩土体本身、岩土体沿软弱结构面和岩体与其他材料接触面的剪切试验，可分为岩土体试体在法向应力作用下沿剪切面剪切破坏的抗剪断试验，岩土体被剪断后沿剪切面继续剪切的抗剪试验（摩擦试验），法向应力为零时岩体剪切的抗切试验。

6. 试验方法

（1）试验前准备工作

① 试验前的地质描述

地质描述为试验成果的整理分析和计算指标的选择提供可靠依据，并为综合评价岩土体工程地质性质提供依据。具体内容包括：

A. 试验地段开挖、试样制备方法及出现的问题；

B. 试点编号、位置、尺寸；

C. 试段编号、位置、高程、方位、深度、断面形状和尺寸；

D. 岩土体岩性、结构、构造、主要造岩矿物、颜色等；

E. 各种结构面的产状、分布特点、结构面性质、组合关系等；

F. 岩土体的风化程度、风化特点、风化深度等；

G. 水文地质条件，包括地下水类型、化学成分、活动规律、出露位置等；

H. 岩爆、硐室变形等与初始地应力有关的现象；

I. 试验地段地质横剖面图、地质素描图、钻孔柱状图、试体展示图等。

② 试点的选择及整理

A. 选试点

试验场地应根据工程地质条件和建（构）筑物的受力特点等选择在具有代表性的地段。同一地质单元，试验组数不得少于 3 组，每一组试验不应少于 5 个试验点，同一组各试验点应在同一地质单元。

B. 试点整理

在所选试点上,对硐顶板及斜向(或水平)推力后座大致加工平整。预浇混凝土地基面起伏差控制在试体边长的 1‰～2‰(沿推力方向),试体范围外起伏差约为试体边长的 10%。(平推法同时开挖放置水平千斤顶的坑槽)。

C. 试件的制备

根据《岩土工程勘察规范(2009 年版)》(GB 50021),试件的布置、制备、加工尺寸应符合一般规定:

a. 试件宜加工成方形体(或楔形体),每组试体数量不宜少于 3 个,并尽可能处在同一高程。

b. 试件剪切面积不宜小于 2500 cm²,边长不宜小于 50 cm,试件高度不宜小于边长的2/3,试体间距应大于 1.5 倍试件最短边长。

c. 试件的推力部位应留有安装千斤顶的足够空间,平推法应开挖千斤顶槽。

d. 在试验之前,先测定混凝土的强度,为试验的分析提供合理参考依据。

e. 如需混凝土浇筑试件,待浇筑完毕即可注水饱和,同时对混凝土进行养护,待 28 d 后即可进行试验。有时因工作需要需提早进行试验,在浇筑混凝土时可适当添加速凝剂,待混凝土强度达到要求后即可试验。

(2) 试验前的资料准备

① 斜推法试验

A. 加荷分析

首先应对每一个试体施加一定的垂直荷载,然后再施加斜向剪切荷载进行试验。由于斜向荷载可分解为平行于剪切面的切应力和垂直剪切面的正应力,故一旦施加斜向荷载,剪切面上的正应力随之增加,从而出现了正应力的处理问题,即在剪切过程中,剪切面上的正应力是保持常数还是变数的问题。

当正应力为变数时,剪切面上的应力条件比较复杂,而且作出的剪应力-剪位移曲线图形失真,对试验成果的整理和分析都带来困难,因此,现行规范将正应力视作常数处理。为此,在试验前,就要求计算出试体应施加多大的垂直荷载和斜向荷载,才能使试验顺利进行。

B. 施力公式推导

a. 应力计算

如图 5.28 所示,法向应力:$\sigma = P/A + Q\sin\alpha/A = p + q\sin\alpha$(记 $P/A = p$,$Q/A = q$)。

切向应力:$\tau = Q\cos\alpha/A = q\cos\alpha$。

b. 最大单位推力 q_{max} 的估算

在试验进行之前,需要预估试体发生剪切破坏时的最大单位推力 q_{max},从而计算出斜向总荷载 Q。据此,可在试验过程中分级施加斜向推力,直至试体剪断。

在极限状态下,应力条件应满足库仑公式:

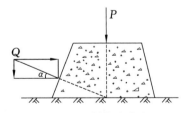

图 5.28　斜推法试验
P—作用于试件上的垂直荷载;
Q—作用于试件上的斜向荷载;
α—斜向推力方向与剪切面之间夹角

$$q_{max}\cos\alpha = \sigma\tan\varphi + c$$

$$q_{max} = \frac{\sigma\tan\varphi + c}{\cos\alpha}$$

因此,只要预估出剪切面上的 f(摩擦系数,$f = \tan\varphi$)、c 值,α、σ 都可给定,即可计算 q_{max}。然后再将 q_{max} 乘以剪切面积 A 就可得到 Q_{max}。

c. 同步加减荷载计算

在试验过程中,为了保持剪切面上的正应力 σ 为常数,因此逐级施加 q 的同时,须同步减少 p 值。同步加减的荷载按下式计算:

$$p = P/A = \sigma - q\sin\alpha$$

d. 最小正应力 σ_{min} 的确定

为了避免试验过程中 p 值不够减的情况发生,必须首先确定剪切面上的最小正应力 σ_{min} 值。为使在剪切时 $p \geqslant 0$,即:

$$\sigma - q\sin\alpha \geqslant 0$$

在极限状态下,还应满足:

$$q_{max}\cos\alpha = \sigma\tan\varphi + c$$

解得:

$$\sigma_{min} = \frac{c}{\cot\alpha - \tan\varphi}$$

把根据试体实际情况估计的剪切面的 f、c 及 α 值代入上式,即可计算出剪切面上所需施加的 σ_{min} 值。如小于此值,将会出现 p 值不够减的情况。显然,要尽可能使 f、c 的估计值接近剪切面的实际值,估计值偏大时,试件破坏时的斜向荷载 Q 将达不到设计的值,估计值偏小时,会出现 p 值不够减的情况。

② 平推法试验

平推法不需要减少 p 值,但试验前,也要对剪切荷载进行估算。在极限平衡状态下,剪切面上的应力条件符合莫尔-库仑公式:

$$Q_{max} = (\sigma\tan\varphi + c)A$$

如果根据岩性、构造等条件,预估出 f、c 值,代入上式即可估算出试体剪切破坏时最大剪切荷载,方便在试验过程中分级施加。

(3)试验步骤及技术要求

① 仪器的标定、检测

试验前,根据对千斤顶(或液压枕)的率定曲线和试体剪切面面积,计算施加的荷载和压力表读数对应关系。检查各测表的工作状态,测读初始读数。

② 施加垂直荷载

A. 在每组试体上,分别施加不同的垂直荷载,加于试体上的最大垂直荷载,以不小于设计法向应力为宜。当剪切面有软弱物充填时,最大法向应力以不挤出充填物为限。

B. 按变形控制:荷载可分 4～5 级等量施加,每施加一级荷载,立即测记垂直变形,此后每隔 5 min 读数一次,当 5 min 内垂直变形值不超过 0.05 mm 时,可施加下一级荷载,施加最后一级荷载后按 5 min、10 min、15 min 的时间间隔测记垂直变形值,当连续两个 15 min 垂直变形累计不超过 0.05 mm 时,即认为垂直变形已经稳定,可施加剪切荷载。

③ 施加剪切荷载

剪切荷载的施加应符合下列规定:

A. 每级剪切荷载按预估最大剪切荷载的 8%～10% 或按垂直荷载的 5%～10% 分级等量

施加。

B. 当施加剪切荷载所引起的剪切变形为前一级的 1.5 倍以上时,下一级剪切荷载则减半施加。

C. 岩体按每 5～10 min,土体按每 30 s 施加一级剪切荷载。

D. 每级剪切荷载施加完成后,应立即测记垂直变形量、剪切荷载和剪切变形量。

E. 当达到剪应力峰值或剪切变形急剧增加或剪切变形大于试件直径(或边长)的 1/10 时,即认为已剪切破坏,可终止试验。

试体剪断后,可进行剪断面的残余抗剪强度试验,即将抗剪试验后的试样推回原处,重新检查调整仪器设备使其符合要求,然后再次剪切。试验需要注意以下几点:

A. 残余抗剪强度试验应分为单点法和多点法;

B. 残余抗剪强度试验的各种垂直荷载的确定应与峰值试验的一致;

C. 横向推力的施加应与峰值试验的一致;

D. 当完成各级垂直荷载下的残余抗剪强度试验后,应在现场将试验结果初步绘制 $\sigma\tau$ 曲线图,当发现某组数据不合理时,应立即补做该组试验。

(4)试验记录

① 试验前记录好以下内容:工程名称、岩石名称、试体编号、试体位置、试验方法、混凝土强度、剪切面面积、测表布置、法向荷载、剪切荷载、法向位移、试验人员、试验日期。

② 试验过程中详细记录:碰表、调表、换表、千斤顶漏油补压,混凝土或岩体松动、掉块、出现裂缝等异常情况。

③ 试验结束后,翻转试体,测量实际剪切面面积。详细记录剪切面的破坏情况、破坏方式、擦痕的分布、方向及长度,绘出素描图及剖面图并拍照。当完成各级垂直荷载下的抗剪试验后,在现场将试验结果初步绘制 $\sigma\tau$ 曲线,当发现某组数据偏离回归直线较大时,立即补做该组试验。

7. 数据分析和处理

(1)应力计算

现场直接剪切试验可参照试样受力示意图(图 5.29)分别按下式计算垂直压应力 p_{v} 和剪应力 p_{H}。

$$p_{\mathrm{v}}=\frac{P_1+(P_2+P_3)\cos\alpha}{A}$$

$$p_{\mathrm{H}}=\frac{Q-f(P_1+P_2\cos\alpha)\pm(P_2+P_3)\sin\alpha}{A}$$

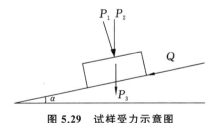

图 5.29　试样受力示意图

式中　p_{v}——垂直压应力(kPa);

　　　p_{H}——剪应力(kPa);

　　　P_1——测力器测得的垂直荷载(kN);

　　　P_2——测力器以下的设备自重(kN);

　　　P_3——试样自重(kN);

　　　Q——剪切荷载(kN);

　　　f——滚动滑板的摩擦系数;

　　　A——试样剪切面面积(m^2);

α——剪切面与水平面的夹角(°)。

（2）抗剪强度（τ）的取值

以剪应力为纵坐标，剪切变形为横坐标，绘制剪应力与剪切变形关系曲线图，见图 5.30，取曲线上剪应力的峰值为抗剪强度（τ）。

当剪应力与剪切变形关系曲线上无明显峰值时，取剪切变形量为试样直径（或边长）1/10处的剪应力作为抗剪强度（τ）。

（3）残余抗剪强度（τ_T）

以剪应力与剪切变形关系曲线上剪应力的稳定值作为残余抗剪强度（τ_T），见图 5.31。

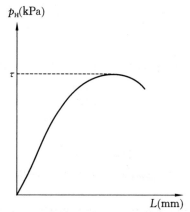

图 5.30　剪应力与剪切变形关系曲线

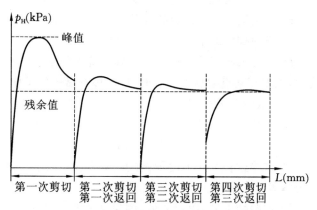

图 5.31　剪应力与剪切变形关系曲线（残余抗剪强度）

（4）岩土体黏聚力（c）及内摩擦角（φ）的确定

以抗剪强度为纵坐标，垂直压应力为横坐标，绘制抗剪强度与垂直压应力关系曲线，直线在纵坐标上的截距为黏聚力 c，直线的倾斜角为内摩擦角 φ，如图 5.32 所示：

（5）岩土体残余黏聚力及残余内摩擦角的确定

以残余抗剪强度为纵坐标，垂直压应力为横坐标，绘制残余抗剪强度与垂直压应力关系曲线，直线在纵坐标上的截距为残余黏聚力 c_r，直线的倾角为残余内摩擦角 φ_r，如图 5.33 所示。

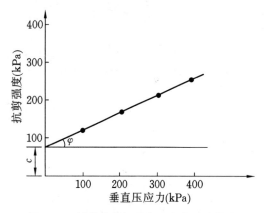

图 5.32　抗剪强度与垂直压应力关系曲线

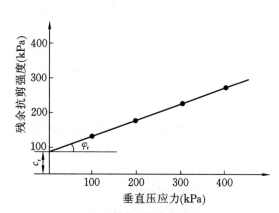

图 5.33　残余抗剪强度与垂直压应力关系曲线

试验工作全部结束后,应编制试验成果报告,内容包括:

① 文字部分:

A. 各组试验的坐标位置及高程;

B. 试验地层描述;

C. 试验方法;

D. 测力器和两侧变形仪表的精度;

E. c、φ 值及确定标准;

F. 试验过程中有关情况说明。

② 图表部分:

A. 试验段的地质剖面图;

B. 各试样剪应力、剪切变形成果表及关系曲线;

C. 抗剪强度、垂直压应力成果表及关系曲线;

D. 试验设备安装示意图;

E. 残余抗剪强度、垂直压应力成果表及关系曲线。

5.7.2 直接剪切试验案例

1. 工程概况

（1）工程 1

该工程位于某河流南岸,地形坡度较陡,岩石破碎,植被稀少。河流切割、地表水冲刷、地下水侵蚀以及煤窑采空等因素对该场区边坡的稳定造成一定影响,特别是近年来因特大洪水、地下水动力条件的急剧改变、河流改道施工等原因,不断改变着山体的环境和地质条件,进一步恶化了滑坡的稳定环境,产生缓慢滑移而形成滑坡,对该场区内的建筑物造成安全隐患,因此必须对其边坡进行稳定性分析和治理。

（2）工程 2

该工程位于某市西侧一缓斜坡上,整个场地属斜坡地貌,植被覆盖好,局部为旧房拆除区,地形总体呈斜坡状,由北西向南东倾斜,局部存在土坎,最大相对高差约 13 m。从地质构造上来看,拟建场区为向斜西翼轴部地带,岩层单斜产出,倾向南东(约 140°),倾角 55°左右。表层为第四纪残、坡积土,下伏为二叠系上统吴家坪组之灰、灰白色薄至中厚层硅质岩,间夹绿色薄层页岩,无大断裂通过场区;据现场地质调查及钻孔揭露,该场区岩土层自上而下分别由耕土、碎石黏土层及基岩层组成的混合土;由于在场区内上覆的碎石黏土层厚度较大,在场地平整后,其东北、西南、南西面将有高为 3.0～12.0 m 不等的土质边坡,且该类边坡稳定性较差,须对边坡进行治理,做永久性保护。

2. 室外试验点的选取

根据现场工程地质条件、边坡土体的种类、成因、性质和软弱层的分布及其下伏基岩面的形态及坡角,确定其潜在滑动面,在现场选取具有代表性的土层、控制边坡稳定的软弱面进行现场原位剪切试验。为了使现场土体的剪切方向尽量与边坡滑动方向一致,根据勘察资料选用平推法试验。

3. 平推法试验结果

(1) 工程 1

① 根据各试点滑动面草图,绘制滑动体断面图,并将滑动体分成若干条块,得到以下第一组、第二组各试点滑动体断面图,如图 5.34 所示;

② 计算单位宽度的每块土体的重量 G,然后按公式计算 c、φ 值,所得结果见表 5.59。

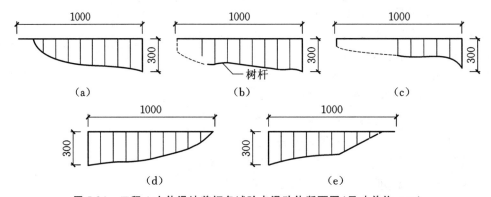

图 5.34 工程 1 山体滑坡剪切各试验点滑动体断面图(尺寸单位:mm)

(a)、(b)、(c)分别为第一组的 1#、2#、3#试点;(d)、(e)分别为第二组的 1#、2#试点

表 5.59 现场原位水平剪切试验成果表(工程 1)

试组	地点	深度 (m)	试点	最大水平推力 P_{max} (kN)	最小水平推力 P_{min} (kN)	c (kPa)	φ (°)	备 注
一	甲地	5.5	1#	13.5	1.05	13.32	9	第一组位于地下水位下。2#试点沿树杆表面剪切破坏;3#试点底部有一煤层,沿其上的粉砂层剪切破坏
			2#	16.5	1.35	15.00	16.54	
			3#	20.5	1.65	18.48	17.8	
二	乙地	5.0	1#	8.0	0.6	9.31	1.6	第二组为土夹石,结构松散。1#试点粒径小于 2#试点的粒径,加水饱和;2#试点为天然含水率
			2#	13.5	1.1	16.21	9.15	

(2) 工程 2

根据各试点滑动面的草图,绘制滑动体断面图,并将滑动体分成若干条块,得到以下各试点滑动体断面图,如图 5.35 所示。

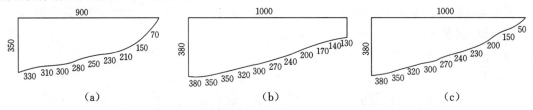

图 5.35 工程 2 山体滑坡剪切各试验点滑动体断面图(尺寸单位:mm)

(a)、(b)、(c)分别表示为 1#、2#、3#试点滑动体断面图

根据以上断面尺寸计算单位宽度的每块土体的体积,与密度的乘积得各块土体重量 G_D,然后按公式计算 c、φ 值,所得成果见表5.60。

表5.60 现场原位水平剪切试验成果表(工程2)

试点	深度 (m)	试点描述	最大 水平推力 P_{max}(kN/m)	最小 水平推力 P_{min}(kN/m)	c (kPa)	φ(°)
1#	3.5	黄色、硬塑、可塑状黏性土	17.5	7.5	10.0	18.9
2#	3.2	黄色、硬塑、可塑状黏性土	17.5	5.0	12.5	19.38
3#	3.6	橘黄色、硬塑、可塑状黏性土	25.0	5.0	18.5	10.0

4. 室内剪切试验

(1)工程1室内剪切试验成果见表5.61。

表5.61 室内剪切试验成果表(工程1)

取样 地点	土样编号	取样深度 (m)	试样描述	天然 含水率 (%)	c (kPa)	φ (°)	备注
甲地	ZK16-3	24.03—24.30	灰白色、强风化砂质泥岩	35.80	65.29	7.55	原状土
	ZK13-3	12.50—12.70	黄色、全风化砂质泥岩	29.94	99.20	12.57	原状土
	ZK13-1	7.80—8.00	黄色、含碎石砂质泥岩	42.10	47.1	2.86	原状土
	ZK10-1	3.0—3.25	褐黑色含碎石砂质黏土	38.36	29.7	5.71	原状土
乙地	ZK4-1	3.50—3.70	褐黑色砂质黏土	28.32	46.3	6.58	原状土
	ZK4-2	4.20—4.40	褐黑色砂质黏土	32.00	19.8	7.07	原状土
	ZK20	1.80—2.0	褐黑色砂质黏土	25.55	44.6	5.71	原状土

(2)工程2室内剪切试验成果见表5.62。

表5.62 室内剪切试验成果表(工程2)

土样 编号	取样深度 (m)	天然含水率 (%)	平均含水率 (%)	c (kPa)	φ (°)	c平均值 (kPa)	φ平均值 (°)	备注
1—1	1.5~2.5	25.4		21	26.0			原状土
1—2	1.5~2.5	24.9		21	29.5			原状土
1—3	1.5~2.5	25.1	25.4	22	29.0	28.1	24.5	原状土
2—1	1.5~2.5	23.5		29	23.0			原状土
2—2	1.5~2.5	27.1		36	15.0			原状土
3—1	1.5~2.5	26.9		40	24.5			原状土

5. 试验结果分析

现将以上的 2 个工程的现场、室内试验结果进行比较,列于表 5.63。

表 5.63　现场试验与室内试验结果比较

工程	试点	现场直剪试验		室内直剪试验			室内反复直剪试验		
		c 平均值 (kPa)	φ 平均值 (°)	c 平均值 (kPa)	φ 平均值 (°)	平均含水率 (%)	c 平均值 (kPa)	φ 平均值 (°)	液限含水率 (%)
工程 1	甲地	15.6	14.4	60.32	7.17	36.5	5.23	2.29	48.67
	乙地	12.76	5.38	36.9	6.45	28.62	4.36	3.38	32.18
工程 2		13.7	16.1	25.4	28.1	25.3			

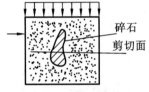

图 5.36　原状土剪切破坏示意

从表 5.63 可见,室内原状土中夹有碎石,剪切面受到碎石嵌入阻隔作用,如图 5.36 所示,加之运输中试样含水减少,试验结果较大,而在进行土的反复直剪试验时,按照土工试验方法标准将含水率增加至液限状态(含水率较大),并在试样制备过程中将碎块石剔除,其试验结果表明强度指标较小,经分析,主要原因是含水率大,在剔除碎石、块石等杂质后,导致土体强度下降。

从以上 2 个工程的边坡土质情况来看,通过实际工程的应用,采用平推法试验能较真实地反应土的抗剪性能,但与室内试验抗剪性能指标有一定差别。

6. 结论

通过对以上两个具体工程实例的室内、现场剪切试验的对比研究不难发现,现场试验更能准确地反映出复杂地质条件下土体的物理力学性质,为实际工程的施工设计提供更加可靠的参数。

5.8　波　速　测　试

5.8.1　试验内容

波速测试(Wave Velocity Test)是利用波速确定地基土的物理力学性质或工程指标的现场测试方法;根据弹性波在岩土体内的传播速度,间接测定岩土体在小应变条件下的动弹性模量等参数。

波在地基土中的传播速度是地基土在动力荷载作用下所表现出的工程性状之一,也是建(构)筑物抗震设计的主要参数之一。

1. 检测参数

(1)划分场地类型,计算场地的基本周期;

（2）提供地震反应分析所需的地基土动力参数（动剪切模量、阻尼比、动剪切刚度等）；

（3）提供动力机器基础设计所需的地基土动力参数（抗压、抗剪、抗扭刚度及刚度系数、阻尼等）；

（4）判断地基土液化的可能性；

（5）评价地基土的类别和检验地基加固效果。

2. 检测原理

弹性波速法以弹性理论为依据，通过对岩土体中弹性波（速度、振幅、频率等）的测量，提出岩土体的动力参数并评价岩土体的工程性质。

一般而言，介质的质量密度越高、结构越均匀、弹性模量越大，则弹性波在该介质中的传播速度也越高，同时我们又知道该介质的力学特性也越好。故弹性波的传播速度在通常的情况下能反映材料的力学和工程性质。

根据弹性理论，当介质受到动荷载的作用时将引起介质的动应变，并以纵波（压缩波）、横波（剪切波）和面波（瑞利波）等形式从振源向外传播。当动应力不超过介质的弹性界限时所产生的波称为弹性波。岩土体在一定条件下可视为弹性体，依据牛顿定律可导出弹性波在无限均质体中的运动方程。相应的波速为：

$$v_P = \sqrt{\frac{E(1-\nu)}{\rho(1+\nu)(1-2\nu)}}$$

$$v_s = \sqrt{\frac{E}{2\rho(1+\nu)}}$$

式中　v_P，v_s——纵波、横波波速；

　　　E，ν——动弹性模量、动泊松比；

　　　ρ——土的密度。

引入拉梅常数 λ、M

$$\lambda = \frac{E\nu}{(1+\nu)(1-2\nu)}$$

$$M = \frac{E}{2(1+\nu)}$$

故可得：

$$v_P = \sqrt{\frac{\lambda + 2M}{\rho}}$$

$$v_s = \sqrt{\frac{M}{\rho}}$$

如果测试出了岩土体中的弹性波波速，可以由上列公式推出岩土体的动弹性模量 E_d、动剪切模量 G_d 和动泊松比 ν 如下：

$$E_d = v_P^2 \rho \frac{(1+\nu)(1-2\nu)}{1-\nu}$$

$$G_d = \rho v_s^2$$

$$\nu = \frac{m^2 - 2}{2(m^2 - 1)}$$

式中　m——波速比，$m = v_P / v_s$；

　　　G_d——地基的动剪切模量（kPa）；

　　　E_d——地基的动弹性模量（kPa）；

　　　ρ——地基的质量密度（t/m³）；

　　　ν——地基的动泊松比。

3. 规范

《岩土工程勘察规范（2009 年版）》（GB 50021）；

《地基动力特性测试规范》（GB/T 50269）；

《建筑抗震设计规范》（GB 50011）；

相关行业标准；

各地相关地方标准。

4. 设备

试验设备一般包含激振系统、信号接收系统（传感器）和信号处理系统。

测试方法不同，使用的仪器设备也各不相同。

5. 适用范围

波速测试适用于测定各类岩土体的压缩波、剪切波或瑞利波的波速，可根据任务要求，采用单孔法、跨孔法或面波法。

6. 试验方法

由于土中的纵波速度受到含水率的影响，不能真实地反映土的动力特性，故通常测试土中的剪切波速，测试的方法有单孔法（检层法）、跨孔法以及面波法（瑞利波法）等。

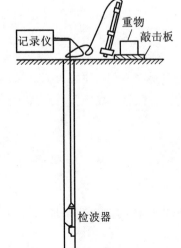

图 5.37　单孔法的现场测试

（1）单孔法

单孔法是在一个钻孔中分土层进行检测，故又称检层法，因为只需一个钻孔，方法简便，在实测中用得较多，但精度低于跨孔法。单孔法的现场测试情况如图 5.37 所示。

① 对准备工作的要求：

A. 钻孔时应注意保持井孔垂直，并宜用泥浆护壁或下套管，套管壁与孔壁应紧密接触。

B. 当剪切波振源采用锤击上压重物的木板时，木板的长向中垂线应对准测试孔中心，孔口与木板的距离宜为 1～3 m；板上所压重物宜大于 400 kg；木板与地面应紧密接触。

C. 当压缩波振源采用锤击金属板时，金属板距孔口的距离宜为 1～3 m。

D. 应检查三分量检波器各道的一致性和绝缘性。

② 测试工作要求：

A. 测试时，应根据工程情况及地质分层，每隔 1～3 m 布置一个测点，并宜自下而上按预定深度进行测试；

B. 剪切波测试时，传感器应设置在测试孔内预定深度处并予以固定；沿木板纵轴方向分别打击其两端，可记录极性相反的两组剪切波波形；

C. 压缩波测试时，可锤击金属板，当激振能量不足时，可采用落锤或爆炸产生压缩波。

测试工作结束后，应选择部分测点作重复观测，其数量不应少于测点总数的 10%。

（2）跨孔法

跨孔法有双孔法和三孔等距法，以三孔等距法用得较多。跨孔法测试精度高，可以达到较深的测试深度，因而应用也比较普遍，但该法成本高，操作也比较复杂。三孔等距法是在测试场地上钻三个具有一定间隔的测试孔，选择其中的一个孔为振源孔，另外两个相邻的钻孔内放置接收检波器，如图 5.38 所示。

跨孔法的测试场地宜平坦，测试孔宜布置在一条直线上。测试孔的间距在土层中宜取 2～5 m，在岩层中宜取 8～15 m；测试时，应根据工程情况及地质分层，沿深度方向每隔 1～2 m 布置一个测点。

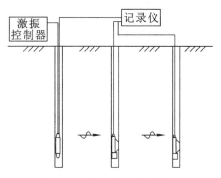

图 5.38 跨孔法的现场测试

钻孔时应注意保持井孔垂直，并宜用泥浆护壁或下套管，套管壁与孔壁应紧密接触。测试时，振源与接收孔内的传感器应设置在同一水平面。现场测试方法为：

① 当振源采用剪切波锤时，宜采用一次成孔法。

② 当振源采用标准贯入试验装置时，宜采用分段测试法。当测试深度大于 15 m 时，必须对所有测试孔进行倾斜度及倾斜方位的测试；测点间距不应大于 1 m。

③ 当采用一次成孔法测试时，测试工作结束后，应选择部分测点做重复观测，其数量不应少于测点总数的 10%；也可采用振源孔和接收孔互换的方法进行复测。

（3）面波法

面波（瑞利波）是在介质表面传播的波，其能量从介质表面以指数规律沿深度衰减，大部分在一个波长的厚度内通过，因此在地表测得的面波波速反映了该深度范围内土的性质，而用不同的测试频率就可以获得不同深度土层的动参数。

面波法有两种测试方式，一种从频率域特性出发，通过变化激振频率进行量测称为稳态法；另一种从时间域特性出发，瞬态激发采集宽频面波，这种方法操作容易，但是资料处理复杂。这里仅介绍稳态法。

稳态法是利用稳态振源在地表施加一个频率为 f 的强迫振动，其能量以地震波的形式向

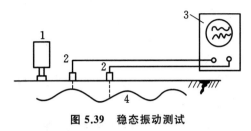

图 5.39　稳态振动测试

1—激振器;2—拾振器(检波器);3—示波器;4—瑞利波

周围扩散,这样在振源的周围将产生一个随时间变化的正弦波振动。通过设置在地面上的两个检波器检出输入波的波峰之间的时间差,便可算出瑞利波速度(图 5.39)。

测试设备由激振系统和拾振系统组成。

激振系统一般多采用电磁式激振器。系统工作时由信号发生器输出一定频率的电信号,经功率放大器放大后输入电磁激振器线圈,使其产生一定频率的振动。

拾振系统由检波器、放大器、双线示波仪及计算机四部分组成。

检波器接收振动信号,经放大器放大,由双线示波仪显示并被记录。

整个过程由计算机操作控制。

面波法不需要钻孔,不破坏地表结构物,成本低而效率高,是一种很有前途的测试方法。测试工作可按下述方法进行:

① 激振设备宜采用机械式或电磁式激振器;

② 在振源的同一侧放置两台间距为 Δl 的竖向传感器,接收由振源产生的瑞利波信号;

③ 改变激振频率,测试不同深度处土层的瑞利波波速;

④ 电磁式激振设备可采用单一正弦波信号或合成正弦波信号。

因为瑞利波在半无限空间中是在一个波长范围内传播的。低频激振时,波长变长,可测出深层瑞利波速度。由低向高逐渐改变激振频率,波长由长变短,探测深度由深变浅,从而得出不同深度的弹性常数。

测试过程中要注意如下几点:

① 两个检波器的间距一定要小于 1 个波长。这是因为,如果设置的间距过大,就可能会出现相位差的误判。但检波器间的间距又不应太小,否则会影响相位差的计算精度。

② 为提高确定相位差的精度,应尽量选取小的采样间隔。

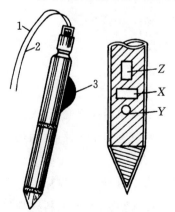

图 5.40　贴壁式井中三分量检波器

1—电线;2—橡皮管;3—橡皮囊

③ 为保证波峰的可靠对比和压制干扰波,必要时可将正弦激振波加以调制。

④ 根据实际情况调整频率变化速率(步长),一般仪器中都设置了频率自动降低设备,可以任意选择,但步长太小,作业时间长;步长太大,又会影响观测精度。

7. 数据分析和处理

(1) 单孔法

确定压缩波或剪切波从振源到达测点的时间时,应符合下列规定:

① 确定压缩波的时间,应采用竖向传感器记录的波形。

② 确定剪切波的时间,应采用水平传感器记录的波形。由于三分量检波器(图 5.40)中有两个水平检波器,可得到两张水

平分量记录,应选最佳接收的记录进行整理。

压缩波或剪切波从振源到达测点的时间,应按下列公式进行斜距校正:

$$T = KT_L$$

$$K = \frac{H + H_0}{\sqrt{L^2 + (H + H_0)^2}}$$

式中　T——压缩波或剪切波从振源到达测点经斜距校正后的时间(s)(相应于波从孔口到达测点的时间);

　　　T_L——压缩波或剪切波从振源到达测点的实测时间(s);

　　　K——斜距校正系数;

　　　H——测点的深度(m);

　　　H_0——振源与孔口的高差(m),当振源低于孔口时,H_0为负值;

　　　L——从板中心到测试孔的水平距离(m)。

时距曲线图的绘制,应以深度 H 为纵坐标,时间 T 为横坐标。波速层的划分,应结合地质情况,按时距曲线上具有不同斜率的折线段确定。每一波速层的压缩波波速或剪切波波速,应按下式计算:

$$v = \frac{\Delta H}{\Delta T}$$

式中　v——波速层的压缩波波速或剪切波波速(m/s);

　　　ΔH——波速层的厚度(m);

　　　ΔT——压缩波或剪切波传到波速层顶面和底面的时间差(s)。

(2) 跨孔法

确定压缩波或剪切波从振源到达测点的时间时,应符合下列规定:

① 确定压缩波的时间,应采用竖向传感器记录的波形;

② 确定剪切波的时间,应采用水平传感器记录的波形。

由振源到达每个测点的距离,应按测斜数据进行计算。跨孔法剪切波速度如图 5.41 所示。每个测试深度的压缩波波速及剪切波波速,应按下列公式计算:

$$v_P = \frac{\Delta S}{T_{P2} - T_{P1}}$$

$$v_s = \frac{\Delta S}{T_{s2} - T_{s1}}$$

$$\Delta S = S_2 - S_1$$

式中　v_P——压缩波波速(m/s);

　　　v_s——剪切波波速(m/s);

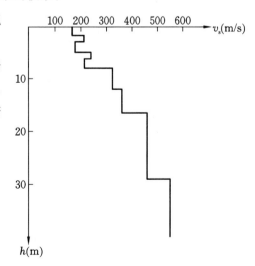

图5.41　跨孔法剪切波速度

T_{P1}——压缩波到达第 1 个接收孔测点的时间(s);

T_{P2}——压缩波到达第 2 个接收孔测点的时间(s);

T_{S1}——剪切波到达第 1 个接收孔测点的时间(s);

T_{S2}——剪切波到达第 2 个接收孔测点的时间(s);

S_1——由振源到第 1 个接收孔测点的距离(m);

S_2——由振源到第 2 个接收孔测点的距离(m);

ΔS——由振源到两个接收孔测点距离之差(m)。

(3)面波法

瑞利波波速应按下式计算:

$$v_R = \frac{2\pi f \Delta l}{\Phi}$$

式中　v_R——瑞利波波速(m/s);

　　　Φ——两台传感器接收到的振动波之间的相位差(rad);

　　　Δl——两台传感器之间的水平距离(m),当 Φ 为 2π 时,Δl 即为瑞利波波长 L_R(m);

　　　f——振源的频率(Hz)。

地基的动剪切模量和动弹性模量,应按下列公式计算:

$$G_d = \rho v_s^2$$

$$E_d = 2(1+\nu)\rho v_s^2$$

$$v_s = \frac{v_R}{\eta_s}$$

$$\eta_s = \frac{0.87 + 1.12\nu}{1+\nu}$$

式中　G_d——地基的动剪切模量(kPa);

　　　E_d——地基的动弹性模量(kPa);

　　　ρ——地基土的密度(t/m³);

　　　η_s——与泊松比有关的系数;

　　　ν——地基的动泊松比。

5.8.2　波速测试案例

1. 前言

××有限公司技术人员于××年××月××日对××场地内的 1 号、7 号钻孔进行了现场波速测试工作,××年××月××日完成室内数据整理工作,提交波速测试成果报告。

2. 主要目的

(1)提供场地内地层的剪切波速度和纵波速度;

(2)提供土层及基岩动力学参数;

(3)划分场地土类型。

3. 方法与技术

（1）单孔法波速测试

单孔法波速测试采用三分量检波器拾取信号、锤击重物压板作为激发振源。纵波、剪切波激发位置距孔口均为 2 m，测点间距 1 m。数据采集记录采用××地质仪器厂研制的 DZQ－24 高分辨地震仪及相关配套设备，以测定岩土层纵、横波速度进而计算岩土体动力学参数。

采样周期：50 μs，采样长度：200 ms，滤波：低通 240 Hz。

（2）波速测试工作依据

波速测试工作严格执行国家有关规范、规程：

①《岩土工程勘察规范（2009 年版）》（GB 50021）；

②《地基动力特性测试规范》（GB/T 50269）；

③《建筑抗震设计规范》（GB 50011）。

（3）测试仪器设备

① DZQ-24 高分辨地震仪；

② 三分量测井探头；

③ 某品牌笔记本电脑。

4. 资料整理与解释

（1）单孔法波速计算

① 读取各测点纵波、剪切波的实测旅行时间，按下式进行校正：

$$t' = t \times \frac{h}{\sqrt{h^2 + l^2}}$$

式中　t——实测纵波、剪切波旅行时间；

　　　t'——校正后时间（弹性波自孔口传播到检测点的旅行时间）；

　　　h——检测点深度；

　　　l——振源中心距孔口距离。

② 利用校正后的各测点时间，按下式计算第 i 测点与第 $i+1$ 测点间的速度：

$$v_{i+1} = \frac{h_{i+1} - h_i}{t'_{i+1} - t'_i}$$

结合岩土钻孔的钻探情况，确定出每一岩土分层的平均纵波、剪切波速。

（2）动力学参数计算

场地各地层的动力学参数按下式计算：

$$E_d = \frac{\rho \cdot v_s^2 \cdot (3v_P^2 - 4v_s^2)}{v_P^2 - v_s^2}$$

$$G_d = \rho \cdot v_s^2$$

$$\gamma_d = \frac{v_P^2 - 2v_s^2}{2(v_P^2 - v_s^2)}$$

式中　E_d——动弹性模量(kPa);

　　　G_d——动剪切模量(kPa);

　　　v_P——纵波速度(m/s);

　　　v_s——剪切波速度(m/s);

　　　γ_d——动泊松比;

　　　ρ——地基土的密度(t/m³)。

（3）等效剪切波速

场地等效剪切波速计算公式如下:

$$v_{se} = \frac{\sum h_i}{\sum t_{si}}$$

式中　h_i——第 i 层土层的厚度(m);

　　　t_{si}——第 i 层土层的剪切波旅行时间(s)。

（4）场地地微动卓越周期计算

按下式计算场地地微动卓越周期:

$$T = \sum_{i=1}^{n} \frac{4h_i}{v_{si}}$$

式中　T——场地地微动卓越周期(s);

　　　n——地层层数;

　　　h——第 i 层地层厚度(m);

　　　v_{si}——第 i 层地层剪切波速度(m/s)。

5. 土的划分和覆盖层厚度的划分依据

（1）土层的划分和相应的剪切波速范围见表 5.64。

表 5.64　土层的划分和剪切波速范围

土的类型	岩土名称和性状	土层剪切波速范围（m/s）
岩石	坚硬和较坚硬的稳定岩石	$v_s > 800$
坚硬土或软质岩石	破碎和较破碎的岩石或软和较软的岩石,密实的碎石土	$800 \geqslant v_s > 500$
中硬土	中密、稍密的碎石土,密实、中密的砾、粗、中砂,$f_{ak} > 150$ kPa 的黏性土和粉土,坚硬黄土	$500 \geqslant v_s > 250$
中软土	稍密的砾、粗、中砂,除松散外的细、粉砂,$f_{ak} \leqslant 150$ kPa 的黏性土和粉土,$f_{ak} > 130$ kPa 的填土,可塑新黄土	$250 \geqslant v_s > 150$
软弱土	淤泥和淤泥质土,松散的砂,新近沉积的黏性土和粉土,$f_{ak} \leqslant 130$ kPa 的填土,流塑黄土	$v_s \leqslant 150$

（2）各类建筑场地的覆盖层厚度以及场地划分见表 5.65。

表 5.65　各类建筑场地的覆盖层厚度（m）

岩石的剪切波速或 土的等效剪切波速（m/s）	场地类别				
	I$_0$	I$_1$	II	III	IV
$v_s > 800$	0				
$800 \geqslant v_s > 500$		0			
$500 \geqslant v_{se} > 250$		<5	≥5		
$250 \geqslant v_{se} > 150$		<3	3~50	>50	
$v_{se} \leqslant 150$		<3	3~15	15~80	>80

6. 测试成果

（1）经测试得到场地内各地层的波速以及岩土动力学参数见表 5.66 至表 5.67。

表 5.66　1 号钻孔波速及动力学参数

岩土名称	层底 深度（m）	v_P （m/s）	v_s （m/s）	动泊松比 γ_d	动剪切模量 G_d(MPa)	动弹性模量 E_d(MPa)
杂填土	0.5	282	104	0.421	18.4	52.3
素填土	1.0	297	115	0.412	22.5	63.5
黏土	5.0	437	180	0.398	58.3	163.1
粉质黏土	6.5	426	168	0.408	50.8	143.1
黏土	7.5	442	182	0.398	59.6	166.7
稍密卵石	8.4	696	331	0.354	208.2	563.7
中密卵石	12.0	816	398	0.344	316.8	851.6
强风化泥岩	13.2	956	498	0.314	545.6	1433.9
中风化泥岩	20.2	1159	625	0.295	898.4	2327.0

表 5.67　2 号钻孔波速及动力学参数

岩土名称	层底 深度（m）	v_P （m/s）	v_s （m/s）	动泊松比 γ_d	动剪切模量 G_d(MPa)	动弹性模量 E_d(MPa)
杂填土	0.5	292	108	0.421	19.8	56.4
黏土	2.0	435	179	0.398	57.7	161.3
粉质黏土	6.0	431	170	0.408	52.0	146.5
黏土	7.0	445	183	0.398	60.3	168.5
松散卵石	7.7	550	246	0.375	115.0	316.2

续表 5.67

岩土名称	层底深度(m)	v_P (m/s)	v_s (m/s)	动泊松比 γ_d	动剪切模量 G_d(MPa)	动弹性模量 E_d(MPa)
中密卵石	12.7	800	390	0.344	304.2	817.7
强风化泥岩	14.1	953	496	0.314	541.2	1422.4
中风化泥岩	20.4	1153	622	0.295	889.8	2304.7

(2)场地内地层的纵波速度、剪切波波速,测试成果图详见钻孔单孔法波速测试成果图(图 5.42 和图 5.43)。

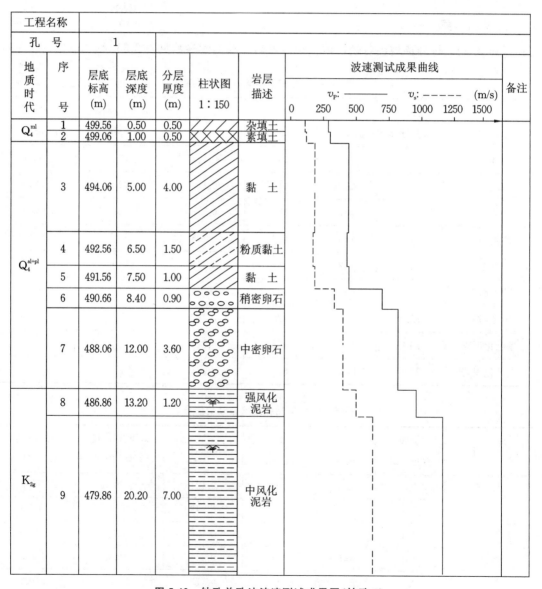

图 5.42　钻孔单孔法波速测试成果图(钻孔 1)

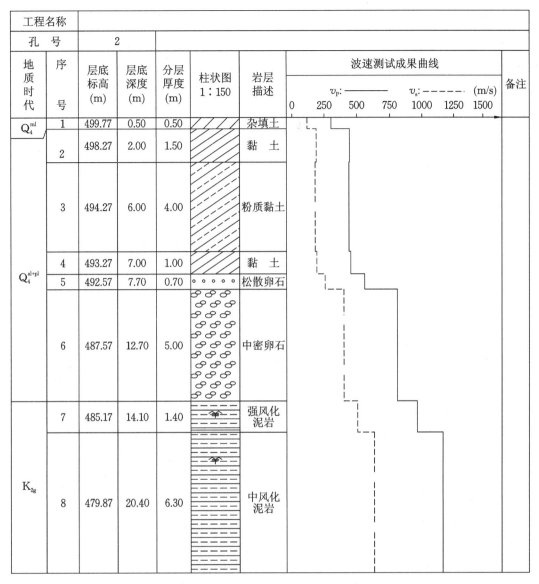

工程名称							波速测试成果曲线						备注
孔　号		2											
地质时代	序号	层底标高(m)	层底深度(m)	分层厚度(m)	柱状图1：150	岩层描述	v_P:——　　　v_s:----　　(m/s)						
							0　250　500　750　1000　1250　1500						
Q_4^{ml}	1	499.77	0.50	0.50		杂填土							
Q_4^{al+pl}	2	498.27	2.00	1.50		黏　土							
	3	494.27	6.00	4.00		粉质黏土							
	4	493.27	7.00	1.00		黏　土							
	5	492.57	7.70	0.70		松散卵石							
	6	487.57	12.70	5.00		中密卵石							
K_{2g}	7	485.17	14.10	1.40		强风化泥岩							
	8	479.87	20.40	6.30		中风化泥岩							

图 5.43　钻孔单孔法波速测试成果图（钻孔 2）

（3）根据场地测试的波速成果计算出场地内的土层等效剪切波速为 227 m/s，卓越周期为 0.241 s。具体成果数据见表 5.68。

表 5.68　场地内钻孔等效剪切波速及卓越周期成果表

钻孔孔号	等效剪切波速 v_{se} (m/s)	卓越周期 T(s)	备注
1	221	0.239	按规范要求计算（覆盖层超过 20 m 时，计算深度至 20 m）
2	233	0.242	
平均值	227	0.241	

7. 结论

根据所测试 2 个钻孔的资料,可推断该场地内等效剪切波速为 227 m/s,估算场地的卓越周期为 0.241 s,所测钻孔的等效剪切波速范围为 150 m/s<v_{se}≤250 m/s,可判定该场地土为中软土,覆盖层厚度范围为 3~50 m,根据《建筑抗震设计规范》(GB 50011)划分该场地类别为 Ⅱ 类建筑场地。

 思考题

1. 静力触探试验主要适用于( )地基。(单项选择题)

A. 软土   B. 卵石土   C. 块石土   D. 岩石

2. 采用单桥探头进行静力触探测试,可直接测得的是( )。(单项选择题)

A. 比贯入阻力   B. 侧摩阻力   C. 端阻力   D. 孔隙水压力

3. 静力触探试验可用于( )。(多项选择题)

A. 土层划分   B. 评价地基承载力

C. 确定土的压缩模量   D. 评价单桩承载力

4. 重型圆锥动力触探试验的落距为( )。(单项选择题)

A. 10 cm   B. 50 cm   C. 76 cm   D. 100 cm

5. 圆锥动力触探试验成果可用于( )。(多项选择题)

A. 评价地基土的密实度   B. 评价地基承载力

C. 确定地基土的变形模量   D. 评价地基土均匀性

E. 确定地基持力层

6. 标准贯入试验可用于( )地层。(单项选择题)

A. 节理发育的岩石类   B. 砂土、粉土和一般黏性土

C. 碎石类土   D. 软土

7. 标准贯入试验可以测得哪些结果?( )(多项选择题)

A. 土层定名   B. 天然地基土承载力

C. 单桩承载力   D. 判别饱和砂土、粉土的液化可能性

 # 6 建筑桩基完整性检测

6.1 建筑桩基的分类及检测方法

6.1.1 建筑桩基的分类

桩基及分类方法有很多种,掌握常见桩基的分类,对于检测方法的选择、桩基质量问题的分析和处理有很大的帮助。

1. 按受力情况进行分类

(1)端承桩:是穿过软弱土层而达到坚硬土层或岩层上的桩,桩顶竖向荷载由桩端阻力承受[图 6.1(a)]。

(2)摩擦桩:上部结构的荷载主要由桩身侧面与地基土之间的摩擦阻力承受[图 6.1(b)]。

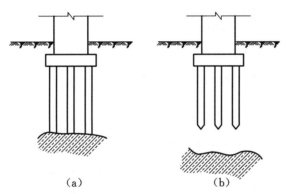

(a)　　　　　　　　(b)

图 6.1　桩基按受力情况分类

(a)端承桩;(b)摩擦桩

2. 按施工方法进行分类

(1)预制桩:在预制构件厂或施工现场预制,用沉桩设备在设计位置上将其沉入土中的桩。可分为混凝土预制桩、钢桩和木桩;沉桩方式有锤击打入、振动打入和静力压入等。

(2)灌注桩:在桩位处成孔,然后放入钢筋骨架,再浇筑混凝土而成的桩。可细分为沉管灌注桩和钻孔灌注桩两类。常采用套管或沉管护壁、泥浆护壁和干作业等方法成孔。

3. 按成孔工艺进行分类

(1)机械成孔桩:在工程现场通过旋挖钻成孔、冲击钻成孔等机械挖孔的方式,形成桩孔而制作的桩基。

（2）人工挖孔桩：在工程现场通过人工挖孔的方式，形成桩孔而制作的桩基。

4. 按受力类型进行分类

（1）竖向抗压桩：主要承受竖向受压荷载的桩。

（2）竖向抗拔桩：主要承受竖向抗拔荷载的桩。

（3）水平受荷桩：主要承受水平荷载的桩。

（4）复合受荷桩：同时承受竖向荷载和水平荷载的桩。

5. 按桩直径分类

（1）小直径桩：桩的直径 $d \leqslant 250$ mm。

（2）中等直径桩：桩的直径 250 mm$< d <800$ mm。

（3）大直径桩：桩的直径 $d \geqslant 800$ mm。

6. 按桩身的材料分类

（1）钢筋混凝土桩：桩身材料由钢筋笼和混凝土组成，是目前工程中最常用的桩。

（2）钢桩：常用的有钢管桩和工字形钢桩。钢桩的承载力较大，起吊、运输、沉桩、接桩都较方便，但消耗钢材多，造价高。

（3）木桩：目前已很少使用，只在某些加固工程或能就地取材临时工程中使用。在地下水位以下时，木材有很好的耐久性，而在干湿交替的环境下极易腐蚀。

（4）砂石桩：主要用于地基加固，挤密土壤。

（5）灰土桩：主要用于地基加固。

6.1.2 桩基检测的基本知识

1. 桩基检测的主要检测项目

桩基检测的主要检测项目有桩基的完整性和桩基的承载力。

（1）桩基完整性

桩基完整性是反映桩身截面尺寸相对变化、桩身材料密实性和连续性的综合定性指标。其类别按缺陷对桩身结构承载力的影响程度进行划分，分为表 6.1 中四类。

表 6.1   桩基完整性类别表

桩身完整性类别	分类原则
Ⅰ类桩	桩身完整
Ⅱ类桩	桩身有轻微缺陷，不会影响桩身结构承载力的正常发挥
Ⅲ类桩	桩身有明显缺陷，对桩身结构承载力有影响
Ⅳ类桩	桩身存在严重缺陷

（2）桩基承载力

桩身结构承载力就是桩身承载力，是桩本身作为一结构构件所表现出的承受荷载的能力。

2. 检测方法

（1）桩基完整性的检测方法

① 低应变法：采用低能量瞬态或稳态方式在桩顶激振，实测桩顶部的速度时程曲线，或在

实测桩顶部的速度时程曲线同时实测桩顶部的力时程曲线。通过波动理论的时域分析或频域分析,对桩身完整性进行判定的检测方法。该检测方法简单、快捷,但精度较低,适用于对桩身完整性大面积的初步普查。

② 声波透射法:在预理声测管之间发射并接收声波,通过实测声波在混凝土介质中传播的声时、频率和波幅衰减等声学参数的相对变化,对桩身完整性进行检测的方法。此种方法准确度较高,但是在检测前施工中,需要在钢筋笼上预理声测管,成本较高。目前国内大部分地区,在建筑上实行声波透射法的抽检,桥梁工程中实行声波透射法的全检。

③ 高应变法:采用重锤冲击桩顶,实测桩顶附近或桩顶部的速度和力时程曲线,通过波动理论分析,对单桩竖向抗压承载力和桩身完整性进行判定的检测方法。高应变法理论基础较为完善,现场检测过程简单,但是受现场检测参数和拟检目的参数的转换模型准确度的影响,这种方法在某些方面仍有较大的局限性,实际应用不多。

④ 钻芯法:直接从桩身混凝土中钻取混凝土芯样,以测定桩身混凝土的质量和强度,检查桩底沉渣和持力层情况,并测定桩长是否满足设计要求。钻芯法检测精度高,但检测成本高,且会对桩身造成损伤,一般用作无损检测方法的验证。

(2)承载力检测方法

① 单桩竖向抗压(拔)静载试验:用来确定单桩竖向抗压(拔)极限承载力,判定工程桩竖向抗压(拔)承载力是否满足设计要求,同时可以在桩身或桩底埋设测量应力传感器,以测定桩侧、桩端阻力。

② 单桩水平静载试验:除了用来确定单桩水平临界和极限承载力、判定工程桩水平承载力是否满足设计要求外,还主要用于浅层地基土水平抗力参数的比例系数的确定,以便分析工程桩在水平荷载作用下的受力特性。

③ 高应变法也可用于确定桩基的承载力。

在实际工程中,基桩检测应根据检测桩基的设计条件、施工工艺、检测目的、检测方法的适用性等条件选择合适的检测方法,见表6.2。

表 6.2 桩基检测方法统计表

检测方法	检测目的
单桩竖向抗压静载试验	(1)确定单桩竖向抗压极限承载力; (2)判定竖向抗压承载力是否满足设计要求; (3)通过桩身应变、位移测试,确定桩侧、桩端阻力,验证高应变法的单桩竖向抗压承载力检测结果
单桩竖向抗拔静载试验	(1)确定单桩竖向抗拔极限承载力; (2)判定竖向抗拔承载力是否满足设计要求; (3)通过桩身应变、位移测试,确定桩的抗拔侧阻力
单桩水平静载试验	(1)确定单桩水平临界荷载和极限承载力,推定土抗力参数; (2)判定水平承载力或水平位移是否满足设计要求; (3)通过桩身应变、位移测试,测定桩身弯矩

续表 6.2

检测方法	检测目的
钻芯法	检测灌注桩桩长、桩身混凝土强度、桩底沉渣厚度,判定或鉴别桩端持力层岩土性状,判定桩身弯矩
低应变法	检测桩身缺陷及其位置,判定桩身完整性类别
高应变法	(1)判定单桩竖向抗压承载力是否满足设计要求; (2)检测桩身缺陷及其位置,判定桩身完整性类别; (3)分析桩侧和桩端土阻力,进行打桩过程监控
声波透射法	检测灌注桩桩身缺陷及其位置,判定桩身完整性类别

6.2 低应变法检测基桩完整性

6.2.1 试验内容

1. 检测参数

基桩的完整性。

2. 检测原理

采用低能量瞬态或稳态方式在桩顶激振,实测桩顶部的速度时程曲线,或在实测桩顶部的速度时程曲线的同时实测桩顶部的力时程曲线。通过波动理论的时域分析或频域分析,对桩身完整性进行判定。

鉴于高职院校的教学特点,此处不对应力波理论做详细介绍,只对必要的推导过程和结论进行说明。

所谓应力波,是指当介质的某个地方突然受到一种扰动,这种扰动产生的变形会沿着介质由近及远传播开去,这种扰动传播的现象称为应力波。

定义一个新参数广义波阻抗 Z,该参数和应力波在桩身的传播速度、桩身材料的弹性模量以及桩身截面面积有关,如下式

$$Z = \frac{EA}{c} = \rho Ac$$

$$c = \sqrt{\frac{E}{\rho}}$$

其中 Z——广义波阻抗(N·s/m);

c——波速(m/s);

E——弹性模量(kPa);

ρ——桩的密度(kg/m³)。

当受检桩顶受到激振时,产生应力波向桩身传播,在遇到波阻抗变化的截面,将产生透射波和反射波,根据桩顶接收到的反射波的性质,来判断桩身完整性的情况。

定义任意两个相邻截面的波阻抗为 $Z_1 = \dfrac{A_1 E_1}{c_1}$ 和 $Z_2 = \dfrac{A_2 E_2}{c_2}$，定义系数：

$$n = \frac{Z_1}{Z_2}$$

反射系数：

$$F = \frac{1-n}{1+n}$$

透射系数：

$$T = \frac{2}{1+n}$$

（1）当波阻抗不变，$Z_1 = Z_2$ 时，$n=1$，$F=0$，$T=1$，桩身不产生反射波，应力波全部作为透射波向下传播，桩头接收不到反射波，桩身完整，示意图见图 6.2。

（2）当波阻抗减小，$Z_1 > Z_2$ 时，$n>1$，$F<0$，$T>0$，桩身产生反射波和透射波，且反射波与入射波同相，桩身波阻抗减小，可能发生截面面积减小（缩径）、密度减小（不密实、离析、孔洞等）和波速减小（混凝土强度不足）等问题，示意图见图 6.3。

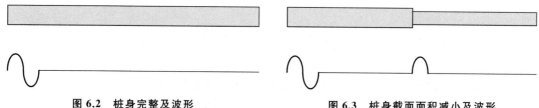

图 6.2　桩身完整及波形　　　　　　　图 6.3　桩身截面面积减小及波形

（3）当波阻抗增大，$Z_1 < Z_2$ 时，$n<1$，$F>0$，$T>0$，桩身产生反射波和透射波，且反射波与入射波反相，桩身波阻抗增大，可能发生截面面积增大（扩径）、密度增大和波速增大（应力波到达端承桩桩底岩石）等情况，示意图见图 6.4。

（4）对于桩底反射波的说明：

① 当桩底持力层与桩身混凝土波阻抗近似时，此时 $Z_1 = Z_2$，则 $n=1$，$F=0$，$T=1$，即无反射波，全部应力波均透射过界面传至下段，将无法测得桩底反射信号，示意图见图 6.5。

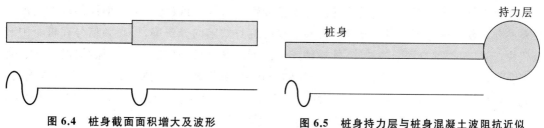

图 6.4　桩身截面面积增大及波形　　　图 6.5　桩身持力层与桩身混凝土波阻抗近似

② 桩底持力层波阻抗大于桩身波阻抗时，此时 $Z_1 < Z_2$，则 $F=1$，$T=2$，桩底反射信号和入射波反相，速度幅值近似相同，示意图见图 6.6。

③ 对于摩擦桩等桩底持力层波阻抗远小于桩身波阻抗的基桩，Z_1 远大于 Z_2，则 $n \to \infty$，

$F=-1, T=0$，桩底反射信号和入射波同相，示意图见图6.7。

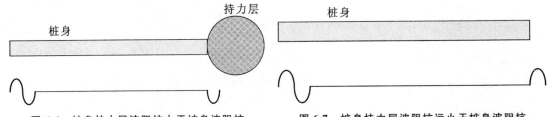

图6.6　桩身持力层波阻抗大于桩身波阻抗　　　　图6.7　桩身持力层波阻抗远小于桩身波阻抗

3. 规范

《建筑基桩检测技术规范》(JGJ 106)。

4. 适用范围

适用于建筑工程基桩完整性的检测与判别。

5. 仪器设备

仪器设备一般由基桩动测仪、传感器和激振设备三部分构成，并配置反射波法信号处理软件。

（1）检测仪器的主要技术性能指标应符合现行行业标准《基桩动测仪》(JG/T 3055)的有关规定 。

（2）瞬态激振设备应包括能激发宽脉冲和窄脉冲的力锤和锤垫；力锤可装有力传感器；稳态激振设备应包括激振力可调、扫频范围为10～2000 Hz的电磁式稳态激振器。

（3）激振设备可根据要求改变激振频率和能量，满足不同检测目的，用以判断异常波的位置、特征，并据此判断出桩身缺陷位置和缺陷程度。

考虑到对基桩检测信号的影响，激振设备应从锤头材料、冲击能量、接触面积、脉冲宽度等方面进行考虑。

锤激振源对基桩检测信号的影响有：

①应力波能量大小。其大小取决于激振锤的质量和下落速度。对大直径长桩，应选择质量大的激振设备，获得较清晰的桩底反射信号，但能量过大时，桩身的微小缺陷会被掩盖。

②锤头材料。瞬态激振通过改变锤的质量及锤头材料，可改变冲击入射波的脉冲宽度及频率成分。硬质锤产生的高频脉冲波有利于提高桩身缺陷的分辨率，但高频信号在桩身中衰减较快，不易探得桩身深部的缺陷；软质锤产生的低频脉冲波，衰减慢，且激振脉冲宽度大，有利于获得桩底反射信号，但降低了桩身缺陷的分辨率，对于缺陷的清晰度不高。所以检测时，可先用软质锤获得桩身的缺陷分布，当缺陷出现在浅部时，可换硬质锤获取波形，提高分辨率。

（4）低应变检测中常用的传感器有加速度传感器和速度传感器两种。

速度传感器在信号采集过程中，因击振激发其安装谐振频率而产生寄生振荡，容易采集到具有振荡的波形曲线，对浅层缺陷反应不是很明显。加速度传感器的灵敏度高，测试所采集到的波形曲线没有振荡，缺陷反应明显。所以在对基桩进行检测时，优先选用高灵敏度的加速度传感器。

6. 检测步骤

（1）资料收集和调查

由于基桩在地层中受地质的影响，以及桩身材料、施工方法在检测的波形中都会有反映，因此在测试前要进行地质调查、施工调查，以便在波形分析时将影响因素考虑进去。同时，还要调查施工日期、设计标高、实测标高等。

（2）抽检频率

混凝土桩的桩身完整性检测方法，应根据要求进行合理选择，当一种方法不能全面评价基桩完整性时，应采用两种或两种以上的检测方法。抽检数量应符合如下规定：

① 建筑桩基设计等级为甲级，或地基条件复杂、成桩质量可靠性较低的灌注桩工程，检测数量不应少于总桩数的 30%，且不应少于 20 根；其他桩基工程，检测数量不应少于总桩数的 20%，且不应少于 10 根。

② 在满足上述基本检测数量的要求下，每个柱下承台检测桩数不应少于 1 根。

③ 对大直径嵌岩灌注桩或设计等级为甲级的大直径灌注桩，应在满足上述规定的检测桩数范围内，按不少于总桩数的 10% 的比例采用声波透射法或钻芯法检测。

④ 当受检桩完整性较差，因其他原因对桩身完整性有怀疑，或为全面了解整个工程基桩的桩身完整性情况时，宜增加检测数量。

（3）检测时间要求

当采用低应变法或声波透射法检测时，受检桩混凝土强度不应低于设计强度的 70%，且不应低于 15 MPa。

（4）桩头处理

根据规范要求，桩头的材质、强度应与桩身相同，桩头的截面尺寸不宜与桩身有明显差异；桩顶面应平整、密实，并与桩轴线垂直。

反射波法检测时，入射波所占区域较大，桩头质量将直接影响检测波形，掩盖缺陷信号，造成误判，如图 6.8 所示。在实际工程中，特别是对于采用水压浇筑施工工艺的水压桩，其桩头浮浆较多，应凿去桩头浮浆等混凝土质量较差部分，再进行检测，有助于提高检测精度。

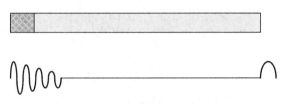

图 6.8　桩头质量对检测波形的影响

（5）仪器参数设置

① 时域信号记录的时间段长度应在 $2L/c$ 时刻后延续不少于 5 ms；幅频信号分析的频率范围上限不应小于 2000 Hz。其中 L 指的是桩的施工长度，$2L/c$ 即应力波到达桩底反射回桩头的时间，保证整桩的测试信号能全部显示出来。

② 桩长设定为桩顶测点至桩底的施工桩长。设定桩身截面面积为施工截面面积。

③ 桩身波速可根据本地区同类型桩的测试值初步设定，预设波速的主要作用是调整合适的采样间隔，保证完整显示整桩的测试信号。

④ 采样时间间隔或采样频率应根据桩长、桩身波速和频域分辨率合理选择；时域信号采样点数不宜少于 1024 点。

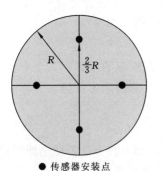

● 传感器安装点

图 6.9　传感器安装示意

（6）激振

根据桩径大小，桩心对称布置 2～4 个安装传感器的监测点。击振信号的强弱对现场信号的采集同样影响较大。对实心桩的测试，击振点位置应选择在桩的中心，检测点宜在距离桩中心 2/3 半径处（图 6.9）；对空心桩的测试，锤击点与传感器安装位置宜在同一水平面上，且与桩中心连线形成 90°夹角，击振点位置宜在桩壁厚的 1/2 处。激振点与传感器安装点都应远离钢筋笼的主筋。

不同检测点及多次实测时域信号一致性较差时，应分析原因，增加检测点数量；信号不应失真和产生零漂，信号幅值不应大于测量系统的量程；每个检测点记录的有效信号数不宜少于 3 个。

7. 数据处理与分析

在进行数据的分析和处理时，以时域分析为主，同时可结合频域分析辅助进行。频域分析是对实测信号进行快速傅里叶变换，在功率谱或振幅谱上分析桩的完整性的一种分析方法。要得到准确的判断结果，可结合时域分析（反射波判定）和频域分析一起进行判断。

理论上认为缺陷位置 x 与邻近两共振峰间的频率差有如下关系式：

$$\Delta f = \frac{c}{2x}$$

目前低应变仪器都自带快速傅里叶变换功能，协助检测人员进行信号分析。完整桩典型速度幅频信号特征见图 6.10。

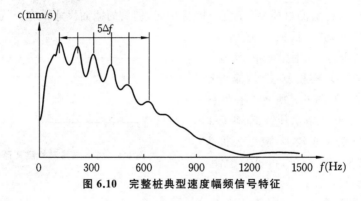

图 6.10　完整桩典型速度幅频信号特征

（1）波速确定

仪器在检测过程中，桩身缺陷位置和桩长可通过接受反射波的时间乘以波速，再取其 1/2 得到，所以波速的确定就尤为重要，桩身波速平均值的确定应符合下列规定。

① 当桩长已知、桩底反射信号明确时，在地基条件、桩型、成桩工艺相同的基桩中，选取不少于 5 根 I 类桩的桩身波速值，按下列公式计算其平均值：

$$c_{\mathrm{m}} = \frac{1}{n} \sum_{i=1}^{n} c_i$$

$$c_i = \frac{2000L}{\Delta T}$$

$$c_i = 2L \cdot \Delta f$$

式中　c_m——桩身波速的平均值(m/s);

　　　c_i——第 i 根受检桩的桩身波速值(m/s),且 $|c_i - c_m|/c_m$ 不宜大于 5%;

　　　L——测点下桩长(m);

　　　ΔT——速度波第一峰与桩底反射波峰间的时间差(ms);

　　　Δf——幅频曲线上桩底相邻谐振峰间的频差(Hz);

　　　n——参加波速平均值计算的基桩数量($n \geqslant 5$)。

② 虽然波速与混凝土强度两者并不呈一一对应关系,但考虑到两者整体趋势上呈正相关关系,且强度等级是现场最易得到的参考数据,故对于超长桩或无法明确找出桩底反射信号的桩,可根据本地区经验并结合混凝土强度等级,综合确定波速平均值(表 6.3);或利用成桩工艺、桩型相同且桩长相对较短并能够找出桩底反射信号的桩确定的波速,作为波速平均值。此外,当某根桩露出地面且有一定的高度时,可沿桩长方向间隔一可测量的距离段安装两个测振传感器,通过测量两个传感器的响应时差,计算该桩段的波速值,以该值代表整根桩的波速值。

表 6.3　常规建筑混凝土等级与纵波波速的关系(参考)

混凝土等级	C15	C20	C25	C30	C40
平均波速(m/s)	2900	3200	3500	3800	4100
波速范围(m/s)	2700~3100	3000~3400	3300~3700	3600~4000	3900~4300

(2)桩身缺陷位置确定

桩身缺陷位置应按下列公式计算:

$$x = \frac{1}{2000}\Delta t_x \cdot c_m = \frac{c_m}{2\Delta f'}$$

式中　x——桩身缺陷至传感器安装点的距离(m);

　　　Δt_x——速度波第一峰与缺陷反射波峰间的时间差(ms);

　　　$\Delta f'$——幅频曲线上缺陷相邻谐振峰间的频差(Hz)。

(3)桩身完整性判定

桩身完整性类别应结合缺陷出现的深度、测试信号衰减特性以及设计桩型、成桩工艺、地基条件、施工情况,按表 6.1 和表 6.4 所列实测时域或频幅信号特征进行综合分析判断。

表 6.4　低应变法桩身完整性判定

类别	时域信号特征	幅频信号特征
I	有桩底反射波,且 $2L/c$ 时刻前无缺陷反射波	桩底谐振峰排列基本等间距,其相邻频差 $\Delta f \approx c/2L$
II	有桩底反射波,且 $2L/c$ 时刻前出现轻微缺陷反射波	桩底谐振峰排列基本等间距,其相邻频差 $\Delta f \approx c/2L$,轻微缺陷产生的谐振峰与桩底谐振峰之间的频差 $\Delta f' > c/2L$

续表 6.4

类别	时域信号特征	幅频信号特征
Ⅲ	无桩底反射波,有缺陷反射波,其他特征介于Ⅱ类和Ⅳ类之间	
Ⅳ	无桩底反射波,且 $2L/c$ 时刻前出现严重缺陷反射波或周期性反射波;或因桩身浅部严重缺陷使波形呈现低频大振幅衰减振动	无桩底谐振峰,缺陷谐振峰排列基本等间距,相邻频差 $\Delta f' > c/2L$,或因桩身浅部严重缺陷只出现单一谐振峰

注意:对同一场地、地基条件相近、桩型和成桩工艺相同的基桩,因桩端部分桩身波阻抗与持力层波阻抗相匹配导致实测信号无桩底反射波时,可按本场地同条件下有桩底反射的其他实测信号判断桩身完整性类别。

实际应用中应以时域分析为主,以频域分析为辅进行完整性判定。

8. 典型波形讲解

(1)完整桩的判定

如图 6.11 所示:① 桩身产生和入射波同相的反射波,若该桩为摩擦桩,且反射波产生位置为施工桩底位置,则此桩完整性类别为Ⅰ类。② 若反射波产生位置非施工桩底位置,则考虑是否为桩身产生缺陷或桩长不符的原因。

如图 6.12 所示:① 桩身产生和入射波反相的反射波,若该桩为端承桩,且反射波产生位置为施工桩底位置,则此桩完整性类别为Ⅰ类。② 若反射波产生位置非施工桩底位置,则考虑桩身产生扩径或者桩长不符。

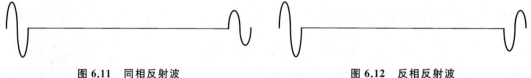

图 6.11　同相反射波　　　　　　　　图 6.12　反相反射波

(2)扩径判定

如图 6.13 所示,若根据施工桩长和桩性质确定 2 号反射波为桩底反射波,1 号反射波与入射波反相,则判定此处发生扩径,扩径尺寸与反射波振幅正相关。

(3)缩径判定

如图 6.14 所示,若根据施工桩长和桩性质确定 2 号反射波为桩底反射波,1 号反射波与入射波同相,则判定此处发生缩径,缩径尺寸与反射波振幅正相关。

图 6.13　两反射波与入射波反相　　　图 6.14　桩底反射波与入射波反相,
　　　　　　　　　　　　　　　　　　　　　　另一反射波与入射波同相

（4）离析、夹泥和孔洞等

如图 6.15 所示，离析一般见不到桩底反射波，且反射波不规则，第一反射波与入射波同相位。浅部严重离析时，可见多次反射波。

若可见桩底反射波，且桩身缺陷反射波振幅较小，考虑为夹泥、孔洞等微小缺陷。

（5）断裂

如图 6.16 所示，在桩浅部发生断裂时，入射波和反射波发生叠加，生成锯齿状波形，且见不到桩底反射波。

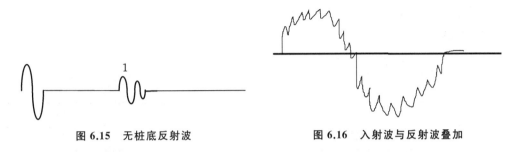

图 6.15 无桩底反射波   图 6.16 入射波与反射波叠加

如图 6.17 所示，在中部发生断裂时，波形呈现多次反射波，反射波间距相同，振幅和频率逐渐减小，且见不到桩底反射波。

（6）桩底沉渣

如图 6.18 所示，端承桩桩底产生和入射波同相的反射波，且不规则，考虑桩底出现沉渣现象。

图 6.17 多次反射波   图 6.18 不规则同相反射波

9. 低应变法的局限

（1）当桩身波阻抗与持力层波阻抗相差不大时，常测不到桩底反射信号。

（2）当桩身存在两个或者两个以上缺陷时，波形叠加难以判别缺陷性质。

（3）某些情况下桩底信号与缺陷信号难以区分。

6.2.2 低应变法检测基桩案例

1. 工程概况

××工程位于××市××区，上部主体结构为框架结构，桩基按端承桩设计，桩身混凝土等级为 C25。

2. 检测目的

受××单位的委托，××公司技术人员于××年××月××日进场对××工程部分桩基进行低应变法检测，以期达到以下目的。

（1）判定桩身完整性类别；

（2）判定桩身缺陷的程度及位置。

3. 检测依据

（1）《建筑基桩检测技术规范》(JGJ 106)；

（2）《建筑地基基础设计规范》(GB 50007)；

（3）《建筑地基基础工程施工质量验收标准》(GB 50202)；

（4）委托方提供的该建筑的设计及施工资料、文件；

（5）其他有关国家检测标准、规范、规程。

4. 检测仪器设备

本次检测使用的主要仪器设备见表 6.5。

表 6.5　试验仪器设备一览表

序号	设备名称	设备型号	设备编号
1	基桩动测仪	××	××××

5. 基本原理

低应变反射波法通过实测桩顶加速度或速度响应时域曲线，即一维波动理论分析来判定基桩的桩身完整性。

测试时，在桩顶布置传感器，用力棒敲击桩头，产生纵向应力波从桩顶沿桩身向下传播，应力波遇到桩身缺陷、桩底等波阻抗发生变化的界面时产生的反射波将向上传播到桩顶并被记录，通过实测波形的综合分析来判定基桩的桩身完整性。

6. 检测方法

在桩身混凝土强度达到设计强度 70%，且不小于 15 MPa 时，清除桩顶积水、余土，凿至新鲜混凝土后开始检测。检测时在桩顶按规范要求安装传感器，选择合适的位置进行锤击，采集波形数据，结合设计及施工资料对所测波形数据进行分析，从而判断被测桩的桩身完整性。

7. 等级评定依据

桩身完整性判定及分类标准按《建筑基桩检测技术规范》(JGJ 106)中的表 8.4.3 和表 3.5.1 进行。

8. 检测结果

根据实测波形、地质资料及施工记录综合分析，本工程桩身结构完整性试验结果汇总见表 6.6，各被测桩所测波形曲线如图 6.19 至图 6.22 所示。

表 6.6　桩身混凝土结构完整性检测结果汇总

序号	桩号	桩身完整性类别	序号	桩号	桩身完整性类别
1	1	Ⅱ类	3	3	Ⅰ类
2	2	Ⅱ类	4	4	Ⅲ类

1号桩为端承桩,施工桩长为14 m,因桩长较长,桩底反射信号较弱,桩身在7.6 m处出现缺陷反射波,判定为Ⅱ类。

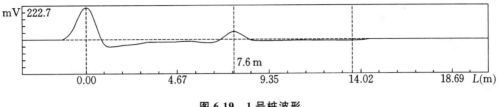

图 6.19　1 号桩波形

2号桩为摩擦桩,施工桩长为7 m,桩底反射信号较弱,桩身在4.4 m处出现缺陷反射波,判定为Ⅱ类。

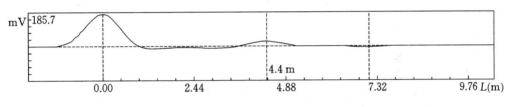

图 6.20　2 号桩波形

3号桩为摩擦桩,施工桩长为15 m,桩底出现反射信号,桩身无缺陷反射波,判定为Ⅰ类。

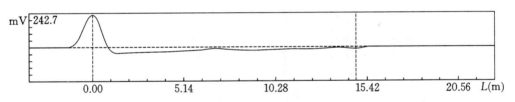

图 6.21　3 号桩波形

4号桩为端承桩,施工桩长9 m,桩底无反射信号,桩身4.8 m处出现缺陷反射波,判定为Ⅲ类。

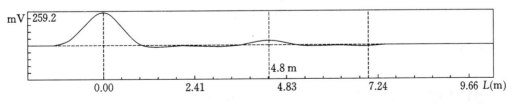

图 6.22　4 号桩波形

6.3 声波透射法检测基桩完整性

6.3.1 试验内容

1. 检测参数

基桩的完整性。

2. 检测原理

由超声波发射仪在基桩混凝土内激发高频弹性脉冲波,并用高精度的接收系统记录该脉冲波在混凝土内传播过程中表现的波动特征;当混凝土内存在破损、松散、蜂窝、孔洞等缺陷,超声波到达该界面时,超声波的透射、反射、散射和绕射,使接收到的透射能量(振幅)明显降低,同时根据超声波初始到达时间、频率变化及波形畸变程度等特性,可以获得测区范围内混凝土的密实度参数。测试记录不同测面、不同高度上的超声波波动特征,经过处理分析就能判别测区范围内混凝土内部存在缺陷的性质、大小及空间位置,以此判别桩的完整性类别。声波透射法检测基桩完整性示意见图 6.23。

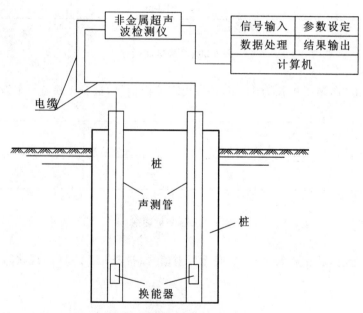

图 6.23 声波透射法检测基桩完整性示意图

3. 规范

《建筑基桩检测技术规范》(JGJ 106)。

4. 适用范围

适用于建筑工程基桩完整性的检测与判别。

5. 仪器设备

超声透射仪一般由发射换能器、接收换能器(目前市场上换能器普遍同时具有接收和发射的功能)、线盘、计数器、混凝土声波仪主机组成。

（1）混凝土声波仪主机

混凝土声波仪的功能,是向基桩的混凝土发射超声脉冲,使其穿过混凝土,然后接收穿过混凝土的脉冲信号。仪器显示超声脉冲穿过混凝土所需时间、接收信号的波形、波幅、频率等声学参数。根据超声脉冲穿越混凝土的时间(声时)和距离(声程),可计算声波在混凝土中的传播速度;根据波幅,可知超声脉冲在混凝土中的能量衰减状况,根据所显示的波形,经过适当处理后可对被测信号进行频谱分析。

规范规定,混凝土声波仪应具有以下功能:

① 实时显示和记录接收信号时程曲线以及频率测量或频谱分析;

② 最小采样时间间隔应小于或等于 $0.5~\mu s$,系统频带宽度应为 $10\sim200~kHz$,声波幅值测量相对误差应小于 5% ,系统最大动态范围不得小于 $100~dB$;

③ 声波发射脉冲为阶跃或矩形脉冲,电压幅值为 $200\sim1000~V$;

④ 首波实时显示;

⑤ 自动记录声波发射与接收换能器位置。

（2）发射和接收换能器

运用超声波检测混凝土的完整性,实际上能量来源是电能,那么,检测时最先要求的就是将电能转化为超声波。换能器采用能量转换方法,首先将电能转化为超声波能量,向被测基桩混凝土中发射超声波,当超声波经混凝土传播后,为了度量超声波的各声学参数,又将超声能量转化为最容易量测的量——电量,从而实现电能与声能的相互转换。

发射换能器就是将电能转化为声能,而接受换能器是将声能转化为电能,目前的换能器普遍同时具备发射和接收的功能。

规范规定,换能器应符合以下要求。

① 圆柱状径向换能器沿径向振动应无指向性;

② 外径应小于声测管内径,有效工作段长度不得大于 $150~mm$;

③ 谐振频率应为 $30\sim60~kHz$;

④ 水密性应满足 $1~MPa$ 水压不渗水。

（3）连接线线盘

要将换能器放入桩内采集超声波在混凝土内部传播的声学参数,需要连接线将换能器和混凝土声波仪主机连接起来,同时因为部分基桩长度较长,有的达到 $30\sim50~m$,那么,连接线要足够长。线盘的作用就是将连接线收拢,便于现场的收放和采集。一般超声波检测仪配有 $2\sim4$ 个线盘。

（4）计数器

换能器在混凝土内部采集声学参数,需要对换能器所处的位置进行确定,以便确定缺陷产生的位置。计数器的作用就是计算换能器移动的距离。将连接换能器的连接线安装到计数器上,换能器放到桩底,通过连接线向上拉动,连接线同时带动计数器的转盘转动,通过转盘转动的弧长和圈数,可以计算换能器移动的长度,从而得到换能器距离桩底的长度。

为了便于现场操作,计数器一般安装在三脚架上。

6. 现场检测方法

（1）抽检要求

混凝土桩的桩身完整性检测方法选择，应根据要求进行合理选择，当一种方法不能全面评价基桩完整性时，应采用两种或两种以上的检测方法。抽检数量应符合规定如下：

① 建筑桩基设计等级为甲级，或地基条件复杂、成桩质量可靠性较低的灌注桩工程，检测数量不应少于总桩数的 30%，且不应少于 20 根；其他桩基工程，检测数量不应少于总桩数的 20%，且不应少于 10 根。

② 在满足上述基本检测数量的要求下，每个柱下承台检测桩数不应少于 1 根。

③ 对大直径嵌岩灌注桩或设计等级为甲级的大直径灌注桩，应在满足上述规定的检测桩数范围内，按不少于总桩数的 10% 的比例采用声波透射法或钻芯法检测。

④ 当受检桩完整性较差，因其他原因对桩身完整性有怀疑，或为全面了解整个工程基桩的桩身完整性情况时，宜增加检测数量。

（2）声测管的埋设

为保证换能器在混凝土内部能够顺利移动，需要在浇筑混凝土前，在钢筋笼上绑扎钢管、钢质波纹管、塑料管等，以便于在基桩成型后，将换能器放入管道内，保证换能器在混凝土内部的移动。把这种管道称为声测管。

钢管的优点是便于安装，可用电焊焊在钢筋骨架上，可可代替部分钢筋，而且由于钢管刚度较大，埋置后可基本上保持其平行度和垂直度，目前许多大直径灌注桩均采用钢管作为声测管，但钢管的价格较贵。

钢质波纹管是一种较好的声测管，它具有管壁薄、钢材省和抗渗、耐压、强度高、柔性好等特点，通常用于预应力结构中的后张预留孔道，用作声测管时，可直接绑扎在钢筋骨架上，接头处可用大一号波纹管套接。由于波纹管很轻，因而操作十分方便，但安装时需注意保持其轴线的平直。

塑料管的声阻抗率较低，用作声测管具有较大的透声率，通常可用于较小的灌注桩，在大型灌注桩中使用时应慎重，因为大直径桩需灌注大量混凝土，水泥的水化热不易发散。鉴于塑料的热膨胀系数与混凝土的相差悬殊，混凝土凝固后塑料管因温度下降而产生径向和纵向收缩，有可能使之与混凝土局部脱开而造成空气或水的夹缝，在声通路上又增加了更多反射强烈的界面，容易造成误判。

声测管埋设符合下列规定：

① 声测管内径大于换能器外径；

② 声测管应有足够的径向刚度，声测管材料的温度系数应与混凝土接近；

③ 声测管下端封闭、上端加盖、管内无异物，声测管连接处应光顺过渡，管口高出混凝土顶面 100 mm 以上；

④ 声测管之间要保持平行，灌注混凝土前将声测管有效固定。

声测管埋设数量应符合下列要求：

① $D \leqslant 800$ mm，2 根管。

② 800 mm $< D \leqslant 2000$ mm，不少于 3 根管。

③ $D>2000\ \text{mm}$,不少于 4 根管。

D 为受检桩设计桩径。

声测管应沿桩截面外侧呈对称形状布置,按图 6.24 所示的箭头方向顺时针旋转依次编号。

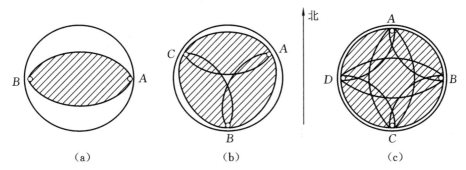

图 6.24　声测管布置图(注:图中阴影为声波的有效检测范围)

(a)2 根管,沿直径布置,$D\leqslant 800\ \text{mm}$;(b)3 根管呈三角形布置,$800\ \text{mm}<D\leqslant 2000\ \text{mm}$;

(c)4 根管呈四方形布置,$D>2000\ \text{mm}$

检测剖面编组(检测剖面序号 j)分别为:2 根管时,AB 剖面($j=1$);3 根管时,AB 剖面($j=1$),BC 剖面($j=2$),CA 剖面($j=3$);4 根管时,AB 剖面($j=1$),BC 剖面($j=2$),CD 剖面($j=3$),DA 剖面($j=4$),AC 剖面($j=5$),BD 剖面($j=6$)。

通过对同一深度上各个剖面的声学参数的分析,判定整个剖面的混凝土完整性情况。

(3)检测时间要求

当采用低应变法或声波透射法检测时,受检桩混凝土强度不应低于设计强度的 70%,且不应低于 15 MPa。

(4)传播时间的修正

检测时,传播时间 t 包括以下几部分:

① 主机触发电能,能量在系统内部传播至发射换能器转换为声波的时间 t_{01};

② 声波在发射换能器所处声测管水中的传播时间 t_{w1};

③ 声波在发射换能器所处声测管管壁中的传播时间 t_{p1};

④ 声波在混凝土中的传播时间 t_{c};

⑤ 声波在接收换能器所处声测管管壁中的传播时间 t_{p2};

⑥ 声波在接收换能器所处声测管水中的传播时间 t_{w2};

⑦ 接收换能器接收到声波后,能量在系统内部传播至发射换能器转换为声波的时间 t_{02}。

超声波仪直接记录的时间是总的传播时间 t,但现场关注的是超声波在混凝土内部传播的时间 t_{c},所以在检测前,需要测试:

① 超声波在系统内部传播的时间(称为系统延时):

$$t_{0}=t_{01}+t_{02}$$

系统的延时 t_{0} 包含了仪器系统的延时和换能器耦合延时两部分,可分别采用下列方法标定和计算:

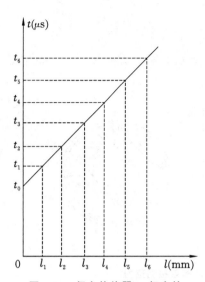

图 6.25 径向换能器 t_0 标定的
声时-间距线性回归曲线

将发、收换能器平行悬于清水中,逐次改变两换能器的间距,并测定相应声时和两换能器间距,做若干点的声时-间距线性回归曲线(图 6.25),就可求得 t_0。

$$t = t_0 + b \times l$$

式中　b——回归直线斜率;

　　　l——发、收换能器辐射面内边缘间距(mm);

　　　t——仪器各次测读的声时(μs);

　　　t_0——时间轴上的截距(μs),即仪器系统的延时。

② 超声波在水中的传播时间:

$$t_w = t_{w1} + t_{w2}$$

$$t_w = \frac{d_1 - d_2}{v_w}$$

式中　d_1——声测孔直径(钻孔中测量)或声测管内径(声测管中测量);

　　　d_2——径向换能器外径;

　　　v_w——超声波在水中的声速,$v_w = 1480$ m/s。

③ 超声波在声测管管壁中的传播时间:

$$t_p = t_{p1} + t_{p2}$$

$$t_p = \frac{d_3 - d_1}{v_p}$$

式中　d_3——声测管外径;

　　　d_1——声测管内径;

　　　v_p——超声波在声测管中的声速,钢管 $v_p = 5940$ m/s,PV 管 $v_p = 2350$ m/s。

④ 超声波在混凝土中的传播时间:

$$t_c = t - t_0 - t_w - t_p$$

(5)现场检测准备工作

① 收集被检测工程的岩土工程勘察资料、桩基设计文件、施工记录,了解施工工艺和施工中出现的异常情况;清楚委托方的具体要求;分析检测项目现场实施的可行性。

② 将各声测管内注满清水,检查声测管畅通情况;换能器应能在声测管全程范围内正常升降。

③ 声测管管距测量

为了获得超声波在混凝土内部传播的声速,需要用传播距离除以时间 t_c,传播距离通过测量声测管的距离获得。用钢卷尺测量桩顶面各声测管之间外壁净距(图 6.26),作为相应的两声测管组成的检测剖面各测点测距,测试误差小于 1%。注意任意两根声测管之间的净距都需要测量,数量和剖面数相同。

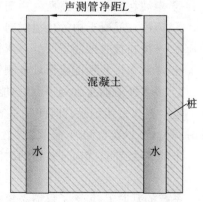

图 6.26 声测管净距示意图

（6）平测普查

将发射与接收声波换能器放至桩底,声波发射与接收换能器始终保持相同深度向上提升,称之为平测(图6.27)。

发射与接收声波换能器以相同标高从桩底同步提升,两测点的高差不大于 100 mm;提升过程中,通过测线上的刻度校核换能器的深度和校正换能器高差,并确保测试波形的稳定性,提升速度不大于 0.5 m/s。

实时显示和记录每条声测线的信号时程曲线(图6.28),读取首波声时、幅值;同时显示频谱曲线及主频值;保存检测数据及波列图信息。

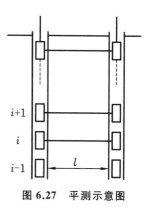

图 6.27 平测示意图

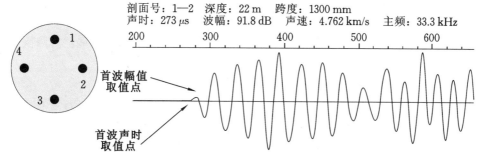

剖面号:1—2　深度:22 m　跨度:1300 mm
声时:273 μs　波幅:91.8 dB　声速:4.762 km/s　主频:33.3 kHz

图 6.28 信号时程曲线

将多根声测管以两根为一个检测剖面进行全组合,分别对所有检测剖面完成检测。

平测时,发射与接收声波换能器始终保持相同深度。

以图6.28为例,显示的是在22 m深度截面上1—2剖面的超声波传播情况,通过组合1—2剖面、1—3剖面、1—4剖面、2—3剖面、2—4剖面、3—4剖面,可以得到整个截面上的超声波传播情况,从而判断22 m深度上桩基的完整性情况。

通过不断提升换能器,得到各个检测截面上的超声波传播情况,从而判断整个桩基的完整性。

（7）可疑点复查

在对一根基桩完成平测后,通过对声时、波幅、主频和 PSD 值等声学参数的分析,找出缺陷可疑测点。

如图6.29所示波形,此波形明显能量偏低,为可疑测点。

图 6.29 某剖面某时刻波形图

对可疑测点的处理方式有:

① 加密平测

对可疑测点,将换能器提升步长减小为5~10 cm,核实可疑点的异常情况,进一步精确确定异常部位的纵向深度范围。

② 斜测法

斜测就是让发、收换能器保持一定的高程差,在声测管内以相同步长同步升降进行测试,而不是像平测那样让发、收换能器在检测过程中始终保持相同的高程。由于径向换能器在铅垂面上存在指向性,因此,斜测时,发、收换能器中心连线与水平面的夹角不能太大,一般可取 $30°\sim40°$。

通过斜测和平测的数据结合,可以更为精确地确定缺陷的范围。

③ 扇形扫测

一个换能器固定不动,另一个换能器逐点移动,测线呈扇形分布,这种检测方法称为扇形扫测。要注意的是,扇形测量中各测点测距是各不相同的,虽然波速可以换算,相互比较,但因为波幅除与测距有关,还与方位角有关,且不是线性变化,所以振幅测值没有相互可比性,只能根据相邻测点测值的突变来发现测线是否遇到缺陷。

故扇形扫测一般应用在桩顶或桩底斜测范围受限制时,或者为减少换能器升降次数,作为一种辅助手段。

④ 对桩身缺陷在桩横截面上的分布状况的推断

对单一检测剖面的平测、斜测结果进行分析,只能得出缺陷在该检测剖面上的投影范围,桩身缺陷在空间的分布是一个不规则的几何体,要进一步确定缺陷的范围(在桩身横截面上的分布范围),则应综合分析各个检测剖面在同一高程或邻近高程上的测点的测试结果。如一灌注桩桩身存在缺陷,在三个检测剖面的同一高程上通过细测(加密平测和斜测),确定了该桩身缺陷在三个检测剖面上的投影范围,综合分析桩身缺陷的三个剖面投影可大致推断桩身缺陷在桩横截面上的分布范围。

近几年发展起来的灌注桩声波层析成像(CT)技术是检测灌注桩桩身缺陷在桩内的空间分布状况的一种新方法。

7. 数据分析

(1)管斜修正

当因声测管倾斜导致声速数据有规律地偏高或偏低变化时,应先对管距进行合理修正,然后对数据进行统计分析(图 6.30)。当实测数据明显偏离正常值而又无法进行合理修正时,检测数据不得作为评价桩身完整性的依据。

一般,管斜导致的声速-深度曲线,具有明显的线性变化特征。原因如下:

① 现场量测的是顶部声测管间的净距 L,输入仪器后,仪器默认在所有桩的深度范围内,间距均为 L。

② 当声测管发生倾斜后,超声波的实际传播时间 t 是随深度线性变化的。

③ 仪器计算声速时是使用 L/t,导致声速也是随深度线性变化。

④ 目前的分析软件基本上都可以进行管斜修正。

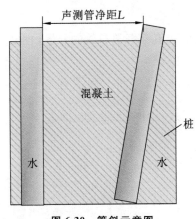

图 6.30 管斜示意图

（2）声速判据

声速是分析桩身混凝土质量的一个重要参数,在相关规范中对声速的分析、判断有两种方法:概率法和声速低限值法。

正常情况下,由随机误差引起的混凝土的质量波动是符合正态分布的,由于混凝土质量（强度）与声学参数存在相关性,可大致认为正常混凝土的声学参数的波动也服从正态分布规律。

混凝土构件在施工过程中,可能因外界环境恶劣及人为因素导致各种缺陷,这种缺陷由过失误差引起,缺陷处的混凝土质量将偏离正态分布,与其对应的声学参数也同样会偏离正态分布。

将采集的声速数据组,根据概率统计的基本理论,计算出一个声速限值,低于该限值,则认为是缺陷导致的异常情况。

计算剖面声速异常判断概率统计值时采用"双边剔除法"。一方面,桩身混凝土硬化条件复杂、混凝土粗细骨料不均匀、桩身缺陷、声测管耦合状况的变化、测距的变异性（将桩顶面的测距设定为整个检测剖面的测距）、首波判读的误差等因素可能导致某些声速值向小值方向偏离正态分布。另一方面,混凝土离析造成的局部粗骨料集中、声测管耦合状况的变化、测距的变异、首波判读的误差以及部分声测线可能存在声波沿环向钢筋的绕射等因素也可能导致某些声测线声速测值向大值方向偏离正态分布,这也属于非正常情况。这些非正常情况在声速异常判断概率统计值的计算时应剔除,否则两边的数据不对称,加剧剩余数据偏离正态分布,影响正态分布特征参数的推定。

① 将同一剖面上面各深度的声速值 v_i 由大到小依次排序,即

$$v_1 \geqslant v_2 \geqslant \cdots \geqslant v_{k'} \geqslant \cdots \geqslant v_i \geqslant \cdots \geqslant v_{n-k} \geqslant \cdots \geqslant v_{n-1} \geqslant v_n$$

式中　v_i——某一剖面上声速值由大到小排列后的第 i 个测点的声速值;

　　　　n——某检测剖面的测点数;

　　　　k——拟去掉的低声速值数据个数;

　　　　k'——拟去掉的高声速值数据个数。

② 对逐一去掉 v_i 序列中 k 个最小值和 k' 个最大值后,余下的数据进行统计计算:

$$v_{01} = v_m - \lambda_1 S_v$$

$$v_{02} = v_m + \lambda_1 S_v$$

$$v_m = \frac{1}{n-k-k'} \sum_{i=k'+1}^{n-k} v_i$$

$$S_v = \sqrt{\frac{1}{n-k-k'-1} \sum_{i=k'+1}^{n-k} (v_i - v_m)^2}$$

$$C_v = \frac{S_v}{v_m}$$

式中　v_{01}——声速异常小值判断值;

　　　　v_{02}——声速异常大值判断值;

　　　　v_m——$n-k-k'$ 个数据的平均值;

　　　　S_v——$n-k-k'$ 个数据的标准差;

C_v——$n-k-k'$个数据的变异系数;

λ_1——由表 6.7 查得的与 $n-k-k'$ 相对应的系数。

表 6.7 统计数据个数$(n-k-k')$与对应的 λ_1 值

$n-k-k'$	20	22	24	26	28	30	32	34	36	38
λ_1	1.64	1.69	1.73	1.77	1.80	1.83	1.86	1.89	1.91	1.94
$n-k-k'$	40	42	44	46	48	50	52	54	56	58
λ_1	1.96	1.98	2.00	2.02	2.04	2.05	2.07	2.09	2.10	2.11
$n-k-k'$	60	62	64	66	68	70	72	74	76	78
λ_1	2.13	2.14	2.15	2.17	2.18	2.19	2.20	2.21	2.22	2.23
$n-k-k'$	80	82	84	86	88	90	92	94	96	98
λ_1	2.24	2.25	2.26	2.27	2.28	2.29	2.29	2.30	2.31	2.32
$n-k-k'$	100	105	110	115	120	125	130	135	140	145
λ_1	2.33	2.34	2.36	2.38	2.39	2.41	2.42	2.43	2.45	2.46
$n-k-k'$	150	160	170	180	190	200	220	240	260	280
λ_1	2.47	2.50	2.52	2.54	2.56	2.58	2.61	2.64	2.67	2.69

③ 按 $k=0$、$k'=0$、$k=1$、$k'=1$、$k=2$、$k'=2$…的顺序,将参加统计的该组最小声速数据 v_{n-k} 与异常小值判断值 v_{01} 进行比较,当 v_{n-k} 小于或等于 v_{01} 时,剔除最小数据;将最大数据 $v_{k'+1}$ 与异常大值判断值 v_{02} 进行比较,当 $v_{k'+1}$ 大于或等于 v_{02} 时,剔除最大数据;每次剔除一个数据,对剩余数据构成的数列,重复上述公式的计算步骤,直到该组数据中余下的全部数据满足:

$$v_{n-k}>v_{01},v_{k'+1}<v_{02}$$

④ 声速异常判断概率统计值为:

$$v_0=\begin{cases} v_m(1-0.015\lambda) & \text{当 } C_v<0.015 \text{ 时} \\ v_{01} & \text{当 } 0.015\leqslant C_v\leqslant 0.045 \text{ 时} \\ v_m(1-0.045\lambda) & \text{当 } C_v>0.045 \text{ 时} \end{cases}$$

⑤ 声速数据的异常判断临界值计算:

概率法从本质上说是一种相对比较法,它考察的只是各条声测线声速与相应检测剖面内所有声测线声速平均值的偏离程度。当声测管倾斜或桩身存在多个缺陷时,同一检测剖面内各条声测线声速值离散很大,这些声速值实际上已严重偏离了正态分布规律,基于正态分布规律的概率法判据已失效,此时,不能将概率法临界值作为该检测剖面各声测线声速异常判断临界值,所以需要对概率法判据值做合理的限定。

应根据本地区经验,结合预留同条件混凝土试件或钻芯法获取的芯样试件的抗压强度与声速对比试验,分别确定桩身混凝土声速低限值 v_L 和混凝土试件的声速平均值 v_p。

当 v_0 大于 v_L 且小于 v_p 时:

$$v_c=v_0$$

式中 v_c——该剖面声速数据的异常判断临界值;

v_0——该剖面声速数据的异常判断概率统计值。

当 v_0 小于等于 v_L 或大于等于 v_p 时,应分析原因;检测剖面的声速异常判断临界值可按下列情况的声速异常判断临界值综合确定:

A. 同一根桩的其他检测剖面的声速异常判断临界值;

B. 与受检桩属同一工程、相同桩型且混凝土质量较稳定的其他桩的声速异常判断临界值。

对只有单个检测剖面的桩,其声速异常判断临界值等于检测剖面声速异常判断临界值;对具有三个及三个以上检测剖面的桩,应取各个检测剖面声速异常判断临界值的算术平均值,作为该桩各声测线的声速异常判断临界值。

⑥ 声速异常应按照下式判断:

$$v \leqslant v_c$$

(3) 波幅判据

接收波首波波幅是判定混凝土灌注桩桩身缺陷的另一个重要参数,首波波幅对缺陷的反应比声速更敏感,但波幅的测试值受仪器设备、测距、耦合状态等许多非缺陷因素的影响,因而其测值没有声速稳定。

在《建筑基桩检测技术规范》(JGJ 106)中采用下列方法确定波幅临界值判据:

$$A_m = \frac{1}{n} \sum_{i=1}^{n} A_{pi}$$

$$A_c = A_m - 6$$

当 $A_i < A_c$ 时,波幅异常。

式中 A_m——同一检测剖面各测点的波幅平均值(dB);

n——同一检测剖面测点数;

A_c——同一检测剖面的波幅异常判断的临界值;

A_i——该检测剖面上各测点的波幅值。

波幅判据没有采用如声速判据那样的各检测剖面取平均值的办法,而是采用单剖面判据,这是因为不同剖面间测距及声耦合状况差别较大,使波幅不具有可比性。此外,波幅的衰减受桩身混凝土不均匀性、声波传播路径和点源距离的影响,故应考虑声测管间距较大时波幅分散性而采取适当的调整。

(4) PSD 判据

PSD 值指的是声时-深度曲线上相邻两点的斜率与声时差的乘积。任意一点的 PSD 值按下式计算:

$$PSD = \frac{(t_{ci} - t_{ci-1})^2}{z_i - z_{i-1}} = \frac{\Delta t_i^2}{\Delta z_i}$$

式中 t_{ci}, t_{ci-1}——第 i 测点和第 $i-1$ 测点声时;

z_i, z_{i-1}——第 i 测点和第 $i-1$ 测点深度。

PSD 本质上是根据函数的可导性质来进行判定,根据桩身某一检测剖面各测点的实测声时 $t_c(\mu s)$,及测点高程 $z(mm)$,可得到一个以 t_c 为因变量,z 为自变量的函数。

$$t_c = f(z)$$

当该桩桩身完好时,$f(z)$ 应是连续可导函数,即 $\Delta z \to 0$,$\Delta t_c \to 0$。

当该剖面桩身存在缺陷时,在缺陷与正常混凝土的分界面处,声介质性质发生突变,声时 t_c 也发生突变,当 Δz 趋于 0 时,Δt_c 不趋于 0,即 $f(z)$ 在此处不可导。因此函数 $f(z)$ 不可导点就是缺陷界面位置。在实际检测时,测点有一定间距,Δz 不可能趋于零,而且由于缺陷表面凸凹不平,以及孔洞等缺陷是由于声波绕行导致声时变化的,所以 $f(z)$ 的实测曲线在缺陷界面只表现为斜率的变化。$f(z)$-z 图上各测点的斜率只能反映缺陷的有无,不能明显反映缺陷的大小(声时差),因而用声时差对斜率加权。

以下对 PSD 判据应用进行简要说明:

① 当桩身完整性较好,声测管无明显倾斜情况时,各测点的声时值相近,固各测点 Δt_i 相近,当各测点间距 Δz_i 固定时,各测点 PSD 值基本相等。PSD-深度曲线近似一条直线。

② 当桩身出现缺陷时,缺陷处声时差值 Δt_i 出现较大变化。PSD-深度曲线在该深度处出现明显畸变。PSD 值在某深度处突变时,宜结合波幅变化情况进行异常声测线判定。

③ 当桩身完整性较好,声测管倾斜时,各测点的声时值等值增加或减小,固各测点 Δt_i 相近,当测点间距 Δz_i 固定时,各测点的 PSD 值基本相等。PSD-深度曲线近似一条直线。所以 PSD 判据减小了因声测管不平行造成的测试误差对数据分析判断的影响。

(5)主频判据

当采用信号主频值作为辅助异常声测线判据时,主频-深度曲线上主频值明显降低的声测线可判定为异常。

声波接收信号的主频值的离散程度反映了声波在桩身混凝土中传播时的衰减程度,而这种衰减程度又能体现混凝土完整性的好坏。但信号的主频值受测试系统的状态、测距等许多非缺陷因素的影响,数值没有声速稳定,对缺陷的敏感程度不及波幅,可作为声速、波幅等主要声参数判据之外的一个辅助判据。

(6)完整性判别

声波透射法基桩完整性判别见表 6.8。

表 6.8　声波透射法基桩完整性判别

类别	特　征
Ⅰ类桩	所有声测线声学参数无异常,接收波形正常; 存在声学参数轻微异常、波形轻微畸变的异常声测线,异常声测线在任一检测剖面的任一区段内纵向不连续分布,且在任一深度横向分布的数量小于检测剖面数量的 50%
Ⅱ类桩	存在声学参数轻微异常、波形轻微畸变的异常声测线,异常声测线在一个或多个检测剖面的一个或多个区段内纵向连续分布,或在一个或多个深度横向分布的数量大于或等于检测剖面数量的 50%; 存在声学参数明显异常、波形明显畸变的异常声测线,异常声测线在任一检测剖面的任一区段内纵向不连续分布,且在任一深度横向分布的数量小于检测剖面数量的 50%

续表 6.8

类别	特　　征
Ⅲ类桩	存在声学参数明显异常、波形明显畸变的异常声测线,异常声测线在一个或多个检测剖面的一个或多个区段内纵向连续分布,但在任一深度横向分布的数量小于检测剖面数量的50%; 存在声学参数明显异常、波形明显畸变的异常声测线,异常声测线在一个或多个检测剖面的任一区段内纵向不连续分布,但在一个或多个深度横向分布的数量大于或等于检测剖面数量的50%; 存在声学参数严重异常、波形严重畸变或声速低于低限值的异常声测线,异常声测线在任一检测剖面的任一区段内纵向不连续分布,且在任一深度横向分布的数量小于检测剖面数量的50%
Ⅳ类桩	存在声学参数明显异常、波形明显畸变的异常声测线,异常声测线在一个或多个检测剖面的一个或多个区段内纵向连续分布,且在一个或多个深度横向根部的数量大于或等于检测剖面数量的50%; 存在声学参数严重异常、波形严重畸变或声速低于低限值的异常声测线,异常声测线在一个或多个检测剖面的一个或多个区段内纵向连续分布,或在一个或多个深度横向分布的数量大于或等于检测剖面数量的50%

注:① 完整性类别由Ⅳ类往Ⅰ类依次判定。

② 对于只有一个检测剖面的受检桩,桩身完整性判定应该按该检测剖面代表桩全部横截面的情况对待。

6.3.2　声波透射法工程案例

1. 工程概况

该工程位于××市,采用机械冲击成孔灌注桩。受××公司委托,按照技术标准的要求和管理部门的规定,对该项目基桩进行超声波透射法检测,目的是检测桩身结构完整性。

2. 检测依据

《建筑基桩检测技术规范》(JGJ 106)。

3. 检测原理

此处略(见前文,正式报告应准确描述)。

4. 检测设备

此处略(见前文,正式报告应准确描述)。

5. 基桩信息

现对该工程4根基桩采用超声波透射法检测其完整性。4根基桩的基本信息如表6.9所示。

表 6.9　基桩基本信息

序号	桩号	桩径(mm)	深度(m)	混凝土强度等级
1	Z1-10-b1	2200	25.00	C30
2	Z1-16-0	2200	23.00	C30
3	Z1-16-1	2200	21.40	C30
4	Z2-15-0	2200	25.00	C30

6. 检测结果

经检测,该工程4根基桩的检测结果见图6.31至图6.38。

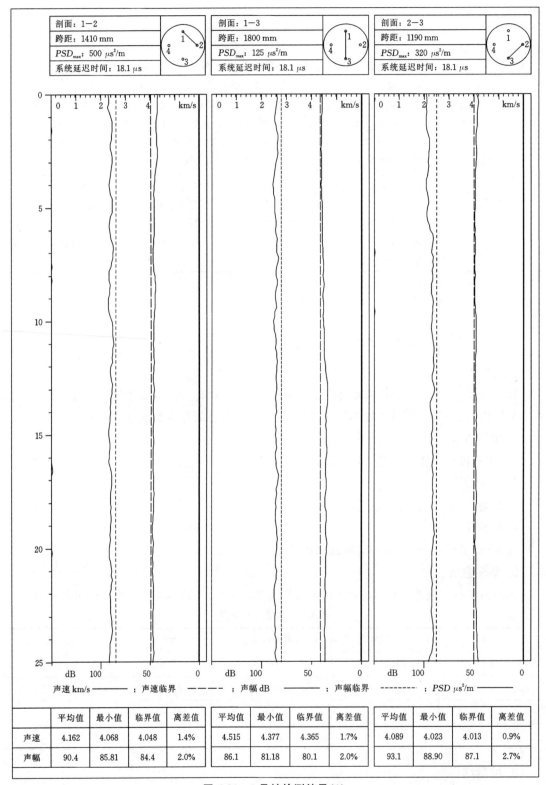

图 6.31　1 号桩检测结果（1）

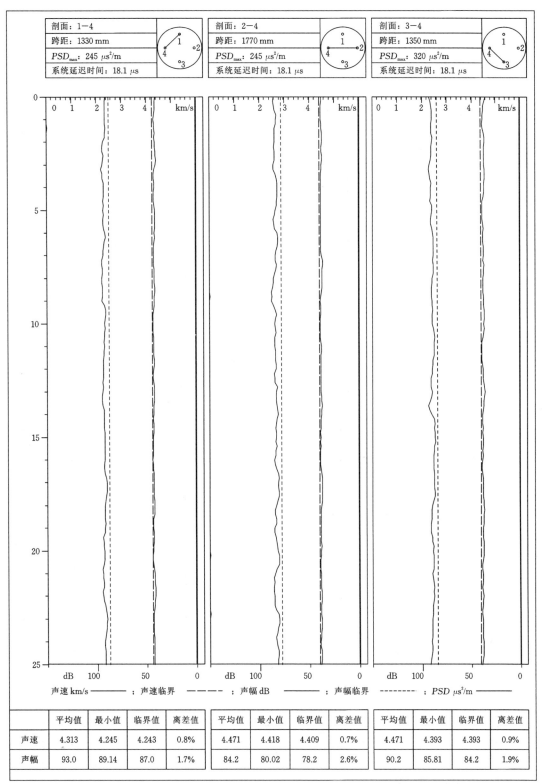

图 6.32　1 号桩检测结果（2）

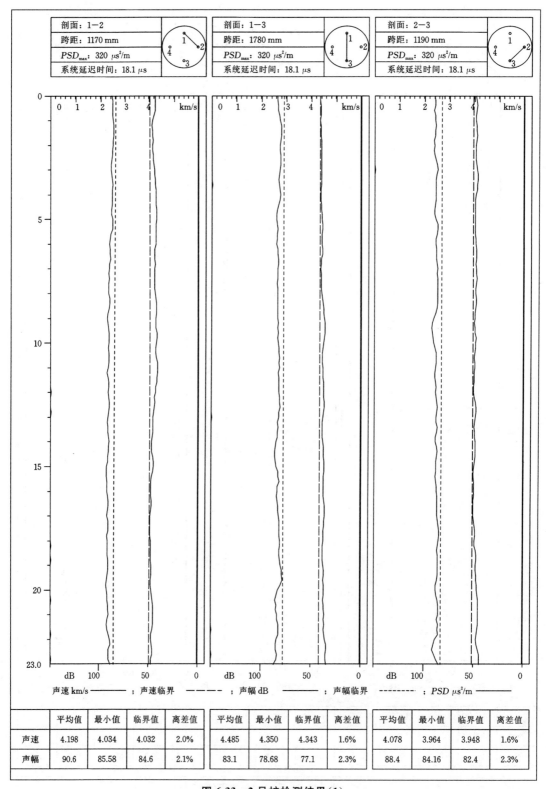

	平均值	最小值	临界值	离差值		平均值	最小值	临界值	离差值		平均值	最小值	临界值	离差值
声速	4.198	4.034	4.032	2.0%		4.485	4.350	4.343	1.6%		4.078	3.964	3.948	1.6%
声幅	90.6	85.58	84.6	2.1%		83.1	78.68	77.1	2.3%		88.4	84.16	82.4	2.3%

图 6.33　2 号桩检测结果(1)

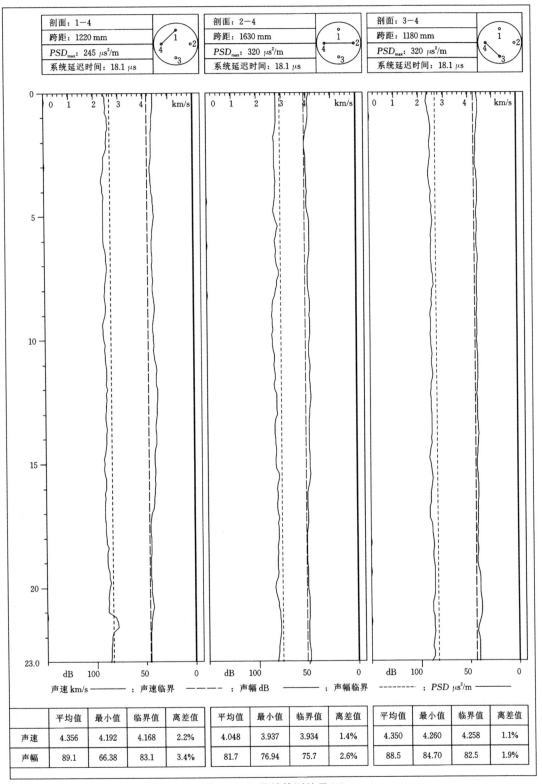

图 6.34　2 号桩检测结果（2）

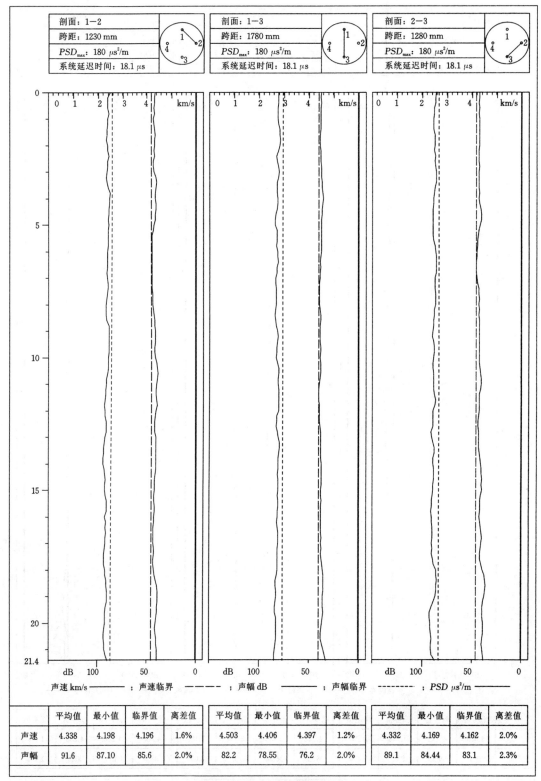

图 6.35　3 号桩检测结果（1）

	平均值	最小值	临界值	离差值
声速	4.338	4.198	4.196	1.6%
声幅	91.6	87.10	85.6	2.0%

	平均值	最小值	临界值	离差值
	4.503	4.406	4.397	1.2%
	82.2	78.55	76.2	2.0%

	平均值	最小值	临界值	离差值
	4.332	4.169	4.162	2.0%
	89.1	84.44	83.1	2.3%

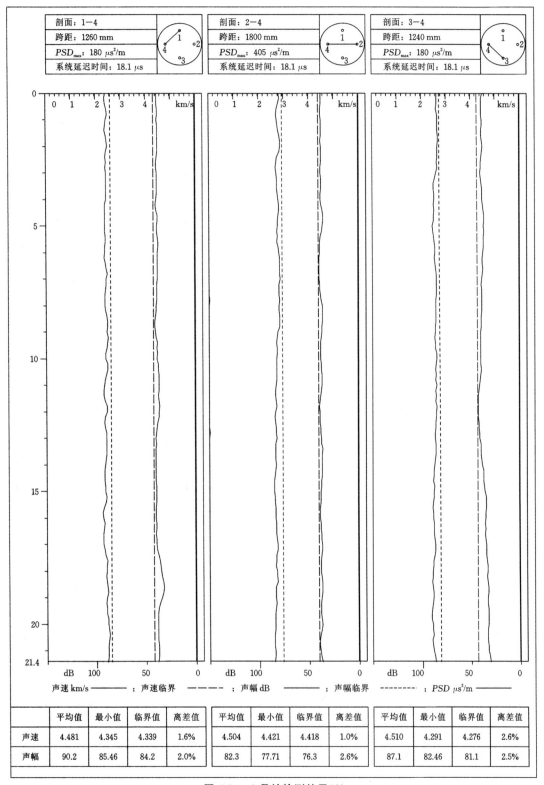

	平均值	最小值	临界值	离差值		平均值	最小值	临界值	离差值		平均值	最小值	临界值	离差值
声速	4.481	4.345	4.339	1.6%		4.504	4.421	4.418	1.0%		4.510	4.291	4.276	2.6%
声幅	90.2	85.46	84.2	2.0%		82.3	77.71	76.3	2.6%		87.1	82.46	81.1	2.5%

图 6.36　3 号桩检测结果（2）

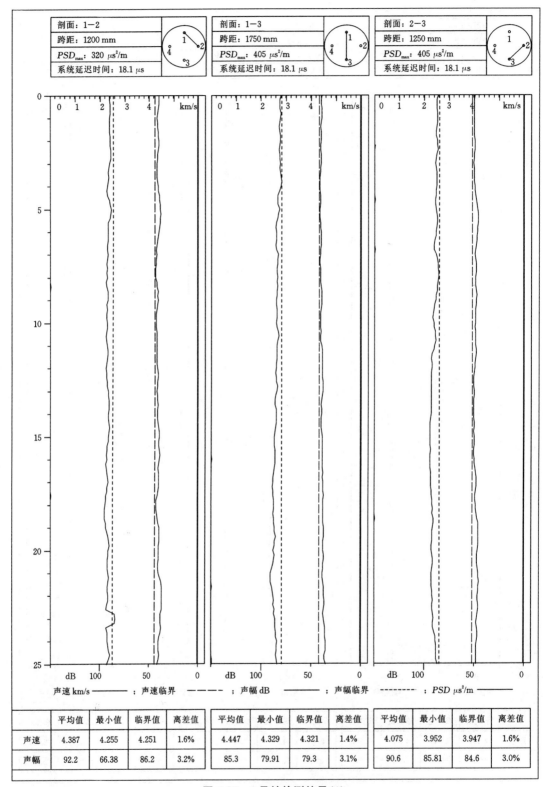

图 6.37　4 号桩检测结果（1）

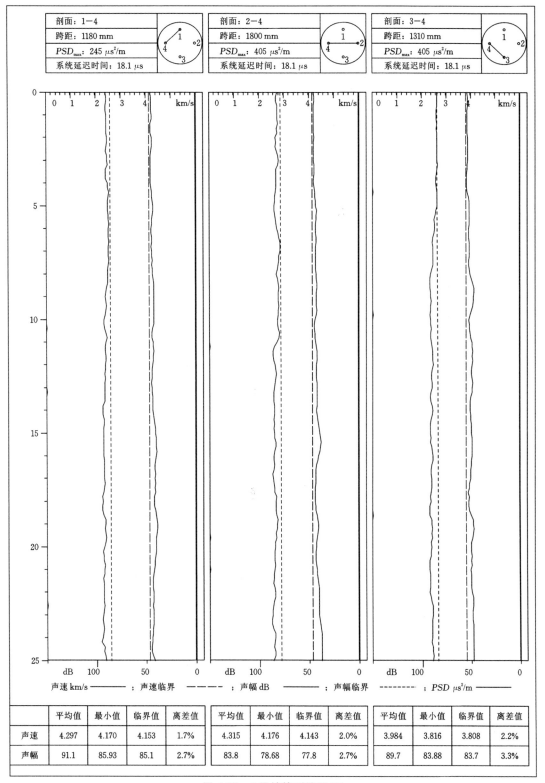

图 6.38 4 号桩检测结果（2）

7. 完整性判别

该工程 4 根基桩完整性判别见表 6.10。

表 6.10　基桩完整性判别

序　号	桩　号	桩径(mm)	深度(m)	桩身完整性描述	桩身质量评价
1	1	2200	25.00	桩身完整	Ⅰ
2	2	2200	23.00	1—4 剖面在距桩顶 21.40 m 位置声学参数异常	Ⅱ
3	3	2200	21.40	桩身完整	Ⅰ
4	4	2200	25.00	1—2 剖面在距桩顶 23.0 m 位置声学参数异常	Ⅱ

6.4　钻　芯　法

6.4.1　试验内容

1. 适用范围

钻芯法适用于检测混凝土灌注桩的桩长、桩身混凝土强度、桩底沉渣厚度和桩身完整性。当采用本方法判定或鉴别桩端持力层岩土性状时,钻探深度应满足设计要求。

钻芯法是检测钻(冲)孔、人工挖孔等现浇混凝土灌注桩的成桩质量的一种有效手段,不受场地条件的限制,特别适用于大直径混凝土灌注桩的成桩质量检测。钻芯法检测的主要目的有以下四个:

(1)检测桩身混凝土质量情况,如桩身混凝土胶结状况,有无气孔、松散或断桩等,桩身混凝土强度是否符合设计要求;

(2)桩底沉渣厚度是否符合设计或规范的要求;

(3)桩端持力层的岩土性状(强度)和厚度是否符合设计或规范要求;

(4)施工记录桩长是否真实。

单从理论上讲,钻芯法对所有混凝土灌注桩均可检测,但是实际上,当受检桩长径比较大时,成孔的垂直度和钻芯孔的垂直度很难控制,钻芯孔容易偏离桩身,故要求受检桩桩径不宜小于 800 mm、长径比不宜大于 30;如果仅仅是为了抽检桩上部的混凝土强度,可以不受桩径和长径比的限制,有些工程由于验收的需要,对中小直径的沉管灌注桩的上部混凝土也进行钻芯法检测。

此外,桩端持力层岩土性状的准确判断直接关系到受检桩的使用安全,所以《建筑地基基础设计规范》(GB 50007)中规定:嵌岩灌注桩要求按端承桩设计,桩端以下 3 倍桩径范围内无软弱夹层、断裂破碎带和洞隙分布,在桩底应力扩散范围内无岩体临空面。虽然施工前已进行岩土工程勘察,但有时钻孔数量有限,对较复杂的地基条件,很难全面弄清岩石、土层的分布情况。因此,应对桩端持力层进行足够深度的钻探。

2. 检测原理

钻芯法是采用金刚石岩芯钻探技术和操作工艺,对现浇混凝土灌注桩桩身和持力层钻取芯样,然后根据芯样表观质量以及芯样试件抗压强度试验结果来综合评价桩体的质量。

3. 规范规程

《建筑基桩检测技术规范》(JGJ 106);

《混凝土物理力学性能试验方法标准》(GB/T 50081)。

4. 仪器设备

钻芯法所采用的仪器设备一般包括钻机、钻具、钻头、芯样加工和抗压设备等。

（1）钻机

钻机宜采用岩芯钻探的液压高速钻机(图 6.39),并配有相应的钻塔和牢固的底座,机械技术性能良好,不得使用立轴晃动过大的钻机。

钻机应带有产品合格证,其设备参数应符合以下规定:

① 额定最高转速不低于 790 r/min;

② 转速调节范围不少于 4 档;

③ 额定配用压力不低于 1.5 MPa(配用压力越大钻机可钻孔的深度越深)。

此外,钻机的钻杆,其粗细是影响钻孔垂直度的因素之一,选用较粗且平直的钻杆,因其刚度比较大,与孔壁的间隙相对较小,晃动就小,钻孔的垂直度就容易保证,所以钻杆应顺直,直径宜为 50 mm;同时,钻机配备的水泵,其排水量宜为 50~160 L/min,泵压宜为 1.0~2.0 MPa。

图 6.39 液压高速钻机

（2）钻具

钻芯法钻取芯样的真实程度与所用钻具有很大关系,进而直接影响桩身完整性的类别判定。为提高钻取桩身混凝土芯样的完整性,钻芯检测用钻具应为单动双管钻具,并配备相应的孔口管、扩孔器、卡簧、扶正稳定器(又称导向器)及可捞取松软渣样的钻具等。

孔口管、扶正稳定器及可捞取松软渣样的钻具应根据需要选用。如桩较长时,应使用扶正稳定器确保钻芯孔的垂直度;桩顶面与钻机塔座距离大于 2 m 时,宜安装孔口管,孔口管应垂直且牢固。

早期钻芯法采用单动单管钻具,实践证明,这种钻具无法保证混凝土芯样的质量,根据《建筑基桩检测技术规范》(JGJ 106)的规定,现在严禁使用单动单管钻具。

对于单动双管钻具,要求有良好的单动性能,内外管、异径接头、扩孔器和钻头的各个连接部分同心度好;岩芯管无弯曲,无压扁和伤裂现象;螺纹质量合格、无松动过紧、丝口不漏水;隔水性能好,卡心牢固;水路畅通;结构简单耐用;加工装卸方便。

（3）钻头

根据机械破岩方式,钻进方法可分为回转钻进、冲击钻进、螺旋钻进、振动钻进等。在各种钻进工作中,使用最多的是回转钻进。根据所用钻头不同,回转钻进又可分为金刚石钻进、硬质合金钻进、牙轮钻进和钢粒钻进等。

为了获得比较真实的芯样,根据《建筑基桩检测技术规范》(JGJ 106)的规定,钻芯法检测应采用金刚石钻头,钻头胎体不得有肉眼可见的裂纹、缺边、少角、喇叭形磨损。此外,还需注意金刚石钻头、扩孔器与卡簧的配合和使用的细节；金刚石钻头与岩芯管之间必须安有扩孔器，用以修正孔壁；扩孔器外径应比钻头外径大 0.3～0.5 mm，卡簧内径应比钻头内径小 0.3 mm 左右；金刚石钻头和扩孔器应按外径先大后小的排列顺序使用，同时考虑钻头内径小的先用，内径大的后用。

目前，钻头外径有 76 mm、91 mm、101 mm、110 mm、130 mm 等几种规格，从经济合理的角度综合考虑，应选用外径为 101 mm 和 110 mm 的钻头；当受检桩采用商品混凝土、骨料最大粒径小于 30 mm 时，可选用外径为 91 mm 的钻头；如果不检测混凝土强度，可选用外径为 76 mm 的钻头。

（4）芯样加工设备

锯切芯样试件用的锯切机应具有冷却系统和牢固夹紧芯样的装置，配套使用的金刚石圆锯片应有足够的刚度。芯样试件端面的补平器和磨平机应满足芯样制作的要求。

（5）芯样抗压设备

混凝土芯样试件的抗压强度试验设备，应符合国家标准《混凝土物理力学性能试验方法标准》（GB/T 50081）的有关规定。

5. 现场检测方法

（1）钻芯检测前的准备工作

① 钻芯前应明确：检测目的、方法、数量、深度、日期、地点及特殊要求等。

② 了解现场情况：受检桩的位置、道路、场地、水源、电源及障碍物等。

③ 应按规范规定收集必要的资料，主要包括：

A. 工程概况表；

B. 受检桩平面位置图；

C. 受检桩的相关设计、施工资料（包括桩型、桩号、桩径、桩长、桩顶标高、桩身混凝土设计强度等级、单桩设计承载力、成桩日期、持力层的岩土性质等）；

D. 场地的工程地质资料。

④ 对于仲裁检测或重大检测项目，或委托方有要求时，应制定详细的检测方案。

⑤ 桩头处理：为准确确定桩的中心位置，受检桩头宜裸露；由于特殊原因不能使桩头裸露，应要求施工单位在实地将桩位置准确放出。

（2）受检桩的钻芯孔的数量和位置的确定

① 桩径小于 1.2 m 的桩的钻孔数量可为 1～2 个孔，桩径为 1.2～1.6 m 的桩的钻孔数量宜为 2 个孔，桩径大于 1.6 m 的桩的钻孔数量宜为 3 个孔。

② 当钻芯孔为 1 个时，宜在距桩中心 10～15 cm 的位置开孔；当钻芯孔为 2 个或 2 个以上时，开孔位置宜在距桩中心 $0.15D$～$0.25D$（D 为桩身直径）范围内均匀对称布置。

③ 对桩端持力层的钻探，每根受检桩不应少于 1 个孔，且钻探深度应满足设计要求。

（3）钻机设备安装及钻进

① 钻机安装及开钻准备

钻机设备安装必须周正、稳固，底座水平；钻机立轴中心、天轮中心（天车前沿切点）与孔口中心必须在同一铅垂线上；桩顶面与钻机塔座距离大于 2 m 时，宜安装孔口管，孔口管应垂直且牢固。

钻机设备最好架设在枕木上,地面土质较好、条件允许,也可使用木枋垫底。设备安装后,应进行试运转,在确认正常后方能开钻。

② 钻进

A. 钻进初始阶段应对钻机立轴进行校正,及时纠正立轴偏差,确保钻芯过程不发生倾斜、移位,钻芯孔垂直度偏差不得大于 0.5%。

当出现钻芯孔与桩体偏离时,应立即停机记录,分析原因。当有争议时,可进行钻孔测斜,以判断是受检桩倾斜超过规范要求还是钻芯孔倾斜超过规定要求。

B. 钻进过程中钻孔内循环水流不得中断,应根据回水含砂量及颜色,发现钻进中的异常情况,调整钻进速度,判断是否钻至桩端持力层。

基桩钻芯法是采用清水作为冲洗液进行钻进。冲洗液的主要作用有四点:一是清洗孔底,携带和悬浮岩粉;二是冷却钻头;三是润滑钻头和钻具;四是保护孔壁。当冲洗液为清水时,清水的优点是黏度小,冲洗能力强,冷却效果好,可以获得较高的机械钻速。

C. 每回次钻孔进尺宜控制在 1.5 m 内。

D. 提钻卸取芯样时,应拧卸钻头和扩孔器,严禁敲打卸芯。

E. 钻至桩底时,为检测桩底沉渣或虚土厚度,应采取减压、慢速钻进。若遇钻具突降,应立即停钻,及时测量机上余尺,准确记录孔深及有关情况。

当持力层为中、微风化岩石时,可将桩底 0.5 m 左右的混凝土芯样、0.5 m 左右的持力层以及沉渣纳入同一回次。当持力层为强风化岩层或土层时,可采用合金钢钻头干钻的方法和工艺钻取沉渣并测定沉渣厚度。

对中、微风化岩的桩端持力层,可直接钻取岩芯鉴别;对强风化岩层或土层,可采用动力触探、标准贯入试验等方法鉴别,试验宜在距桩底 1 m 内进行。

③ 在钻进过程中,金刚石钻进的技术参数

A. 钻头压力

钻芯法的钻头压力应根据混凝土芯样的强度和胶结好坏而定,胶结好、强度高的钻头压力应大,反之压力应小;一般情况下,初压力为 0.2 MPa,正常压力为 1.0~2.0 MPa。

B. 转速

回次初转速宜为 100 r/min 左右,正常钻进时可以采用高转速,但芯样胶结强度低的混凝应采用低转速。

C. 冲洗液量

冲洗液量一般按钻头大小而定。钻头直径为 100 mm 时,其冲洗液流量应为 60~120 L/min。

④ 在钻进过程中,金刚石钻进应注意的事项

A. 金刚石钻进前,应将孔底硬质合金捞取干净并磨灭,然后磨平孔底。提钻卸取芯样时,应使用专门的自由钳拧卸钻头和扩孔器,严禁敲打卸芯。

B. 提放钻具时,钻头不得在地上拖拉;下钻时金刚石钻头不得碰撞孔口或孔口管;发生墩钻或跑钻事故,应提钻检查钻头,不得盲目钻进。

C. 当孔内有掉块、混凝土芯脱落或残留混凝土芯超过 200 mm 时,不得使用新金刚石钻

头扫孔,应使用旧的金刚石钻头或针状合金钻头套扫。

D. 下钻前金刚石钻头不得下至孔底,应下至距孔底 200 mm 处,采用轻压慢转扫到孔底,待钻进正常后再逐步增加压力和提高转速至正常范围。

E. 正常钻进时不得随意提动钻具,以防止混凝土芯堵塞,发现混凝土芯堵塞时应立刻提钻,不得继续钻进。

F. 钻进过程中要随时观察冲洗液量和泵压的变化,正常泵压应为 0.5～1.0 MPa,发现异常应查明原因,立即处理。

(4) 现场记录

① 操作记录

钻取的芯样应由上而下按回次顺序放进芯样箱中,同一回次的芯样应排成一排,为了避免丢失或人为调换,芯样侧面上应清晰标明回次数、块号、本回次总块数,采用分数形式是比较好的唯一性标识方法,具有较好的溯源性,如第 2 个回次共有 5 块芯样,在第 3 块芯样上标记 $2\frac{3}{5}$,那么 $2\frac{3}{5}$ 可以非常清楚地表示出这是第 2 回次的芯样,本回次共有 5 块芯样,本块芯样为第 3 块。

应避免出现以下情况:由于现场管理不到位,现场人员未分工或分工不合理,未填写或未及时填写钻芯现场记录表,或填写不规范;或未使用芯样箱,芯样未编号或未及时编号,或编号不符合要求;芯样随意摆放,本应能拼接,结果人为地造成拼接不上,碎块未摆上去,甚至发生芯样丢失现象;有的将两个回次编成一个回次。

钻机操作人员应按照表 6.11 的格式及时记录钻进情况和钻进异常情况,对芯样质量做初步描述,包括记录孔号、回次数、起至深度、块数、总块数等。

表 6.11　钻芯法检测现场操作记录表

桩号		孔号			工程名称		
时间		钻进(m)			芯样编号	芯样长度(m)	残留芯样	芯样初步描述及异常情况记录
自	至	自	至	计				
检测日期					机长:		记录:	页次:

② 芯样编录

检测人员应按表 6.12 格式对芯样混凝土、桩底沉渣以及桩端持力层做详细编录。

对桩身混凝土芯样的描述包括混凝土钻进深度,芯样连续性、完整性、胶结情况、表面光滑情况、断口吻合程度,混凝土芯样呈长柱状或短柱状或块状,骨料大小分布情况,气孔、蜂窝麻面、沟槽、破碎、夹泥、松散的情况,以及取样编号和取样位置。

对桩底沉渣的描述包括桩端混凝土与持力层接触情况、沉渣厚度等。

表6.12 钻芯法检测芯样编录表

工程名称				日期	
桩号/钻芯孔号		桩径		混凝土设计强度等级	
项目	分段(层)深度(m)	芯样描述		取样编号	备注
				取样深度	
桩身混凝土		混凝土钻进深度,芯样连续性、完整性、胶结情况、表面光滑情况、断口吻合程度,混凝土芯是否为柱状,骨料大小分布情况,气孔、蜂窝麻面、沟槽、破碎、夹泥、松散的情况			
桩底沉渣		桩端混凝土与持力层接触情况、沉渣厚度			
持力层		持力层钻进深度,岩土名称、芯样颜色、结构构造、裂隙发育程度、坚硬及风化程度;分层岩层应分别描述			(强风化或土层时的动力触探或者标贯结果)

检测单位: 记录员: 检测人员:

对持力层的描述包括持力层钻进深度,岩土名称、芯样颜色、结构构造、裂隙发育程度、坚硬及风化程度,以及取样编号和取样位置,或动力触探、标准贯入试验位置和结果。分层岩层应分别描述。

芯样质量指标是指在某一基桩中,用钻芯法连续采取的芯样中,大于10 cm的混凝土芯样段长度之和与基桩中钻探混凝土总进尺的比值,以百分数表示。芯样质量指标参照《岩土工程勘察规范(2009年版)》(GB 50021)第9.2.4条岩石质量指标 RQD 计算。

芯样采取率是指钻孔中取得的混凝土芯样长度与钻探混凝土总进尺的比值,以百分数表示。

芯样采取率是衡量钻探设备性能和钻机操作人员技术水平以及芯样质量的综合指标,一般应符合以下规定:

a.混凝土结构完整连续,采取率达到95%以上;

b.混凝土胶结尚好,采取率达到80%以上;

c.胶结差或没有胶结的,必须捞取样品(包括桩底沉渣);

d.持力层岩芯采取率不少于80%。

芯样质量指标和芯样采取率均很难用于评价基桩混凝土施工质量,总的来说,芯样质量指标和芯样采取率高,表示混凝土质量相对较好,芯样质量指标和芯样采取率低,表示混凝土质量相对较差,但是很难量化到与桩身完整性类别挂钩。例如,桩长20 m,芯样采取率为98%,破碎和松散的芯样长度累计可能达0.4 m,如果它们集中在同一个部位,那么该部位的混凝土质量很可能很差,如果它们分散在几个部位,那么桩身混凝土质量可能比较好。因此,在《建筑基桩检测技术规范》(JGJ 106)中未提及这两个指标。

条件许可时,可采用钻孔电视辅助判断混凝土质量。钻孔电视是工业电视的一种,它通过井下摄像探头摄取钻孔周围图像,图像信号经过视频电缆传输至地面监视器显示并记录钻孔图像。新式的数字化钻孔电视更为先进、轻捷,井下图像信号传输至地面工业控制计算机,进行图像 A/D 转换、存储、回放、编辑等,并可通过播放机回放观看图像。通过钻孔电视可直接观测钻孔中混凝土和地质体的各种特征,如混凝土蜂窝、沟槽、松散、断桩等以及地层岩性、岩石结构、断层、裂隙、夹层、岩溶等,还可用于混凝土浇筑质量、地下管道破损探测以及地下仪器埋设监测等。

③ 芯样拍照

钻芯结束后,应对芯样和标有工程名称、桩号、钻芯孔号、芯样试件采取位置、桩长、孔深、检测单位名称的标示牌的全貌进行拍照。应先拍彩色照片,后截取芯样试件,拍照前应将被包封浸泡在水中的岩样打开并摆在相应位置。取样完毕剩余的芯样宜移交委托单位妥善保存。

（5）钻孔处理

钻芯工作完毕,如果钻芯法检测结果满足设计要求时,应对钻芯后留下的孔洞回灌封闭,以保证基桩的工作性能;可采用 0.5～1.0 MPa 压力,从钻芯孔孔底往上用水泥浆回灌封闭,水泥浆的水灰比可为 0.5～0.7。如果钻芯法检测结果不满足设计要求时,则应封存钻芯孔,留待处理。钻芯孔可作为桩身桩底高压灌浆加固补强孔。

为了加强基桩质量的追溯性,要求在试验完毕后,由检测单位将芯样移交委托单位封样保存。保存时间由建设单位和监理单位根据工程实际商定或至少保留到基础工程验收。

6. 检测要求

（1）抽样方法

基桩钻芯法检测可采用随机抽样的方法,也可根据其他已完成的检测方法的试验结果有针对性地确定桩位。一般来说,基桩钻芯法检测不应简单地采用随机抽样的方法进行,而应结合设计要求、施工现场成桩记录以及其他检测方法的检测结果,经过综合分析后对质量确有怀疑或质量较差的、有代表性的桩进行抽检,以提高检测结果的可靠性,减少工程安全隐患。

（2）检测数量

《建筑基桩检测技术规范》(JGJ 106)第 3.3.3 条对混凝土桩的桩身完整性的检测数量做了明确的规定,其中要求对大直径嵌岩灌注桩或设计等级为甲级的大直径灌注桩,应在规定的检测桩数范围内,按不少于总桩数的 10% 的比例采用声波透射法或钻芯法检测,但是没有规定钻芯法的抽检数量。

此外,《建筑基桩检测技术规范》(JGJ 106)第 3.3.7 条规定,对于端承型大直径灌注桩,当受设备或现场条件限制无法检测单桩竖向抗压承载力时,可选择钻芯法(也可以选择深层平板载荷试验或岩基平板载荷试验)进行持力层核验;当采用钻芯法测定桩底沉渣厚度,并钻取桩端持力层岩土芯样检验桩端持力层,检测数量不应少于总桩数的 10%,且不应少于 10 根。

（3）检测时间

当采用钻芯法检测时，受检桩的混凝土龄期应达到 28 d，或受检桩同条件养护试件强度应达到设计强度要求。

7. 芯样试件截取与加工

（1）混凝土芯样的截取原则及规范要求

① 截取原则

混凝土芯样截取原则主要考虑两个方面，一是能科学、准确、客观地评价混凝土实际质量，特别是混凝土强度，二是操作性较强，即避免人为因素影响，只选择好的或差的混凝土芯样进行抗压强度试验。当钻取的混凝土芯样均匀性较好时，芯样截取比较好办，当混凝土芯样均匀性较差或存在缺陷时，应根据实际情况，增加取样数量。所有取样位置应标明其深度或标高。

桩基质量检测的目的是查明安全隐患，评价施工质量是否满足设计要求，当芯样钻取完成后，有缺陷部位的强度是否满足设计要求、是否构成安全隐患是问题的焦点，至于整体的施工质量水平、整根桩（芯样）的"平均强度"不是需要关心的主要指标。目前先用反射波法普查，然后有目的地重点抽查质量有疑问或质量差的桩进行静载试验或钻芯法检测，以确保桩基工程的质量。

② 规范要求

《建筑基桩检测技术规范》（JGJ 106）要求截取混凝土抗压芯样试件应符合下列规定：

A. 当桩长小于 10 m 时，每孔应截取 2 组芯样；当桩长为 10～30 m 时，每孔应截取 3 组芯样，当桩长大于 30 m 时，每孔应截取芯样不少于 4 组。

B. 上部芯样位置距桩顶设计标高不宜大于 1 倍桩径或超过 2 m，下部芯样位置距桩底不宜大于 1 倍桩径或超过 2 m，中间芯样宜等间距截取。

C. 缺陷位置能取样时，应截取 1 组芯样进行混凝土抗压试验。

D. 同一基桩的钻芯孔数大于 1 个，且某一孔在某深度存在缺陷时，应在其他孔的该深度处，截取 1 组芯样进行混凝土抗压强度试验。

（2）岩石芯样截取原则及规定

当桩端持力层为中、微风化岩层且岩芯可制作成试件时，应在接近桩底部位 1 m 内截取岩石芯样；遇分层岩性时，宜在各分层岩面取样。为便于设计人员对端承力的验算，提供分层岩性的各层强度值是必要的。为保证岩石天然状态，拟截取的岩石芯样应及时密封包装后浸泡在水中，避免暴晒雨淋，特别是软岩。

（3）芯样加工

由于混凝土芯样试件的高度对抗压强度有较大的影响，为避免高径比修正带来误差，应取试件高径比为 1，即混凝土芯样抗压试件的高度与芯样试件平均直径之比应为 0.95～1.05。

每组混凝土芯样应制作三个芯样抗压试件。

对于基桩混凝土芯样来说，芯样试件可选择的余地较大，因此，不仅要求芯样试件不能有裂缝或其他较大缺陷，而且要求芯样试件内不能含有钢筋；同时，为了避免试件强度的离散性较大,在选取芯样试件时,应观察芯样侧面的表观混凝土粗骨料粒径,确保芯样试件平均直径小于 2 倍表观混凝土粗骨料最大粒径。

对于混凝土芯样试件和岩石芯样试件的加工和测量的具体要求应符合《建筑基桩检测技术规范》(JGJ 106)附录 E 的规定。

8. 芯样试件抗压强度试验

(1) 混凝土芯样试件试验要求

混凝土芯样试件的含水率对抗压强度有一定影响,含水越多则强度越低。这种影响也与混凝土的强度有关,对强度等级高的混凝土的影响要小一些,对强度等级低的混凝土的影响要大一些。据国内一些单位试验,泡水后的芯样强度比干燥状态芯样强度下降 7%～22%,平均下降 14%。

基桩混凝土一般位于地下水位以下,考虑到地下水的作用,应以饱和状态进行试验。按饱和状态进行试验时,芯样试件在受压前宜在(20±5)℃的清水中浸泡 40～48 h,从水中取出后应立即进行抗压强度试验。

《建筑基桩检测技术规范》(JGJ 106)允许芯样试件加工完毕后,即可进行抗压强度试验,一方面考虑到钻芯过程中诸影响因素均使芯样试件强度降低,另一方面是出于方便性考虑。

混凝土芯样试件的抗压强度试验应按现行国家标准《混凝土物理力学性能试验方法标准》(GB/T 50081)执行,在混凝土芯样试件抗压强度试验中,当发现试件内混凝土粗骨料最大粒径大于 0.5 倍芯样试件平均直径,且强度值异常时,该试件的强度值不得参与统计平均值。当出现截取芯样未能制作成试件,芯样试件平均直径小于 2 倍试件内混凝土粗骨料最大粒径时,应重新截取芯样试件进行抗压强度试验。条件不具备时,可将另外两个强度的平均值作为该组混凝土芯样试件抗压强度值。在报告中应对有关情况予以说明。

(2) 混凝土芯样试件抗压强度计算

$$f_{cor} = \frac{4P}{\pi d^2}$$

式中　f_{cor}——混凝土芯样试件抗压强度(MPa),精确至 0.1 MPa;

　　　　P——芯样试件抗压试验测得的破坏荷载(N);

　　　　d——芯样试件的平均直径(mm)。

混凝土芯样试件抗压强度可根据本地区的强度折算系数进行修正,折算系数应考虑芯样尺寸效应、钻芯机械对芯样扰动和混凝土成型条件的影响,通过试验统计确定;当无试验统计资料时,宜取为 1.0。

(3) 岩石芯样试验

桩底岩芯单轴抗压强度试验以及岩石单轴抗压强度标准值的确定,宜按现行国家标准《建筑地基基础设计规范》(GB 50007)执行。

与工程地质钻探相比,桩端持力层钻芯的主要目的是判断或鉴别桩端持力层岩土性状,因单桩钻芯所能截取的完整岩芯数量有限,当岩石芯样单轴抗压强度试验仅仅是配合判断桩端持力层岩性时,检测报告中可不给出岩石单轴抗压强度标准值,只给出单个芯样单轴抗压强度检测值。

按岩土工程勘察的做法和现行国家标准《建筑地基基础设计规范》（GB 50007）的相关规定，需要在岩石的地质年代、名称、风化程度、矿物成分、结构、构造相同条件下至少钻取 6 个以上完整岩石芯样，才有可能确定岩石单轴抗压强度标准值。显然这项工作要通过多桩、多孔钻芯来完成。

岩土工程勘察提供的岩石单轴抗压强度值一般是在岩石饱和状态下得到的，因为水下成孔、灌注施工会不同程度造成岩石强度下降，故采用饱和强度是安全的做法。基桩钻芯法钻取岩芯相当于成桩后的验收检验，正常情况下应尽量使岩芯保持钻芯时的"天然"含水状态。只有明确要求提供岩石饱和单轴抗压强度标准值时，岩石芯样试件应在清水中浸泡不少于 12 h 后进行试验。

9. 检测数据分析与判定

（1）混凝土芯样试件抗压强度的确定

每根受检桩混凝土芯样试件抗压强度的确定应符合下列规定：

① 取一组 3 块试件强度值的平均值，作为该组混凝土芯样试件抗压强度检测值。

② 同一受检桩同一深度部位有两组或两组以上混凝土芯样试件抗压强度检测值时，取其平均值作为该桩该深度处混凝土芯样试件抗压强度检测值。

③ 取同一受检桩不同深度位置的混凝土芯样试件抗压强度检测值中的最小值，作为该桩混凝土芯样试件抗压强度检测值。

（2）持力层的评价

桩端持力层性状应根据持力层芯样特征，并结合岩石芯样单轴抗压强度检测值、动力触探或标准贯入试验结果，进行综合判定或鉴别。桩底持力层岩土性状的描述、判定应有工程地质专业人员参与，并应符合《岩土工程勘察规范》（GB 50021）的有关规定。

（3）成桩质量评价

成桩质量评价应结合钻芯孔数、现场混凝土芯样特征、芯样试件抗压强度试验结果，按表6.13 所列特征进行综合判定。

当混凝土出现分层现象时，宜截取分层部位的芯样进行抗压强度试验。当混凝土抗压强度满足设计要求时，可判为Ⅱ类；当混凝土抗压强度不满足设计要求或不能制作成芯样试件时，应判为Ⅳ类。

多于三个钻芯孔的基桩桩身完整性可类比表 6.13 的三孔特征进行判定。

表 6.13　桩身完整性判定

类别	特征		
	单孔	两孔	三孔
	混凝土芯样连续、完整、胶结好，芯样侧表面光滑、骨料分布均匀，芯样呈长柱状、断口吻合		
Ⅰ	芯样侧表面仅见少量气孔	局部芯样侧表面有少量气孔、蜂窝麻面、沟槽，但在另一孔同一深度部位的芯样中未出现，否则应判为Ⅱ类	局部芯样侧表面有少量气孔、蜂窝麻面、沟槽，但在三孔同一深度部位的芯样中未同时出现，否则应判为Ⅱ类

续表 6.13

类别	特　征		
	单孔	两孔	三孔
	混凝土芯样连续、完整、胶结较好,芯样侧表面较光滑,骨料分布基本均匀,芯样呈柱状、断口基本吻合。有下列情况之一:		
Ⅱ	(1)局部芯样侧表面有蜂窝麻面、沟槽或较多气孔; (2)芯样侧表面蜂窝麻面严重、沟槽连续或局部芯样骨料分布极不均匀,但对应部位的混凝土芯样试件抗压强度检测值满足设计要求,否则应判为Ⅲ类	(1)芯样侧表面有较多气孔、严重蜂窝麻面、连续沟槽或局部混凝土芯样骨料分布不均匀,但在两孔同一深度部位的芯样中未同时出现; (2)芯样侧表面有较多气孔、严重蜂窝麻面、连续沟槽或局部混凝土芯样骨料分布不均匀,且在另一孔同一深度部位的芯样中同时出现,但该深度部位的混凝土芯样试件抗压强度检测值满足设计要求,否则应判为Ⅲ类; (3)任一孔局部混凝土芯样破碎段长度不大于10 cm,且在另一孔同一深度部位的局部混凝土芯样的外观判定完整性类别为Ⅰ类或Ⅱ类,否则应判为Ⅲ类或Ⅳ类	(1)芯样侧表面有较多气孔、严重蜂窝麻面、连续沟槽或局部混凝土芯样骨料分布不均匀,但在三孔同一深度部位的芯样中未同时出现; (2)芯样侧表面有较多气孔、严重蜂窝麻面、连续沟槽或局部混凝土芯样骨料分布不均匀,且在任两孔或三孔同一深度部位的芯样中同时出现,但该深度部位的混凝土芯样试件抗压强度检测值满足设计要求,否则应判为Ⅲ类; (3)任一孔局部混凝土芯样破碎段长度不大于10 cm,且在另两孔同一深度部位的局部混凝土芯样的外观判定完整性类别为Ⅰ类或Ⅱ类,否则应判为Ⅲ类或Ⅳ类
Ⅲ	大部分混凝土芯样胶结较好,无松散、夹泥现象。有下列情况之一: (1)芯样不连续、多呈短柱状或块状; (2)局部混凝土芯样破碎段长度不大于10 cm	大部分混凝土芯样胶结较好,无松散、夹泥现象。有下列情况之一: (1)芯样不连续、多呈短柱状或块状; (2)任一孔局部混凝土芯样破碎段长度大于10 cm但不大于20 cm,且在另一孔同一深度部位的局部混凝土芯样的外观判定完整性类别为Ⅰ类或Ⅱ类,否则应判为Ⅳ类	大部分混凝土芯样胶结较好。有下列情况之一: (1)芯样不连续、多呈短柱状或块状; (2)任一孔局部混凝土芯样破碎段长度大于10 cm但不大于30 cm,且在另两孔同一深度部位的局部混凝土芯样的外观判定完整性类别为Ⅰ类或Ⅱ类,否则应判为Ⅳ类; (3)任一孔局部混凝土芯样松散段长度不大于10 cm,且在另两孔同一深度部位的局部混凝土芯样的外观判定完整性类别为Ⅰ类或Ⅱ类,否则应判为Ⅳ类
Ⅳ	有下列情况之一: (1)因混凝土胶结质量差而难以钻进; (2)混凝土芯样任一段松散或夹泥; (3)局部混凝土芯样破碎长度大于10 cm	(1)任一孔因混凝土胶结质量差而难以钻进; (2)混凝土芯样任一段松散或夹泥; (3)任一孔局部混凝土芯样破碎长度大于20 cm; (4)两孔同一深度部位的混凝土芯样破碎	(1)任一孔因混凝土胶结质量差而难以钻进; (2)混凝土芯样任一段松散或夹泥段长度大于10 cm; (3)任一孔局部混凝土芯样破碎长度大于30 cm; (4)其中两孔在同一深度部位的混凝土芯样破碎、松散或夹泥

注:当上一缺陷的底部位置标高与下一缺陷的顶部位置标高的高差小于30 cm时,可认定两缺陷处于同一深度部位。

成桩质量评价应按单根受检桩进行。当出现下列情况之一时,应判定该受检桩不满足设计要求:

① 桩身完整性为Ⅳ类的桩;

② 混凝土芯样试件抗压强度检测值小于混凝土设计强度等级;

③ 桩长、桩底沉渣厚度不满足设计要求;

④ 桩底持力层岩土性状(强度)或厚度不满足设计要求。

当桩基设计资料未作具体规定时,应按国家现行标准判定成桩质量。

限于目前测试技术水平,尚不能将桩身混凝土强度是否满足设计要求与桩身完整性类别直接联系起来,虽然钻芯法能检测桩身混凝土强度,但是钻芯法的桩身完整性Ⅰ类判据中,也未考虑混凝土强度问题,因此,如没有对芯样抗压强度检测的要求,有可能出现完整性为Ⅰ类但混凝土强度却不满足设计要求的情况。

此外,桩身完整性类别是通过芯样及其外表特征观察得到的。根据表 6.13 关于Ⅳ类桩判据的描述,Ⅳ类桩肯定存在局部的且影响桩身结构承载力的低质量混凝土,即桩身混凝土强度不满足设计要求。因此,对于完整性评价为Ⅳ类的桩,可以明确该桩不满足设计要求。

10. 检测报告

检测报告是最终向委托方提供的重要技术文件。作为技术存档资料,检测报告首先应结论准确,用词规范,具有较强的可读性;其次是内容完整、精炼。

钻芯法检测报告应包含下列内容:

(1) 工程概况。在"工程概况"中应对检测的工程有一个全面的描述。

(2) 检测场地的工程地质概况,以及相应的有代表性的地质钻孔柱状图,进行超前钻探的检测桩位应附上超前钻探的地质柱状图。

(3) 检测桩数、钻孔数量、开孔相对位置,架空高度、混凝土芯进尺、持力层进尺、总进尺,混凝土试件组数、岩石试件个数、圆锥动力触探或标准贯入试验结果。

(4) 桩基平面图及施工异常情况的说明。

(5) 钻芯设备情况、检测原理方法及检测依据的规范、规程、标准。

(6) 检测结果应包括下列内容。

① 钻孔深度、芯样连续性、胶结情况、每孔混凝土芯样试件强度的代表值、受检桩混凝土芯样试件强度的代表值。

② 桩端与持力层情况,沉渣厚度。

③ 钻岩(土)深度,岩石名称、颜色、工程地质性状、岩石单轴抗压强度等。

④ 异常情况说明。

⑤ 附图、附表中应包括:

A. 钻芯检桩的混凝土岩性柱状图;

B. 混凝土(岩)抗压强度试验报告;

C. 芯样彩色照片。

(7) 结论意见应包括下列内容:

① 基桩混凝土的连续性、胶结情况,受检桩混凝土芯样试件强度代表值是否达到设计要求。

② 桩底沉渣厚度是否符合现行设计及施工验收规范要求。

③ 桩端持力层的工程地质性状是否符合设计要求。

④ 施工桩长是否与检验桩长相符。

6.4.2　钻芯法工程案例

1. 工程概况

×××住宅小区1号楼共有基桩15根,本次检测①轴/Ⓐ轴基桩,基桩设计桩径为1.8 m,设计桩长为13.00 m。钻芯验证持力层为中风化灰岩。

工程地质:略。

施工单位:×××集团第一工程有限公司。

监理单位:×××工程咨询监理有限公司。

2. 检测目的

(1)检测桩长、桩身混凝土强度、桩底沉渣厚度。

(2)判断或鉴别桩端岩土性状。

(3)判定桩身完整性类别。

3. 检测依据

(1)建筑基桩检测技术规范》(JGJ 106);

(2)《混凝土物理力学性能试验方法标准》(GB/T 50081)。

4. 检测工作概述

(1)钻取芯样宜采用液压操纵的钻机,钻机设备参数应符合以下规定:

① 额定最高转速不低于790 r/min;

② 转速调节范围不少于4档;

③ 额定配用压力不低于1.4 MPa。

(2)本钻芯检测选取×××住宅小区1号楼的①轴/Ⓐ轴基桩进行半破损检测基桩完整性,钻芯工作严格按照相关规范执行,基桩钻芯孔布置如图6.40所示。

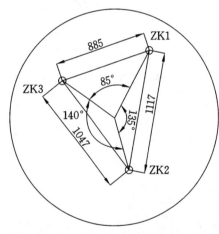

图 6.40　基桩钻芯孔布置图(mm)

(3)被检基桩参数如表6.14所示。

表 6.14　基桩信息登记表

工程 名称	基桩编号	桩径 (m)	桩底标高 (m)	桩顶标高 (m)	设计桩长 (m)	强度 等级	混凝土 浇筑日期	基桩类型 (支承桩或摩擦桩)
×××住宅小区1号楼	①轴/Ⓐ轴	1.8	1298.800	1310.300	13.00	C30		端承桩

注:成孔方式为机械成孔,灌注方式为导管灌注,基础参数信息均由施工单位提供。

5. 检测结论

（1）各孔芯样评价

① ZK1 芯样描述

本次钻芯孔深 12.50 m，验证桩长 11.50 m，孔深 0.00～11.50 m 为桩身混凝土，混凝土芯样呈灰白色，芯样连续、完整、胶结良好，骨料分布均匀，芯样呈长柱状，断口吻合，芯样侧面少量气孔发育，该桩混凝土芯样长度为 11.38 m，芯样采取率为 98.96％，桩底无沉渣。

11.50～12.50 m 为 1.00 m 持力层，岩芯为中风化灰岩，岩芯呈短柱状、块状。

② ZK2 芯样描述

本次钻芯孔深 11.40 m，验证桩长 11.40 m，孔深 0.00～11.40 m 为桩身混凝土，混凝土芯样呈灰白色，芯样连续、完整、胶结良好，骨料分布均匀，芯样呈长柱状，断口吻合，芯样侧面少量气孔发育，该桩混凝土芯样长度为 11.27 m，芯样采取率为 98.86％。

③ ZK3 芯样描述

本次钻芯孔深 11.40 m，验证桩长 11.40 m，孔深 0.00～11.40 m 为桩身混凝土，混凝土芯样呈灰白色，芯样连续、完整、胶结良好，骨料分布均匀，芯样呈长柱状，断口吻合，芯样侧面少量气孔发育，该桩混凝土芯样长度为 11.25 m，该桩混凝土芯样采取率为 98.68％。

（2）根据规范对混凝土芯样进行抗压强度检测，结果见表 6.15。

表 6.15　混凝土芯样抗压强度汇总表

孔号	取样组号	取样深度（m）	混凝土芯样平均抗压强度（MPa）	桩身混凝土设计强度等级
ZK1	1		34.1	
ZK2	4	1.00	34.7	
ZK3	7		32.9	
ZK1	2		34.7	
ZK2	5	5.50	36.2	C30
ZK3	8		35.2	
ZK1	3		35.8	
ZK2	6	10.00	33.9	
ZK3	9		35.2	

（3）结论

本次对×××住宅小区 1 号楼的①轴/Ⓐ轴基桩进行半破损钻芯检测，桩身混凝土芯样完整，桩底无沉渣，桩身混凝土芯样试件抗压强度代表值为 33.9 MPa（设计为 30 MPa），桩身完整性评定类别为Ⅰ类。钻芯验证桩基持力层为中风化灰岩。

6. 附件

（1）桩身混凝土芯样照片见图 6.41 至图 6.43。

（2）钻芯法检测芯样综合柱状图见表 6.16 至表 6.18。

（3）桩身混凝土芯样抗压强度检测报告见表 6.19。

图 6.41　ZK1 孔混凝土芯样

图 6.42　ZK2 孔混凝土芯样

图 6.43　ZK3 孔混凝土芯样

表 6.16 钻芯法检测芯样综合柱状图（ZK1）

工程名称	×××住宅小区 1 号楼						
桩号/孔号	①轴/Ⓐ轴 基桩/ZK1	设计强度 等级	C30	桩顶标高 （m）	1310.300	开孔时间	2019.01.15
施工桩长 （m）	11.50	设计桩径 （m）	1.8	钻孔深度 （m）	12.50	终孔时间	2019.01.15

层底 标高 （m）	层底 深度 （m）	分层 厚度 （m）	混凝土/ 岩土芯 柱状图 （1∶250）	桩身混凝土/ 持力层描述	采样率 （%）	序号 $\dfrac{\text{芯样强度（MPa）}}{\text{取样深度（m）}}$	备注
1298.800	11.50	11.50		混凝土芯样呈灰白色，芯样连续、完整断口吻合，芯样呈长柱状，振捣密实，骨料分布均匀，胶结良好，芯样侧面少量气孔发育，桩底无沉渣	98.96	1 $\dfrac{35.1 \quad 31.2 \quad 36.2}{1.00}$ 2 $\dfrac{35.7 \quad 36.2 \quad 32.1}{5.50}$ 3 $\dfrac{37.4 \quad 34.3 \quad 35.8}{10.00}$	孔深 0.00～11.50 m 为桩身混凝土，设计桩长为 13.00 m
1297.800	12.50	1.00		岩芯为中风化灰岩，岩芯呈短柱状、块状			11.50～12.50 m 为 1.00 m 持力层

检测：　　　　　审核：　　　　　批准：　　　　　日期：　　　　　试验单位（章）

表 6.17　钻芯法检测芯样综合柱状图（ZK2）

工程名称	×××住宅小区 1 号楼						
桩号/孔号	①轴/Ⓐ轴 基桩/ZK2	设计强度 等级	C30	桩顶标高 （m）	1310.300	开孔时间	2019.01.16
施工桩长 （m）	11.40	设计桩径 （m）	1.8	钻孔深度 （m）	11.40	终孔时间	2019.01.17

层底标高（m）	层底深度（m）	分层厚度（m）	混凝土/岩土芯柱状图（1：250）	桩身混凝土/持力层描述	采样率（%）	序号	芯样强度（MPa）/取样深度（m）	备注
1289.900	11.40	11.40		混凝土芯样呈灰白色，芯样连续、完整断口吻合，芯样呈长柱状，振捣密实，骨料分布均匀，胶结良好，芯样侧面少量气孔发育	98.86	4 5 6	$\dfrac{36.2 \quad 32.6 \quad 35.4}{1.00}$ $\dfrac{30.5 \quad 36.2 \quad 36.6}{5.50}$ $\dfrac{35.9 \quad 33.8 \quad 32.1}{10.00}$	孔深 0.00～11.40 m 为桩身混凝土，设计桩长为 13.00 m

检测：　　　　审核：　　　　批准：　　　　日期：　　　　试验单位（章）

表6.18 钻芯法检测芯样综合柱状图（ZK3）

工程名称	×××住宅小区1号楼					
桩号/孔号	①轴/④轴 基桩/ZK3	设计强度 等级	C30	桩顶标高 （m）	1310.300	开孔时间	2019.01.17
施工桩长 （m）	11.40	设计桩径 （m）	1.8	钻孔深度 （m）	11.40	终孔时间	2019.01.17

层底 标高 （m）	层底 深度 （m）	分层 厚度 （m）	混凝土/ 岩土芯 柱状图 （1：250）	桩身混凝土/ 持力层描述	采样率 （%）	序号　芯样强度（MPa） 　　　取样深度（m）	备注
1289.900	11.40	11.40		混凝土芯样呈灰白色，芯样连续、完整断口吻合，芯样呈长柱状，振捣密实，骨料分布均匀，胶结良好，芯样侧面少量气孔发育	98.86	7 — 32.5　32.0　34.2 ／ 1.00 8 — 35.5　32.7　37.3 ／ 5.50 9 — 36.1　33.8　35.6 ／ 10.00	孔深0.00～11.40 m为桩身混凝土，设计桩长为13.00 m

检测：　　　　　审核：　　　　　批准：　　　　　日期：　　　　　试验单位（章）

表 6.19　桩身混凝土芯样试验报告

委托单位	×××有限公司			
工程名称	×××住宅小区1号楼			
工程部位/用途	①轴/Ⓐ轴基桩			
委托编号	×××			
样品编号	1组～6组			
样品描述	受压面平整、光滑			
规格型号	直径68.86～69.80 mm，高69.82～70.92 mm			
见证单位				
生产厂家				
试验参数	基桩芯样抗压强度			
试验依据	《建筑基桩检测技术规范》(JGJ 106) 《混凝土物理力学性能试验方法标准》(GB/T 50081)			
判定依据	《建筑基桩检测技术规范》(JGJ 106)			
养护方式	自然养护		试验时间	
试验温度(℃)	12.0		试验湿度(%)	58

主要仪器设备及编号	序号	仪器名称	型号规格	设备编号
	1	数显万能材料试验机	WES-1000B	
	2	游标卡尺	300/0.02 mm	
	3	全自动切石机	DQ-4	
	4	双端面磨石机	SCM-200	

组号	深度 (m)	芯样截面面积 (mm²)	极限荷载 (kN)	芯样抗压强度 (MPa)	平均抗压强度 (MPa)	抗压强度平均值 (MPa)
1		3869	135.74	35.1	34.1	33.9
		3860	120.35	31.2		
		3822	138.20	36.2		
4	1.00	3776	136.56	36.2	34.7	
		3908	127.29	32.6		
		3827	135.28	35.4		
7		3766	122.45	32.5	32.9	
		3877	123.92	32.0		
		3816	130.36	34.2		

组号	深度 （m）	芯样截面面积 （mm²）	极限荷载 （kN）	芯样抗压强度 （MPa）	平均抗压强度 （MPa）	抗压强度平均值 （MPa）
2		3825	138.46	36.2	34.7	35.4
		3864	124.04	32.1		
		3763	134.21	35.7		
5	5.50	3792	137.11	36.2	36.2	
		3857	141.05	36.6		
		3869	118.04	30.5		
8		3787	123.90	32.7	35.2	
		3794	141.39	37.3		
		3770	133.96	35.5		
3		3873	132.81	34.3	35.8	35.0
		3814	136.39	35.8		
		3787	141.71	37.4		
6	10.00	3864	130.43	33.8	33.9	
		3787	121.41	32.1		
		3794	136.14	35.9		
7		3827	129.48	33.8	35.2	
		3776	134.30	35.6		
		3761	135.79	36.1		

试验结论：该基桩混凝土芯样抗压强度代表值为 33.9 MPa。

检测：　　　审核：　　　批准：　　　日期：　　　试验单位（章）

 思考题

1. 建筑基桩检测的主要参数和方法有哪些？

2. 什么叫作基桩的完整性，与基桩承载力有什么关系？

3. 建筑基桩完整性分为哪几个类别？

4. 建筑基桩完整性检测如何抽检？

5. 低应变法检测基桩完整性的原理是什么？

6. 低应变法检测基桩完整性应如何布置测点？如何判定基桩的完整性类别？

7. 超声透射法检测基桩完整性的原理是什么?

8. 超声透射法检测基桩完整性声测管如何布置?

9. 超声透射法如何判定基桩的完整性类别?

10. 钻芯法检测基桩完整性时,钻孔的数量有什么要求?

11. 钻芯法如何判定基桩的完整性类别?

 **7** 建筑桩基承载力检测

7.1 桩基抗压静载试验

1. 检测参数与目的

（1）确定单桩竖向抗压极限承载力及单桩竖向抗压承载力特征值；

（2）判定竖向抗压承载力是否满足设计要求；

（3）当埋设有桩底反力、桩身应力、应变测量元件时，可测定桩周各土层的摩阻力和桩端阻力；

（4）可验证高应变法的单桩竖向抗压承载力检测结果。

2. 检测原理

在桩顶部逐级施加竖向压力，观测桩顶部随时间产生的沉降，以确定相应的单桩竖向抗压承载力。

3. 规范

《建筑基桩检测技术规范》（JGJ 106）。

4. 适用范围

能达到试验目的的刚性桩（如素混凝土桩、钢筋混凝土桩、钢桩等）及半刚性桩（如水泥搅拌桩、高压旋喷桩等）。

5. 仪器设备

（1）加载装置

试验加载设备宜采用液压千斤顶。当采用两台或两台以上千斤顶加载时，应并联同步工作，且采用的千斤顶型号、规格应相同；千斤顶的合力中心应与受检桩的横截面形心重合。

试验用油泵、油管在最大加载时的压力不应超过规定工作压力的80%，当试验油压较高时，油泵应能满足试验要求。

（2）反力装置

加载反力装置可根据现场条件，选择锚桩反力装置、压重平台反力装置、锚桩压重联合反力装置、地锚反力装置等，加载反力装置提供的反力不得小于最大加载值的1.2倍；加载反力装置的构件应满足承载力和变形的要求；应对锚桩的桩侧土阻力、钢筋、接头进行验算，并满足抗拔承载力的要求；工程桩作锚桩时，锚桩数量不宜少于4根，且应对锚桩上拔量进行监测。压重宜在检测前一次加足，并均匀稳固地放置于平台上，且压重施加于地基的压应力不宜大于地基承载力特征值的1.5倍；有条件时，宜利用工程桩作为堆载支点。

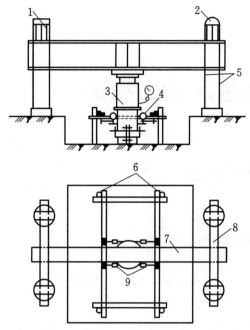

图 7.1　单桩竖向抗压静载试验装置示意图

1—厚钢板；2—硬木包钢皮；3—千斤顶；

4—百分表；5—锚桩；6—基准桩；

7—主梁；8—次梁

① 锚桩横梁反力装置

锚桩横梁反力装置俗称锚桩法，是大直径灌注桩静载试验最常用的加载反力系统，由锚桩、主梁、次梁、拉杆、锚笼（或挂板）等组成。当要求加载值较大时，有时需要 6 根甚至更多的锚桩。具体锚桩数量要通过验算各锚桩的抗拔力来确定。

锚桩采用方式可根据现场布桩情况而定，为了节省费用，尽量采用工程桩作为锚桩。

单桩竖向抗压静载试验装置见图 7.1。

② 压重平台反力装置

压重平台反力装置（俗称堆载法）由重物、工字钢（次梁）、主梁、千斤顶等构成。常用的堆载重物为砂包和钢筋混凝土构件，少数用水箱、砖和钢（铁）、石块等。压重不得少于预估最大试验荷载的 1.2 倍，且压重宜在试验开始之前一次加上，并均匀稳固地放置于平台之上。

一般压重平台反力装置的次梁放在主梁的上面，重物的重心较高，有稳定和安全方面的隐患，设计静载试验装置时，也可将次梁放在主梁的下面，类似于锚桩横梁反力装置，通过拉杆将荷载由主梁传递给次梁，若干根次梁可以焊接组合成一个小平台，整个压重平台可由多个小平台组成，该类反力装置尤其适合混凝土块以及砂包堆载。

③ 锚桩压重联合反力装置

当试桩最大加荷量超过锚桩的抗拔能力时，可在横梁上放置或悬挂一定重物，由锚桩和重物共同承受千斤顶的加载反力。

千斤顶应平放于试桩中心，并保持严格的物理对中。当采用两个以上千斤顶并联加载时，其上下部应设置足够刚度的钢垫箱，并使千斤顶的合力通过试桩中心。

（3）量测装置

① 荷载量测

荷载测量可用放置在千斤顶上的荷重传感器直接测定。当通过并联于千斤顶油路的压力表或压力传感器测定油压并换算荷载时，应根据千斤顶率定曲线进行荷载换算。荷重传感器、压力传感器或压力表的准确度应优于或等于 0.5 级。试验用压力表、油泵、油管在最大加载时的压力不应超过规定工作压力的 80%。

② 位移量测

位移量测装置主要由基准桩、基准梁和百分表或位移传感器组成。

宜采用大量程的位移传感器或百分表测量误差不得大于 0.1%FS，分度值/分辨力应优于或等于 0.01 mm；直径或边宽大于 500 mm 的桩，应在其两个方向对称安置 4 个位移测试仪表，直径或边宽小于或等于 500 mm 的桩可对称安置 2 个位移测试仪表；基准梁应具有足够的刚度，梁的一端应固定在基准桩上，另一端应简支于基准桩上；固定和支撑位移计（百分表）的夹具及基准梁不得受气温、振动及其他外界因素的影响；当基准梁暴露在阳光下时，应采取遮挡措施。沉降测定平面宜设置在桩顶以下 200 mm 的位置，测点应固定在桩身上。

试桩、锚桩（压重平台支墩边）和基准桩之间的中心距离大于 4 倍试桩和锚桩的设计直径且大于 2.0 m。具体见表 7.1。

表 7.1 试桩、锚桩（压重平台支墩边）和基准桩之间的中心距离

反力装置	试桩中心与锚桩中心 （或压重平台支墩边）	试桩中心与基准桩中心	基准桩中心与锚桩中心 （或压重平台支墩边）
锚桩横梁	≥4(3)D 且>2.0 m	≥4(3)D 且>2.0 m	≥4(3)D 且>2.0 m
压重平台	≥4(3)D 且>2.0 m	≥4(3)D 且>2.0 m	≥4(3)D 且>2.0 m
地锚装置	≥4D 且>2.0 m	≥4(3)D 且>2.0 m	≥4D 且>2.0 m

注：① D 为试桩、锚桩或地锚的设计直径或边宽，取其较大者；

② 括号内数值可用于工程桩验收检测时多排桩设计桩中心距离小于 4D 或压重平台支墩下 2～3 倍宽影响范围内的地基土已进行加固处理的情况。

6. 现场检测

（1）加载量要求

为设计提供依据的试验桩，应加载至桩侧与桩端的岩土阻力达到极限状态；当桩的承载力由桩身强度控制时，可按设计要求的加载量进行加载。

工程桩验收检测时，加载量不应小于设计要求的单桩承载力特征值的 2 倍。

（2）试桩要求

① 为了保证试验能够最大限度地模拟实际工作条件，使试验结果更准确、更具有代表性，进行载荷试验的试桩必须满足一定的要求。试验桩的桩型尺寸、成桩工艺和质量控制标准应与工程桩一致。

② 混凝土桩应凿掉桩顶部的破碎层以及软弱或不密实的混凝土。

③ 桩头顶面应平整，桩头中轴线与桩身上部的中轴线应重合。

④ 桩头主筋应全部直通至桩顶混凝土保护层之下，各主筋应在同一高度上。

⑤ 距桩顶 1 倍桩径范围内，宜用厚度为 3～5 mm 的钢板围裹或距桩顶 1.5 倍桩径范围内设置箍筋，间距不宜大于 100 mm。桩顶应设置钢筋网片 1～2 层，间距 60～100 mm。

⑥ 桩头混凝土强度等级宜比桩身混凝土提高 1～2 级，且不得低于 C30。

⑦ 高应变法检测的桩头测点处截面尺寸应与原桩身截面尺寸相同。

⑧ 桩顶应用水平尺找平。

（3）加载规定

① 加、卸载基本规定

A. 加载应分级进行，且采用逐级等量加载；分级荷载宜为最大加载值或预估极限承载力

的 1/10,其中,第一级加载量可取分级荷载的 2 倍;

B. 卸载应分级进行,每级卸载量宜取加载时分级荷载的 2 倍,且应逐级等量卸载;

C. 加载、卸载时,应使荷载传递均匀、连续、无冲击,且每级荷载在维持过程中的变化幅度不得超过分级荷载的±10%。

② 加载方式

单桩竖向抗压静载试验的加载方式有慢速法、快速法、等贯入速率法和循环法等。

A. 慢速法

为设计提供依据的单桩竖向抗压静载试验应采用慢速维持荷载法,简称慢速法。

a. 每级荷载施加后,应分别按第 5 min,15 min,30 min,45 min, 60 min 测读桩顶沉降量,以后每隔 30 min 测读一次桩顶沉降量;

b. 试桩沉降相对稳定标准:每一小时内的桩顶沉降量不得超过 0.1 mm,并连续出现两次(从分级荷载施加后的第 30 min 开始,按 1.5 h 连续三次每 30 min 的沉降观测值计算);

c. 当桩顶沉降速率达到相对稳定标准时,可施加下一级荷载;

d. 卸载时,每级荷载应维持 1 h,分别按第 15 min,30 min,60 min 测读桩顶沉降量后,即可卸下一级荷载;卸载至零后,应测读桩顶残余沉降量,维持时间不得少于 3 h,测读时间分别为第 15 min, 30 min,以后每隔 30 min 测读一次桩顶残余沉降量。

B. 快速法

工程桩验收检测宜采用慢速维持荷载法。当有成熟的地区经验时,也可采用快速维持荷载法。

快速法是快速维持荷载法的简称。当考虑缩短试桩时间,对于工程的检验性试验,可采用快速法,即一般每隔 1 h 加一级荷载。该方法取消了慢速法中维持各增量荷载到满足相对沉降稳定标准的要求,而是将预计施加的最大荷载分为若干等级,以相等的时间间隔相继施加外荷载并读取其相应的沉降量。大量试桩资料分析表明,快速法所得单桩承载力比慢速法要高。

③ 载荷试验的试验终止条件

当试桩过程中出现下列条件之一时,可终止加荷:

A. 某级荷载作用下,桩顶沉降量大于前一级荷载作用下的沉降量的 5 倍,且桩顶总沉降量超过 40 mm。

B. 某级荷载作用下,桩顶沉降量大于前一级荷载作用下的沉降量的 2 倍,且经 24 h 尚未达到稳定标准。

C. 已达到设计要求的最大加载值且桩顶沉降达到相对稳定标准。

D. 工程桩作锚桩时,锚桩上拔量已达到允许值。

E. 荷载-沉降曲线呈缓变型时,可加载至桩顶总沉降量 60~80 mm;当桩端阻力尚未充分发挥时,可加载至桩顶累计沉降量超过 80 mm。

(4) 单桩竖向抗压极限承载力确定

为了确定单桩竖向抗压极限承载力,一般应绘制 Q-s(荷载-沉降)、s-$\lg t$(沉降-时间对数)曲线,以及其他进行辅助分析所需的曲线。在单桩竖向抗压静载试验的各种曲线中,不同地基土、不同桩型的 Q-s 曲线具有不同的特征,当进行桩身应变和桩身截面位移测定时,应按规范相关的规定,整理测试数据,绘制桩身轴力分布图,计算不同土层的桩侧阻力和桩端阻力。

① 根据沉降随荷载变化的特征确定。对于陡降型 Q-s 曲线,取明显陡降的起始点。

② 根据沉降随时间的变化特征确定,取 s-$\lg t$ 曲线尾部出现明显向下弯曲的前一级荷载值。

③ 当出现规定终止加载条件第 2 款情况时,取其前一级荷载值。

④ 对于缓变型 Q-s 曲线可根据桩顶沉降量确定,宜取 $s=40$ mm 对应的荷载;对直径大于或等于 800 mm 桩,可取 $s=0.05D$(D 为桩端直径)对应的荷载值。当桩长大于 40 m 时,宜考虑桩身弹性压缩。

⑤ 不满足前四点情况时,桩的竖向抗压极限承载力宜取最大加载值。

(5) 为设计提供依据的单桩竖向抗压极限承载力的统计取值和单桩竖向抗压承载力特征值的确定:

① 对参加算术平均的试验桩检测结果,当极差不超过平均值的 30% 时,可取其算术平均值为单桩竖向抗压极限承载力;当极差超过平均值的 30% 时,应分析原因,结合桩型、施工工艺、地基条件、基础形式等工程具体情况综合确定极限承载力;不能明确极差过大的原因时,宜增加试桩数量。

② 试验桩数量小于 3 根或桩基承台下的桩数不大于 3 根时,应取低值。

③ 单桩竖向抗压承载力特征值应按单桩竖向抗压极限承载力的 50% 取值。

7.2 桩基抗拔静载试验

1. 检测参数与目的

(1) 确定单桩竖向抗拔极限承载力及单桩竖向抗拔承载力特征值。

(2) 判定竖向抗拔承载力是否满足设计要求。

(3) 当埋设有桩身应力、应变测量元件时,可测定桩周各土层的摩阻力。

2. 检测原理

在桩顶部逐级施加竖向上拔力,观测桩顶部随时间产生的上拔位移,以确定相应的单桩竖向抗拔承载力。

3. 规范

《建筑基桩检测技术规范》(JGJ 106)。

4. 适用范围

能达到试验目的的钢筋混凝土桩、钢桩等。

5. 仪器设备

(1) 加载装置

试验加载设备宜采用液压千斤顶。当采用两台或两台以上千斤顶加载时,应并联同步工作,且采用的千斤顶型号、规格应相同;千斤顶的合力中心应与受检桩的横截面形心重合。

试验用油泵、油管在最大加载时的压力不应超过规定工作压力的 80%,当试验油压较高时,油泵应能满足试验要求。

（2）反力装置

试验反力系统宜采用反力桩提供支座反力,反力桩可采用工程桩;也可根据现场情况,采用地基提供支座反力。反力架的承载力应具有1.2倍的安全系数,并应符合下列规定:

① 采用反力桩提供支座反力时,桩顶面应平整并具有足够的强度;

② 采用地基提供反力时,施加于地基的压应力不宜超过地基承载力特征值的1.5倍;反力梁的支点重心应与支座中心重合。

（3）量测装置

上拔量测量点宜设置在桩顶以下不小于1倍桩径的桩身上,不得设置在受拉钢筋上;对于大直径灌注桩,可设置在钢筋笼内侧的桩顶面混凝土上。

量测系统的其他要求与抗压试验相同。

6. 现场检测

（1）加载量要求

为设计提供依据的试验桩,应加载至桩侧岩土阻力达到极限状态或桩身材料达到设计强度;工程桩验收检测时,施加的上拔荷载不得小于单桩竖向抗拔承载力特征值的2.0倍或使桩顶产生的上拔量达到设计要求的限值。

当抗拔承载力受抗裂条件控制时,可按设计要求确定最大加载值。

检测时的抗拔桩受力状态,应与设计规定的受力状态一致。

预估的最大试验荷载不得大于钢筋的设计强度。

（2）试桩要求

对混凝土灌注桩、有接头的预制桩,宜在拔桩试验前采用低应变法检测受检桩的桩身完整性。为设计提供依据的抗拔灌注桩,施工时应进行成孔质量检测,桩身中、下部位出现明显扩径的桩,不宜作为抗拔试验桩;对有接头的预制桩,应复核接头强度。

（3）加载方式

抗拔静载试验宜采用慢速维持荷载法。需要时,也可采用多循环加、卸载方法。慢速维持法的加卸载分级、试验方法及稳定标准同抗压试验。加载量不宜少于预估或设计要求的单桩抗拔极限承载力。每级加载为设计或预估单桩极限抗拔承载力的 $1/10 \sim 1/8$,每级荷载达到稳定标准后加下一级荷载,直至满足加载终止条件,然后分级卸载到零。

当出现下列情况下之一时,即可终止加载:

① 在某级荷载作用下,桩顶上拔量大于前一级上拔荷载作用下的上拔量5倍;

② 按桩顶上拔量控制,累计桩顶上拔量超过100 mm;

③ 按钢筋抗拉强度控制,钢筋应力达到钢筋强度设计值,或某根钢筋拉断;

④ 对于工程桩验收检测,达到设计或抗裂要求的最大上拔量或上拔荷载值。

（4）单桩竖向抗拔承载力特征值的确定

① 单桩竖向抗拔极限承载力可按下列方法综合判定:

A. 根据上拔量随荷载变化的特征确定:对陡变型 U-δ（上拔荷载-桩顶上拔量）曲线,取陡升起始点对应的荷载值。大量试验结果表明,单桩竖向抗拔 U-δ 曲线大致上可划分为三段:第 I 段为直线段,U-δ 按比例增加;第 II 段为曲线段,随着桩土相对位移量增大,上拔位移量比侧阻力增加的速率快;第Ⅲ段又呈直线段,此时即使上拔荷载增加很小,桩的位移量仍急剧上升,同时桩周地面往往出现环向裂缝;第Ⅲ段起始点所对应的荷载值为桩的竖向抗拔极限承载力 U_u。

B. 根据上拔量随时间变化的特征确定:取 $\delta\text{-}\lg t$(桩顶上拔量-时间对数)曲线斜率明显变陡或曲线尾部明显弯曲的前一级荷载值。

C. 当在某级荷载下抗拔钢筋断裂时,取其前一级荷载值。

② 为设计提供依据的单桩竖向抗拔极限承载力统计值的确定参照抗压试验的取值。

③ 当作为验收抽样检测的受检桩在最大上拔荷载作用下,未能按本节所列情况取值时,可按下列情况对应的荷载值取值:

A. 设计要求最大上拔量控制值对应的荷载;

B. 施加的最大荷载;

C. 钢筋应力达到设计强度值时对应的荷载。

④ 单位工程同一条件下的单桩竖向抗拔承载力特征值应按单桩竖向抗拔极限承载力统计值的50%取值。当工程桩不允许带裂缝工作时,取桩身开裂的前一级荷载作为单桩竖向抗拔承载力特征值,并与按极限荷载50%取值确定的承载力特征值相比取小值。

7.3　桩基水平静载试验

1. 检测参数与目的

单桩水平静载试验一般以桩顶自由的单桩为对象,采用接近水平受荷桩实际工作条件的试验方法来达到以下目的:

(1) 确定试桩的水平承载能力。检验和确定试桩的水平承载能力,是单桩水平静载试验的主要目的。试桩的水平承载力可直接由水平荷载(H)和水平位移(X)之间的关系曲线来确定,亦可根据实测桩身应变来判定。

(2) 确定试桩在各级水平荷载作用下桩身弯矩分布规律。当桩身埋设有量测元件时,可以比较准确地量测出各级水平荷载作用下桩身弯矩的分布情况,从而为检验桩身强度、推求不同深度处的弹性地基系数提供依据。

(3) 确定弹性地基系数。在进行水平荷载作用下单桩的受力分析时,弹性地基系数的选取至关重要。C 法、m 法和 K 法各自假定了弹性地基系数沿深度的不同分布模式,而且它们也有各自的适用范围,通过试验,可以选择一种比较符合实际情况的计算模式及相应的弹性地基系数。

(4) 推求桩侧土的水平抗力(q)和桩身挠度(y)之间的关系曲线。求解水平受荷桩的弹性地基系数法虽然应用简单,但误差较大。事实上,弹性地基系数沿深度的变化是很复杂的,它随桩身侧向位移的变化是非线性的,当桩身侧向位移较大时,这种现象更加明显。因此,通过试验可直接获得不同深度处地基土的水平抗力和桩身挠度之间的关系,绘制桩身不同深度处的 $q\text{-}y$ 曲线,并用它来分析工程桩在水平荷载作用下的受力情况更符合实际。

2. 检测原理

采用接近于桩的实际工作条件的试验方法确定单桩的水平承载力和地基土的水平抗力系

数或对工程桩的水平承载力进行检验和评价。当埋设有桩身应力测量元件时,可测定出桩身应力变化,并由此求得桩身弯矩分布。

3. 规范

《建筑基桩检测技术规范》(JGJ 106)。

4. 适用范围

能达到试验目的的钢筋混凝土桩、钢桩等。

5. 仪器设备

(1)加载装置

水平推力加载设备宜采用卧式千斤顶,其加载能力不得小于最大试验加载量的1.2倍。

(2)反力装置

水平推力的反力可由相邻桩提供;当专门设置反力结构时,其承载能力和刚度应大于试验桩的1.2倍。

(3)量测装置

荷载量测装置的基本要求与抗压试验相同,水平力作用点宜与实际工程的桩基承台底面标高一致;千斤顶和试验桩接触处应安置球形铰支座,千斤顶作用力应水平通过桩身轴线;当千斤顶与试桩接触面的混凝土不密实或不平整时,应对其进行补强或补平处理。

位移量测装置的基本要求与抗压试验相同,在水平力作用平面的受检桩两侧应对称安装两个位移计;当测量桩顶转角时,尚应在水平力作用平面以上50 cm的受检桩两侧对称安装两个位移计。位移测量的基准点设置不应受试验和其他因素的影响,基准点应设置在与作用力方向垂直且与位移方向相反的试桩侧面,基准点与试桩净距不应小于1倍桩径。

测量桩身应变时,各测试断面的测量传感器应沿受力方向对称布置在远离中性轴的受拉和受压主筋上;埋设传感器的纵剖面与受力方向之间的夹角不得大于10°。地面下10倍桩径或桩宽的深度范围内,桩身的主要受力部分应加密测试断面,断面间距不宜超过1倍桩径;超过10倍桩径或桩宽的深度,测试断面间距可以加大。

6. 现场检测

(1)试桩要求

① 试桩的位置应根据场地地质、地形条件和设计要求及地区经验等因素综合考虑,选择有代表性的地点,一般应位于工程建设或使用过程中可能出现最不利条件的地方。

② 试桩前应在离试桩边2～6 m范围内布置工程地质钻孔,在16D的深度范围内,按间距为1 m取土样进行常规物理力学性质试验,有条件时亦应进行其他原位测试。如十字板剪切试验、静力触探试验、标准贯入试验等。

③ 试桩数量应根据设计要求和工程地质条件确定,一般不少于2根。

④ 试桩时桩顶中心偏差不大于$D/8$,并不大于10 cm,轴线倾斜度不大于0.1‰。当桩身埋设有量测元件时,应严格控制试桩方向,使最终实际受荷方向与设计要求的方向之间夹角小于±10°。

⑤ 从成桩到开始试验的时间间隔,砂性土中的打入桩不应少于3 d;黏性土中的打入桩不应少于14 d;钻孔灌注桩从灌注混凝土到试桩时的时间间隔一般不少于28 d。

（2）加载和卸载方式

实际工程中,桩的受力情况十分复杂,荷载稳定时间、加载形式、周期、加荷速率等因素都将直接影响桩的承载能力。常用的加、卸载方式有单向多循环加载法,或按抗压试验的规定采用慢速维持荷载法。当对试桩桩身横截面弯曲应变进行测量时,宜采用维持荷载法。单向多循环加载法的分级荷载,不应大于预估水平极限承载力或最大试验荷载的1/10;每级荷载施加后,恒载4 min后,可测读水平位移,然后卸载至零,停2 min测读残余水平位移,至此完成一个加卸载循环;如此循环5次,完成一级荷载的位移观测;试验不得中间停顿。

（3）终止试验条件

当试验过程中出现下列情况之一时,即可终止试验:

① 桩身折断;

② 水平位移超过30～40 mm;软土中的桩或大直径桩时可取高值;

③ 水平位移达到设计要求的水平位移允许值。

测试桩身横截面弯曲应变时,数据的测读宜与水平位移测量同步。

7. 数据分析与处理

（1）绘制有关试验成果曲线

① 采用单向多循环加载法,应绘制水平力-时间-作用点位移（H-t-Y_0）关系曲线和水平力-位移梯度（H-$\Delta Y_0/\Delta H$）关系曲线。

② 采用慢速维持荷载法,应绘制水平力-力作用点位移（H-Y_0）关系曲线、水平力-位移梯度（H-$\Delta Y_0/\Delta H$）关系曲线、力作用点位移-时间对数（Y_0-$\lg t$）关系曲线和水平力-力作用点位移双对数（$\lg H$-$\lg Y_0$）关系曲线。

③ 绘制水平力（水平力作用点位移）-地基土水平抗力系数的比例系数的关系曲线（H-m、Y_0-m曲线）。

当桩顶自由且水平力作用位置位于地面处时,m值可根据试验结果按下列公式确定:

$$m = \frac{(v_y \cdot H)^{\frac{5}{3}}}{b_0 Y_0^{\frac{5}{3}} (EI)^{\frac{2}{3}}}$$

$$\alpha = \left(\frac{mb_0}{EI}\right)^{\frac{1}{5}}$$

式中 m——地基土水平抗力系数的比例系数（kN/m^4）;

    α——桩的水平变形系数（m^{-1}）;

    v_y——桩顶水平位移系数;

    H——作用于地面的水平力（kN）;

    Y_0——水平力作用点的水平位移（m）;

    EI——桩身抗弯刚度（$kN \cdot m^2$）;

    b_0——桩身计算宽度（m）,对于圆形桩:当桩径$D \leqslant 1$ m时,$b_0 = 0.9(1.5D+0.5)$;当桩径$D > 1$ m时,$b_0 = 0.9(D+1)$。对于矩形桩:当边宽$B \leqslant 1$ m时,$b_0 = 1.5B+0.5$;当边宽$B > 1$ m时,$b_0 = B+1$。

（2）单桩水平临界荷载的确定

对中长桩而言，桩在水平荷载作用下，桩侧土体随着荷载的增加，其塑性区自上而下逐渐开展扩大，最大弯矩断面下移，最后造成桩身结构的破坏。所测水平临界荷载即当桩身产生开裂时所对应的水平荷载。因为只有混凝土桩才会产生开裂，故只有混凝土桩才有临界荷载。

① 取单向多循环加载法时的 $H\text{-}t\text{-}Y_0$ 曲线或慢速维持荷载法时的 $H\text{-}Y_0$ 曲线出现拐点的前一级水平荷载值。

② 取 $H\text{-}\Delta Y_0/\Delta H$ 曲线或 $\lg H\text{-}\lg Y_0$ 曲线上第一拐点对应的水平荷载值。

③ 取 $H\text{-}\sigma_s$（水平力-最大弯矩截面钢筋拉应力）曲线第一拐点对应的水平荷载值。

（3）单桩水平极限承载力的确定

单桩水平极限承载力是对应于桩身折断或桩身钢筋应力达到屈服时的前一级水平荷载。

① 取单向多循环加载法时的 $H\text{-}t\text{-}Y_0$ 曲线产生明显陡降的前一级水平荷载值，或慢速维持荷载法时的 $H\text{-}Y_0$ 曲线发生明显陡降的起始点对应的水平荷载值。

② 取慢速维持荷载法时的 $Y_0\text{-}\lg t$ 曲线尾部出现明显弯曲的前一级水平荷载值。

③ 取 $H\text{-}\Delta Y_0/\Delta H$ 曲线或 $\lg H\text{-}\lg Y_0$ 曲线上第二拐点对应的水平荷载值。

④ 取桩身折断或受拉钢筋屈服时的前一级水平荷载值。

为设计提供依据的水平极限承载力和水平临界荷载，可按抗压试验的统计方法确定。

（4）单桩水平承载力特征值的确定

单位工程同一条件下的单桩水平承载力特征值的确定应符合下列规定：

① 当桩身不允许开裂或灌注桩的桩身配筋率小于 0.65% 时，可取水平临界荷载的 0.75 倍作为单桩水平承载力特征值。

② 对钢筋混凝土预制桩、钢桩和桩身配筋率不小于 0.65% 的灌注桩，可取设计桩顶标高处水平位移所对应荷载的 0.75 倍作为单桩水平承载力特征值；水平位移可按下列规定取值：

A. 对水平位移敏感的建筑物取 6 mm；

B. 对水平位移不敏感的建筑物取 10 mm。

③ 取设计要求的水平允许位移对应的荷载作为单桩水平承载力特征值，且应满足桩身抗裂要求。

7.4 自平衡试验

1. 检测参数

（1）确定单桩竖向抗压（拔）极限承载力及单桩竖向抗压（拔）承载力特征值；

（2）判定竖向抗压（拔）承载力是否满足设计要求；

（3）当埋设有桩底反力、桩身应力、应变测量元件时，可测定桩周各土层的摩阻力和桩端阻力。

2. 检测原理

将荷载箱置于桩身平衡点处，通过试验数据绘制上、下段桩的荷载-位移曲线，从而得到试桩的极限承载力。平衡点是桩身某一位置,该点以上的桩身自重及桩侧抗拔极限摩阻力之和与该点以下桩侧抗压极限摩阻力及极限桩端阻力之和基本相等。

在钻孔灌注桩在施工前,钢筋骨架上需固定荷载箱,再与钢筋笼一起浇筑成桩。待桩的混凝土强度达到规定要求以后,使用油压泵对荷载箱进行加压。荷载箱上部的桩在荷载箱作用下向上移动,使得桩身受到向下的摩阻力作用;而荷载箱下部的桩则在上部桩的反作用力下受压而下沉。随着油泵施加的压力逐渐增大,上部桩所受到的摩阻力越来越大,下部桩所受到的反作用力也随之逐渐增大。通过分析桩基的应力变形状态,确定承载能力大小(图7.2)。

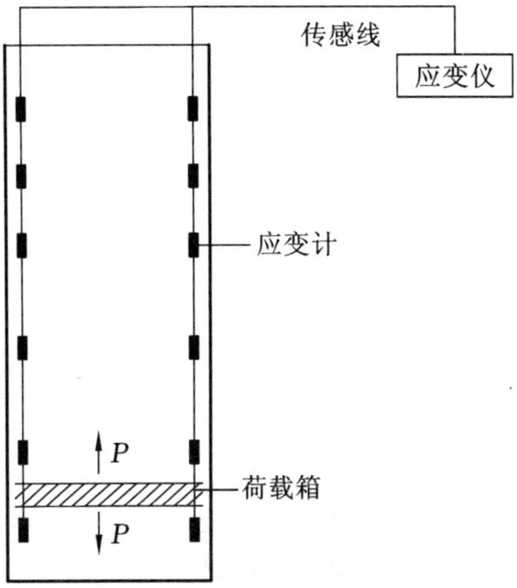

图 7.2　自平衡法示意图

3. 参考规范

《基桩静载试验 自平衡法》(JT/T 738);

《基桩承载力自平衡检测技术规程》(DBJ 52/T 079)。

4. 适用范围

适用于软土、黏性土、粉土、砂土、碎石土、岩层以及特殊性岩土中的钻孔灌注桩、人工挖孔桩、管桩的竖向抗压静载试验和竖向抗拔静载试验。

5. 设备

(1)试验加载采用专用的荷载箱,必须经法定检测单位标定。荷载箱平放于试桩水平中心;荷载箱极限加载能力应大于预估极限承载力的1.2倍。

(2)荷载与位移的量测仪表:采用联于荷载箱的压力表测定油压,根据荷载箱率定曲线换算荷载。

试桩位移一般采用百分表或电子位移计测量。采用专用装置分别测定向上位移和向下位移。对于直径很大及有特殊要求的桩型,可对称各增加一组位移测试仪表。固定和支承百分表的夹具和基准梁在构造上应确保不受气温、振动及其他外界因素的影响以防止发生竖向变位。

(3)试桩和基准桩之间的中心距离应大于等于3D且不小于2.0 m。

(4)荷载箱宜在成孔以后,混凝土浇捣前设置。护管与钢筋笼焊接成整体,荷载箱与钢筋笼焊接在一起,护管还应与荷载箱顶盖焊接,焊缝应满足强度要求,并确保护管不渗漏水泥浆。荷载箱摆放处一般宜有加强措施,可配置加密钢筋网2层。在人工挖孔桩底用高强度等级的砂浆或高强度等级混凝土将桩底抹平。

荷载箱摆设位置应根据地质报告进行估算。当端阻力小于侧阻力时,荷载箱放在桩身平衡点处,使上、下段桩的承载力相等以维持加载。当端阻力大于侧阻力时,可根据桩长径比、地质情况采取以下措施:

①允许情况下适当增加桩长;

②桩顶提供一定量的配重;

③加载至摩阻力充分发挥,端部可采用下列方法测试单位面积极限值,再根据实际尺寸经换算后确定端阻力值。

对直径 $D > 1.5$ m 试桩检测可采用小直径桩模拟测试以确定单位面积的摩阻力、端阻力极限值,模拟桩的直径不应小于 800 mm,最后根据实际尺寸通过换算确定单桩极限承载力。当埋设有桩身应力、应变测量元件时,尚可直接测定桩周各土层的极限侧阻力。

(5)自平衡的试验装置如图 7.3 所示,该装置使用时的要求如下:

① 荷载箱的连接

荷载箱应平放于桩基及其钢筋笼的中心,以防止产生偏心轴向力;其位移方向与桩身轴线不应有夹角存在。

② 位移杆与护管

位移杆把荷载箱处的位移传递到地面,必须具有一定的刚度;

保护位移杆的护管与荷载箱的顶盖焊接,焊缝应满足强度要求,并确保不漏水和泥浆。

③ 基准桩和基准梁

试桩与基准桩之间的中心距离应符合《建筑基桩检测技术规范》(JGJ 106)的规定,基准桩打入地面以下,一般不小于 2.5 m。

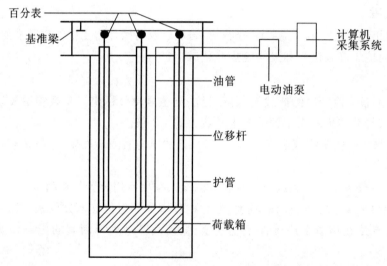

图 7.3　自平衡的试验装置图

基准梁的一端应简支在基准桩上,一端应固定在基准桩上,在试验中,整个基准梁和基准桩都必须用帐篷(帆布或雨布)等遮盖,以减少温度、湿度、恶劣天气等外界因素的影响。

6. 现场试验

自平衡试验各行业和各地方标准的加卸载稳定标准、终止加载条件等均有差异,应根据适用条件选择。现根据部分规范的要求做简要介绍。

试验加载方式:采用慢速维持荷载法,即逐级加载,每级荷载达到相对稳定后方可加下一级荷载,直到试桩破坏,然后分级卸载到零。当考虑结合实际工程桩的荷载特征,可采用多循环加、卸载法(每级荷载达到相对稳定后卸载到零)。当考虑缩短试验时间,对工程桩做检验性试验,可采用快速维持荷载法,即一般每隔 1 h 加一级荷载。

（1）加载分级：每级加载为预估极限荷载的 1/15～1/10，第一级可按 2 倍分级荷载加载。

（2）位移观测：每级加载后在第 1 h 内应在 5 min，15 min，30 min，45 min，60 min 测读一次，以后每隔 30 min 测读一次，每次测读值记入试验记录表。

（3）位移相对稳定标准：每 1 h 的位移不超过 0.1 mm 并连续出现两次（由 1.5 h 内连续三次观测值计算），认为已达到相对稳定，可加下一级荷载。

（4）终止加载条件：当出现下载情况之一时,即可终止加载：

① 已达到极限加载值；

② 某级荷载作用下,桩的位移量为前一级荷载作用下位移量的 5 倍；

③ 某级荷载作用下,桩的位移量大于前一级荷载作用下位移量的 2 倍,且经 24 h 尚未达到相对稳定；

④ 累计上拔量超过 100 mm。

（5）卸载与卸载位移观测：每级卸载值为每级加载值的 2 倍。每级卸载后隔 15 min 测读一次残余沉降量,读两次后,隔 30 min 再读一次,即可卸下一级荷载,全部卸载后,隔 3～4 h 再读一次桩顶残余沉降量。

7. 数据分析与处理

确定单桩极限承载力一般应绘制 $Q\text{-}s_{上}$，$Q\text{-}s_{下}$，$s_{上}\text{-}\lg t$，$s_{下}\text{-}\lg t$，$s_{上}\text{-}\lg Q$，$s_{下}\text{-}\lg Q$ 曲线。

将自平衡法测得的上、下两段 $Q\text{-}s$ 曲线等效地转换为常规方法桩顶加载的一条 $p\text{-}s$ 曲线,转换方法分为桩身无实测轴力值和桩身有实测轴力值的转换方法,统一叫作等效转换法（图 7.4）。

根据实测荷载箱上、下位移计算确定承载力的计算公式为：

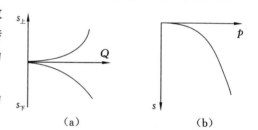

图 7.4　自平衡法结果转换示意图
（a）自平衡法曲线；（b）等效转换曲线

$$Q_{u}=\frac{Q_{u}^{+}-W}{\gamma}+Q_{u}^{-}$$

式中　Q_{u}——单桩竖向抗压极限承载力；

　　　Q_{u}^{+}——荷载箱上部桩的实测极限值；

　　　Q_{u}^{-}——荷载箱下部桩的实测极限值；

　　　W——荷载箱上部桩的有效自重；

　　　γ——桩的向上、向下摩阻力转换系数。

7.5　桩基荷载试验工程案例

1. 工程概况

拟建××项目位于××市,交通方便。

为验证该项目单桩竖向抗压极限承载力,共进行 3 根 1.0 m 直径钻孔灌注桩单桩竖向抗压静载荷试验,试验采用自平衡法。有关试桩参数见表 7.2（本案例仅列 1 根桩）

表 7.2 试桩主要参数

项目	参数	项目	参数
试桩桩号	A1-3	荷载分级	6150 kN/10
桩径(mm)	1000	荷载箱埋设位置	桩端向上 0.3 m
有效桩长(m)	7.0	注浆前测试日期	2016.××.××
混凝土强度等级	C30	注浆后测试日期	/
预估抗压极限承载力(kN)	12250	成桩日期	2016.××.××
要求最大试验荷载(kN)	12250	备注	工程桩

2. 地质概况

根据勘察单位提供的场地岩土工程勘察报告,场地桩长范围内主要地层分布如下。

(1) 可塑红黏土:

承载力特征值:$f_{ak}=170$ kPa;

重度平均值:$\gamma=17.9$ kN/m³;

内摩擦角:$\varphi_k=4.7°$;

内聚力:$c_k=27.7$ kPa;

压缩模量:$E_s=4.33$ MPa。

(2) 中风化石灰岩:

承载力特征值:$f_{ak}=5000$ kPa;

桩端载力特征值:$q_{pa}=5000$ kPa;

重度平均值:$\gamma=24.55$ kN/m³。

3. 单桩竖向抗压静载试验

(1) 试验原理

自平衡法的检测原理是将一种特制的加载装置——欧感荷载箱,在混凝土浇筑之前和钢筋笼一起埋入桩内相应的位置(具体位置根据试验的不同目的而定),将荷载箱的加压管以及所需的其他测试装置(位移等)从桩体引到地面,然后灌注成桩。由加压泵在地面向荷载箱加压加载,荷载箱产生上、下两个方向的力,并传递到桩身。由于桩体自成反力,将得到相当于两个静载试验的数据:荷载箱以上部分,获得反向加载时上部分桩体的相应反应参数;荷载箱以下部分,获得正向加载时下部分桩体的相应反应参数。通过对加载力与这些参数(位移等)之间关系的计算和分析,不仅可以获得桩基承载力,而且可以获得每层土层的侧阻系数、桩的侧阻力、桩端承力等一系列数据。这种方法可以为设计提供数据依据,也可用于工程桩承载力的检验。

(2) 试验装置

① 加载系统

加载系统包括加载泵站、荷载箱以及加压管。

本试验采用的荷载箱为欧感公司研制的、具有专利技术的专业荷载箱。其特点为:

A. 设计时,荷载箱的形状、布局形式等,充分考虑了灌浆等操作的实施空间。

B. 荷载箱直径和加载面积的设计充分兼顾加载液压的中低压力和桩体试验后的高承载能力。

C. 欧感荷载箱通过内置的特殊增压技术,可以以很低的水压压强产生很大的加载力,从而能够极大地降低加载系统的故障率。环形荷载箱如图 7.5 所示。

图 7.5　环形荷载箱

② 荷载箱的安装埋设

为保证桩基质量和试桩的成功,埋设荷载箱时,采取以下安全措施:

A. 为保证桩体不因加载产生应力集中而破坏,荷载箱附近钢筋笼箍筋适当加密。

B. 荷载箱与上、下钢筋笼连接强度适当,以方便试验时打开荷载箱。

③ 数据采集

数据采集包括:水压,荷载箱上部桩体位移,荷载箱下部桩体位移,桩顶位移等。

（3）试验方法

① 加载方法

以流体为加载介质,向埋设于桩基内一定深度位置的荷载箱中加压,从而对荷载箱上、下两部分桩体同时施加载荷。

A. 为保证试验数据和试验结论的可比性,加载具体方法（包括加载级别、加载时间、稳定状态判断条件、停止加载条件以及卸载步骤等）应符合相关试验规范的规定。

B. 试验时,对各种试验参数进行如实记录。

C. 试验出现意外情况时,应及时与设计单位和委托单位进行沟通,以保证试验相关各方对意外情况的同等知情权,并就试验的以后进程达成共识。

② 试验加、卸载方法

根据相关规范和设计要求,采用慢速载荷维持法进行加载。

A. 加载:分 9 级加载,每级加载为预估承载力的 1/10。

B. 卸载:分 5 级卸载,每级卸载为加载级别的 2 倍。

C. 加载数据记录:每级加载后在第 1 h 内观察第 5 min、15 min、30 min、45 min、60 min 的位移值,以后每隔 30 min 观察一次,以判断稳定状态。

D. 位移相对稳定标准:每 1 h 内的位移量不超过 0.1 mm,并连续出现两次（从分级荷载施加后第 30 min 开始,按 1.5 h 连续三次每 30 min 的位移量计算）。

E. 卸载数据记录:每级荷载维持 1 h,按第 15 min、30 min、60 min 测读位移量后,即可卸下一级荷载。卸载至零后,应测读残余位移量,维持时间为 3 h,测读时间为第 15 min、30 min,以后每隔 30 min 测读一次。

F. 终止加载条件:

a.某级荷载作用下,位移量大于前一级荷载作用下位移量的 5 倍。但位移能相对稳定且上、下位移量均小于 40 mm 时,宜加载至位移量超过 40 mm。

b.某级荷载作用下,位移量大于前一级荷载作用下位移量的 2 倍,且经 24 h 尚未达到相对稳定标准。

c.已达到设计要求的最大加载量。

d.当荷载-位移曲线呈缓变型时,可加载至位移量 60~80 mm;在特殊情况下,根据具体要求,可加载至位移量超过 80 mm。

③ 单桩竖向抗压极限承载力的确定

实测得到荷载箱上段桩的极限承载力 $Q_{u上}$ 和荷载箱下段桩的极限承载力 $Q_{u下}$,按照相关自平衡技术规程中的承载力计算公式得到单桩竖向抗压极限承载力:

$$Q_u = \frac{Q_{u上} - W}{\gamma} + Q_{u下}$$

式中　Q_u——单桩竖向抗压极限承载力(kN);

　　　$Q_{u上}$——荷载箱上段桩的加载极限值(kN);

　　　$Q_{u下}$——荷载箱下段桩的加载极限值(kN);

　　　W——荷载箱上段桩的自重;

　　　γ——荷载箱上段桩侧阻力修正系数,对于黏土、粉土 γ 取 0.8,对于砂土取 0.7。

④ 试验依据

《建筑基桩检测技术规范》(JGJ 106);

《建筑桩基技术规范》(JGJ 94);

《桩承载力自平衡法测试技术规程》(DB45/T 564);

《××项目勘察报告》。

(4) 加载分级荷载(表 7.3)

表 7.3　加载分级荷载表

加载分级	加载（kN）	加载分级	加载（kN）
1	1230	6	4305
2	1845	7	4920
3	2460	8	5535
4	3075	9	6150
5	3690		

4. 静荷载试验结果及分析

本场地共 1 根 1.0 m 直径试桩,现场测试工作于 2016 年××月××日至 2016 年××月××日完成,整个测试作业严格按测试规程进行,测试过程情况正常。由现场实测数据(表 7.4)绘制的向下 Q-s 曲线、s-$\lg t$ 曲线和向上 Q-d 曲线、d-$\lg t$ 曲线详见表 7.5 至表 7.8,从中可以看出:

A1-3 钻孔灌注桩,有效桩长 7.0 m。荷载箱加载分级按预估加载值 6150 kN 来分级,分成 9 级,每级加载值为 615 kN,首级加载按两倍分级荷载(即 1230 kN)加载。

该检测桩在加载到第 9 级荷载 6150 kN 时,下段桩向下 Q-s 曲线呈缓变型、s-$\lg t$ 曲线呈平直型,上段桩向上 $Q\text{-}d$ 曲线呈缓变型、$d\text{-}\lg t$ 曲线呈平直型。上下桩体位移走势整体较平稳。因已达到设计最大加载值要求,经协商,决定终止加载,并开始卸载。取最大荷载 6150 kN 为最终加载值。

向下最大位移量为 13.70 mm,卸载后剩余位移为 10.40 mm,回弹率为 24.1%;向上最大位移量为 7.45 mm,卸载后剩余位移为 5.00 mm,回弹率为 32.9%。

根据地质报告以及 $Q\text{-}d$ 曲线特征,荷载箱上段桩侧阻力修正系数 γ 取 0.8。

上段桩侧土极限摩阻力:取对应于第 9 级荷载 6150 kN。

下段桩极限承载力:取对应于第 9 级荷载 6150 kN。

A1-3 单桩竖向抗压极限承载力为:

$$Q_u = \frac{Q_{u\pm} - W}{\gamma} + Q_{u\mp} = \frac{6150 - \pi \times (0.5)^2 \times 6.7 \times 25}{0.8} + 6150 \approx 13673 \text{ kN}$$

表 7.4 单桩竖向静载试验数据汇总

工程名称:××　　　　　　　　　　试验桩号:A1-3

测试日期:2016-××-××　　　　　桩长:7.0 m　　　　桩径:1000 mm

序 号	荷 载 (kN)	向下 (mm)		向上 (mm)		桩顶 (mm)	
		本级	累计	本级	累计	本级	累计
0	0	0.00	0.00	0.00	0.00	0.00	0.00
1	1230	0.44	0.44	0.00	0.00	0.00	0.00
2	1845	0.62	1.06	0.37	0.37	0.33	0.33
3	2460	1.16	2.22	0.40	0.77	0.38	0.71
4	3075	1.11	3.33	0.32	1.09	0.32	1.03
5	3690	1.65	4.98	0.77	1.86	0.75	1.78
6	4305	1.41	6.39	1.15	3.01	1.15	2.93
7	4920	1.71	8.10	1.15	4.16	1.15	4.08
8	5535	2.41	10.51	1.36	5.52	1.36	5.44
9	6150	3.19	13.70	1.93	7.45	1.90	7.34
10	4920	−0.30	13.40	−0.09	7.36	−0.01	7.33
11	3690	−0.29	13.11	−0.17	7.19	−0.14	7.19
12	2460	−0.36	12.75	−0.37	6.82	−0.35	6.84
13	1230	−0.98	11.77	−0.53	6.29	−0.48	6.36
14	0	−1.37	10.40	−1.29	5.00	−1.24	5.12

向下:最大位移量:13.70 mm　　　最大回弹量:3.30 mm　　　回弹率:24.1%

向上:最大位移量:7.45 mm　　　最大回弹量:2.45 mm　　　回弹率:32.9%

桩顶:最大位移量:7.34 mm　　　最大回弹量:2.22 mm　　　回弹率:30.2%

表 7.5　单桩向下曲线

工程名称:××(向下)		试验桩号:A1-3
测试日期:2016-××-××	桩长:7 m	桩径:1000 mm

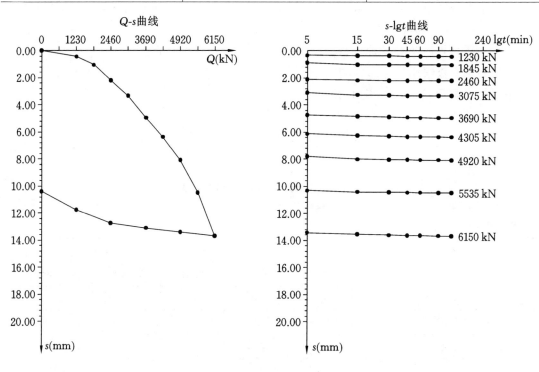

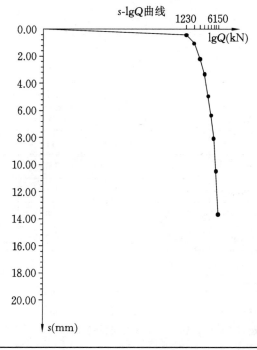

表 7.6 单桩向上曲线

工程名称:××（向上）		试验桩号:A1-3
测试日期:2016-××-××	桩长:7 m	桩径:1000 mm

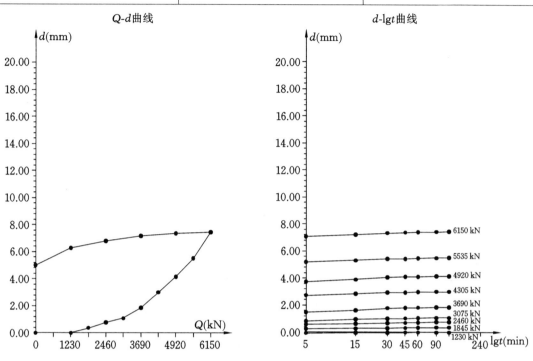

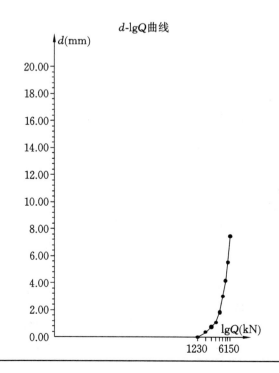

岩土及地基基础检测

表 7.7　单桩桩顶曲线

工程名称:××(桩顶)		试验桩号:A1-3
测试日期:2016-××-××	桩长:7 m	桩径:1000 mm

Q-δ曲线

δ-lgt曲线

δ-lgQ曲线

表 7.8 **A1-3 试桩自平衡静载试验转换为桩顶加载的等效转换数据及曲线**

序 号	桩顶等效荷载 P（kN）	桩顶等效荷载对应位移（mm）
0	0	0.00
1	2603	0.99
2	3987	1.89
3	5371	3.33
4	6754	4.73
5	8138	6.66
6	9522	8.36
7	10906	10.35
8	12289	13.05
9	13673	16.52

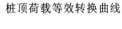

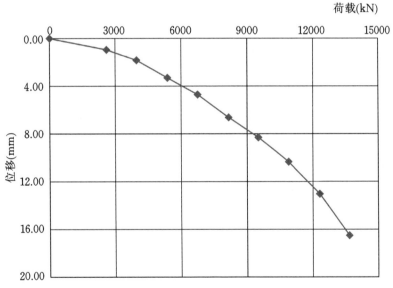

5. 结论

经上述对实测数据分析和计算,得出如下结论:实测 A1-3 试桩单桩竖向抗压极限承载力为 13673 kN。

思考题

1. 桩基抗压静载试验的试验装置包含哪些?
2. 桩基抗压静载试验的加载值如何确定?
3. 桩基抗压静载试验如何分级加载?
4. 桩基抗压静载试验终止加载的条件有哪些?
5. 单桩竖向抗拔承载力特征值如何确定?
6. 桩基水平静载试验终止加载的条件有哪些?
7. 自平衡试验的原理是什么?

 **锚杆锚索检测**

锚杆(广义)是一种将拉力传至稳定岩层或土层的结构体系,主要由锚头、自由段和锚固段组成,常用于边坡工程、基坑工程和隧道工程中。锚杆构造如图8.1所示。

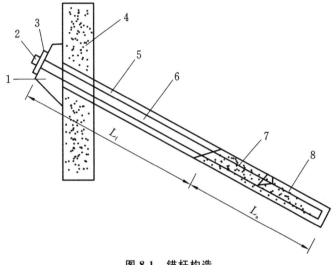

图8.1 锚杆构造

1—台座;2—锚具;3—承压板;4—支挡结构;5—钻孔;6—自由隔离层;7—钢筋;8—注浆体;
L_f—自由段长度;L_a—锚固段长度

锚杆有广义和狭义之分,广义上的锚杆有锚杆(狭义)和锚索两种常见类型。锚杆(狭义)是以高强度螺纹钢筋为受拉主体,锚索是以钢绞线作为受拉主体。锚索一般承受的拉力较大,且一般情况下需要施加预应力,因此又称之为预应力锚索。

常见锚杆(索)、构造、实物见图8.2至图8.5。

图8.2 隧道喷锚工程中的锚杆

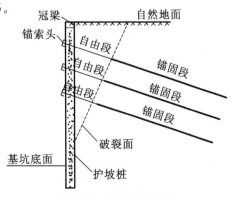

图8.3 边坡锚索构造

图 8.4 基坑锚索

图 8.5 边坡锚索

8.1 锚杆抗拔力检测

1. 检测参数

锚杆锚固在不同的基体内时,其锚固力(抗拔力)是不一样的,保证锚杆的锚固力大于其承受的轴向拉力,是锚杆可靠性的重要保证。

2. 检测原理

通过直接运用加载工具对锚杆进行拉拔,观察锚杆的位移等反应,判断锚杆的抗拔力。在设计时,锚杆的设计荷载必须小于锚固力设计值。

3. 检测规范

《建筑边坡工程技术规范》(GB 50330);

《建筑基坑支护技术规程》(JGJ 120);

《建筑地基基础设计规范》(GB 50007);

《岩土锚杆(索)技术规程》(CECS 22);

《岩土锚杆与喷射混凝土支护工程技术规范》(GB 50086)。

4. 适用范围

(1)《建筑边坡工程技术规范》(GB 50330):适用于岩质边坡高度为 30 m 及以下、土质边坡高度为 15 m 及以下的建筑边坡以及岩石基坑边坡工程。

(2)《建筑基坑支护技术规程》(JGJ 120):适用于一般地质条件下临时性建筑基坑支护工程。

(3)《建筑地基基础设计规范》(GB 50007):适用于工业与民用建筑物(包括构筑物)的边坡工程和基坑支护。

(4)《岩土锚杆(索)技术规程》(CECS 22):适用于岩土工程(包括边坡工程、基坑支护和隧道衬砌)。

(5)《岩土锚杆与喷射混凝土支护工程技术规范》(GB 50086):适用于隧道,洞室,边坡,基坑,结构物抗浮、抗倾和受拉基础的岩土锚杆与喷射混凝土支护工程。

5. 检测仪器

（1）加载设备

宜采用油压穿心千斤顶（穿孔千斤顶）。千斤顶的中心应与锚杆轴线重合，其额定压力不得小于最大加载量的 1.2 倍。

（2）荷载量测设备

可用放置在千斤顶上的测力计、力传感器直接测定荷载；也可采用并联于千斤顶油路的压力表或压力传感器测定油压力，根据千斤顶及其示值仪表的校准方程换算荷载。

测力计、力传感器、油压传感器的测量误差应不大于 1%；合理选择其量程，使最大检测荷载不大于其量程的 80%，且不小于其量程的 50%。压力表精度应优于 0.4 级，最大检测荷载不大于其量程的 80%，且不小于其量程的 50%。

（3）位移测量设备

位移测量仪表宜采用大位移传感器或大量程百分表（大于 30 mm），并应符合下列规定：

① 测量误差不大于 0.1% FS，分辨率高于或等于 0.01 mm；

② 固定和支承位移测量仪表的夹具及基准梁、基准桩应避免气温、振动及其他外界因素的影响。现场抗拔试验仪器见图 8.6。

（4）反力装置

加载反力装置可根据现场情况确定，应尽量利用腰梁及护壁作为反力，其承载力和刚度应满足最大施加荷载要求。

图 8.6　现场抗拔试验仪器

当用锚头周围边坡或基坑侧壁土提供反力时，提供给反力支座的地基土压应力不宜大于地基承载力特征值的 1.0～1.5 倍。必要时对反力支座下一定范围的地基土进行加固处理。

6. 现场检测

因为各规范对于锚杆抗拔试验的要求大同小异，原理和分类基本一致，但在试验细节和判定上有一些差异。此处只对边坡锚杆的基本试验、验收试验和基坑锚杆的蠕变试验进行讲解。

（1）基本试验

锚杆的基本试验是在锚固工程开工前，为了检验设计锚杆性能所进行的锚杆破坏性抗拔试验，其目的是为了确定锚杆的极限承载力，检验锚杆在超过设计拉力并接近极限拉力条件下的工作性能和安全程度，及时发现锚索设计施工中的缺陷，以便在正式使用锚杆前调整锚杆结构参数或改进锚杆制作工艺。

① 最大试验荷载

基本试验时最大的试验荷载不应超过杆体标准值的 0.85 倍，普通钢筋不应超过其屈服值的 0.9 倍。

基本试验对锚杆施加循环荷载是为了区分锚杆在不同荷载作用下的弹性位移和塑性位移，以判断锚杆参数的合理性和确定锚杆的极限拉力。

② 锚杆的锚固长度和锚杆根数

A. 当进行确定锚固体与岩土层间黏结强度极限标准值、验证杆体与砂浆间黏结强度极限标准值的试验时,为使锚固体与地层间首先破坏,当锚固段长度取设计锚固长度时应增加锚杆钢筋用量,或采用设计锚杆时应减短锚固长度,试验锚杆的锚固长度对硬质岩取设计锚固长度的 0.40 倍,对软质岩取设计锚固长度的 0.60 倍。

B. 当进行确定锚固段变形参数和应力分布的试验时,锚固段长度应取设计锚固长度。每种试验锚杆数量均不应少于 3 根。

③ 加卸载法

基本试验采用循环加载法。

每级荷载施加或卸除完毕后,应立即测读变形量。

在每级加荷等级观测时间内,测读锚头位移不应少于 3 次,每级荷载稳定标准为 3 次百分表读数的累计变位量不超过 1 mm;稳定后即可加下一级荷载。

在每级卸荷时间内,应测读锚头位移 2 次,荷载全部卸除后,再测读 2~3 次。

加卸荷等级、测读间隔时间宜按表 8.1 确定。

表 8.1　土层锚杆基本试验加卸载等级与监测时间

加荷标准 循环数	预估破坏荷载的百分数(%)												
	每级加载量						累计 加载量	每级卸载量					
第一循环	10	20	20				50				20	20	10
第二循环	10	20	20	20			70			20	20	20	10
第三循环	10	20	20	20	20		90		20	20	20	20	10
第四循环	10	20	20	20	20	10	100	10	20	20	20	20	10
观测时间(min)	5	5	5	5	5	5	—	5	5	5	5	5	5

④ 终止加载的情况

锚杆试验中出现下列情况之一时可视为破坏,应终止加载:

A. 锚头位移不收敛,锚固体从岩土层中拔出或锚杆从锚固体中拔出;

B. 锚头总位移量超过设计允许值;

C. 土层锚杆试验中后一级荷载产生的锚头位移增量,超过上一级荷载位移增量的 2 倍。

⑤ 变形要求

拉力型锚杆在最大试验荷载作用下,所测得的弹性位移量应超过该荷载下杆体自由段理论弹性伸长值的 80%,且小于杆体自由段长度与 1/2 锚固段之和的理论弹性伸长值。

⑥ 锚杆极限承载力标准值取值

锚杆极限承载力标准值取破坏荷载前一级的荷载值;在最大试验荷载作用下未出现停止加载的情况时,锚杆极限承载力取最大荷载值为标准值。

当锚杆试验数量为 3 根,各根极限承载力值的最大差值小于 30% 时,取最小值作为锚杆的极限承载力标准值;若最大差值超过 30%,应增加试验数量,按 95% 的保证概率计算锚杆极限承载力标准值。

（2）蠕变试验

蠕变是指锚杆在保持应力不变的条件下，应变随时间延长而增加的现象。岩土锚杆的蠕变是导致锚杆预应力损失的主要因素之一，因而在该类地层中设计锚杆时，应充分了解锚杆的蠕变特性，以便合理地确定锚杆的设计参数和荷载水平，并在施工中采取适当的措施，控制蠕变量，从而有效控制预应力损失。

① 试验锚杆数量

蠕变试验的锚杆数量不少于3根。

② 加载分级和锚头观测时间的要求

蠕变试验加载分级和锚头观测时间的要求见表8.2。

表 8.2 蠕变试验加载分级和锚头观测时间

加载分级	$0.50N_k$	$0.75N_k$	$1.00N_k$	$1.20N_k$	$1.50N_k$
观测时间 t_2(min)	10	30	60	90	120
观测时间 t_1(min)	5	15	30	45	60

注：表中 N_k 为锚杆轴向拉力标准值。

每级荷载按时间间隔 1 min、5 min、10 min、15 min、30 min、45 min、60 min、90 min、120 min 记录蠕变量。

③ 数据处理

试验时应绘制每级荷载下锚杆的蠕变量-时间对数，并按下式计算蠕变率。

$$k_c = \frac{s_2 - s_1}{\lg t_2 - \lg t_1}$$

式中 k_c——锚杆蠕变率；

s_2——t_2 时间测得的蠕变量(mm)；

s_1——t_1 时间测得的蠕变量(mm)。

④ 结果判定

锚杆的蠕变率不应大于 2.0。

（3）验收试验

锚杆验收试验的目的是检验施工质量是否达到设计要求。这也是检测单位在实际检测锚杆的过程中最常遇到的试验。

① 检测数量

验收试验锚杆的数量取每种类型锚杆总数的 5%，自由段位于Ⅰ、Ⅱ、Ⅲ类岩石内时取总数的 1.5%，且均不得少于 5 根。

② 加载值

最大试验荷载取设计轴向拉力标准值的 1.5 倍，临时性锚杆取 1.2 倍。

③ 加卸载要求和稳定要求

前三级荷载可按试验荷载值的 20% 施加，以后每级按 10% 施加；达到检验荷载后观测 10 min，在 10 min 持荷时间内锚杆的位移量应小于 1 mm。当不能满足时持荷至 60 min，锚杆位移量应小于 2 mm。卸荷到试验荷载的 10% 并测出锚头位移。加载时的测读时间可参照基本试验。

④ 停止加载的要求

和基本试验相同。

⑤ 合格判定

未出现停止加载的情况,且加载到试验荷载计划最大值后变形稳定。且满足以下要求:

拉力型锚杆在最大试验荷载作用下,所测得的弹性位移量应超过该荷载下杆体自由段理论弹性伸长值的 80%,且小于杆体自由段长度与 1/2 锚固段之和的理论弹性伸长值。

当验收锚杆不合格时,应按锚杆总数的 30% 重新抽检;重新抽检有锚杆不合格时应全数进行检验。

7. 不同规范对于验收试验的规定总结

不同的规范因为适用范围不同,对锚杆抗拔试验的规定也不相同,以下针对几个要点进行统计比较,如表 8.3 所示。

表 8.3　锚杆抗拔试验不同规范对比统计

序号	规范名称	试验荷载	抽检数量	加载
1	《建筑边坡工程技术规范》(GB 50330)	永久性锚杆:$1.5N_{ak}$;临时性锚杆:$1.2N_{ak}$	每种类型锚杆总数的 5%,自由段位于Ⅰ、Ⅱ、Ⅲ类岩石内时取总数的 1.5%,且均不得少于 5 根	前三级按试验荷载的 20% 施加,以后每级按 10% 施加
2	《建筑基坑支护技术规程》(JGJ 120)	当支护结构安全等级为一级时,试验值为 $1.4N_{ak}$;当支护结构安全等级为二级时,试验值为 $1.3N_{ak}$;当支护结构安全等级为三级时,试验值为 $1.2N_{ak}$	不应少于锚杆总数的 5%,且同一土层中的锚杆检测数量不少于 3 根	根据最大试验荷载的不同,分级有微小差异
3	《建筑地基基础设计规范》(GB 50007)	$0.85A_s f_y$	不应少于锚杆总数的 5%,且不少于 5 根	按最大试验荷载的 10%、30%、50%、70%、80%、90%、100% 施加
4	《岩土锚杆(索)技术规程》(CECS 22)	永久性锚杆:$1.5N_{ak}$;临时性锚杆:$1.2N_{ak}$	不应少于锚杆总数的 5%,且不少于 3 根	应分级加载,初始荷载宜取 $0.1N_{ak}$,分级加荷值宜取轴向拉力设计值的 0.5、0.75、1.0、1.2、1.33 和 1.5 倍

续表 8.3

序号	规范名称	试验荷载	抽检数量	加载
5	《岩土锚杆与喷射混凝土支护工程技术规范》(GB 50086)	永久性锚杆应取锚杆拉力设计值的 1.2 倍;临时性锚杆应取锚杆拉力设计值的 1.1 倍	工程锚杆必须进行验收试验。其中占锚杆总量 5% 且不少于 3 根的锚杆应进行多循环张拉验收试验;占锚杆总量 95% 的锚杆应进行单循环张拉验收试验	多循环张拉:加荷级数不宜小于 5 级,具体每一级的大小和时间参照规范
6	《公路工程质量检验评定标准 第一册:土建工程》(JTG F80/1)	/	锚杆数的 1% 且不少于 3 根	/

序号	稳定标准	承载力丧失的标志	合格标准
1	达到检验荷载后观测 10 min,在 10 min 持荷时间内锚杆的位移量应小于 1.00 mm;当不能满足时,持荷至 60 min,锚杆的位移量应小于 2.00 mm	(1)锚头位移不收敛,锚固体从岩土层中拔出或锚杆从锚固体中拔出; (2)锚头总位移量超过设计允许值; (3)土层锚杆试验中后一级荷载产生的锚头位移增量,超过上一级荷载位移增量的两倍	(1)加载到试验荷载计划最大值后变形稳定; (2)拉力型锚杆在最大试验荷载的作用下,所测得的弹性位移量应超过该荷载下杆体自由段理论弹性伸长值的 80%,且小于杆体自由段长度和 1/2 锚固段之和的理论弹性伸长值
2	在每级荷载的观测时间内,锚杆的位移量应小于 1.00 mm;当不能满足时,持荷至 60 min,锚杆的位移量应小于 2.00 mm	(1)从第二级加载开始,后一级荷载产生的锚头位移增量,超过上一级荷载位移增量的两倍; (2)锚头位移不收敛; (3)锚杆杆体破坏	锚杆极限抗拔承载力应按下列方法确定: (1)单根锚杆的极限抗拔承载力,在某级试验荷载下出现承载力丧失的情况,应取该级的前一级荷载值;未出现时,应取最大试验荷载值。 (2)参加统计的试验锚杆,当极限抗拔承载力的级差不超过其平均值的 30% 时,锚杆极限抗拔承载力标准值可取平均值;当级差超过其平均值的 30% 时,宜增加试验锚杆数量,并应根据级差过大的原因,按实际情况重新进行统计后确定锚杆极限抗拔承载力标准值
3	验收试验未做具体规定,参照基本试验:在每级荷载的观测时间内,锚杆的位移量应小于 1.00 mm;当不能满足时,持荷至 2 h,锚杆的位移量应小于 2.00 mm	(1)锚头位移不收敛,锚固体从岩土层中拔出或锚杆从锚固体中拔出; (2)锚头总位移量超过设计允许值; (3)土层锚杆试验中后一级荷载产生的锚头位移增量,超过上一级荷载位移增量的两倍	(1)加载到试验荷载计划最大值后变形稳定; (2)拉力型锚杆在最大试验荷载的作用下,所测得的弹性位移量应超过该荷载下杆体自由段理论弹性伸长值的 80%,且小于杆体自由段长度和 1/2 锚固段之和的理论弹性伸长值

续表8.3

序号	稳定标准	承载力丧失的标志	合格标准
4	验收试验未做具体规定,参照基本试验:在每级荷载的观测时间内,锚杆的位移量应小于1.00 mm;当不能满足时,持荷至2 h,锚杆的位移量应小于2.00 mm	(1)后一级荷载产生的锚头位移增量,超过上一级荷载位移量的两倍; (2)锚头位移持续增长; (3)锚杆杆体破坏	(1)拉力型锚杆在最大试验荷载的作用下,所测得的弹性位移量应超过该荷载下杆体自由段理论弹性伸长值的80%,且小于杆体自由段长度和1/2锚固段之和的理论弹性伸长值。 (2)在最后一级荷载作用下1～10 min内锚杆蠕变量不大于1.0 mm,如超过,则6～60 min内锚杆蠕变量不大于2.0 mm
5	最大试验荷载作用下,在规定的持荷时间内锚杆的位移量应小于1.0 mm;不能满足时,则增加持荷时间至60 min,锚杆累计位移量应小于2.0 mm	锚杆基本试验出现下列情况之一时,应判定锚杆破坏: (1)在规定的持荷时间内锚杆或单元锚杆位移量大于2.0 mm; (2)锚杆杆体破坏	(1)多循环张拉:压力型锚杆或压力分散型锚杆的单元锚杆在最大试验荷载作用下所测得的弹性位移应大于锚杆自由杆体长度理论弹性伸长值的90%,且应小于锚杆自由杆体长度理论弹性伸长值的110%且应小于自由杆体长度与1/3锚固段之和的理论弹性伸长值。 (2)单循环张拉:与多循环验收试验结果相比,在同级荷载作用下,两者的荷载-位移曲线包络图相近似;所测得的锚杆弹性位移值应同时符合多循环张拉的要求
6	/	/	抗拔力平均值≥设计值,最小抗拔力≥90%的设计值

注:N_{ak}—锚杆的轴向拉力设计值;A_s—钢筋的截面面积;f_y—钢筋的屈服强度。

8. 抗拔试验中需要注意的几个要点

(1) 在《建筑地基基础设计规范》(GB 50007)中,对锚杆抗拔力验收试验时试验荷载的取值上,并未要求已知锚杆的轴向拉力设计值,而按照$0.85A_s f_y$取值。究其原因,在锚杆的基本试验中,该规范要求预估破坏荷载取值小于杆体承载力标准值的1.2倍,即预估破坏荷载为$0.83A_s f_{yk}$(f_{yk}为钢筋强度标准值),故在验收试验时,直接近似取$0.85A_s f_y$为试验荷载。

(2) 在《建筑基坑支护技术规程》(JGJ 120)和《岩土锚杆(索)技术规程》(CECS 22)技术规程中,都要求初始荷载取$0.1N_{ak}$。因为在一般的锚杆拉拔试验中,若将0作为初始荷载,因为设备磨合以及提供反力的土层疏松等原因,造成的位移不一定是锚杆导致的,所以第一级荷载产生的位移增量一般不具备参考性。

(3) 在进行拉拔试验时,每级荷载施加后位移均应稳定后才可施加下一级荷载,但在部分规范中,未给出每一级的稳定标准,这种情况下,可参照基本试验的稳定标准。

(4)《公路工程质量检验评定标准 第一册 土建工程》(JTG F80/1)只给出了抽检频率

和合格标准,而对于试验过程未做具体的规定,可参照其他适用规范。

(5) 在大部分规范中,均对锚杆产生的弹性位移值进行了规定。若测得的弹性位移值小于下限值,说明自由段长度小于设计值,因而当出现锚杆位移时将增加锚杆的预应力损失。若测得的弹性位移值大于上限值,说明锚固段注浆体与杆体间的黏结作用已经被破坏。

(6)《岩土锚杆与喷射混凝土支护工程技术规范》(GB 50086)中的验收试验主要针对的是预应力锚杆,实际上是要求全检,其中占锚杆总量 5% 且不少于 3 根的锚杆应进行多循环张拉验收试验,占锚杆总量 95% 的锚杆应进行单循环张拉验收试验。

(7) 关于锚杆弹性位移理论值,可根据材料力学的公式计算:

$$\Delta l = \frac{Fl}{EA}$$

式中　Δl——弹性变形量;

　　　F——锚杆所作用的荷载;

　　　l——锚杆的原长;

　　　E——锚杆材料的弹性模量;

　　　A——锚杆的截面面积。

根据上述公式,对表 8.4 所示的锚杆进行抗拉试验。

表 8.4　某锚杆参数

锚索材料	锚索长度	设计荷载 N_{ak}
$1 \times 7\ \phi 15.24$ mm 预应力钢绞线	锚索长度 25 m。 其中,自由段长度 15 m,锚固长度 10 m	750 kN

按照《建筑边坡工程技术规范》(GB 50330),其变形允许值,计算如下:

① 基本参数计算:

试验值:750 kN×1.5=1125 kN。

弹性模量:根据《预应力混凝土用钢绞线》(GB/T 5224)的 7.2.5 条,取 195 GPa;

截面面积:锚索的截面面积不可按照圆面积以半径计算,根据《预应力混凝土用钢绞线》(GB/T 5224)表 3 的规定,取 140 mm²×6=840 mm²。

② 下限值计算:$\Delta l_{\text{下}} = \frac{Fl}{EA} \times 0.8 = \frac{1125\ \text{kN} \times 15\text{m}}{195\text{GPa} \times 840\ \text{mm}^2} \times 0.8 = 82.41\ \text{mm}$

③ 上限值计算:$\Delta l_{\text{上}} = \frac{Fl}{EA} = \frac{1125\ \text{kN} \times (15+10/2)\text{m}}{195\text{GPa} \times 840\ \text{mm}^2} = 137.36\ \text{mm}$

8.2　锚杆长度、锚固密实度检测

1. 检测目的

通过波反射法这种无损检测方法,检测锚杆的长度和锚固密实度。

2. 检测原理

波反射法是采用激振声波信号,实测加速度或速度响应曲线,依据波动理论进行分析,评价锚杆锚固质量的无损检测方法。方法原理上与低应变法检测基桩完整性相似。

在锚杆中间某处的灌浆出现不密实现象时,相当于出现材料的不连续性。这种不连续性可

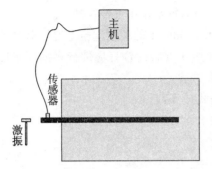

图 8.7　锚杆灌浆质量无损检测示意图

以用波阻抗来表示。该参数和应力波在桩身的传播速度(c)、桩身材料的弹性模量(E)以及桩身截面面积(A)的关系如下:

$$Z = \frac{EA}{c} = \rho A c$$

当锚杆受到激振时,产生应力波并在锚杆中传播,在遇到波阻抗变化的截面,将产生透射波和反射波,根据桩顶接收到的反射波的性质,来判断锚杆的长度和注浆密实度情况。锚杆灌浆质量无损检测示意见图 8.7,检测波形见图 8.8 至图 8.10。

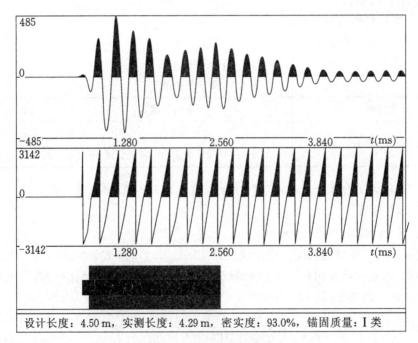

设计长度:4.50 m, 实测长度:4.29 m, 密实度:93.0%,锚固质量:Ⅰ类

图 8.8　检测波形示意图

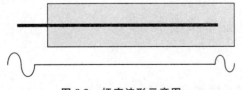

图 8.9　杆底波形示意图

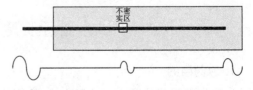

图 8.10　不密实区波形示意图

3. 检测规范

《锚杆锚固质量无损检测技术规程》(JGJ/T 182)。

4. 适用范围

适用于建筑工程全长黏结锚杆锚固质量的无损检测。

5. 仪器设备

锚杆无损检测仪,一般由传感器、主机和激振设备组成。

6. 现场检测

(1) 抽检要求

单项或单元工程的整体锚杆检测抽样率不应低于总锚杆数的10%,且每批不宜少于20根。重要部位或重要功能的锚杆宜全部检测。当单项或单元工程抽检锚杆的不合格率大于10%时,应对未检测的锚杆进行加倍抽检。

单项或单元工程被检锚杆宜随机抽样,并应重点检测以下工程的重要部位:

① 局部地质条件较差部位;

② 锚杆施工较困难的部位;

③ 施工质量有疑问的锚杆。

现场检测宜在锚固7 d后进行。

(2) 检测条件

① 锚杆杆体声波的纵波速度宜大于围岩和黏结物的声波纵波速度。杆体与周围介质的波阻抗差异越大,与一维弹性波的理论模型越接近。

② 锚杆杆体直径宜均匀。锚杆杆体的直径发生变化或直径较小时,检测信号较复杂,可能会影响杆体长度与密实度的检测的准确性与可靠性。

③ 为了便于激振器激振和接收传感器的安装,且保证激振信号和接收信号的质量,锚杆外露端面应平整。

④ 锚杆端头应外露,外露杆体应与内锚杆体呈直线,外露段不宜过长,当对外露段长度有特殊要求时,应进行相同类型的锚杆模拟试验。

⑤ 采用多根杆体连接而成的锚杆,施工方应提供详细的锚杆连接资料。因为连接部位会产生反射波信号,容易与缺陷、杆底反射相混淆。

(3) 参数设置

① 锚杆记录编号应与锚杆图纸编号一致。当图纸无具体说明时,应该自行编号,编号应清晰、准确。

② 时域信号记录长度、采样率应根据杆长、杆系波速及频域分辨率合理设置。

③ 同一工程相同规格的锚杆,检测时宜设置相同的仪器参数。

④ 试验表明,一维自由弹线性体的波速和有一定边界条件的一维弹线性体的波速存在一定的差异,即锚杆杆体的声波纵波速度与包裹一定厚度砂浆的锚杆杆系的声波纵波速度是不一样的。一般锚杆杆体的波速比杆系的波速高,计算砂浆包裹的锚杆杆体长度时应采用杆系波速,计算自由杆杆体长度时应采用杆体波速。所以锚杆杆体波速应通过与所检工程锚杆同

样材质、直径的自由杆测试取得,锚杆杆系波速应采用锚杆模拟试验结果或类似工程锚杆的波速值。

（4）仪器选择与安装要求

① 激振与接收宜使用端发端收或端发侧收方式。

② 接收传感器应使用强磁或其他方式固定,传感器轴心与锚杆杆轴线应平行;安装有托板的锚杆,接收传感器不应直接安装在托板上。

③ 应采用瞬态激振方式,激振器激振点与锚杆杆头应充分、紧密接触;应通过现场试验选择合适的激振方式和适度的冲击力;激振器激振时应避免触及接收传感器;实心锚杆的激振点宜选择在杆头靠近中心位置,保持激振器的轴线与锚杆杆轴线基本重合。

④ 中空式锚杆的激振点宜紧贴在靠近接收传感器一侧的环状管壁上,保持激振器的轴线与杆轴线平行。

⑤ 激振点不宜在托板上。

7. 数据分析

（1）锚杆杆体长度计算应符合下列规定:

锚杆杆底反射信号识别可采用时域反射波法、幅频域频差法等;

杆底反射波与杆端入射首波波峰间的时间差,即为杆底反射时差,若有多次杆底反射信号,则应取各次时差的平均值(图 8.11)。

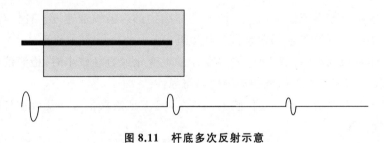

图 8.11 杆底多次反射示意

时域曲线上分析杆体长度为:

$$L = \frac{1}{2} C_m \times \Delta t_e$$

式中 L——杆体长度。

C_m——同类锚杆的波速平均值,若无锚杆模拟试验资料,应按下列原则取值:当锚固密实度小于 30% 时,取杆体波速平均值;当锚固密实度大于或等于 30% 时,取杆系波速平均值。杆体波速平均值和杆系波速平均值的取值以相关规范的要求取值。

Δt_e——时域杆底反射波旅行时间。

（2）缺陷判断及缺陷位置计算应符合下列要求:

① 时域缺陷反射波信号到达时间应小于杆底反射时间;若缺陷反射波信号的相位与杆端入射波信号反相,二次反射信号的相位与入射波信号同相,依次交替出现,则缺陷界面的波阻

抗差值为正;若各次缺陷反射波信号均与杆端入射波同相,则缺陷界面的波阻抗差值为负。

② 频域缺陷频差值应大于杆底频差值。

③ 锚杆缺陷反射信号识别可采用时域反射波法、幅频域频差法等。

④ 缺陷反射波信号与杆端入射首波信号的时间差即为缺陷反射时差,若同一缺陷有多次反射信号,则应取各次缺陷反射时差的平均值。

⑤ 缺陷位置应按下列公式计算:

$$x = \frac{1}{2}\Delta t_x \cdot C_m = \frac{1}{2} \cdot \frac{C_m}{\Delta f_x}$$

式中　　x——锚杆杆端至缺陷界面的距离(m);

　　　　Δt_x——缺陷反射波旅行时间(s);

　　　　Δf_x——频率曲线上缺陷相邻谐振峰间的频差(Hz)。

(3)锚固密实度的质量等级分为四个等级,按表8.5进行判别。

表8.5　锚固密实度的质量等级表

质量等级	波形特征	时域信号特征	幅频信号特征	密实度 D
A	波形规则,呈指数快速衰减,持续时间短	$2L/C_m$ 时刻前无缺陷反射波,杆底反射波信号微弱或没有	呈单峰形态,或可见微弱的杆底谐振峰,其相邻频差 $\Delta f \approx C_m/2L$	≥90%
B	波形较规则,呈较快速衰减,持续时间较短	$2L/C_m$ 时刻前有较弱的缺陷反射波,或可见较清晰的杆底反射波	呈单峰或不对称的双峰形态,或可见较弱的谐振峰,其相邻频差 $\Delta f \geq C_m/2L$	90%~80%
C	波形欠规则,呈逐步衰减或间歇衰减趋势形态,持续时间较长	$2L/C_m$ 时刻前可见明显的缺陷反射波或清晰的杆底反射波,但无杆底多次反射波	呈不对称多峰形态,可见谐振峰,其相邻频差 $\Delta f \geq C_m/2L$	80%~75%
D	波形不规则,呈慢速衰减或间歇增强后衰减形态,持续时间长	$2L/C_m$ 时刻前可见明显的缺陷反射波及多次反射波,或清晰的、多次杆底反射波信号	呈多峰形态,杆底谐振峰明显、连续,或相邻频差 $\Delta f > C_m/2L$	<75%

(4)锚固密实度的具体数值的估算有长度法和能量法两种方法,具体可参见相关规范,目前市面上的仪器设备都具有智能计算注浆密实度的功能。

(5)当出现下列情况之一时,锚固质量判定宜结合其他检测方法进行:

① 实测信号复杂,波动衰减极其缓慢,无法对其进行准确分析与评价。

② 外露自由段过长、弯曲或杆体截面多变。

8. 质量评定

（1）对于杆体长度不小于设计长度的95％且不足长度不超过0.5 m的锚杆，可评定锚杆长度合格。

（2）锚杆锚固密实度应按表8.5的规定进行评定，并应符合下列规定：

① 当锚杆空浆部位集中在底部或浅部时，应降低一个等级；

② 当锚固密实度达到C级以上，且符合工程设计要求时，应评定为锚固密实度合格。

（3）单根锚杆锚固质量无损检测分级评判应按表8.6进行。

表8.6　单根锚杆锚固质量等级

锚固质量等级	评价标准
Ⅰ	锚固密实度为A级，且长度合格
Ⅱ	锚固密实度为B级，且长度合格
Ⅲ	锚固密实度为C级，且长度合格
Ⅳ	锚固密实度为D级，或长度不合格

（4）单元或单项工程锚杆锚固质量全部达到Ⅲ级及以上的应评定为合格，否则应评定为不合格。

8.3　锚杆抗拔力检测工程案例

1. 工程概况

略。

2. 检测事由

为了验证边坡锚索的抗拔力是否满足设计和规范的要求。×××检测公司对××工程边坡锚索抗拔力进行验收试验。

3. 检测依据

（1）《岩土锚杆（索）技术规程》（CECS 22）；

（2）《建筑边坡工程技术规范》（GB 50330）；

（3）×××施工、变更设计图和其他有关技术文件。

4. 检测设备

本次试验采用RRH200-200千斤顶分级加载，对试验锚索施加抗拔力，用数显百分表测读锚头位移。

5. 检测内容和检测方法

根据委托方要求结合本工程具体情况，本次主要对边坡锚索抗拔力进行验收试验。

验收试验按《岩土锚杆（索）技术规程》（CECS 22）和《建筑边坡工程技术规范》（GB 50330）中有关锚索验收试验的规定以及×××工程施工设计图的要求进行。最大试验荷载取设计荷载的1.5倍。

（1）验收试验分级加荷，初始荷载宜取锚索设计荷载的 0.10 倍，分级加荷宜取锚索设计荷载的 0.5、0.75、1.00、1.20、1.33 和 1.5 倍。

（2）验收试验中，每级荷载均应稳定 5～10 min 并记录位移增量。最后一级试验荷载应维持 10 min。如在 1～10 min 内锚头位移增量超过 1 mm，则该级荷载应再维持 50 min，并在 15 min、20 min、25 min、30 min、45 min 和 60 min 时记录锚头位移增量。

（3）加荷至最大试验荷载并观测 10 min，待位移稳定后即卸荷至 10％ 的设计荷载，然后加荷至锁定荷载锁定。绘制荷载-位移（p-s）曲线。

（4）最大试验荷载满足设计和规范要求，且锚头位移稳定或收敛时，判定为合格。

6. 检测频率和抽检情况

检测项目内的检测频率主要依照《岩土锚杆（索）技术规程》（CECS 22）、《建筑边坡工程技术规范》（GB 50330）以及×××高速公路总监办要求执行，锚索抽检频率不少于 5％。

锚索具体抽检情况见表 8.7。

表 8.7 锚索抽检情况

工程名称		×××工程		试验项目	抗拔力试验
建设单位		×××建设工程公司		注浆材料	M35
锚索编号	锚索位置	锚索材料	锚索长度	设计荷载 N_{ak}	试验日期
1#	1—1	1×7 ϕ15.24 mm 预应力钢绞线	锚索长度 32 m，其中，自由段长度 20 m，锚固长度 12 m	750 kN	
2#	2—1	1×7 ϕ15.24 mm 预应力钢绞线	锚索长度 33 m，其中，自由段长度 21 m，锚固长度 12 m	750 kN	
3#	3—1	1×7 ϕ15.24 mm 预应力钢绞线	锚索长度 34 m，其中，自由段长度 22 m，锚固长度 12 m	750 kN	
4#	5—1	1×7 ϕ15.24 mm 预应力钢绞线	锚索长度 38 m，其中，自由段长度 26 m，锚固长度 12 m	750 kN	
5#	4—1	1×7 ϕ15.24 mm 预应力钢绞线	锚索长度 36 m，其中，自由段长度 24 m，锚固长度 12 m	750 kN	

锚索位置说明：M—N 代表整个边坡第 M 排第 N 行，以线路前进方向从下往上排列。

7. 检测结论

本次对该工程 5 根锚索按规范和设计要求进行抗拔力验收试验，试验结果汇总见表 8.8，试验数据表及锚索试验荷载-位移（p-s）曲线见报告附表。

表 8.8 锚索抗拔力试验结果汇总

试验编号	试验部位	设计值（kN）	实测拉力（kN）	累计位移（mm）	结论
1#	1—1	750	1128	132.09	合格
2#	2—1	750	1126	147.61	合格

续表 8.8

试验编号	试验部位	设计值(kN)	实测拉力(kN)	累计位移(mm)	结论
3[#]	3—1	750	1126	142.77	合格
4[#]	5—1	750	1128	154.49	合格
5[#]	4—1	750	1125	151.33	合格

该工程本次试验的 5 根锚索满足《岩土锚杆(索)技术规程》(CECS 22)和《建筑边坡工程技术规范》(GB 50330)中有关锚索抗拔力验收试验的规定,锚索抗拔验收试验结果合格。

8. 报告附表

锚索抗拔验收试验记录及 $p\text{-}s$ 曲线见表 8.9 至表 8.13。

表 8.9　1[#] 锚索抗拔力验收试验记录及 $p\text{-}s$ 曲线

试验编号:1[#]	试验位置:1—1		试验日期:
荷载(kN)	百分表读数(mm)	本级位移(mm)	累计位移(mm)
74	2.33	0.00	0.00
376	44.20	41.87	41.87
560	68.83	24.63	66.50
748	90.16	21.33	87.83
901	109.66	19.50	107.33
995	119.32	9.66	116.99
1128	134.42	15.10	132.09
749	97.20	−37.22	94.87
378	52.16	−45.04	49.83
78	10.70	−41.46	8.37

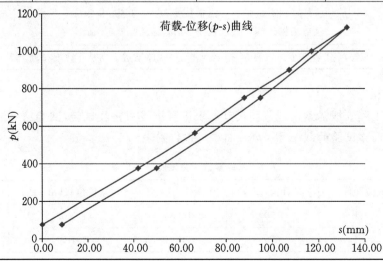

表 8.10 2# 锚索抗拔力验收试验记录及 p-s 曲线

试验编号:2#   试验位置:2—1   试验日期:

荷载(kN)	百分表读数(mm)	本级位移(mm)	累计位移(mm)
73	2.49	0.00	0.00
372	45.55	43.06	43.06
562	72.44	26.89	69.95
749	91.99	19.55	89.50
899	116.11	24.12	113.62
1001	130.81	14.70	128.32
1126	150.10	19.29	147.61
753	101.37	−48.73	98.88
377	52.38	−48.99	49.89
77	11.46	−40.92	8.97

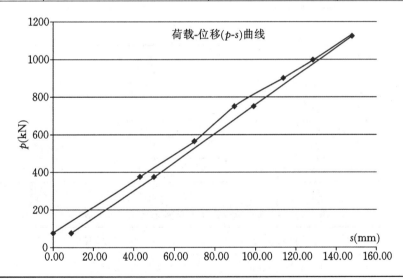

表 8.11 3# 锚索抗拔力验收试验记录及 p-s 曲线

试验编号:3#   试验位置:3—1   试验日期:

荷载(kN)	百分表读数(mm)	本级位移(mm)	累计位移(mm)
75	2.25	0.00	0.00
376	38.48	36.23	36.23

续表 8.11

荷载(kN)	百分表读数(mm)	本级位移(mm)	累计位移(mm)
566	66.70	28.22	64.45
749	91.80	25.10	89.55
900	110.84	19.04	108.59
998	123.51	12.67	121.26
1126	145.02	21.51	142.77
753	98.30	−46.72	96.05
372	46.24	−52.06	43.99
77	9.99	−36.25	7.74

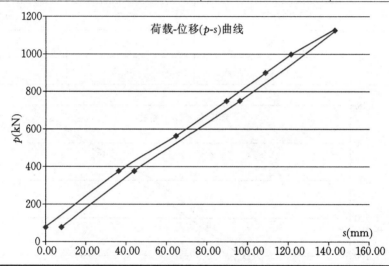

表 8.12   4# 锚索抗拔力验收试验记录及 *p-s* 曲线

试验编号:4#		试验位置:5—1		试验日期:	
荷载(kN)	百分表读数(mm)		本级位移(mm)		累计位移(mm)
75	1.79		0.00		0.00
376	45.01		43.22		43.22
566	78.95		33.94		77.16
752	103.58		24.63		101.79
897	123.67		20.09		121.88
1000	137.12		13.45		135.33

续表 8.12

荷载(kN)	百分表读数(mm)	本级位移(mm)	累计位移(mm)
1128	156.28	19.16	154.49
750	111.78	−44.50	109.99
376	54.77	−57.01	52.98
75	6.98	−47.79	5.19

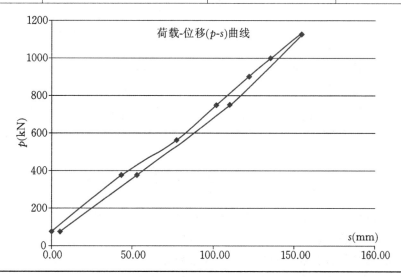

表 8.13 5# 锚索抗拔力验收试验记录及 *p-s* 曲线

试验编号:5#	试验位置:4—1	试验日期:	
荷载(kN)	百分表读数(mm)	本级位移(mm)	累计位移(mm)
76	1.66	0.00	0.00
374	48.67	47.01	47.01
563	77.32	28.65	75.66
748	102.27	24.95	100.61
900	122.13	19.86	120.47
1000	135.78	13.65	134.12
1125	152.99	17.21	151.33
750	111.22	−41.77	109.56
372	58.54	−52.68	56.88
75	7.09	−51.45	5.43

续表 8.13

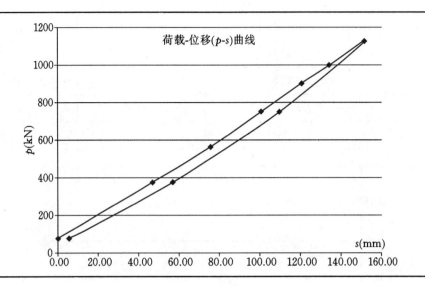

荷载-位移(p-s)曲线

思考题

1. 锚杆(索)的抗拔力试验分为哪几种类型? 它们有什么区别?
2. 锚杆(索)的抗拔力验收试验加载值如何确定?
3. 锚杆(索)的抗拔力验收试验如何进行合格判定?
4. 锚杆(索)的长度密实度检测对抽检数量有什么要求?
5. 锚杆(索)的锚固质量分为几类?

9 基坑工程监测技术

9.1 概　述

在城市建设中,为提高土地的空间利用率,地下室由一层发展到多层,相应的基坑开挖深度也从地表以下 5～6 m 增大到 12～13 m,甚至 20 m 以上,一定的基础深度也是为了满足高层建筑抗震和抗风等结构要求。另外,在城市地铁建设、过江隧道等市政工程中的基坑也占相当的比例。总之,随着我国城市建设的蓬勃发展,基坑工程在总体数量、开挖深度、平面尺寸以及使用领域等方面都得到高速的发展。

基坑支护工程是一种风险性工程。一方面,基坑的支护结构要挡土防水,保证基坑内施工的顺利进行和周围建筑、道路及地下管线的安全;另一方面,在安全的前提下,支护结构的设计和施工要节省造价、方便施工、缩短工期。由于基坑支护的设计理论尚待发展、施工技术尚不完善,因此进行基坑工程施工监测,掌握第一手资料,对于指导施工和完善设计等都具有十分重要的意义。

9.1.1　基坑监测的意义

在深基坑开挖的施工过程中,基坑内外的土体将由原来的静止土压力状态向被动和主动土压力状态转变,应力状态的改变引起围护结构承受荷载并导致围护结构和土体的变形,围护结构的内力(围护桩和护墙的内力、支撑轴力或土锚拉力等)和变形(深基坑内土体的隆起、基坑支护结构及其周围土体的沉降和侧向位移等)中的任一量值超过允许的范围,将造成基坑的失稳破坏或对周围环境造成不利影响,且深基坑开挖工程往往在建筑密集的市中心;施工场地四周有建筑物和地下管线,基坑开挖所引起的土体变形将在一定程度上改变这些建筑物和地下管线的正常状态,当土体变形过大时,会造成邻近结构和设施的失效或破坏。同时,基坑相邻的建筑物又相当于较重的集中荷载,基坑周围的管线常引起地表水的渗漏,这些因素又是导致土体变形加剧的原因。造成基坑工程事故的原因主要有以下几个方面:

(1)基坑及周围土体物理力学性质、埋藏条件、水文地质条件十分复杂,勘察所得到的数据离散性大,很难比较准确地反映土层的总体情况,导致计算时基坑围护体系所承受的土压力等荷载存在较大的不确定性。

(2)基坑周围复杂的施工环境,如邻近的建(构)筑物、道路和地下管线等设施都会对基坑围护结构产生不良影响。

(3)基坑周围侧向土压力计算和围护结构受力简化计算的假定都与工程实际状况有着一

定差别,因此对基坑稳定性和变形问题的预测很难做到比较精确。

(4)围护结构施工质量的优劣,直接影响到围护结构及被围护土体变形量的大小、稳定性以及邻近建筑物、构筑物与设施的安全。一个设计合理的围护系统由于施工质量未能满足要求而造成破坏,这是完全可能的。

(5)连续的降雨及暴雨等引起的墙后土体应力增加以及冲刷、浸泡、地下水渗透都会引起围护结构失稳。

基坑坍塌往往造成重大的人员伤亡和财产损失,如:2005年7月,位于广州市海珠区某十字路口的广场工程深基坑发生坍塌,因工地塌方致使地基空悬的某宾馆北楼发生大面积倒塌,导致3人死亡、8人受伤;2008年11月,杭州某地铁施工工地基坑坍塌,发生大面积地面塌陷事故,造成17人死亡、4人失踪。

因此,在深基坑施工过程中,只有对基坑支护结构、基坑周围的土体和相邻的构筑物进行全面、系统的监测,才能对基坑工程的安全性和对周围环境的影响程度有全面的了解,以确保工程的顺利进行;才能在出现异常情况时及时反馈,并采取必要的工程应急措施,甚至调整施工工艺或修改设计参数,保证基坑施工安全。

9.1.2　基坑监测的目的

基坑监测的目的包括以下几个方面:

(1)检验设计所采取的各种假设和参数的正确性,指导基坑开挖和支护结构的施工。

如上所述,基坑支护结构设计尚处于半理论半经验的状态,土压力计算大多采用经典的侧向土压力公式,与现场实测值相比较有一定的差异,也还没有成熟的方法计算基坑周围土体的变形。因此,在施工过程中需现场实测受力和变形情况。基坑施工总是从点到面、从上到下分工况局部实施,可以根据局部及前一工况开挖产生的应力和变形实测值与预估值的分析,验证原设计和施工方案的正确性。同时,可对基坑开挖到下一个施工工况时的受力和变形的数值及趋势进行预测,并根据受力、变形实测和预测结果与设计时采用的值进行比较,必要时对设计方案和施工工艺进行修正。

(2)确保基坑支护结构和相邻建筑物的安全。

在深基坑开挖与支护的施工过程中,必须满足支护结构及被支护土体的稳定性要求,避免破坏和极限状态发生,避免产生由于支护结构及被支护土体的过大变形而引起邻近建筑物的倾斜或开裂及邻近管线的渗漏等。从理论上看,如果基坑围护工程的设计是合理可靠的,那么表征土体和支护系统力学形态的一切物理量都随时间变化而渐趋稳定;反之,如果测得表征土体和支护系统力学形态特点的某几种或某一种物理量,其变化随时间变化而不是渐趋稳定,则可以断言土体和支护系统不稳定,对支护必须加强或修改设计参数。在工程实际中基坑破坏前,往往会在侧向的不同部位上出现较大的变形,或变形速率明显增大。大部分基坑围护的目的就是保护邻近建筑物和管线。因此,基坑开挖过程中进行周密的监测,在建筑物和管线的变形处于正常的范围内时可保证基坑的顺利施工,在建筑物和管线的变形接近警戒值时,有利于采取对建筑物和管线本体进行保护的技术应急措施,在很大程度上避免或减轻破坏的后果。

（3）积累工程经验，为提高基坑工程的设计和施工的整体水平提供依据。

支护结构上所承受的土压力及其分布，受地质条件、支护方式、支护结构刚度、基坑平面、几何形状、开挖深度、施工工艺等的影响，并直接与侧向位移有关，而基坑的侧向位移又与挖土的空间顺序、施工进度等时间和空间因素有复杂的关系，现行设计分析理论尚未完全成熟。对基坑围护的设计和施工，应该在充分借鉴现有成功经验和吸取失败教训的基础上，根据自身的特点，力求在技术方案中有所创新、更趋完善。现场监测不仅确保了本基坑工程的安全，在某种意义上也是一次1：1的实体试验，所取得的数据是结构和土层在工程施工过程中的真实反映，是各种复杂因素影响和作用下基坑系统的综合体现，因而也为该领域的科学技术发展积累了第一手资料。

9.1.3 基坑监测的基本要求

基坑监测的基本要求：

（1）监测工作必须是有计划的，应根据设计提出的监测要求和业主下达的监测任务书预先制订详细的基坑监测方案，严格按照有关的技术文件执行。这类技术文件的内容，应至少包括监测方法和监测仪器、监测精度、测点布置、观测周期等。同时，根据基坑工程在施工过程中发生的情况变化，在保证基本原则不变的情况下进行修正。

（2）监测数据必须是可靠、真实的。数据的可靠性由测试组件安装或埋设的可靠性、监测仪器的精度与可靠性以及监测人员的素质来保证。监测数据真实性要求所有数据必须以原始记录为依据。任何人不得对原始记录进行更改、删除。

（3）监测数据必须是及时的，监测数据需在现场及时计算处理，计算有问题可及时复测，尽量做到当天报表当天出。因为基坑开挖是一个动态的施工过程，只有保证及时监测，才能有利于及时发现隐患，及时采取措施。

（4）埋设于结构中的监测组件应尽量减少对结构正常受力的影响，埋设水土压力监测组件、测斜管和分层沉降管时的回填土应注意与岩土介质的匹配。

（5）采纳多种方法、施行多项内容的监测方案。基坑工程在开挖和支撑施工过程中的力学效应是从各个侧面同时展现出来的。在诸如围护结构变形和内力、地层移动和地表沉降等物理量之间存在着内在的紧密联系，通过对多方面的连续监测资料进行综合分析之后，各项监测内容的结果可以互相印证、互相检验，从而对监测结果有全面正确的把握。

（6）对重要的监测项目，应按照工程具体情况预先设定预警值和报警制度，预警值应包括变形或内力量值及其变化速率。当观测时发现超过预警值的异常情况，要立即考虑采取应急补救措施。

（7）基坑监测时应整理完整的监测记录表、数据报表及形象的图表和曲线，监测结束后整理出监测报告。

9.2 基坑监测仪器和方法

基坑工程施工现场监测的内容包括围护结构和相邻环境。围护结构中包括围护桩墙、支撑、围檩和圈梁、立柱、坑内土层等部分。相邻环境中包括相邻土层、地下管线、相邻房屋等部分,具体见表 9.1。

表 9.1　基坑工程现场监测内容

监测对象		监测项目	监测组件与仪器
围护结构	围护桩墙	桩墙水平位移与沉降	经纬仪、水准仪
		桩墙深层挠曲	测斜仪
		桩墙内力	钢筋应力传感器、频率仪
		桩墙水土压力	压力盒、孔隙水压力探头、频率仪
	水平支撑	轴力	钢筋应力传感器、位移计、频率仪
	圈梁、围檩	内力	钢筋应力传感器、频率仪
		水平位移	经纬仪
	立柱	垂直沉降	水准仪
	坑底土层	垂直隆起	水准仪
	坑内地下水	水位	监测井、孔隙水压力探头、频率仪
相邻环境	坑外地层	分层沉降	分层沉降仪、频率仪
		水平位移	经纬仪
	相邻管线	垂直沉降	水准仪
		水平位移	经纬仪
	相邻房屋	垂直沉降	水准仪
		倾斜	经纬仪
		裂缝	裂缝监测仪
	坑外地下水	水位	监测井、孔隙水压力探头、频率仪
		分层水压	孔隙水压力探头、频率仪

9.2.1　肉眼观察

肉眼观察是不借助于任何测量仪器,而用肉眼凭经验观察获得对判断基坑稳定和环境安全性有用的信息,这是一项十分重要的工作,需在进行其他使用仪器的监测项目前由有一定工程经验的监测人员进行。观察内容主要包括围护结构和支撑体系的施工质量、围护体系是否有渗漏水及其渗漏水的位置及其数量、施工条件的改变情况、坑边堆载的变化、管道渗漏和施工用水的不适当排放以及降雨等气候条件的变化对基坑稳定和环境安全性关系密切的信息。同时,需加强基坑周围的地面裂缝、围护结构和支撑体系的工作失常情况、邻近建筑物和构筑物的裂缝、流土或局部管涌现象等工程隐患的早期发现工作,以便发现隐患苗头及时处理,尽量减少工程事故的发生。这项工作应与施工单位的工程技术人员配合进行,并及时交流信息和资料,同时记录施工进度与施工工况。相关内容都要详细地记录在监测日记中,重要的信息则需写在监测报表的备注栏内,发现重要的工程隐患则要专门做监测备忘录。

9.2.2　围护墙顶水平位移和沉降监测

围护墙顶沉降监测主要采用精密水准仪测量,在一个测区内应设 3 个以上基准点,基准点要设置在距基坑开挖深度 5 倍距离以外的稳定地方。

在基坑水平位移监测中,在有条件的场地,用轴线法亦即视准线法比较简便。采用视准线法测量时,需沿欲测量的基坑边线设置一条基准线(图 9.1),在该线的两端设置工作基点 A、B。在基线上沿基坑边线按照需要设置若干测点,基坑有支撑时,测点宜设置在两根支撑的跨中。也可用小角度法用经纬仪测出各测点的侧向水平位移。各测点最好设置在基坑圈梁、压顶等较易固定的地方,这样设置方便,不宜损坏,而且真实反映基坑侧向变形。测量基点 A、B 需设置在离基坑一定距离的稳定地段,对于有支撑的地下连续墙或大孔径灌注桩这类围护结构,基坑角点的水平位移通常较小,这时可将基坑角点设为临时基点 C、D,在每个工况内可以用临时基点监测。变换工况时用基点 A、B 测量临时基点 C、D 的侧向水平位移,再用此结果对各测点的侧向水平位移值做校正。

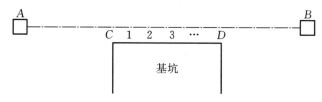

图 9.1　用视准线法测围护墙顶水平位移

由于深基坑工程场地一般比较小,施工障碍物多,且基坑边线也并非都是直线,因此,基准线的建立比较困难,在这种情况下可用前方交会法。前方交会法是在距基坑一定距离的稳定地段设置一条交会基线,或者设两个或多个工作基点,以此为基准,用交会法测出各测点的位移量。

围护墙顶沉降和水平位移监测的具体方法及仪器可参阅工程测量方面的图书和规范。

9.2.3　深层水平位移测量

1. 测量原理

深层水平位移就是围护桩墙和土体在不同深度上的点的水平位移,通常采用测斜仪测量。

将围护桩墙在不同深度上的点的水平位移按一定比例绘制成随深度变化的曲线,即围护桩墙深层挠曲线。测斜仪由测斜管、测斜探头、数字式读数仪 3 部分组成。测斜管在基坑开挖前埋设于围护桩墙和土体内,测斜管内有 4 条十字形对称分布的凹形导槽,作为测斜仪滑轮上下滑行的轨道,测量时使测斜探头的导向滚轮卡在测斜管内壁的导槽中,沿槽滚动将测斜探头放入测斜管,并由引出的导线将变形信号显示在读数仪上。

测斜仪的原理是通过摆锤受重力作用来测量测斜探头轴线与铅垂线之间倾角 θ,进而计算垂直位置各点的水平位移。图 9.2 为测斜仪测量的原理图,当土体产生位移时,埋入土体中的测斜管随土体同步位移,测斜管的位移量即为土体的位移量。放入测斜管内的活动探头测出的量是各个不同测量段上测斜管的倾角 θ,而该分段两端点(探头下滑动轮作用点与上滑动轮作用点)的水平偏差可由测得的倾角 θ 用下式表示:

$$\delta_i = L \cdot \sin\theta_i$$

式中　δ_i——第 i 测量段的水平偏差值（mm）；

　　　L——第 i 测量段的长度，通常取为 500 mm、1000 mm 等整数；

　　　θ_i——第 i 测量段的倾角值（°）。

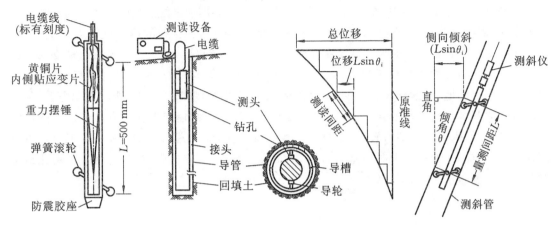

图 9.2　测斜仪量测原理图

当测斜管埋设得足够深时，管底可以认为是位移不动点，从管底上数第 n 测量段处测斜管的水平偏差总量为：

$$\delta = \sum_{i=1}^{n} \Delta\delta_i = \sum_{i=1}^{n} L\sin\Delta\theta_i$$

管口的水平偏差值 δ_0 就是各测量段水平偏差的总和。

在测斜管两端都有水平位移的情况下，需要实测管口的水平偏差值 δ_0，则管口以下第 n 测量段处的水平偏差值 δ_n 为：

$$\delta_n = \delta_0 + \sum_{i=1}^{n} L\sin\theta_i$$

应该注意的是，只有当埋设好的测斜管的轴线是铅垂线时，水平偏差值才是对应的水平位移值，但要将测斜管的轴线埋设成铅垂线几乎是不可能的，测斜管埋设好后总有一定的倾斜或挠曲。因此，各测量段的水平位移 Δ_n 应该是各次测得的水平偏差与测斜管的初始水平偏差之差，即：

$$\Delta_n = \delta_n - \delta_{0n} = \Delta_0 + \sum_{i=1}^{n} L(\sin\theta_i - \sin\theta_{0i})$$

式中　δ_{0n}——从管口下数第 n 测量段处的水平偏差初始值；

　　　θ_{0i}——从管口下数第 n 测量段处的倾角初始值；

　　　Δ_0——实测的管口水平位移，当从管口起算时，管口没有水平偏差初始值。

测斜管可以用于测单向位移，也可以测双向位移，测双向位移时，由两个方向的测量值求出其矢量和，得位移的最大值和方向。

实际测量时，将测斜仪探头沿管内导槽插入测斜管内，缓慢下滑，按取定的间距 L 逐段测定各测量段处的测斜管与铅直线的倾角，就能得到整个桩墙轴线的水平挠曲或土体不同深度的水平位移。

2. 测斜仪类型

测斜仪按探头的传感组件不同,可分为滑动电阻式、电阻片式、钢弦式及伺服加速度式 4 种,图 9.3 为伺服加速度式测斜仪。目前所使用的测斜仪多为石英挠性伺服加速度计作为敏感原件而制成的测斜装置。

滑动电阻式探头以悬吊摆为传感组件,在摆的活动端装一电刷,在探头壳体上装电位计,当摆相对于壳体倾斜时,电刷在电位计表面滑动,由电位计将摆相对于壳体的倾摆角位移变成电信号输出,用电桥测定电阻比的变化,根据标定结果就可进行倾斜测量。该探头的优点是坚固可靠,缺点是测量精度不高。

电阻片式探头是在弹性好的铜弹簧片下挂摆锤,弹簧片两侧各贴两片电阻应变片,构成全桥输出应变式传感器。弹簧片可设计成应变梁,使之在弹性极限内探头的倾角变化与电阻应变读数呈线性关系。

钢弦式探头是通过在 4 个方向上十字形布置的 4 个钢弦式应变计测定重力摆运动的弹性变形,进而求得探头的倾角。它可同时进行两个水平方向的测斜。

伺服加速度式测斜探头,它的工作原理是建立在检测质量块因输入加速度而产生的惯性力与地磁感应系统产生的反馈力相平衡的基础上的,所以将其叫作力平衡伺服加速度计,根据测斜仪测头轴线与铅垂线间的倾斜角度和测斜仪轮距直接测出水平位移。该类测斜探头灵敏度和精度较高。

测斜仪(图 9.3)主要由装有重力式测斜传感组件的探头、读数仪、电缆和测斜管(图 9.4)4 部分组成。

图 9.3 伺服加速度式测斜仪

图 9.4 测斜管

(1)测斜仪探头

它是倾角传感组件,其外观为细长金属筒状探头,上、下靠近两端配有两对轮子,上端有与读数仪连接的绝缘测量电缆。

(2)读数仪

读数仪是测斜仪探头的二次仪表,是与测斜仪探头配套使用的。

(3)电缆

电缆的作用有四个:向探头供给电源;给测斜仪传递测量信息;探头测量点距孔口的深度

标尺;作为提升和下降探头的绳索。电缆需要很高的防水性能,因为作为深度尺,在提升和下降过程中有较大的伸缩,为此,电缆中有一根加强钢芯线。

（4）测斜管

测斜管一般由塑料(PVC)和铝合金材料制成,管长分为 2 m 和 4 m 等不同长度规格,管段之间由外包接头管连接,管内对称分布有四条十字形凹形导槽,管径有 60 mm、70 mm、90 mm 等多种规格。铝合金具有相当的韧性和柔度,较 PVC 管更适合于现场监测,但成本远大于后者。

3. 测斜管埋设方式

测斜管有绑扎埋设和钻孔埋设两种方式:

（1）绑扎埋设

绑扎埋设主要用于桩墙体深层挠曲测试,埋设时将测斜管在现场组装后绑扎固定在桩墙钢筋笼上,随钢筋笼一起下到孔槽内,并将其浇筑在混凝土中。

（2）钻孔埋设

首先在土层中预钻孔,孔径略大于所选用测斜管的外径,然后将测斜管封好底盖逐节组装、逐节放入钻孔内,并同时在测斜管内注满清水,直到放到预定的标高为止。随后在测斜管与钻孔之间的空隙内回填细砂或水泥和黏土拌和的材料固定测斜管,配合比取决于土层的物理力学性质。

埋设过程中应注意,避免管子的纵向旋转,在管节连接时必须将上、下管节的滑槽严格对准,以免导槽不畅通。埋设就位时必须注意测斜管的一对凹槽与欲测量的位移方向一致(通常为与基坑边缘相垂直的方向)。测斜管固定完毕或混凝土浇筑完毕后,用清水将测斜管内冲洗干净。由于测斜仪的探头是贵重仪器,在未确认导槽畅通可用时,先将探头模型放入测斜管内,沿导槽上下滑行一遍,待检查导槽正常可用时,方可用实际探头进行测试。埋设好测斜管后,需测量斜测管导槽的方位、管口坐标及高程,并及时做好保护工作,如测斜管外局部设置金属套管保护,测斜管管口处砌筑窨井,并加盖。

4. 测量

将测头插入测斜管,使滚轮卡在导槽上,缓慢下至孔底,测量自孔底开始,自下而上沿导槽全长每隔一定距离测读一次,每次测量时,应将测头稳定在某一位置上。测量完毕后,将测头旋转180°,插入同一对导槽,按以上方法重复测量。两次测量的各测点应在同一位置上,此时各测点的两个读数应数值接近、符号相反。如果对测量数据有疑问,应及时复测。基坑工程中通常只需监测垂直于基坑边线方向的水平位移。但对于基坑仰角的部位,就有必要测量两个方向的深层水平位移,此时,可用同样的方法测另一对导槽的水平位移。有些测读仪可以同时测出两个相互垂直方向的深层水平位移。深层水平位移的初始值应是基坑开挖之前连续 3 次测量无明显差异读数的平均值,或取开挖前最后一次的测量值作为初始值。测斜管孔口需布设地表水平位移测点,以便必要时根据孔口水平位移量对深层水平位移量进行校正。

9.2.4 土体分层沉降测试

土体分层沉降是指离地面不同深度处土层内的点的沉降或隆起,通常用磁性分层沉降仪测量。

1. 原理与仪器

磁性分层沉降仪由对磁性材料敏感的探头、埋设于土层中的分层沉降管和磁环、带刻度标尺的导线以及电感探测装置组成,如图 9.5 所示。分层沉降管由波纹状柔性塑料管制成,管外每隔一定距离安放一个磁环,地层沉降时带动磁环同步下沉。当探头从钻孔中缓慢下放遇到预埋在钻孔中的磁环时,电感探测装置上的蜂鸣器就发出叫声,这时根据测量导线上标尺在孔口的刻度以及孔口的高程,就可计算磁环所在位置的高程,测量精度可达 1 mm。在基坑开挖前预埋分层沉降管和磁环,并测读各磁环的起始高程,与其在基坑施工开挖过程中测得的高程的差值即为各土层在施工过程中的沉降或隆起。

图 9.5　磁性分层沉降仪

2. 分层沉降管和磁环的埋设

用钻机在预定位置钻孔,取出的土分层分别堆放,钻到孔底高程略低于欲测量土层的标高;提起套管 300～400 mm,将引导管放入,引导管可逐节连接直至略深于预定的最底部监测点的深度位置;然后,在引导管与孔壁间用膨胀黏土球填充并捣实到最低的沉降环位置;再用一只铅质开口送筒装上沉降环,套在引导管上,沿引导管送至预埋位置,用 450 mm 的硬质塑料管把沉降环推出并压入土中,弹开沉降环钢卡子,使沉降环的弹性卡子牢固地嵌入土中,提起套管至待埋沉降环以上 300～400 mm,待钻孔内回填该层土做的土球至要埋的一个沉降环高程处,再用如上步骤推入上一高程的沉降环,直至埋完全部沉降环;固定孔口,做好孔口的保护装置,并测量孔口高程和各磁性沉降环的初始高程。

9.2.5　基坑回弹监测

基坑回弹是基坑开挖对坑底的土层卸荷过程引起基坑底面及坑外一定范围内土体的回弹变形或隆起。深大基坑的回弹量对基坑本身和邻近建筑物都有较大影响,因此需做基坑回弹监测,以确定其数值的大小,以便达到如下的目的:通过实测基坑回弹值来估计今后地基因建筑物上部荷载产生的再压缩量,以改进基础设计;估计对邻近建筑物的影响,以便及时采取措施。基坑回弹量相对较小,过大的观测误差必影响结果的准确性,因此回弹观测精度要求较严。基坑回弹监测可采用回弹监测标和深层沉降标进行。当分层沉降环埋设于基坑开挖面以下时所监测到的土层隆起也就是土层回弹量。

1. 回弹观测点与基准点布设要求

回弹观测及测点布置应根据基坑形状及工程地质条件,以最少的测点能测出所需的各纵横断面回弹量为原则,按《建筑变形测量规范》(JGJ 8),可利用回弹变形的近似对称性按下列要求在有代表性的位置和方向线上布置:

(1) 在基坑中央和距坑底边缘 1/4 底宽度处,以及其他变形特征位置应设测点。对方形、圆形基坑可按单向对称布点;矩形基坑可按纵横向布点;复合矩形基坑可多向布点。地质情况复杂时,应适当增加点数。

(2) 当所选点位遇到地下管道或其他构筑物时应避开,可将观测点移到与之对应的方向线的空位上。

（3）在基坑外相对稳定和不受施工影响的地点，选设工作基点（水准点）和寻找标志用的定位点。

（4）观测路线应组成起讫于工作基点的闭合或附合路线，使之具有检核条件。

基准点的规格一般为：对覆盖土层厚度大的场地，可选用深埋双层金属管标或深埋钢管标，钻孔先钻穿软土后，将其置于密实土层或基岩上。如选用浅埋钢管标，则在挖除表土后，将标底土夯实，设置混凝土（强度等级 C15）底座。也可直接在裸露基岩上浇混凝土标石。

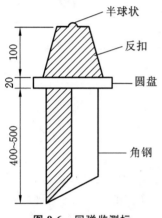

图 9.6　回弹监测标

3. 深层沉降标及其埋设

深层沉降标由一个三卡锚头、一根内管和一根外管组成，内管和外管都是钢管。内管连接在锚头上，可在外管中自由滑动，如图 9.7 所示。用光学仪器测量内管顶部的高程，高程的变化就相当于锚头位置土层的沉降或隆起。其埋设方法如下：

（1）用钻孔机在预定位置钻孔，孔底高程略高于欲测量土层的高程约一个锚头长度。

（2）将内管旋在锚头顶部外侧的螺纹连接器上，用管钳旋紧。将锚头顶部外侧的左旋螺纹用黄油润滑后，与外钢管底部的左旋螺纹相连，但不必太紧。

（3）将装配好的深层沉降标慢慢地放入钻孔内，并逐步加长，直到放入孔底。用外管将锚头压入预测土层的指定标高位置。

（4）在孔口临时固定外管，将外管压下约 150 mm，此时锚头的三个卡子会向外弹，卡在土层里，卡子一旦弹开就不会再缩回。

（5）顺时针旋转外管，使外管与锚头分离。上提外管，使外管底部与锚头之间的距离稍大于预估的土层隆起量。

（6）固定外管，将外管与钻孔之间的空隙填实，做好测点的保护装置。

2. 回弹监测标及其埋设

回弹监测标如图 9.6 所示，其埋设方法如下：

（1）钻孔至基坑设计高程以下 200 mm，将回弹监测标旋入钻杆下端，顺钻孔徐徐放至孔底，并压入孔底土中 400～500 mm，即将回弹标尾部压入土中。旋开钻杆，使回弹标脱离钻杆。

（2）放入辅助测杆，用辅助测杆上的测头进行水准测量，确定回弹标顶面高程。

（3）监测完毕后，将辅助测杆、保护管（管套）提出地面，用砂或素土将钻孔回填，为了便于开挖后找到回弹标，可先用白灰回填 500 mm 左右。

用回弹标监测回弹一般在基坑开挖之前测读初读数，在基坑开挖到设计高程后再测读一次，在浇筑基础之前再监测一次。

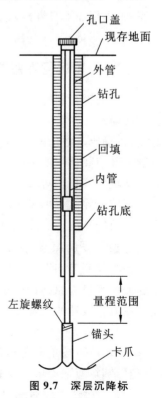

图 9.7　深层沉降标

孔口一般高出地面 200~1000 mm 为宜,当地表下降及孔口回弹使孔口高出地表较多时,应将其往下截减。

回弹监测点应根据基坑形状及工程地质条件布设,布点原则是以最少的测点测出所需的各纵横断面的回弹量。

9.2.6　土压力与孔隙水压力监测

土压力是基坑支护结构周围的土体传递给挡土构筑物的压力,也称支护结构与土体的接触压力,或由自重及基坑开挖后土体中应力重分布引起的土体内部的应力。通常采用在量测位置上埋设压力传感器来进行监测。土压力传感器工程上称之为土压力盒,常用的土压力盒有钢弦式和电阻式等。

1. 土压力传感器的埋设

对于作用在挡土构筑物表面的土压力盒应镶嵌在挡土构筑物内,使其应力膜与构筑物表面平齐,土压力盒后面应具有良好的刚性支撑,在土压力作用下尽量不产生位移,以保证量测的可靠性。

对于钢板桩或钢筋混凝土预制构件挡土结构,施工时多用打入或振动压入方式。土压力盒及导线只能在施工前安装在构件上。土压力盒用固定支架安装在预制构件上,安装结构如图 9.8 所示,固定支架、挡泥板及导线保护管使土压力盒和导线在施工过程中免受损坏。

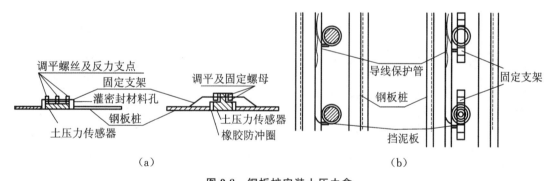

图 9.8　钢板桩安装土压力盒
(a)钢板桩上土压力盒的安装;(b)钢板桩导线保护管设置

对于地下连续墙等现浇混凝土挡土结构,土压力传感器安装时需紧贴在围护结构的迎土面上,但由于土压力传感器随钢筋笼下入槽孔后,其面向土层的表面钢膜很容易在水下浇筑过程中被混凝土材料所包裹,混凝土凝固硬结后,水土压力根本无法直接被压力传感器所感应和接收,造成埋设失败。这种情况下土压力盒的埋设可采用挂布法、弹入法、活塞压入法及钻孔法。

2. 孔隙水压力测试

孔隙水压力量测结果可用于固结计算及有限应力法的稳定性分析,在打桩、堆载预压法地基加固的施工速度控制、基坑开挖、沉井下沉和降水等引起的地表沉降控制中具有十分重要的作用。其原因在于饱和软黏土受荷后,首先产生的是孔隙水压力的增高或降低,随后才是土颗粒的固结变形。孔隙水压力的变化是土层运动的前兆,掌握这一规律,就能及时采取措施,避免不必要的损失。

孔隙水压力探头分为钢弦式、电阻式和气动式 3 种类型,探头由金属壳体和透水石组成。

孔隙水压力计的工作原理是把多孔组件(如透水石)放置在土中,使土中水连续通过组件的孔隙(透水后),把土体颗粒隔离在组件外面而只让水进入有感应膜的容器内,再测量容器中的水压力,即可测出孔隙水压力。孔隙水压力计的量程应根据埋置位置的深度、孔隙水压力变化幅度等确定。孔隙水压力计的安装与埋设应在水中进行,滤水石不得与大气接触,一旦与大气接触,滤水石应重新排气。埋设方法有压入法和钻孔法。

9.2.7　支挡结构内力监测

采用钢筋混凝土材料制作的围护支挡构件,其内力或轴力的测定,通常是通过在钢筋混凝土中埋设钢筋计测定构件受力钢筋的应力或应变,然后根据钢筋与混凝土共同工作及变形协调条件计算得到。钢筋计有钢弦式和电阻应变式两种。两种钢筋计的安装方法不相同,轴力和弯矩等的计算方法也略有不同。钢弦式钢筋计与结构主筋轴心对焊,即钢筋计与受力主筋串联,计算结果为钢筋的应力值。电阻应变式钢筋计与主筋平行绑扎或点焊在箍筋上,应变仪测得的是混凝土内部该点的应变。由于主钢筋一般沿混凝土结构截面周边布置,所以钢筋计应上下或左右对称布置,或在矩形断面的 4 个角点处布置 4 个钢筋计,如图 9.9 所示。

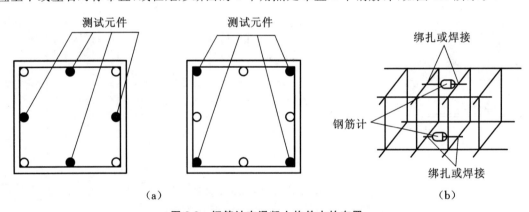

图 9.9　钢筋计在混凝土构件中的布置
(a)钢弦式钢筋计布置;(b)电阻应变式钢筋计布置

通过埋设在钢筋混凝土结构中的钢筋计,可以量测:
① 围护结构沿深度方向的弯矩;
② 基坑支撑结构的轴力和弯矩;
③ 圈梁或围檩的平面弯矩;
④ 结构底板所受的弯矩。

以钢筋混凝土构件中埋设钢筋计为例,根据钢筋与混凝土的变形协调原理,由钢筋计的拉力或压力计算构件内力的方法如下:

支撑轴力:

$$P_c = \frac{E_c}{E_g} \overline{P}_g \left(\frac{A}{A_g} - 1 \right)$$

支撑弯矩：

$$M = \frac{1}{2} (\overline{P}_1 - \overline{P}_2) \left(n - \frac{bhE_c}{6E_g A_g} \right) h$$

地下连续墙弯矩：

$$M = \frac{1000h}{t} \left(1 + \frac{thE_c}{6E_g A_g} h \right) \frac{(\overline{P}_1 - \overline{P}_2)}{2}$$

式中　E_c，E_g——混凝土和钢筋的弹性模量；

　　　　$\overline{P}_g$——所量测的几根钢筋拉压力平均值；

　　　　A，A_g——支撑截面面积和钢筋截面面积；

　　　　n——埋设钢筋计的那一层钢筋的受力主筋总根数；

　　　　t——受力主筋间距；

　　　　b——支撑宽度；

　　　　$\overline{P}_1$，$\overline{P}_2$——支撑或地下连续墙两对边受力主筋实测拉（压）力平均值；

　　　　h——支撑高度或地下连续墙厚度。

按上述公式进行内力换算时,结构浇筑初期应计入混凝土龄期对弹性模量的影响,在室外温度变化幅度较大的季节,还需注意温差对监测结果的影响。

对于 H 型钢、钢管等钢支撑轴力的监测,可通过串联安装轴力计或压力传感器的方式来进行,使用支撑轴力计价格略高,但经过标定后可以重复使用,且测试简单,测得的读数根据标定曲线可直接换算成轴力,数据比较可靠。在施工单位配置钢支撑之时就要与施工单位协调轴力计安装事宜,因为轴力计是串联安装的,安装不好会影响支撑受力,甚至引起支撑失稳或滑脱。在现场监测环境许可的条件下,亦可在钢支撑表面粘贴钢弦式表面应变计、电阻式应变片等测试钢支撑的应变,或在钢支撑上直接粘贴底座并安装电子位移计、千分表来量测钢支撑变形,再用弹性原理来计算支撑的轴力。

9.2.8　土层锚杆监测

在基坑开挖过程中,锚杆要在受力状态下工作数月,为了检查锚杆在整个施工期间是否按设计预定的方式起作用,有必要选择一定数量的锚杆做长期监测,锚杆监测一般仅监测锚杆轴力的变化。锚杆轴力监测有专用的锚杆轴力计,其结构如图 9.10 所示,锚杆轴力计安装在承压板与锚头之间。钢筋锚杆可以采用钢筋应力计和应变计,其埋设方法与钢筋混凝土中的埋设方法类似,但当锚杆由几根钢筋组合时,必须每根钢筋上都安装钢筋计,它们的拉力总和才是锚杆总拉力,而不能只测其中几根钢筋的拉力求其平均值,再乘以钢筋的总数来计算锚杆总拉力。因为锚杆由几根钢筋组合时,几根锚杆的初始拉紧程度是不一样的,所受的拉力与初始拉紧程度的关系很大。锚杆钢筋计和锚杆轴力计安装好后,待锚杆施工完成,进行锚杆预应力张拉时,要记录锚杆钢筋计和锚杆轴力计上的初始荷载,同时也可根据张拉千斤顶的读数对锚杆钢筋计和锚杆轴力计的结果进行校核。在整个基坑开挖过程中,每天宜测读数一次,监测次数宜根据开挖进度和监测结果及其变化情况适当增减。当基坑开挖到设计高程时,锚杆上的荷载应是相对稳定的。如果每周荷载的变化量大于5%锚杆所受的荷载,就应当查明原因,采取适当措施。

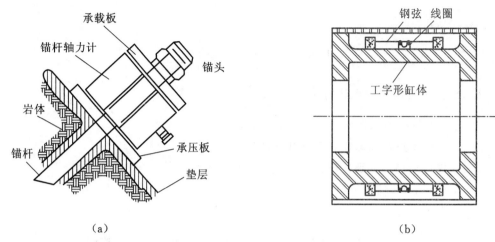

（a）   （b）

图 9.10　专用的锚杆轴力计结构图

(a)锚杆轴力计布置;(b)锚杆轴力计结构

9.2.9　地下水位监测

地下水位监测可采用钢尺或钢尺水位计。钢尺水位计的工作原理是,在已埋设好的水管中放入水位计测头,当测头接触到水位时,启动讯响器,此时读取测量钢尺与管顶的距离,根据管顶高程即可计算地下水位的高程。对于地下水位比较高的水位观测井,也可用干的钢尺直接插入水位观测井,记录湿迹与管顶的距离,根据管顶高程即可计算地下水位的高程,钢尺长度需大于地下水位与孔口的距离。

地下水位观测井的埋设方法为:用钻机钻孔到要求的深度后,在孔内埋入滤水塑料套管,管径约 90 mm;套管与孔壁间用干净细砂填实,然后用清水冲洗孔底,以防泥浆堵塞测孔,保证水路畅通,测管高出地面约 200 mm,上面加盖,不让雨水进入,并做好观测井的保护装置。

9.2.10　相邻环境监测

基坑开挖必定会引起邻近基坑周围土体的变形,过量的变形将影响邻近建筑物和市政管线的正常使用,甚至导致破坏。因此,必须在基坑施工期间对它们的变形进行监测。其目的是:根据监测数据及时调整开挖速度和支护措施,以保护邻近建筑物和管线不因过量变形而影响它们的正常使用功能或破坏;对邻近建筑物和管线的实际变形提供实测数据,对邻近建筑物的安全做出评价,使基坑开挖顺利进行。相邻环境监测的范围宜从基坑边线起到开挖深度2.0～3.0 倍的距离;监测周期应从基坑开挖开始,至地下室施工结束为止。

1. 建筑物变形监测

建筑物的变形监测可以分为沉降监测、倾斜监测、水平位移监测和裂缝监测等内容。监测前必须收集、掌握以下资料：

(1) 建筑物结构和基础设计图纸、建筑物平面布置及其与基坑围护工程的相对位置等；

(2) 工程地质勘查资料、地基处理资料；

(3) 基坑工程围护方案、施工组织设计等。

邻近建筑物变形监测点布设的位置和数量应根据基坑开挖有可能影响到的范围和程度，同时考虑建筑物本身的结构特点和重要性确定。与建筑物的永久沉降观测相比，基坑引起相邻房屋沉降的现场监测点的数量较多，监测频度高（通常每天1次），监测总周期较短（一般为数月），相对而言，监测精度要求比永久观测略低，但需根据相邻建筑物的种类和用途区别对待。

沉降监测的基准点必须设置在基坑开挖影响范围之外（至少大于5倍基坑开挖深度），同时也需考虑到重复量测、通视等的便利，避免转站引点导致的误差。

在基坑工程施工前，必须对建筑物的现状进行详细调查，调查内容包括建筑物沉降资料，开挖前基准点和各监测点的高程，建筑物裂缝的宽度、长度和走向等裂缝开展情况，同时做好素描和拍照等记录工作。将调查结果整理成正式文件，请业主及施工、建设、监理、监测等有关各方签字或盖章认定，以备发生纠纷时作为仲裁的依据。

2. 相邻地下管线监测

城市地区地下管线网是城市生活的命脉，其安全与人民生活和国民经济紧密相连。城市市政管理部门和煤气、输变电、自来水和电信等与管线有关的公司都对各类地下管线的允许变形量制定了十分严格的规定，基坑开挖施工时必须将地下管线的变形量控制在允许范围内。相邻地下管线的监测内容包括垂直沉降和水平位移两部分，其测点布置和监测频率应在对管线状况进行充分调查后确定，并与有关管线单位协调认可后实施。调查内容包括：

① 管线埋置深度、管线走向、管线及其接头的形式、管线与基坑的相对位置等，可根据城市测绘部门提供的综合管线图并结合现场踏勘确定；

② 管线的基础形式、地基处理情况、管线所处场地的工程地质情况；

③ 管线所在道路的地面人流与交通状况，据此制订合适的测点埋设和监测方案。

地下管线可分为刚性管线和柔性管线两类。煤气管、上水管及预制钢筋混凝土电缆管等通常采用刚性接头，刚性管线在土体移动不大时可正常使用，土体移动幅度超过一定限度时则将发生断裂破坏。采用承插式接头或橡胶垫板加螺栓连接接头的管道，受力后接头可产生近于自由转动的角度，常可视为柔性管线，如常见的下水道等。接头转动的角度及管节中的弯曲应力小于允许值时，管线可正常使用，否则也将产生断裂或泄漏，影响使用。地下管线位于基坑工程施工影响范围以内时，一般在施工前做调查之后，根据基坑工程的设计和施工方案运用有关公式对地下管线可能产生的最大沉降量做出预估，并根据计算结果判断是否需要对地下管线采取主动的保护措施，同时提出经济合理和安全可靠的管线保护方法。地下管线验算方法有：

（1）刚性管线的检验计算

长度较大的刚性管线可按弹性地基梁原理进行计算和分析。管线因随地层变形而产生弯曲应力 σ_w。σ_w 小于管材允许抗拉（压）强度时，一般不必加固。如地层沉降超过预计幅度，管线中的 σ_w 大于允许值时，则需预先埋设注浆管，在监控量测的指导下采用分层注浆法加固管线地基。

将管线视为弹性地基梁时，地层特性的描述如图 9.11 所示。如将管线位移记为 ω_p，则有：

$$\frac{\mathrm{d}^4\omega_p}{\mathrm{d}x^4}+4\lambda^4\omega_p=\frac{q}{E_pI_p}$$

$$\lambda=\sqrt[4]{\frac{K}{4E_pI_p}}$$

式中　K——基床系数；

　　　　E_p——管线材料弹性模量；

　　　　I_p——管线截面惯性矩；

　　　　q——作用在管线上的压力。

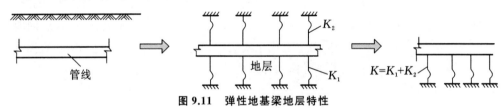

图 9.11　弹性地基梁地层特性

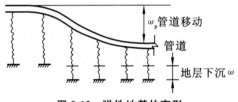

图 9.12　弹性地基的变形

地层无沉陷时 $q=K\omega_p$，地层下沉 ω 时，$q=K(\omega_p-\omega)$，如图 9.12 所示。

盾构与管线轴线正交时，地层沉陷 ω 的表达式可直接由派克公式计算：

$$\omega=\frac{V_1}{\sqrt{2\pi}l_0}\mathrm{e}^{-\frac{x^2}{2t_0^2}}$$

式中　V_1——地层损失量；

　　　　x——与隧道中心线的距离；

　　　　l_0——沉降槽宽度系数。

$x=l_0$ 处为沉降曲线的反弯点。

将 q 和 ω 的表达式代入弹性地基梁计算方程，即可推导出作用在管线上的弯矩 M 和发生的应变 ε_x 的计算表达式：

$$M=EI\frac{\partial^2\omega_p}{2\partial x^2}$$

$$\varepsilon_x=\frac{d\partial^2\omega_p}{2\partial x^2}$$

式中　d——管线直径。

求得应变 ε_x 后，可按 $\sigma_w=E_p\varepsilon_x$，确定管线是否将出现破坏。

管线与盾构斜交时,可将沉降槽宽度系数取为 l_θ,并令 $l_\theta = l_0 = l/\cos\theta$(图 9.13);管线与盾构平行时,则令 l_0 等于半个沉降槽宽度(图 9.14)。

图 9.13 管线与盾构斜交   图 9.14 管线与盾构平行

(2) 管线接头的检验计算

盾构与管线轴线正交时:第一步可根据派克公式预测管线底面的沉降曲线;第二步可按几何关系求取沉降曲线的曲率半径 R_1、R_2;最后计算直径为 D 的管段在曲率最大处接缝的张开值 Δ,如图 9.15 所示。

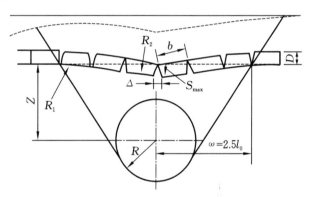

图 9.15 盾构与管线轴线正交时管线接缝的张开值

$$\Delta = \frac{Db}{R_1} \text{或} \Delta = \frac{Db}{R_2}$$

如在接头 L 设有由内张圈固定的橡胶止水带,且接头张开 Δ 时仍不漏水和不破坏,则管线接头处于安全状态。

对地下管线本体进行主动保护的方法有跟踪注浆加固和开挖暴露管线后对其进行结构加固等多种方法,本节不做详细介绍。

对地下管线进行监测是对其进行间接保护,在监测中主要采用间接测点和直接测点两种形式。间接测点又称监护测点,常设在管线的窨井盖上,或设在管线轴线相对应的地表,将钢筋直接打入地下,深度与管底一致,作为观测标志。但由于间接测点与管线之间存在着介质,测点数据与管线本身的变形之间有一定的差异,在人员与交通密集不宜开挖的地方或设防标准较低的场合可以采用。直接测点是通过埋设一些装置直接测读管线的沉降,常用方案有以下两种。

①抱箍式:如图 9.16 所示,由扁铁做成的稍大于管线直径的圆环,将测杆与管线连接成整体,测杆伸至地面,地面处布置相应窨井,保证道路正常通行。抱箍式测点监测精度高,能测得

管线的沉降和隆起,但埋设时必须凿开路面,并开挖至管线的底面,这在城市主干道路是很难办到的。对于次干道和十分重要的地下管线如高压煤气管线,按此方案设置测点并予以严格监测,是必要和可行的。

②套筒式:基坑开挖对相邻管线的影响主要表现在沉降方面,根据这一特点采用一硬塑料管或金属管打设或埋设于所测管线顶面和地表之间,量测时将测杆放入埋管,再将标尺搁置在测杆顶端。只要测杆放置的位置固定不变,测试结果能够反映出管线的沉降变化。套筒式埋设方案如图 9.17 所示。按套筒方案埋设测点的最大特点是简单易行,特别是对于埋深较浅的管线,通过地面打设金属管至管线顶部,再清除整理,可避免道路开挖,其缺点在于监测精度较低。

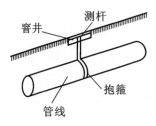

图 9.16　抱箍式埋设方案

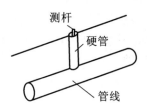

图 9.17　套筒式埋设方案

9.3　基坑监测方案设计

监测方案设计必须建立在对工程场地地质条件、基坑围护设计和施工方案及基坑工程相邻环境详尽的调查的基础之上,同时还需与工程建设单位、施工单位、监理单位、设计单位及管线主管单位和道路监察部门充分地协商。监测方案的制订一般需经过以下几个主要步骤:

① 收集和阅读工程地质勘察报告,围护结构和建筑工程主体结构的设计图纸(+0.00 以下部分)及其施工组织设计,较详细的综合平面位置图、综合管线图等,以掌握工程场地工程地质条件、围护与主体结构以及周围环境的有关材料。

② 现场踏勘,重点掌握地下管线走向、相邻构筑物状况,以及它们与围护结构的相互关系。

③ 拟订监测方案初稿,提交委托单位审阅,同意后由建设单位主持有市政道路监察部门、邻近建筑物业主及有关地下管线(煤气、电力、电信、上水、下水等)单位参加的协调会议,形成会议纪要。

④ 根据会议纪要的精神,对监测方案初稿进行修改,形成正式监测方案。

监测方案需送达有关各方认定,认定后正式监测方案在实施过程中大的原则一般不能更改。特别是埋设组件的种类和数量、测试频率和报表数量等应严格按认定的方案实施。如某些测点的具体位置、埋设方法等细节问题,则可以根据实际施工情况做适当调整。

基坑工程施工监测方案设计的主要内容是:

① 监测内容的确定;

② 监测方法和仪器的确定,监测组件量程、监测精度的确定;

③ 施测部位和测点布置的确定;

④ 监测周期、预警值及报警制度等实施计划的制订。

监测方案除包括上述内容外,还需将工程场地地质条件、基坑围护设计和施工方案以及基坑工程相邻环境等的调查做明确的叙述。

一份高质量的监测方案是取得项目成功的一半,这不仅提高了项目的竞争力,更重要的是拟订了周密详尽的计划,保证了后续工作有条不紊顺利开展。

9.3.1 监测内容和方法的确定

基坑工程施工现场监测的内容分为 3 大部分,即围护结构、支撑体系以及相邻环境。围护结构主要是围护桩墙和圈梁(压顶);支撑体系包括支撑或土层锚杆、围檩和立柱部分;相邻环境中包括相邻土层、地下管线、相邻房屋 3 部分。对于一个具体工程,监测项目应根据其具体的特点来确定,主要取决于工程的规模、重要程度、地质条件及业主的财力。确定监测内容的原则是监测简单易行、结果可靠、成本低,便于施工实施,监测元件要能尽量靠近工作面安设。此外,所选择的被测物理量要概念明确、量值显著,数据易于分析,易于实现反馈。其中的位移监测是最直接易行的,因而应作为施工监测的重要项目。支撑的内力和锚杆的拉力也是施工监测的重要项目。

基坑工程监测方案的制订应充分满足如下要求:确保基坑工程的安全和质量,对基坑周围的环境进行有效保护,检验设计所采取的各种假设和参数的正确性,并为改进设计,提高工程整体水平提供依据。

基坑支护设计应根据支护结构类型和地下水控制方法,按国家行业标准《建筑基坑支护技术规程》(JGJ 120)选择基坑监测项目,见表 9.2。并应根据支护结构构件、基坑周边环境的重要性及地质条件的复杂性确定监测点部位及数量。选用的监测项目及其监测部位应能够反映支护结构的安全状态和基坑周边环境受影响的程度。

表 9.2 基坑监测项目选择

监测项目	支护结构安全等级		
	一级	二级	三级
支护结构顶部水平位移	应测	应测	应测
基坑周边建(构)筑物、地下管线、道路沉降	应测	应测	应测
坑边地面沉降	应测	应测	宜测
支护结构深部水平位移	应测	应测	选测
锚杆轴力	应测	应测	选测
支撑轴力	应测	宜测	选测
挡土构件内力	应测	宜测	选测
支撑立柱沉降	应测	宜测	选测
支护结构沉降	应测	宜测	选测

续表 9.2

监测项目	支护结构安全等级		
	一级	二级	三级
地下水位	应测	应测	选测
土压力	应测	选测	选测
孔隙水压力	宜测	选测	选测

注:表内各监测项目中,仅选择实际基坑支护形式所含有的内容。

《建筑基坑工程监测技术标准》(GB 50497)对基坑工程监测项目则列出了 16 个项目,见表 9.3。

表 9.3 建筑基坑工程监测项目表

监测项目		基坑等级		
		一级	二级	三级
围护墙(边坡)顶部水平位移		应测	应测	应测
围护墙(边坡)顶部竖向位移		应测	应测	应测
围护墙深层水平位移		应测	应测	宜测
土体深度水平位移		应测	应测	宜测
墙(柱)体内力		宜测	可测	可测
支撑内力		应测	宜测	可测
立柱竖向位移		应测	宜测	可测
锚杆、土钉拉力		应测	宜测	可测
坑底隆起	软土地区	宜测	可测	可测
	其他地区	可测	可测	可测
围护墙侧向土压力		宜测	可测	可测
孔隙水压力		宜测	可测	可测
地下水位		应测	应测	宜测
土体分层竖向位移		宜测	可测	可测
墙后地表竖向位移		应测	应测	宜测
周围建(构)筑物变形	竖向位移	应测	应测	应测
	倾斜	应测	宜测	可测
	水平位移	应测	可测	可测
	裂缝	应测	应测	应测
周围地下管线变形		应测	应测	应测

注:基坑类别的划分按照《建筑地基基础工程施工质量验收标准》(GB 50202)执行。

对于一个具体的基坑工程,可以根据地质、结构、周围环境以及允许的经费投入等目的、有侧重地选择其中的一部分。表9.3中分"应测项目""宜测项目"和"可测项目"三个监测重要性级别,是参照当前工程界通常做法通过归纳总结而划分的,对工程应用具有一定的指导意义。其中,"应测项目"表示每个基坑工程的基本监测项目,"宜测项目"和"可测项目"则可视工程的重要程度和施工难度考虑采用。近年编制颁布的基坑工程设计施工规程一般都按破坏后果和工程复杂程度将工程区分为若干等级,由工程所属的等级来要求和选择相应的监测内容。

监测方法和仪表的确定主要取决于场地工程地质条件和力学性质,以及测量的环境条件。通常,在软弱地层中的基坑工程,地层变形和结构内力由于量值较大,可以采用精度稍低的仪器和装置,地层压力和结构变形则量值较小,应采用精度稍高的仪器。而在较硬土层中的基坑工程,情况则相反,即地层变形和结构内力量值较小,应采用精度稍高的仪器,地层压力量值较大,可采用精度稍低的仪器和装置。当基坑干燥无水时,电测仪表往往能工作得很好;在地下水发育的地层中用电阻式电测仪表就较为困难,常采用钢弦频率式传感器。仪器选择前需首先估算各物理量的变化范围,并根据测试重要性程度确定测试仪器的精度和分辨率。各监测项目的监测仪器和方法的选择详见9.2节。

9.3.2 施测位置与测点布置原则

测点布置涉及各监测内容中组件或探头的埋设位置和数量,应根据基坑工程的受力特点及由基坑开挖引起的基坑结构及周围环境的变形规律来布设。

1. 桩墙顶水平位移和垂直沉降

桩墙顶水平位移和垂直沉降是基坑工程中最直接、最重要的监测内容。测点一般布置在将围护桩墙连接起来的混凝土圈梁上及水泥搅拌桩、土钉墙、放坡开挖时的上部压顶上。采用铆钉枪打入铝钉,或钻孔埋设膨胀螺丝,也有涂红漆等作为标记的。测点的间距一般取 8～15 m,可以等距离布设,也可根据现场通视条件、地面堆载等具体情况随机布置。测点间距的确定主要是考虑能够描绘出基坑围护结构的变形曲线。对于水平位移变化剧烈的区域,测点可以适当加密,有水平支撑时,测点应布置在两根支撑的中间部位。

立柱沉降测点应直接布置在立柱桩上方的支撑面上,对多根支撑交会受力复杂处的立柱应作重点监测,用作施工栈桥处的立柱也应重点监测。

2. 桩墙深层侧向位移

桩墙深层侧向位移监测,也称桩墙测斜。通常在基坑每边上布设 1 个测点,一般应布设在围护结构每边的跨中处。对于较短的边线也可不布设,而对于较长的边线可增至 2～3 个。原则上,在长边上应每隔 30～40 m 布设 1 个测斜孔。监测深度一般与围护桩墙深度一致,并延伸至地表,在深度方向的测点间距为 0.5～1.0 m。

3. 结构内力

对于设置内支撑的基坑工程,一般可选择部分典型支撑进行轴力变化监测,以掌握支撑系统的受力状况,这对于有预加轴力的钢支撑来说,显得尤为重要。支撑轴力的测点布置主要由平面、立面和断面三方面因素所决定。平面指设置于同一高程即同一道支撑内量测杆件的选择,原则上应参照基坑围护设计方案中各道支撑内力计算结果,选择轴力最大的杆件进行监测。在缺乏计算资料的情况下,通常可选择平面净跨较大的支撑杆件布设测点。立面指基坑竖直方向不同高程处设置各道支撑的监测选择。由于基坑开挖、支撑设置和拆除是一个动态发展过程,各道支撑的轴力存在着量的差异,在各施工阶段都起着不同的作用,因而需对各道支撑都做监测,并且各道支撑的测点应设置在同一平面位置。这样,从轴力-时间曲线上就可很清晰地观察到各道支撑设置—受力—拆除过程中的内在相互关系,对切实掌握水平支撑受力规律有很大的指导意义。轴力监测断面应布设在支撑的跨中部位,宜同时监测其两端和中部的沉降与位移。采用钢筋应力传感器量测支撑轴力,需要确定量测断面内测试组件的布设数量和位置。实际量测结果表明,由于支撑杆件的自重以及各种施工荷载的作用,水平支撑的受力相当复杂,除轴向压力外,还存在垂直方向和水平方向作用的荷载,就其受力形态而言应为双向压弯扭构件。为了能真实反映出支撑杆件的受力状况,测试断面内一般配置 4 个钢筋计。

围护桩墙的内力监测点应设置在围护结构体系中受力有代表性的钢筋混凝土支护桩或地下连续墙的主受力钢筋上。在监测点的竖向位置布置方面应考虑如下因素:计算的最大弯矩所在的位置和反弯点位置,各土层的分界面、结构变截面或配筋率改变的截面位置,结构内支撑及拉锚所在位置。

采用土层锚杆的围护体系,每道土层锚杆中都必须选择两根以上的锚杆进行监测,选择在围护结构体系中受力有代表性的典型锚杆进行监测。在每道土层锚杆中,若锚杆长度不同、锚杆形式不同、锚杆穿越的土层不同,则通常要在每种不同的情况下布设两个以上的土层锚杆监测点。

4. 土体分层沉降和水土压力测点布设

土体分层沉降和水土压力监测应设置在围护结构体系中受力有代表性的位置。土体分层沉降和孔隙水压力计测孔应紧邻围护桩墙埋设,土压力盒应尽量在围护桩墙施工时埋设于土体与围护桩墙的接触面上。在监测点的竖向布置位置主要为:计算的最大弯矩所在位置和反弯点位置,计算水土压力最大的位置,结构变截面或配筋率改变的截面位置,结构内支撑及拉锚所在位置。这与围护桩墙内力测点布设的位置基本相同。对于土体分层沉降,还应在各土层的分界面布设测点,当土层厚度较大时,在土层中部增加测点。孔隙水压力计一般布设在土层中部。

5. 土体回弹

回弹测点宜按下列要求在有代表性的位置和方向线上布设。

① 在基坑中央和距坑底边缘 1/4 坑底宽度处及特征变形点处必须设置。方形、圆形基坑可按单向对称布点,矩形基坑可按纵横向布点,复合矩形基坑可多向布点,地质情况复杂时应适当增加点数。

② 基坑外的观测点,应在所选坑内方向线上的一定距离(基坑深度的 1.5～2.0 倍)布设。

③ 当所选点遇到地下管线或其他建筑物时,可将观测点移到与之对应方向线的空位上。

④ 在基坑外相对稳定或不受施工影响的地点,选设工作水准点,以及寻找标志用的定位点。

6. 坑外地下水位

存在高地下水位的基坑工程,围护结构止水能力的优劣对于相邻地层和房屋的沉降控制至关重要。开展基坑降水期间坑外地下水位的下降监测,其目的就在于检验基坑止水帷幕的实际效果,必要时适当采取灌水补给措施,以避免基坑施工对相邻环境的不利影响。坑外地下水位一般通过监测井监测,井内设置带孔塑料管,并用砂石充填管壁外侧。

监测井布设位置较为随意,只要设置在止水帷幕以外即可。监测井不必埋设很深,管底高程一般在常年水位以下 4～5 m 即可。

7. 环境监测

环境监测应包括基坑开挖 3 倍深度以内的范围,建筑物以沉降监测为主,测点应布设在墙角、柱身(特别是能够反映独立基础及条形基础差异沉降的柱身)、门边等外形凸出部位,除了在靠近基坑一侧要布设测点外,在其他侧面也应设测点,以做比较。测点间距应能充分反映建筑物各部分的不均匀沉降,建筑物上沉降和倾斜监测点的布设原则详见 9.2 节。管线上测点布设的数量和间距应听取管线主管部门的意见,并考虑管线的重要性及其对变形的敏感性。如承接式接头上水管一般应按 2～3 节设置 1 个监测点,管线越长,在相同位移下产生的变形和附加弯矩就越小,因而测点间距可大;在有弯头和丁字形接头处,对变形比较敏感,测点间距就要小些。

在测点布设时应尽量将桩墙深层侧向位移、支撑轴力、围护结构内力、土体分层沉降和水土压力等测点布置在相近的范围内,形成若干系统监测断面,以使监测结果互相对照、相互检验。

9.3.3 监测期限与频率

基坑工程施工的宗旨在于确保工程快速、安全、顺利地施筑完成。为了完成这一任务,施工监测工作基本上伴随基坑开挖和地下结构施工的全过程,即从基坑开挖第一批土直至地下结构施工到＋0.00 高程。现场施工监测工作一般需连续开展 6～8 个月,基坑越大,监测期限则越长。

在基坑开挖前可以埋设的各监测项目组件,必须在基坑开挖前埋设并读取初读数。初读数是监测的基点,需复校无误后才能确定,通常是在连续二次测量无明显差异时,取其中一次的测量值作为初始读数,否则应继续测读。埋设在土层中的组件如土压力盒、孔隙水压力计、测斜管和分层沉降环等最好在基坑开挖 1 周前埋设,以使被扰动的土有一定的间歇时间,从而使初读数有足够的稳定过程。混凝土支撑内的钢筋计、钢支撑轴力计、土层锚杆轴力计及锚杆应力计等需要随施工进度而埋设的组件,在埋设后读取初读数。

(1)围护墙顶水平位移和沉降、围护墙深层侧向位移监测贯穿基坑开挖到主体结构施工至＋0.00 高程的全过程,监测频率为:

①从基坑开始开挖到浇筑完主体结构底板,每天监测 1 次;

②浇筑完主体结构底板到主体结构施工至＋0.00 高程,每周监测 2～3 次;

③各道支撑拆除后的 3 d 至 1 周,每天监测 1 次。

内支撑轴力和锚杆拉力的监测期限从支撑和锚杆施工到全部支撑拆除实现换撑,每天监测 1 次。

(2)土体分层沉降及深层沉降、土体回弹、水土压力、围护墙体内力监测一般也贯穿基坑开挖到主体结构施工到＋0.00 标高的全过程,监测频率为:

①基坑每开挖其深度的 1/5～1/4,或在每道内支撑(或锚杆)施工间隔的时间内测读 2～3 次,必要时可加密到每周监测 1～2 次;

②基坑开挖的设计深度到浇筑完主体结构底板,每周监测 3～4 次;

③浇筑完主体结构底板到全部支撑拆除实现换撑,每周监测 1 次。

(3)地下水位监测的期限是整个降水期间,或从基坑开挖到浇筑完主体结构底板,每天监测 1 次。当围护结构有渗漏水现象时,要加强监测。

(4) 当基坑周围有道路、地下管线和建筑物需要监测时,从围护桩墙施工到主体结构施工到＋0.00 高程这段期限都需进行监测。周围环境的沉降和水平位移需每天监测 1 次,建筑物倾斜和裂缝的监测频率为每周监测 1～2 次。对周围环境有影响监测项目如孔隙水压力计、土体深层沉降和侧向位移等,在围护桩墙施工时的监测频率为每天 1 次,基坑开挖时的监测频率与围护桩墙内力监测频率一致。

对于应测项目,在无数据异常和事故征兆的情况下,开挖后仪器监测频率可按表 9.4 确定。对于宜测、可测项目的仪器监测频率可视具体情况要求适当降低,一般可为应测项目监测频率的 1/3～1/2。

表 9.4　现场仪器监测的监测频率

基坑类别	施工工程		基坑设计深度			
			≤5m	5～10m	10～15m	>15m
一级	开挖深度（m）	≤5	1 次/1 d	1 次/2 d	1 次/1 d	1 次/2 d
		5～10	—	1 次/1 d	1 次/1 d	1 次/1 d
		>10		—	1 次/1 d	1 次/1 d
	底板浇筑后时间(d)	≤7	1 次/1 d	1 次/1 d	1 次/1 d	1 次/1 d
		7～14	1 次/3 d	1 次/2 d	1 次/1 d	1 次/1 d
		14～28	1 次/5 d	1 次/3 d	1 次/1 d	1 次/1 d
		>28	1 次/7 d	1 次/5 d	1 次/1 d	1 次/3 d
二级	开挖深度（m）	≤5	1 次/2 d	1 次/1 d	—	—
		5～10	—	1 次/1 d	—	—
	底板浇筑后时间(d)	≤7	1 次/2 d	1 次/2 d	—	—
		7～14	1 次/3 d	1 次/3 d	—	—
		14～28	1 次/7 d	1 次/5 d	—	—
		>28	1 次/10 d	1 次/10 d	—	—

注:① 有支撑的支护结构各道支撑开始拆除到拆除完成后 3 d 内监测频率应为 1 次/1 d;

　　② 基坑工程施工至开挖前的监测频率视具体情况而定;

　　③ 当基坑类别为三级时,监测频率可视具体情况适当降低;

　　④ 宜测、可测项目的仪器监测频率可视具体情况适当降低。

现场施工监测的频率因随监测项目的性质、施工速度和基坑状况而变化。实施过程中尚需根据基坑开挖和围护施筑情况、所测物理量的变化速率等做适当调整。当所监测的物理量的绝对值或增加速率明显增大时,应增加观测次数;反之,则可适当减少观测次数。当有事故征兆时应连续监测。

测读的数据必须在现场整理,对监测数据有疑问时可及时复测,当数据接近或达到报警值时应尽快通知有关单位,以便施工单位尽快采取应急措施。监测日报表最好当天提交,最迟不能超过次日上午,以便施工单位尽快据此安排和调整生产进度。若监测数据不准确,不能及时提供信息反馈以指导施工,就失去了监控的意义。

9.3.4 预警值和预警制度

基坑工程施工监测的预警值就是设定一个定量化指标系统,在其容许的范围之内认为工程是安全的,并对周围环境不产生有害影响,否则认为工程是非稳定或危险的,并将对周围环境产生有害影响。建立合理的基坑工程监测的预警值是一项十分复杂的研究课题,工程的重要性越高,其预警值的建立越困难。预警值的确定应根据下列原则:

① 满足现行的相关规范、规程的要求,大多是位移或变形控制值;

② 围护结构和支撑内力、锚杆拉力等不超过设计计算预估值;

③ 根据各保护对象的主管部门提出的要求;

④ 在满足监控和环境安全的前提下,综合考虑工程质量、施工进度、技术措施和经济等因素。

确定预警值时还要综合考虑基坑的规模、工程地质和水文地质条件、周围环境的重要性程度以及基坑的施工方案等因素。确定预警值主要参照现行的相关规范和规程的规定值、经验类比值以及设计预估值这3个方面的数据。随着基坑工程监测经验的积累,各地区的工程管理部门陆续以地区规范、规程等形式对基坑工程预警值做了规定,其中大多是最大允许位移或变形值。

基坑工程监测报警值应以监测项目的累计变化量和变化速率值两个值控制。基坑及支护结构监测报警值应根据土质特征、设计结果及当地经验等因素确定,当无当地经验时,可按《建筑基坑工程监测技术规范》(GB 50497)表8.0.4采用,周边环境监测报警值的限值应根据主管部门的要求,如无具体规定,可按《建筑基坑工程监测技术规范》(GB 50497)表8.0.5采用。周边建筑、管线的报警值除了考虑基坑开挖造成的变形外,尚应考虑其原有的变形影响。周边建筑的安全性与其沉降或变形总量有关。有些建筑在建成后已有一定的沉降或变形,有的在基坑施工期间尚未稳定,在这种情况下,基坑开挖造成的沉降仅为沉降或变形总量的一部分。应保证周边建筑原有的沉降或变形与基坑开挖造成的附加沉降或变形叠加后,不能超过允许的最大沉降或变形值,因此,在监测前应收集周边建筑使用阶段监测的原有沉降与变形资料,结合建筑裂缝观测确定周边建筑的报警值。

在施工险情预报中,应同时考虑各项监测内容的量值和变化速度及其相应的实际变化曲线,结合观察到的结构、地层和周围环境状况等综合因素做出预报。从理论上讲,设计合理、可靠的基坑工程,在每一工况的挖土结束后,一切表征基坑工程结构、地层和周围环境力学形态的物理量应该是随时间而渐趋稳定;反之,如果测得表征基坑工程结构地层和周围环境力学形态特点的某一种或某几种物理量,其变化随时间不是渐趋稳定,则可以断言该工程是不稳定的,必须修改设计参数、调整施工工艺。

报警制度宜分级进行,如深圳地区深基坑地下连续墙安全性判别标准给出了安全、注意、危险3种指标,达到这3类指标时,应采取不同的措施。如达到报警值的80%时,在监测日报表上做预警记号,口头报告管理人员;达到报警值的100%时,除在监测日报表上做报警记号外,写出书面报告和建议,并面交管理人员;应通知主管工程师立即到现场调查,召开现场会议,研究应急措施。

9.4 监测数据处理与信息反馈

9.4.1 数据处理

目前有些监测单位安排的监测项目部只配备工程测量人员,这些人员熟悉外业测量工作,但不熟悉基坑工程设计理论与方法,缺乏基坑工程的设计与施工经验,在进行巡视检查和监测数据的分析时不能及时做出判断,贻误了调整设计和施工、采取应急措施的时机。基坑工程监测分析工作事关基坑及周边环境的安全,是一项技术性非常强的工作,只有保证监测分析人员的素质,才能及时提供高质量的综合分析报告,为信息化施工和优化设计提供可靠依据,避免事故的发生。监测分析人员应具有岩土工程、结构工程、工程测量的综合知识和工程实践经验,具有较强的综合分析能力,能及时提供可靠的综合分析报告。

为了确保监测工作质量,保证基坑及周边环境的安全和正常使用,防止监测工作中的弄虚作假,现场量测人员应对监测数据的真实性负责,任何原始记录不得涂改、伪造和转抄,监测分析人员应对监测报告的可靠性负责,监测单位应对整个项目监测质量负责。监测记录和监测技术成果均应有责任人签字,监测技术成果应加盖成果章。

现场监测资料应符合下列要求

(1) 使用正式的监测记录表格;

(2) 监测记录应有工况描述;

(3) 监测数据的整理应及时;

(4) 对监测数据的变化及发展情况的分析和评述应及时。

9.4.2 信息反馈

第三方监测单位在监测阶段及监测结束阶段应向建设方提供监测报告,监测报告提供的内容应真实、准确、完整,并宜用文字阐述与绘制变化曲线或图形相结合的形式表达。监测报告包括日报、阶段性报告及总结性报告。

(1) 日报

日报可采用日报表的形式体现,日报表是信息化施工的重要依据,强调及时性和准确性,每次测试完成后,监测人员应及时进行数据处理和分析,形成当日报表,提供给委托单位和有关方面。日报表可参考《建筑基坑工程监测技术规程》(GB 50497)附录 A 至附录 G,应包括以下内容:

① 当日的天气情况和施工现场工况;

② 仪器监测项目各监测点的本次测试值、单次变化值、变化速率以及累计值等,必要时绘制有关曲线图;

③ 巡视检查的记录;

④ 对监测项目应有正常或异常、危险的判断性结论;

⑤ 对达到或超过监测报警值的监测点应有报警标示,并有分析和建议;

⑥ 对巡视检查发现的异常情况应有详细描述,危险情况应有报警标示,并有分析和建议;

⑦ 其他相关说明。

（2）阶段性报告

阶段性报告可以是周报、旬报、月报或根据工程的需要不定期地进行,总结各监测项目以及整个监测系统的变化规律、发展趋势,用于总结经验、优化设计和指导下一步施工,应包含以下内容:

① 该监测阶段相应的工程、气象及周边环境概况;

② 该监测阶段的监测项目及测点的布置图;

③ 各项监测数据的整理、统计及监测成果的过程曲线;

④ 各监测项目监测值的变化分析、评价及发展预测;

⑤ 相关的设计和施工建议。

（3）总结性报告

总结性报告是基坑工程监测工作全部完成后监测单位提交给委托单位的竣工报告,总结工程的经验和教训,为以后的基坑工程设计、施工和监测提供参考,应包含以下内容:

① 工程概况;

② 监测依据;

③ 监测项目;

④ 监测点布置;

⑤ 监测设备和监测方法;

⑥ 监测频率;

⑦ 监测报警值;

⑧ 各监测项目全过程的发展变化分析及整体评价;

⑨ 监测工作结论与建议。

基坑工程监测是一个系统,系统内的各项目监测有着必然的、内在的联系。某一单项的监测结果往往不能揭示和反映整体情况,必须结合相关项目的监测数据和自然环境、施工工况等情况以及以往数据进行分析,才能通过相互印证、去伪存真,正确地把握基坑及周边环境的真实状态,提供出高质量的综合分析报告。

目前基坑工程监测技术发展很快,主要体现在监测方法的自动化、远程化以及数据处理和信息管理的软件化。建立基坑工程监测数据处理和信息管理系统,利用专业软件帮助实现数据的实时采集、分析、处理和查询,使监测成果反馈更具有时效性,并提高成果可视化程度,更好地为设计和施工服务。

9.5 基坑监测实例与报告

9.5.1 基坑监测实例

1. 工程概况

国家图书馆是世界上最大的中文文献信息收藏基地,同时也是我国最大的外文文献收藏基地,承担着作为国家总书库和为中央国家机关、重点科研教育生产单位、社会公众服务的职能。其一期工程于1987年落成,日均接待读者12000人次,高峰期时达18000人次,早已超过设计负荷。为此,国家图书馆二期工程暨国家数字图书馆工程的建造被提上日程。该工程包括二期工程和数字图书馆工程两部分,总投资为12.35亿元。

国家图书馆二期工程暨国家数字图书馆工程位于海淀区中关村南大街西侧,国家图书馆老馆北侧,占地面积22000 m²,总建筑面积79899 m²,地下3层,地上5层,建筑高度27 m。其内部全部是开放式的阅读空间,读者可以随意落座。3万册《四库全书》将陈列在中央玻璃展厅,从地下1层延伸到地上1层。3层还有露天平台供读者户外小憩。

该工程基坑南北长105 m,东西宽132 m,基坑深约为15 m。在基坑施工期间,为保证基坑支护工程的质量和安全,从基坑开挖至回填土完工,对基坑东、南、北边坡支护结构进行了连续、系统的变形监测,监测内容包括基坑水平位移测量和沉降测量。

基坑水平位移测量于2006年2月20日开始,至2006年10月24日结束;基坑沉降测量于2006年2月23日开始,至2006年10月24日结束。

2. 监测方案

（1）基坑水平位移监测方案

①基准点的布设与监测:在基坑外围变形影响范围以外的稳定地点,埋设两个基准点A点、B点,同时在距离基坑较近,便于变形监测并相对稳定的地点埋设两个工作基准点C、D;此4点构成平面控制网,建立独立坐标系。首次监测,平面控制网（测边网）每边测4测回,一测回读数间较差最大0.6 mm（规范限差3 mm）;单程测回间较差最大1.7 mm（规范限差4.0 mm）。外业数据检查合格后,内业由"威远图"平差软件进行平差计算,平差后各项指标均满足规范要求,平面控制网精度优良。

②变形监测点的布设与监测:在基坑的上边沿布设14个变形监测点,监测水平和垂直位移,监测点位置的布设详见图9.18。监测点由长度约为300 mm,直径为20 mm的钢筋制成,可套入棱镜,埋入坡顶。

变形监测点的施测精度为二级。每次监测时,首先对所用工作基准点进行检测,检测其与基准点的距离,确认是否有变动,确认基准点的实际状况后（工作基点始终没有变动）,才进行变形点的监测。在工作基点上设站,以极坐标法测定监测点的平面坐标,同一测站监测4次,另一测站测距检核。监测点坐标中误差最大2.1 mm（规范限差3.0 mm）,作业精度良好。

③监测仪器:监测仪器采用日本Topcon GTS-601/OP精密电子全站仪,仪器标称精度:测角精度$\pm1''$,测边精度$\pm(2+2\times10^{-6}D)$ mm。

（2）基坑沉降监测方案

①水准基点的布设与监测:在基坑外围变形影响范围以外的稳定地点,选定4个水准基点BM1、BM2、BM3、BM4,组成高程控制网,其中,以BM3为控制网的起算点,建立独立高程系统,按一级水准监测。

水准网监测时,视线长度≤30 m,前后视距差≤0.7 m,前后视距累积差≤1.0 m,视线高度≥0.3 m。基辅分划读数差≤0.3 mm。外业数据检查合格后,内业采用"威远图"平差软件进行平差计算,平差后基准点间高差误差最大0.23 mm（限差0.5 mm）,控制网精度优良。

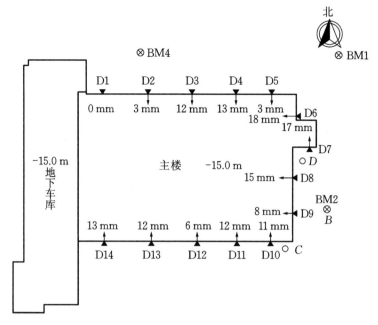

注:"D2 ▶▶"为边坡变形监测点;

"○D"与边坡变形监测点A,基准点BM3重合

图9.18 主楼基坑护坡变形监测点分布及水平位移量示意图

②沉降监测点的布设与监测:利用基坑水平变形监测点 B1~B14 为基坑沉降监测点,各沉降监测点与水准基点连测,构成附合水准路线,按二级水准监测。每次监测,均按规范要求作业:视线长度≤30 m,前后视距差≤2.0 m,前后视距累积差≤3.0 m,视线高度≥0.2 m;基辅分划读数差≤0.3 mm。外业数据检查合格后,内业采用"威远图"平差软件进行平差计算,作业精度优良。

③监测仪器:一、二级水准测量使用德国蔡司 DINI12 精密电子水准仪及配套条码尺。仪器标称精度:每千米往返测量精度±0.3 mm。

3. 监测频率

(1)控制网复测:平面控制网、高程控制网定期复测,每 2~3 月监测一次,共计各监测了 2次。复测方法与首次监测方法相同,严格按规范作业,各项精度满足规范要求,复测结果与首次结果进行比较,差值很小,都在误差范围之内,所以认为基准点(包括工作基点)均未有变动,以首次监测的平差结果来进行变形量的计算。

(2)变形点监测周期:基坑水平位移监测及沉降监测的周期随施工进度、变形速度及外界环境等因素确定。基坑开挖时,每开挖一步监测 1~2 次,即基本 1~3 d 监测一次;基坑开挖完成后,每周监测 1~2 次;后期半月左右监测一次。

4. 监测成果分析

基坑变形监测点共布设了 14 个(图9.18)。在 8 个多月的时间内,对水平位移监测了 27次,监测点水平位移量最大为东北角 D6 点(18 mm),其次是东部 D7 点(17 mm),北边、南边监测点水平位移量都较小。沉降监测了 22 次,沉降曲线如图9.19 至图9.21 所示,沉降量最大处为东部 D7 点（−9.56 mm），其他点都较小，未超过 6 mm，见表 9.5。基坑东部相对沉降较大，南北两边相对沉降较小，基坑的水平、垂直位移量均小于监控值。

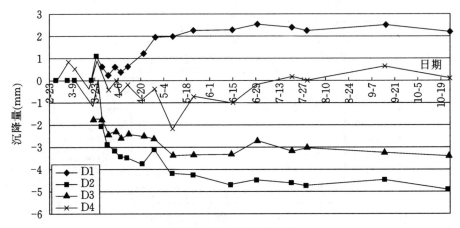

图 9.19　D1～D4 沉降曲线

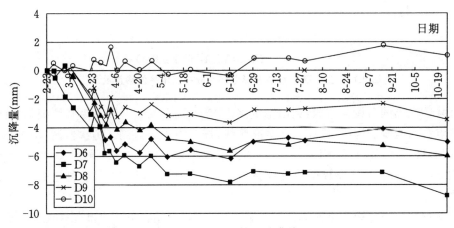

图 9.20　D6～D10 沉降曲线

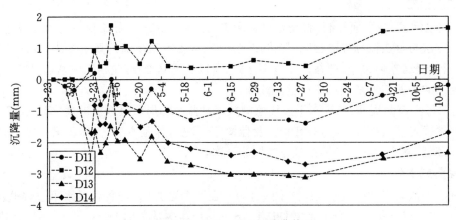

图 9.21　D11～D14 沉降曲线

表 9.5　水平位移沉降量最大值（mm）

点号	水平位移量		沉降量	点号	水平位移量		沉降量
	X	Y	h		X	Y	h
D1	0.0	—	2.2	D8	—	−15.0	−5.97
D2	−3.0	—	−4.9	D9	—	−8.0	−4.63
D3	−12.0	—	−3.34	D10	−11.0	—	1.11
D4	−13.0	—	0.11	D11	−12.0	—	−2.6
D5	−3.0	—	−1.84	D12	−6.0	—	1.62
D6	—	−18.0	−5.27	D13	−12.0	—	−2.28
D7	−17.0	—	−9.56	D14	−13.0	—	−0.15

综合分析可知：基坑整体变形量比较均匀，水平位移量、沉降量都较小，这说明经过支护处理的基坑是稳定的。

9.5.2　基坑监测报表

在基坑监测前要设计好各种记录表格和报表。记录表格和报表应分监测项目根据监测点的数量分布合理地进行设计。记录表格的设计应以记录和数据处理的方便为原则，并留有一定的空间，以对监测中观测到的异常情况做及时的记录。监测报表一般形式有当日报表、周报表、阶段报表。其中当日报表最为重要，通常作为施工调整和安排的依据；周报表通常作为参加工程例会的书面文件，对一周的监测成果做简要的汇总；阶段报表作为某个基坑施工阶段监测数据的小结。

监测日报表应及时提交给工程建设、监理、施工、设计、管线与道路监察等有关单位，并另备一份经工程建设或现场监理工程师签字后返回存档，作为报表收到及监测工程量结算的依据。报表中应尽可能配备形象化的图形或曲线，如测点位置图或桩墙体深层水平位移曲线图等，使工程施工管理人员能够一目了然。报表中呈现的必须是原始数据，不得随意修改、删除，对有疑问或由人为和偶然因素引起的异常点应该在备注中说明。

9.5.3　基坑监测曲线

在监测过程中除了要及时提交各种类型的报表、绘制测点布置位置平面和剖面图外，还要及时整理各监测项目的汇总表和以下一些曲线：

① 各监测项目时程曲线；

② 各监测项目的速率时程曲线；

③ 各监测项目在各种不同工况和特殊日期变化发展的形象图（如围护墙顶、建筑物和管线的水平位移和沉降用平面图，深层侧向位移、深层沉降、围护墙内力、不同深度的孔隙水压力和土压力可用剖面图）。

在绘制各监测项目时程曲线、速率时程曲线以及在各种不同工况和特殊日期变化发展的形象图时，应将工况点、特殊日期以及引起显著变化的原因标在各种曲线和图上，以便较直观地看到各监测项目物理量变化的原因。上述这些曲线不是在撰写监测报告时才绘制，而是应该用 Excel 等软件或在监测办公室的墙上用坐标纸每天加入新的监测数据，逐渐延伸，并将预警值也画在图上，这样每天都可以看到数据的变化趋势和变化速度，以及接近预警值的程度。

9.5.4　基坑监测报告

在工程结束时应提交完整的监测报告，它是监测工作的回顾和总结，主要包括如下几部分内容：①工程概况；②监测项目和各测点的平面、立面布置图；③所采用的仪器设备和监测方法；④监测数据处理方法、监测结果汇总表和有关汇总、分析曲线；⑤对监测结果的评价。

前 3 部分的格式和内容与监测方案基本相似，可以监测方案为基础，按监测工作实施的具体情况，如实地叙述监测项目、测点布置、测点埋设、监测频率、监测周期等方面的情况，要着重论述与监测方案相比，在监测项目、测点布置的位置和数量上的变化及变化的原因等。同时附上监测工作实施的测点位置平面布置图和必要的监测项目（土压力盒、孔隙水压力计、深层沉降和侧向位移、支撑轴力）剖面图。

第 4 部分是监测报告的核心，主要内容包括：整理各监测项目的汇总表、各监测项目时程曲线、各监测项目的速率时程曲线；在各种不同工况和特殊日期变化发展的形象图的基础上，对基坑及周围环境各监测项目的全过程变化规律和变化趋势进行分析，提出各关键构件或位置的变位或内力的最大值；与原设计预估值和监测预警值进行比较，并简要阐述其产生的原因。在论述时应结合监测日记记录的施工进度、挖土部位、出土量多少、施工工况、天气和降雨等具体情况对数据进行分析。

第 5 部分是监测工作的总结与结论，通过基坑围护结构受力和变形以及对相邻环境的影响程度，对基坑设计的安全性、合理性和经济性进行总体评价，总结设计施工中的经验教训，尤其要总结根据信息反馈对施工工艺和施工方案的调整和改进中所起的作用。

任何一个监测项目从方案拟订、实施到完成后对数据进行分析整理，除积累大量第一手的实测资料外，总能总结出一些经验和规律，对提高监测工作本身的技术水平及提高基坑工程的设计和施工技术水平都有很大的促进。监测报告的撰写是一项认真而仔细的工作，报告撰写者需要对整个监测过程中的重要环节、事件乃至各个细节都比较了解，从而能够理解和准确解释报表中的数据和信息，才能归纳总结出相应的规律和特点。因此报告撰写最好由亲自参与每天监测和数据整理工作的同志结合每天的监测日记写出初稿，再由既有监测工作和基坑设计实际经验，又有较好的岩土力学和地下结构理论功底的专家进行分析、总结和提高。这样的监测总结报告才具有监测成果的价值，不仅对类似工程有较好的借鉴作用，而且对该领域的科学和技术有较大的推动作用。

对于兼作地下结构外墙的围护结构，有关墙体变位、圈梁内力、围护渗漏等方面的实测结果都将作为构筑物永久性资料归档保存，以使日后查阅。这种情况下，基坑监测报告的重要性就提高了。